AF559335

Jürgen Blümle

Baumschätze

Baden-Württembergs

Zu Besuch bei den 500 ältesten
und bedeutsamsten Bäumen des Landes

Zu Besuch bei den 500 ältesten
und bedeutsamsten Bäumen des Landes
Baumschätze
Baden-Württembergs
Jürgen Blümle

Inhalt

Vorwort

„Nichts ist für mich mehr Abbild der Welt und des Lebens als der Baum. Vor ihm würde ich täglich nachdenken, vor ihm und über ihn.“

Liebe Leserin, lieber Leser,

das Zitat des mit der Natur eng verbundenen deutschen Dichters Christian Morgenstern (1871–1914) könnte die Bedeutung von Bäumen treffender nicht beschreiben. Bäume überdauern mit ihrem Alter mehrere Menschengenerationen und erleben somit mehr Geschichte unserer Welt, als wir dies vermögen. Sie trotzen den natürlichen und menschlichen Einflüssen, doch sie tragen vielfach Narben davon. Bäume stehen in allen Kulturen der Welt seit jeher für die Urkraft des Lebens. Yggdrasil, die Weltenesche, verkörpert in der nordischen Mythologie den gesamten Kosmos. Unter einem Bodhi-Baum, einer Pappelfeige, fand Buddha zur Erleuchtung und die Bäume der Erkenntnis und des Lebens nehmen in der christlichen Religion zentrale Positionen ein. Bäume sind Abbild der Welt und des Lebens.

Ich freue mich, dass mit dem vorliegenden Buch „Baumschätze Baden-Württembergs“ von Jürgen Blümle eine attraktive und umfangreiche Zusammenstellung alter Baumindividuen Baden-Württembergs vorliegt. Gut strukturiert nach den vier Regierungsbezirken sowie gegliedert nach den Ortschaften, in denen die „Methusaleme“ zu finden sind, fällt es beim Lesen leicht, sich einen guten Überblick zu verschaffen.

Bäume übernehmen zudem weitere wichtige Funktionen. Wie alle Bücher gäbe es auch dieses Buch nicht – hätten die Bäume mit ihrem Holz nicht den Rohstoff für das Papier geliefert. Und als bedeutende Lieferanten für Sauerstoff und reine Luft sind sie ohnehin für uns überlebensnotwendig.

Aus meiner Sicht verfolgt das Buch ein zentrales Anliegen. Die Schutzbedürftigkeit und die Erhaltung der Baumindividuen aus Naturschutzgründen stehen für den Autor im Vordergrund. Bäume sind bedeutende einzelne Lebensräume. Es ist auch für mich immer wieder erstaunlich, wie viele unzählige Tiere, Pflanzen und Pilze allein auf einer alten Eiche „zu Hause“ sind.

180 Großschmetterlingsarten, über 500 holzbesiedelnde Käfer und etwa 500 weitere pflanzen- und pilzfressende sowie räuberische Arten können hier leben. Die große ökologische Bedeutung manifestiert sich jedoch nicht nur an diesen Zahlen. In Kombination mit anderen Bäumen sowie der Umwelt bilden sie einen großartigen Biotopverbund, der für den Schutz der Natur von unschätzbarem Wert ist. Es ist daher unsere Pflicht, diese Habitate zu schützen und zu fördern und unser aller Bewusstsein für die Schutzbedürftigkeit alter Bäume zu schärfen.

Mit den „Baumschätzen Baden-Württembergs“ können wir wunderbar auf Entdeckungsreise gehen, denn das Buch eignet sich hervorragend als Reiseführer und Wissensschatz. Ob längere Wanderung oder kurzer Spaziergang, ich bin mir sicher, dass das Buch für jede und jeden interessante Informationen bietet.

Am Stamm eines alten Baumes zu sitzen bedeutet für mich persönlich, einen Ort der Ruhe und Besinnung zu haben. Das ist eine wichtige und regelmäßige (Aus-)Zeit, die ich sehr genieße.

Ich wünsche Ihnen allen viel Freude beim Lesen und Betrachten der „Baumschätze Baden-Württembergs“.

Thekla Walker

Ministerin für Umwelt, Klima und Energiewirtschaft Baden-Württemberg

Einleitung

Sammler und Jäger gehen ihrer Tätigkeit – zumindest im mittleren Europa des 21. Jahrhunderts – nicht mehr aus existenziellem Antrieb heraus nach. Wer heute sammelt, ob Pflanzen, Insekten oder Pilze, oder auf die Jagd geht, unternimmt dies in der Regel aus Gründen der Wissenschaft, des Naturschutzes oder um seinen Speisezettel zu bereichern.

Bäume zählen sicher zu den ganz seltenen Sammelobjekten, man kann sie schließlich weder in ein Album kleben noch in einer Glasvitrine ausstellen. Doch lassen sich Abbildungen von ihnen vortrefflich in Büchern dokumentieren. Und stellvertretend für die vielen Billionen Bäume, die dem Leben auf unserer Erde – zusammen mit den Algen – den entscheidenden Impuls gaben, kann man die größten, schönsten, ältesten, seltensten und historisch bedeutendsten von ihnen in einem solchen Buch präsentieren. Eindrucksvolle Bilder und informative Beschreibungen der individuellen Biografien von alten Bäumen können die bei vielen Menschen ohnehin vorhandene emotionale Verbundenheit mit ihnen aufrecht erhalten oder sogar weiter verstärken. Auf diese Weise kann man diesen in vielerlei Hinsicht bemerkenswerten Pflanzen zu einer stärkeren Wahrnehmung und vielleicht auch zu mehr Wertschätzung verhelfen – und damit auch dazu beitragen, dass der eine oder andere Baumveteran den Schutz erfährt, den viele von ihnen dringend benötigen.

Zu den wichtigsten Veröffentlichungen, die sich mit dieser Zielsetzung beschäftigen, zählen die prächtigen Bildbände von Thomas Pakenham. Zunächst machte sich der Vorsitzende der Irish Tree Society innerhalb von Großbritannien, später weltweit auf die Suche nach den großartigsten Baumgestalten und portraitierte jeweils 60 von ihnen in staunenswerten Bildern und historisch interessanten Beschreibungen. Neben den mächtigsten Gewächsen der Pflanzenwelt (1.000 Tonnen schwere Mammutbäume Kaliforniens), uralten Methusalems (fast 6.000-jährige Grannen-Kiefern der White Mountains, ebenfalls Kalifornien) oder dem dicksten Baum der Erde (Sumpfzypresse mit 58 m Stammumfang im mexikanischen Tule) kann man Afrikanische Baobabs, Kanadische Sitka-Fichten, Neuseeländische Kauris und Totaras, Japanische Kampfer- und Ginkgobäume erleben, bei deren Anblick man von einem ehrfürchtigen Staunen erfasst wird.

Ähnliches unternimmt Rudolf Wittmann in seinem Buch *Die Welt der Bäume*: Auch er kommt an Mammutbäumen, Baobabs oder Kaurifichten nicht vorbei, doch zu seinen besonderen Stars zählen afrikanische und asiatische Feigen- und Kautschukbäume sowie die uralten Eiben Nordfrankreichs, oder auch herausragende Eichen, Buchen und Edelkastanien verschiedener anderer europäischer Länder.

Auf europäischem Terrain bewegt sich der holländische Forstmann Jeroen Pater, der uns in seinem Buch *Europas Alte Bäume* etwa 100 Baumpersönlichkeiten vorstellt und sich dabei viel Zeit genommen hat, die Geschichten und Anekdoten zu erforschen, die sich um Entstehung und Entwicklung der knorrigen Gestalten ranken. Deutschland ist mit immerhin 15 seiner mächtigsten und ältesten Eichen und Linden sowie einer Ulme darin vertreten. Sein zweites Werk, in dem es um *Riesige Eichen* des Kontinents geht, ist ein literarisches und fotografisches Highlight für jeden Baumfreund.

Für den Bereich Deutschland hat Hartmut Goerss 1981 mit *Unsere Baum-Veteranen* (Landbuch-Verlag) als einer der Ersten eine Sammlung der aus seiner Sicht wertvollsten Altbäume der Bundesrepublik vorgelegt – drei von ihnen aus Baden-Württemberg. Mehr als 20 Jahre später haben sich die Brüder Stefan und Uwe Kühn zusammen mit Bernd Ullrich um das Thema verdient gemacht: Ihre beiden großartigen Bildbände *Deutschlands Alte Bäume* und *Bäume, die Geschichten erzählen* (beide erschienen im blv-Verlag) zählen zu den schönsten Veröffentlichungen, die es bisher zu diesem Thema zwischen Wattenmeer und Alpen gibt. Sehr umfassend stellen sie in einem weiteren Band *Unsere 500 ältesten Bäume* vor. Die Autoren haben es sich in ihrem 1996 ins Leben gerufenen Deutschen Baumarchiv zur Aufgabe gemacht, eine möglichst vollständige Dokumentation der Geschichte und der aktuellen Situation herausragender Baumveteranen in Deutschland zu erarbeiten. Damit leisten sie einen wichtigen Beitrag zur Bewahrung des nationalen Natur- und Kulturerbes.

Wie sieht es diesbezüglich für Baden-Württemberg aus? Auf Länderebene liegen die Maßstäbe für eine Aufnahme von Bäumen in die Kategorie ‚bedeutsam' naturgemäß niedriger – im Deutschen Baumarchiv ist für jede Baumart ein bestimmter Stammumfang festgelegt, der dabei erreicht sein muss. In *Unsere 500 ältesten Bäume* entfallen immerhin 80 von ihnen auf Baden-Württemberg, wobei der Schwerpunkt im Schwarzwald liegt.

Schon 1911, zu einer Zeit also, in der die Idee des Naturschutzes noch in den Kinderschuhen steckte, hatte sich der damalige Forstassistent Otto Feucht die mühevolle Arbeit gemacht, die ‚merkwürdigen Bäume des Landes' zu beschreiben und samt Abbildungen im *Schwäbischen Baumbuch* einer breiten Öffentlichkeit zugänglich zu machen. Mit dem Begriff ‚Land' war zur damaligen Zeit das Königreich Württemberg gemeint, das flächenmäßig natürlich deutlich kleiner war als das heutige Baden-Württemberg. Wenn man die im Vergleich zu heute erheblich geringeren Möglichkeiten der Mobilität in Betracht zieht, wird klar, dass Feucht wohl viele Helfer gehabt haben muss, die vor Ort auf der Suche waren und ihm Bericht erstatteten. Dies sollte aber in keiner Weise sein Verdienst schmälern, im Gegenteil: Fast 70 Jahre lang gab es keinen weiteren Versuch, sein Werk zu wiederholen beziehungsweise zu aktualisieren.

Das gleiche Vorhaben hatte schon zwei Jahre früher der Botaniker, Hochschullehrer und damalige Direktor des Karlsruher Botanischen Gartens Professor Ludwig Klein für das Großherzogtum Baden unternommen und seine *Bemerkenswerte Bäume* für diesen Raum veröffentlicht. Nach Baumarten geordnet und mit zahlreichen Bildtafeln versehen, wurden hier nicht nur die größten, sondern auch viele ‚merkwürdig' gewachsene Bäume vorgestellt.

Der 1978 erschienene Bildband *Begegnung mit Bäumen* (DRW-Verlag Stuttgart) war dann das Ergebnis einer erneuten Bestandsaufnahme Baden-Württembergs, veranlasst und beauftragt durch die Landesforstverwaltung. Die Ausführung übernahm Wolf Hockenjos, der als Forstamtsleiter in Villingen und als ‚Hüter der Weißtanne' vor allem im Raum Südschwarzwald die naturnahe Waldentwicklung der letzten Jahrzehnte wesentlich beeinflusst hat. Er stellt zwar ‚nur' annähernd 100 Ausnahmebäume aus vielen Regionen des Landes vor, doch verweist er ausdrücklich darauf, dass er aus ‚Rücksicht auf die Lesergeduld' darauf verzichtet habe, eine lückenlose Inventur zu veröffentlichen. Im Zentrum steht bei ihm immer, die Freude an Bäumen zu wecken, weil für ihn „*Gedanken- und Lieblosigkeit noch immer die größten Gefahrenquellen für die Bäume in der Kulturlandschaft*" darstellen (s. dort S. 9).

Wirklich umfassend dokumentarischen Charakter beweist erst wieder das ‚Kuratorium Alte liebenswerte Bäume in Deutschland e. V.', welches in den 90er-Jahren deutschlandweit die Buchreihe *Wege zu alten Bäumen* herausgab. Nach den Kriterien Alter, Wuchsform, Größe und Seltenheit ausgewählt, trägt Professor Hans-Joachim Fröhlich in dieser Buchreihe bedeutende Bäume für alle Bundesländer zusammen. Band 12 – Baden-Württemberg – erscheint 1995 und macht uns mit insgesamt 250 alten Bäumen bekannt. Aufgrund des kleinen Taschenbuchformats bietet es zwar nur kurze Beschreibungen, andererseits aber auch genaue Standortangaben, sodass man den ‚kleinen Fröhlich' auf seinen Baumexkursionen immer dabei haben kann.

27 Jahre später möchten meine *Baumschätze Baden-Württembergs* beides gleichzeitig: Einerseits die Wahrnehmung schärfen für Gewächse, die in der Geschichte des Lebens auf unserer Erde eine so immens wichtige Rolle gespielt haben – und gerade in heutiger Zeit immer noch spielen. Und andererseits eine aktuelle und ausführliche Bestandsaufnahme der herausragendsten Baumgestalten des Landes vorlegen. Insgesamt werden 500 Bäume aus 95 verschiedenen Arten präsentiert – doch auch sie stellen nur eine Auswahl meines Baumarchivs dar, das die ältesten und bedeutsamsten Bäume des Landes nach Naturräumen geordnet und nahezu flächendeckend' dokumentiert. Im vorliegenden Buch wird unser Bundesland jedoch nach den Regierungsbezirken Karlsruhe, Stuttgart, Freiburg und Tübingen in vier Großräume unterteilt. Alle vorgestellten Bäume sind zusätzlich mit kurzen Steckbriefen versehen, in denen sich die Angabe des Stammumfangs in der Regel auf eine Messhöhe von 130 cm bezieht - Abweichungen davon sind jeweils genannt.

Eines der zentralen Ziele des heutigen und des zukünftigen Naturschutzes besteht darin, dafür Sorge zu tragen, dass auch die nachfolgenden Generationen der Menschen die vielfältigen Erscheinungen unserer Natur zu bewahren versuchen. Alte Bäume sind ein unersetzlicher Teil dieser Naturschätze und so ist zu hoffen, dass sich auch unsere Kinder und Kindeskinder noch an ihnen erfreuen können, wenn die heutigen Generationen dieser Baumschätze längst zerfallen und vermodert sind.

Lassen Sie uns dazu beitragen, dass auch deren Nachkommen sich zu ebenso alten und wertvollen Baumgestalten entwickeln können!

Baumalter

Vor einem alten Baum stehend fragen sich viele Menschen, wie alt er wohl sein mag. Nur bei wenigen ist eine Tafel angebracht, auf der meist einige spärliche Informationen zu seiner Art, seiner Größe oder auch seiner Pflanzung zusammengefasst sind. Doch wie kann man das Alter eines Baumes bestimmen? Mit abnehmender Genauigkeit kommen dafür mindestens sechs verschiedene Möglichkeiten in Betracht.

1 Das Pflanzdatum

Die Durchführung einer Baumpflanzung anlässlich eines besonderen Ereignisses oder auch eines überregional bedeutsamen Geschehens in einer Gemeinde wird mitunter in Ortschroniken oder Kirchenbüchern festgehalten. Die Auswertung solcher Quellen kann somit sehr zuverlässige Informationen zum Alter eines Baumes liefern. Vorausgesetzt natürlich, der betreffende Baum wurde zu einem späteren Zeitpunkt nicht durch eine Neupflanzung ersetzt – die dann nicht dokumentiert wurde oder deren Vermerk nicht zur Kenntnis genommen wurde.

Zum Ende des deutsch-französischen Krieges 1870/71 wurden vermutlich mehr Gedenkbäume gepflanzt als zu jedem anderen Zeitpunkt – und meist waren es Friedenslinden. Weit weniger Bäume sind aus der Zeit nach dem Dreißigjährigen Krieg erhalten geblieben, also aus der Zeit um 1648. Auch das 400-jährige Reformationsjubiläum 1817 war vielerorts Anlass, durch das Pflanzen einer ‚Lutherlinde' die Erinnerung an dieses wichtige Ereignis wachzuhalten.

Am 9. Mai 1805 starb Friedrich Schiller und landauf, landab gedachte man des berühmten Dichters durch die Pflanzung einer ‚Schillerlinde'. Egal, ob zum 100. Todestag, dem 200. Geburtstag, dem 25. Krönungsjubiläum oder zur Einweihung eines Kirchenbaus, alle diese Anlässe liefern uns heute genaue Angaben zum gesuchten Alter eines Baumes. Auch historische Karten, Gartenpläne oder datierte Fotografien können dabei helfen, das Alter zu bestimmen.

2 Die Jahresringe

Das Auszählen der Jahresringe ist eine fast ebenso zuverlässige Methode – wenngleich nur bei einem gefällten Baum anwendbar. Einschränkend kommt hinzu, dass bei extrem schlechten Wuchsbedingungen ein kompletter Jahrring ausfallen oder zumindest in Teilen des Querschnitts nicht erkennbar sein kann. Das lebenslang anhaltende Dickenwachstum eines Baumes findet immer im Bereich des Kambiums statt – dies ist, neben den Zweig- und Wurzelspitzen, die einzige ‚lebendige Zone' des Baumes. Nur hier befinden sich Zellen, die noch zur Teilung befähigt sind und sowohl dem Splintholz als auch dem Bast weitere Zellen hinzufügen können. Die Anlagerung dieser neuen Zellen erfolgt ringförmig – im Frühjahr sind diese Zellen hell gefärbt und dienen mit ihrer weiten Röhrenform vorrangig dem Transport von Wasser und Nährstoffen in alle Teile der Baumkrone. Der im späteren Verlauf des Jahres stattfindende Zuwachs erfolgt durch kleine, feste und dunkler gefärbte Gewebe, die im Wesentlichen die Aufgabe haben, für Stabilität zu sorgen. Man kann also meist helle und dunkle Jahrringe unterscheiden – und natürlich dürfen bei der Auszählung einer Baumscheibe nur die hellen oder die dunklen Ringe berücksichtigt werden.

Schon um 1900 hatte der amerikanische Astronom Andrew Ellicott Douglass (1867–1962) beobachtet, dass während eines trockenen Jahres ein sehr viel schmalerer Jahresring ausgebildet wird als in einem feuchten Jahr. Durch die ganz spezifische Abfolge dieser Jahrringbreiten konnte man nun zum Beispiel feststellen, aus welcher Zeit ein Gebäude stammte, indem man die darin verwendeten Holzbalken untersuchte. Douglass gab diesem Verfahren den Namen *Dendrochronologie* – nach den griechischen Begriffen *dendros* (Baum), *chronos* (Zeit) und *logos* (Lehre). Heute lassen sich solche Hölzer im Hohenheimer Jahrringkalender bis in rund 12.500 Jahre zurückliegende Zeiten einordnen.

3 Technische Verfahren

Auch beim Einsatz von technischen Geräten zur Altersbestimmung von Bäumen spielen die Jahrringe eine entscheidende Rolle. Hier wird beispielsweise der Widerstand gemessen, den das Holz der eindringenden Bohrnadel eines *Resistographen* leistet. Dieser Widerstand ist bei hoher Holzdichte (dunkles Spätholz) meist deutlich höher als bei niedriger Dichte (helles Frühholz), sodass durch die wechselnden Widerstandswerte die Jahrringe in Form von Kurvenausschlägen sichtbar gemacht und ausgezählt werden können.

Die wechselnde Härte von Früh- und Spätholz macht sich auch ein anderes technisches Verfahren zunutze, der sogenannte *Arbotom* oder *Schallimpulstomograph*. Hier werden Schallwellen ausgewertet, die infolge von Hammerschlägen auf mehrere Stellen des Stammes durch das Holz laufen – im dichten Spätholz ist die Ausbreitungsgeschwindigkeit höher als im weniger dichten Frühholz. Meist dient dieses Verfahren im Rahmen von Baumgutachten vorrangig dazu, die Standfestigkeit des untersuchten Baumes festzustellen und nachzuweisen, ob Hohlräume und Faulstellen vorhanden sind.

Doch was ist, wenn im Stamminneren gar kein Holz mehr vorliegt? Bei sehr alten Bäumen fehlt häufig ein großer Teil des Holzkörpers – ihre Stämme sind infolge der Zersetzung durch Pilze und andere Schadeinwirkungen meist ausgehöhlt. Hier kann dann bestenfalls ein kleines Stück der verbliebenen Stammschale – die sogenannte Restwandstärke – gemessen werden und mithilfe einer recht komplizierten Berechnungsformel wird dann versucht, die nicht mehr ablesbare Wachstumszeit zu interpolieren. Je weniger messbare Holzdicke zur Verfügung steht, desto ungenauer wird zwangsläufig das Ergebnis ausfallen.

4 Zwei Messungen

Eine Methode, die ohne Verletzung des Baumes auskommt, ist die Messung des Stammumfangs zu möglichst weit auseinander liegenden Zeitpunkten. Wenn etwa bei einem alten Baum eine Umfangsangabe des Stammes aus dem Jahr 1911 vorliegt (Schwäbisches Baumbuch von Otto Feucht) und dieser Baum 2011 erneut vermessen wird – möglichst in gleicher Höhe – dann lässt sich das gesuchte Alter verhältnismäßig genau ermitteln. Hierzu folgendes Beispiel: Hatte eine Stiel-Eiche im Jahr 1911 einen Umfang von 450 cm und erreicht 100 Jahre später 600 cm, so ergibt sich zunächst rechnerisch ein Alter von 400 Jahren. Da jeder Baum in seiner Jugendphase aber schneller wächst als in höherem Alter, muss davon ein je nach Baumart unterschiedlicher Wert abgezogen werden. Unsere Eiche kann in ihrer 60–80 Jahre dauernden Jugendphase durchaus schon einen Stammumfang von mehr als 200 cm erreicht haben, nach 100 Jahren auch schon 300 cm. Wenn danach das Wachstum auf das zuletzt festgestellte Maß zurückgeht (1,5 cm pro Jahr), dann bräuchte die Eiche für die weiteren 300 cm etwa 200 Jahre und das Alter läge somit bei nur noch 300 Jahren.

Selbst wenn diese Unterschiede in der Wachstumsgeschwindigkeit baumartspezifisch angemessen berücksichtigt werden, kann die Abweichung zum tatsächlichen Alter – nach oben und nach unten – leicht 50 oder mehr Jahre betragen. Und wie man am Beispiel des Schwäbischen Baumbuchs gut sehen kann, sind die meisten der damals vorgestellten Baumveteranen heute längst abgegangen. Man wird also in der Landschaft nicht mehr viele Bäume finden, bei denen zwei (oder mehr) Messzeitpunkte weit auseinander liegen können. Liegen zum Beispiel nur 10 Jahre dazwischen, dann kommt ein weiterer Unsicherheitsfaktor dazu: Dass gerade diese 10 Jahre im Durchschnitt der Wuchsleistung liegen, ist schon wesentlich unwahrscheinlicher als dies bei 100 Jahren der Fall wäre. Sind gerade in diesem Zeitraum überdurchschnittlich viele ‚schlechte' Jahre dabei – oder auch besonders viele ‚gute', so verfälscht dies das hochgerechnete Ergebnis erheblich.

5 Der Stammumfang

Noch etwas unsicherer dürfte die einfache Messung des Stammumfangs zur Altersbestimmung sein. Doch immerhin hat sie den Vorteil, dass sie jederzeit bei allen lebenden Bäumen angewandt werden kann. Die Frage ist nur: Führt eine solche Messung auch zu einem brauchbaren Ergebnis?

Der britische Botaniker Alan F. Mitchell (1922–1995) hat ermittelt, dass man beim durchschnittlichen Umfangswachstum eines Baumes von 2,5 cm pro Jahr ausgehen könne. Eine Eiche mit 450 cm Stammumfang wäre somit 180 Jahre alt. Leider wird schnell klar, dass ein solcher *Mittelwert* zunächst wenig hilfreich sein kann, wenn man das Alter mit dem Maßband ermitteln will. Es wäre in etwa so, als würde man zur Klärung der

Frage, wie lange das Wasser einer Quelle braucht, um die ersten 10 Kilometer zurückzulegen, die durchschnittliche Fließgeschwindigkeit von Wasserläufen einsetzt. So wie es hier gemächlich dahinströmende Flüsse gibt, aber auch steil zu Tal stürzende Bergbäche, sind die Unterschiede beim Dickenwachstum von Bäumen beträchtlich – weil sehr viele unterschiedliche Faktoren dieses Wachstum ganz wesentlich beeinflussen.

Diese Faktoren zu quantifizieren, ist ein schwieriges und langwieriges Unterfangen, kein Wunder also, dass hierzu kaum Zahlenmaterial vorliegt. Zwei dieser Faktoren hat Mitchell allerdings selbst schon berücksichtigt: Zum einen ist das der Standort des Baumes hinsichtlich seiner *Konkurrenzsituation*. Den Daumenwert von 2,5 cm/a wendet er nur für solitär stehende Bäume an, die weder beim Lichtangebot noch bei der Nährstoffversorgung durch Konkurrenten eingeschränkt sind. Bei Alleebäumen multipliziert er das Ergebnis mit dem Faktor 1,5, bei Waldbäumen im Bestand mit dem Faktor 2. Die 450 cm messende Eiche in unserem Beispiel ist als Waldbaum dann schon 360 Jahre alt! Nach meiner Einschätzung können hier auch Zwischenwerte eingesetzt werden, je nachdem, wie ausgeprägt die Konkurrenzsituation sich darstellt.

Ein weiterer wichtiger Einflussfaktor auf das Wachstum betrifft die *Artzugehörigkeit* des Baumes. Diesen artspezifischen Faktor, der genetisch festgelegt ist, haben Mitchell (zusammen mit Wilkinson 1978) und auch einige andere Autoren ebenfalls schon bedacht. Die hierzu gemachten Angaben schwanken jedoch zum Teil um mehr als 100 % – für *Thuja plicata* werden bei Mattheck/Kappel 5–7,5 cm angeben, im Baumportal 2,22 cm und waldwissen.de berichtet von 1,2 bis 1,4 cm! Meist fehlt auch der Hinweis, für welches Alter der genannte Wert gilt – fast alle Bäume wachsen in der Jugend deutlich schneller. Und dieses Jugendstadium kann schon mit 10 Jahren enden (Pappeln) oder erst mit 60–80 Jahren (Eichen). Die Wachstumsunterschiede sind auch im höheren Alter beträchtlich: Mammutbäume können mehr als 7 cm pro Jahr zulegen, Eiben dagegen oft weniger als 5 mm! Mitchell hat den artspezifischen Faktor für Eichen und Linden mit 0,8 angesetzt, bei Eschen, Robinien, Fichten und Lärchen sind es 0,5 und bei Platanen 0,4. Misst unsere Eiche also 450 cm im Umfang, teilt man diesen durch 2,5 und multipliziert dann mit dem Faktor 0,8, so ergeben sich 144 Jahre – und im Bestand sind es dann 288 Jahre. Das erscheint durchaus realistisch.

Man könnte den von Mitchell angegebenen Durchschnittswert von 2,5 cm/a auch mit dem Faktor 1 gleichsetzen – wächst ein Baum mit dieser Geschwindigkeit, verändert dieser Faktor das ermittelte Ergebnis somit nicht. Schnell wachsenden Bäumen werden entsprechend kleinere Faktoren zugeordnet (z. B. *Sequoiadendron giganteum* mit 0,33, entspricht 7,5 cm), langsam wachsenden Bäumen dann entsprechend Faktoren über 1 (z. B. *Taxus baccata* mit 3,6, entspricht 0,7 cm).

Es ist zumindest naheliegend, dass auch die *klimatischen* und *pedologischen Verhältnisse* am Standort eines Baumes erhebliche Auswirkungen auf dessen Wachstum haben. Extreme Beispiele sind Fichten, die selbst nach mehreren Hundert Jahren Lebensalter nur sehr unscheinbare Stämme von kaum einem Meter Umfang ausbilden (Nordschweden bei sehr kurzer Vegetationsperiode), oder die berühmten Grannen-Kiefern in den White Mountains von Kalifornien, die in einer Höhenlage von über 3.000 Metern bei ihren Jahresringbreiten weit unter einem Millimeter bleiben. Innerhalb Baden-Württembergs gibt es hinsichtlich Temperatur und Niederschlagsmenge durchaus deutliche Unterschiede – so etwa zwischen milden Weinbaugebieten am Oberrhein oder im Kraichgau, und den Höhen des Schwarzwaldes und der Schwäbischen Alb, wo die Vegetationszeit für Pflanzen merklich kürzer, beziehungsweise die Wasserversorgung (im Falle des Karstgebirges Alb) zumindest gebietsweise deutlich schlechter ist.

Untersuchungen der TU München an 1.400 Stadtbäumen aus verschiedenen Teilen der Welt belegen, dass Bäume im städtischen Raum aufgrund der gegenüber dem Umland höheren *Temperaturen* schneller wachsen. Bei einem Alter von 50 Jahren beträgt der Unterschied immerhin 25 %, bei 100-jährigen Bäumen sind es noch 20 %. Der Wärmeinseleffekt einer Großstadt führt offenbar zu einer höheren Fotosyntheseleistung und zu einer längeren Vegetationsphase – mit der Folge eines höheren Wachstums. Auf der anderen Seite beobachteten die Forscher aber auch ein früheres Altern der untersuchten Bäume – sie erreichen somit ein geringeres Maximalalter gegenüber den vergleichbaren Bäumen im Umland der Großstadt.

Die *Belüftungssituation* im Wurzelraum und das *Nährstoffangebot* im Erdreich sind weitere Faktoren, die Berücksichtigung finden müssen. In welchem Maße *klimatische Faktoren* wie Temperatur und Niederschlag, sowie *pedologische Bedingungen*, wie etwa Bodendichte, Nährstoffangebot oder die Wasserleitfähigkeit des Substrats, sich auf das Wachstum von Bäumen auswirken, ist bisher noch wenig bekannt. Verschiedene Untersuchungen, wie die oben genannten, zeigen zwar eine signifikante Einflussnahme, doch sind bezüglich der Dickenzunahme des Stammes keine Zahlen vorhanden. Man könnte somit nur sehr vorsichtig festhalten, dass bei langer Vegetationszeit und einer guten Bodennote ein höheres Wachstum angenommen werden kann als bei entsprechend ungünstigeren Verhältnissen. Ausgehend von einem durchschnittlichen Standort (entspricht Faktor 1) wäre bei mildem Klima, guter Wasserversorgung und nährstoffreichem Boden ein etwa 20 % schnelleres Wachstum realistisch (Faktor 0,80). Demgegenüber wäre ein trockener Standort auf magerem Untergrund im Bergland mit dem Faktor 1,20 zu berücksichtigen. Ob alles zusammen mit dem *Standortfaktor* (0,80 bis 1,20) angemessen Berücksichtigung findet, ist jedoch quantitativ nicht belegbar. Immerhin dürfte er das so berechnete Ergebnis ein wenig in die richtige Richtung verschieben.

Dieses auf der Basis der ‚verfeinerten' Mitchell-Formel ermittelte Alter wird in vielen Fällen ungefähr stimmen, allerdings sind auch hier weitere wichtige Faktoren nicht eingerechnet – wie etwa das *individuelle Wachstum* eines Baumes, denn selbst bei zwei Bäumen der gleichen Art und am gleichen Standort können sich nach hundert Jahren deutliche Unterschiede in der Stammstärke zeigen.

Zusammengefasst könnte sich somit folgende ‚verfeinerte' *Altersformel* ergeben:

$$A = U / M \times W \times K \times S$$

A = Alter
U = Umfang (in cm bei Messhöhe 130 cm)
M = Mittelwert nach Mitchell (2,5 cm/a)
W = Faktor Wuchstempo (Baumart, s. Tabelle S. 23)
K = Faktor Konkurrenz (Solitär 1,0/Allee 1,5/Bestand 2,0)
S = Faktor Standort (Temperatur/Wasser/Boden, von 0,8 bis 1,2)

Baumart	Jährlicher Zuwachs des Stammumfanges in cm	Artspezifischer Wachstumsfaktor
Riesenmammutbaum	7,5	0,33
Urweltmammutbaum	7,5	0,33
Schwarz-Pappel	5,5	0,45
Silber-Weide	5,0	0,50
Douglasie	3,5	0,70
Grau-Erle	3,5	0,70
Riesen-Lebensbaum	3,3	0,75
Platane	3,0	0,83
Rosskastanie	3,0	0,83
Silber-Ahorn	3,0	0,83
Tulpenbaum	3,0	0,83
Rot-Eiche	2,8	0,88
Spitz-Ahorn	2,7	0,92
Schwarznuss	2,5	1,00
Europäische Fichte	2,5	1,00
Zerr-Eiche	2,5	1,00
Atlas-Zeder	2,5	1,00
Esche	2,5	1,00
Weiß-Tanne	2,5	1,00
Robinie	2,5	1,00
Berg-Ahorn	2,5	1,00
Birnbaum	2,5	1,00
Ginkgo	2,5	1,00
Birke	2,5	1,00
Kirschbaum	2,5	1,00
Apfelbaum	2,5	1,00
Europäische Lärche	2,5	1,00
Mehlbeere	2,3	1,10
Sommer-Linde	2,3	1,10
Speierling	2,1	1,20
Eberesche	2,1	1,20
Trauben-Eiche	2,1	1,20
Winter-Linde	2,1	1,20
Rot-Buche	2,1	1,20
Stiel-Eiche	2,1	1,20
Walnussbaum	2,1	1,20
Edel-Kastanie	2,1	1,20
Hainbuche	2,0	1,25
Sumpfzypresse	2,0	1,25
Berg-Ulme	2,0	1,25
Feld-Ahorn	1,8	1,40
Weißdorn	1,8	1,40
Wald-Kiefer	1,8	1,40
Eibe	0,7	3,60

Mittlere Zuwachswerte und Wachstumsfaktor (W) verschiedener Baumarten
Zusammengestellt nach Angaben von Mitchell (1979), Mattheck/Kappel (2002), Plietzsch (2009).

6 Visuelle Altersschätzung

Wenn keine der genannten Möglichkeiten zur Verfügung steht (also auch kein Maßband), um das Alter eines Baumes zu ermitteln, so bleibt als schnellste und gebräuchlichste Methode immerhin die Schätzung auf der Basis von Erfahrungswerten. Hierbei wird versucht, durch genaue Betrachtung des Baumes selbst und unter Einbeziehung aller erkennbarer Einflussfaktoren zu einem Ergebnis zu kommen. Auch bei diesem Prozess muss man auf viele Fragen eine Antwort finden: Zu welcher *Art* gehört der Baum? Welche *Dimensionen* haben Stamm und Krone erreicht? Welche typischen *Altersmerkmale* liegen vor (Borkenstruktur, besondere Wuchsformen am Stamm, Moosauflagen, Kronenbau, etc.)? Wie ist der *Erhaltungszustand* (Ausbrüche, Höhlungen, Fäulnisschäden, Adventivholz, etc.)? Die *Umgebungsbedingungen* hinsichtlich Lichtausbeute, Windexposition oder Höhenlage sind auch für den Ortsunkundigen relativ gut einschätzbar. In einer städtischen Umgebung ist hier etwa die Frage wichtig, in welchem Ausmaß der Boden unter dem Kronenraum durch Asphalt versiegelt ist oder wie stark der Baum Schadstoffen (Abgasemissionen, Streusalz, Kontamination des Erdbodens) ausgesetzt ist.

Die Situation im *Erdboden* bezüglich Wasserhaushalt und Nähstoffangebot ist grundsätzlich schwerer einzuschätzen. Hier helfen einerseits Kenntnisse zur geologischen Beschaffenheit des Untergrunds sowie zur Güte der daraus entstehenden Böden. Gute Hinweise liefern hier oft weitere Vegetationsformen am Standort des Baumes: Gibt es andere Baumarten wie Schwarz-Erle, Silber-Weide oder Schwarz-Pappel (nass bis feucht), Wald-Kiefer, Trauben-Eiche oder Hainbuche (mäßig trocken bis trocken)? Wird das Land intensiv ackerbaulich genutzt (hohe Bodengüte, somit reichlich Nährstoffe)? Befindet man sich in felsigem Gelände, steht also wenig Humus zur Verfügung, dürfte das Wachstum dagegen erheblich langsamer verlaufen. Eine hohe Artenvielfalt bei der krautigen Flora weist tendenziell auf nährstoffarme Böden hin (Beispiel Wacholderheide), geringe dagegen auf stark gedüngten Untergrund. Im Grünland zeigen Arten wie Sonnenröschen, Salbei, Karthäuser-Nelke, Färberkamille oder Weiße Lichtnelke eher trockenen Boden an, während Schachtelhalm, Trollblume, Ampfer oder Kohldistel feuchte Standorte brauchen, um zu gedeihen.

Baumschätze

Das Alter ist sicher das wichtigste Kriterium, um einen Baum nicht nur als bemerkenswert, sondern auch als schützenswert oder sogar bewundernswert wahrzunehmen. Ein sehr alter Baum bringt uns angesichts seiner Jahrhunderte währenden Lebensgeschichte zum Staunen. Dass die Linden in Wiesenbach oder am Ziegelhof bei Ehingen schon große Bäume waren als Kolumbus Amerika erreichte, ist für uns nur schwer vorstellbar – und deshalb umso beeindruckender.

Sein biologisch mögliches Höchstalter kann ein Baum allerdings nur erreichen, wenn er allen Faktoren, die zu einem vorzeitigen Ableben führen, trotzen kann – und das ist extrem selten der Fall. Schäden durch Stürme, Frost, Hitze, Insekten, Pilze, Licht- oder Wassermangel, und nicht zuletzt infolge menschlicher Eingriffe, sind dagegen die Regel. Deshalb macht die Zahl der alten, geschützten Bäume nur einen winzigen Bruchteil am Baumbestand insgesamt aus. Ein kleines Rechenbeispiel mag dies verdeutlichen: Die Zahl aller Bäume in Deutschlands Wäldern wird auf rund 90 Milliarden geschätzt, in Baden-Württemberg dürften es vielleicht 10 Milliarden sein. Die Zahl der als Naturdenkmale geschützten Bäume in unserem Bundesland liegt bei etwa 8000 – man kann also davon ausgehen, dass auf 1,25 Millionen Bäume gerade mal ein Exemplar kommt, das durch die Unterschutzstellung eine besondere Form der Würdigung erfährt!

Allein dies zeigt, welchen Wert man einem so seltenen Gewächs zumessen und welche Wertschätzung ein alter Baum deshalb auch erfahren sollte. In diesem Zusammenhang darf man auch den Begriff *Baumschatz* verstehen, ist er doch wie kein anderer ein Ausdruck für etwas sehr wertvolles. Und dies gilt umso mehr, wenn man die überaus wichtigen Leistungen in den Blick nimmt, die ein Baum insgesamt vollbringt: Er produziert den für fast alle Lebewesen lebensnotwendigen Sauerstoff, reduziert das klimaschädliche CO_2, bindet Staub, kühlt und befeuchtet die Luft, befestigt das Erdreich, sorgt für Schatten, bietet Nahrung und Lebensraum für unzählige Tierarten, und nicht zuletzt liefert er uns Menschen Brennstoff, Baumaterial und zahlreiche Rohstoffe für allerlei Produkte des täglichen Lebens. Und vieles davon kann ein alter Baum besser als ein junger. Zum Prädikat eines Naturdenkmals schafft es ein junger Baum allenfalls, wenn er diese Auszeichnung von seinem abgegangenen Vorgänger übernehmen durfte.

Und manche dieser Leistungen können Bäume erst ab einem weit fortgeschrittenen Alter erbringen. Vor allem hinsichtlich der Erhaltung der Artenvielfalt bieten nur die ganz alten Veteranen so viele wertvolle Habitatstrukturen für die seltenen und vom Aussterben bedrohten Tierarten, dass man sie als unverzichtbare Archebäume betrachten muss. Sie zu erhalten und dafür zu sorgen, dass weitere nachwachsen können, zählt auch zu den Aufgaben des Naturschutzes.

Der Nordwesten
Baden-Württembergs

Der Nordwesten
Baden-Württembergs

Anzahl Bäume (Allee als Einzelbaum): 98 von insgesamt 500 • Verschiedene Baumarten: 51 von insgesamt 96

Braut-Myrte
im Schaugarten Hermannshof

Baumart: *Sequoiadendron giganteum*
Landkreis: *Rhein-Neckar-Kreis*
Standort: *Im Schau- und Sichtungsgarten Hermannshof*
Geodaten: *49.547577, 8.669833*
Alter: *134 Jahre, gepflanzt 1888*
Stammumfang: *8,33 m (2021)*

Baumart: *Myrtus communis*
Landkreis: *Rhein-Neckar-Kreis*
Standort: *Im Schau- und Sichtungsgarten Hermannshof*
Geodaten: *49.547977, 8.670215*
Alter: *143 Jahre, Ansaat 1879*
Stammumfang: *1,12 m (bei 70 cm Höhe, Messung 2016 von V. A. Bouffier)*

Als ‚Schau- und Sichtungsgarten' ist der bereits über 200-jährige Park im Zentrum Weinheims erst seit den Jahren 1981–1983 angelegt – und seitdem auch für die Öffentlichkeit frei zugänglich. Der Name ‚Hermannshof' geht auf den Weinheimer Industriellen Hermann-Ernst Freudenberg zurück, der das 2,3 ha große Anwesen samt Villa 1888 erwarb und in den folgenden Jahrzehnten zu einem besonderen Garten seltener Gehölze und farbenprächtiger Stauden gestaltete. Zu den außergewöhnlichsten Pflanzen des Parks zählt die in Deutschland stärkste und älteste Braut-Myrte, die während der kalten Jahreszeit in einem eigens für sie konstruierten Gewächshaus untergebracht ist. Da dieses ‚Überwinterungshaus' nicht mitwächst, muss die 1879 aus einem Steckling gezogene Pflanze auf ein Maß von 6 m Höhe und 8 m Breite zurechtgestutzt werden (kleines Bild linke Seite).

Genügend Platz, um seine imposante Größe gebührend zeigen zu können, steht dagegen dem Riesenmammutbaum von 1888 zur Verfügung (im großen Bild linke Seite). Mit seinem 8,33 m starken Stamm und seiner 30-m-Krone beherrscht er die Szene vor dem Konferenzhaus.

Von dendrologisch größerer Bedeutung sind die beiden ältesten Baumbewohner des Hermannshofes einzuschätzen – und beide sind im östlichsten Teil des Gartens zu finden: Die Morgenländische Platane an der Institutsstraße (unten links) und die Ahornblättrige Platane an der Grabenstraße (unten rechts). Sie stammen beide aus dem Jahr 1770 und in Baden-Württemberg zählen sie zu den Top 5 ihrer Art. Dabei ist die *P. orientalis* weitaus seltener zu finden als die Hybridform x *hispanica*, die in vielen Städten als geradezu stadtbildprägend gilt. Die Unterscheidung ist vor allem im Winterhalbjahr schwierig, doch ein Merkmal ist auch da vorhanden: Die stacheligen Früchte der Orientalis hängen mindestens zu dritt am Baum, bei der Hispanica sind es nur eine oder zwei.

Baumart: *Platanus orientalis*
Landkreis: *Rhein-Neckar-Kreis*
Standort: *Im Schau- und Sichtungsgarten Hermannshof*
Geodaten: *49.547421, 8.670828*
Alter: *252 Jahre, gepflanzt 1770*
Stammumfang: *ca. 4,30 m (2021)*

Baumart: *Platanus x hispanica*
Landkreis: *Rhein-Neckar-Kreis*
Standort: *Im Schau- und Sichtungsgarten Hermannshof*
Geodaten: *49.547397, 8.670857*
Alter: *252 Jahre, gepflanzt 1770*
Stammumfang: *6,80 m (2021)*

Japanischer Schnurbaum
in Weinheim

Südlich des Hermannshofes schließt sich jenseits der Grabengasse beziehungsweise der Rote Turmstraße das Gelände des Weinheimer Schlosses an. Das ehemalige Kurpfälzische Schloss aus dem 16. bis 19. Jahrhundert wurde ab 1868 vom Freiherrn Christian von Berckheim und seiner Familie bewohnt. Er ließ den markanten Schlossturm und das Zwischengebäude in neugotischem Stil errichten. Seit 1938 ist die Stadt Weinheim im Besitz des Anwesens und im Schlossgebäude ist das Rathaus untergebracht.

Im nördlichsten Teil des Schlossgeländes befindet sich ein Minigolfplatz, den man als Baumfreund unbedingt aufsuchen sollte. Neben einem stattlichen Exemplar der Edel-Kastanie ist ein wenig auffallender Amerikanischer Zürgelbaum vorhanden (Bild unten), der zu den stärksten seiner Art in Baden-Württemberg, ja sogar in ganz Deutschland zählt. Der aus den östlichen USA stammende Baum hat gute Chancen, sich bei uns zukünftig gut zu behaupten, denn er kommt mit trockenen Bedingungen zurecht und ist frosthart. Die lang gestielten, meist 10–13 mm großen, runden Steinfrüchte sind orangefarben und essbar.

Die größte Kostbarkeit auf dem kleinen Areal nördlich des Schlosses ist jedoch der monumentale Japanische Schnurbaum, der genau zwischen Zürgelbaum und Edel-Kastanie die meisten Blicke auf sich lenkt (linke Seite). Der in Ostasien beheimatete Hülsenfrüchtler – die Samen sind hierbei durch Einschnürungen getrennt – ist mit seinen Schmetterlingsblüten im Spätsommer eine wichtige Bienenweide. Kaum ein Baum blüht bei uns so spät im Jahr. Auf der anderen Seite ist der hinsichtlich seiner Blätter einer Robinie ähnliche Baum in allen Teilen giftig.

Das Naturdenkmal auf dem Minigolfplatz besitzt drei alte Stammachsen, die zu einem mächtigen, deutschlandweit wohl einmalig dicken Gesamtstamm verwachsen sind. Ein jüngerer Stämmling hat sich zusätzlich in der Mitte des Stammfußes entwickelt. Die alten Achsen sind deutlich eingekürzt, aber immer noch gut 20 m hoch. Der Kronendurchmesser beträgt noch etwa 15 m. Seil- und Schlingensicherungen sind vorhanden, so bleibt zu hoffen, dass der vielleicht 150-jährige Ausnahmebaum noch eine gute Zukunft haben wird.

Baumart: *Styphnolobium japonicum*
Landkreis: *Rhein-Neckar-Kreis*
Standort: *Auf dem Minigolfplatz am Schloss*
Geodaten: *49.546642, 8.670170*
Alter: *ca. 150 Jahre*
Stammumfang: *7,94 m (2021)*

Baumart: *Celtis occidentalis*
Landkreis: *Rhein-Neckar-Kreis*
Standort: *Auf dem Minigolfplatz am Schloss*
Geodaten: *49.546584, 8.670022*
Alter: *ca. 120 Jahre*
Stammumfang: *2,42 m (2021)*

Libanon-Zeder
am Schloss Weinheim

Weinheims zweifellos bedeutendster Baumschatz ist die riesige Libanon-Zeder auf dem Kleinen Schlossplatz, unmittelbar südwestlich vor dem Schlossgebäude. Sie galt lange Zeit als älteste und größte ihrer Art in Deutschland – ein Schild am Fuße des Baumes attestierte ihr die Pflanzung im Jahr 1720. Doch kurz vor ihrem vermeintlichen 300. Geburtstag ergaben genauere Nachforschungen in den Archiven, dass es dafür überhaupt keinen gesicherten Beleg gibt. Ein Ölgemälde von 1867 und eine Fotografie von 1880 ließen zusammen mit weiteren Indizien des Weinheimer Stadtarchivs auf eine mögliche Pflanzzeit um 1835 schließen. Verschiedene Berichte aus der vorhandenen Literatur zwischen 1898 und 1975 (siehe dazu Bouffier, 2022) gehen jedoch davon aus, dass die Zeder im Rahmen der Umgestaltung des Schlossgartens durch den Gartenarchitekten Friedrich Ludwig von Sckell um 1790 gepflanzt wurde. Damit wäre sie vielleicht nicht die älteste, aber sicher die stärkste, einstämmige Libanon-Zeder in Deutschland, denn das mit 6,40 m noch stärkere Exemplar in Bad Homburg (gepflanzt 1822) ist mehrstämmig verwachsen.

Doch ungeachtet dessen ist man sprachlos, wenn man unter der gewaltigen Krone steht, die mit einem Durchmesser von 33 m eine Dimension aufweist, wie sie nur wenige andere Bäume im Land besitzen. Einige tief abgehende Äste reichen zwar weit ausschwingend bis zum Erdboden herab, doch bietet sich nahe am Stamm stehend ein freier Blick in die riesige, türkisgrün schimmernde Baumkuppel. Von der massigen Stammsäule streben Dutzende starker Äste nach allen Seiten. Sie sind vielfach mit Stahlseilen gesichert, auch die Tiefäste werden von oben gehalten. Allein der stärkste Ast hat bereits einen Umfang von rund 3,30 m, er wurde vor langer Zeit auf etwa 3 m Länge abgenommen und wächst seitdem mit einem auffälligen Knick nach oben weiter.

Leider sind viele Äste seitlich oder an der Oberseite aufgeplatzt. Hier haben die Baumpfleger das Holz sorgfältig geglättet und die offenen Stellen mit einem Baumharzanstrich versehen. So kann das ansonsten sehr vitale Naturdenkmal diese Verletzungen allmählich wieder überwachsen. Der Stamm selbst ist ohne erkennbare Schäden und nach einer Klopfprobe offenbar vollholzig – auch das ist ein besonderes Merkmal dieser Baumart, selbst in hohem Alter.

Benachbart an der Schlossgartenmauer finden sich zwei weitere der seltenen Libanon-Zedern, die in ihrem Ursprungsgebiet, dem Libanon und der südwestlichen Türkei, bis zu 1000 Jahre alt werden können. Sie stehen ebenfalls unter Naturschutz, stammen wahrscheinlich aus der Zeit um 1872, sind aber mit ihren Stammumfängen von 3,53 m und 3,35 m noch weit entfernt von der großartigen Ausstrahlung ihrer berühmten Nachbarin.

Baumart: *Cedrus libani subsp. libani*
Landkreis: *Rhein-Neckar-Kreis*
Standort: *Auf dem Kleinen Schlossplatz*
Geodaten: *49.545843, 8.669711*
Alter: *ca. 232 Jahre (Pflanzung um 1790)*
Stammumfang: *5,77 m (2021)*

Baumschätze
im Weinheimer Schlosspark

Baumart: *Sequoia sempervirens*
Landkreis: *Rhein-Neckar-Kreis*
Standort: *Im Schlosspark beim Ententeich*
Geodaten: *49.538640, 8.677358*
Alter: *ca. 70 Jahre*
Stammumfang: *ca. 3,50 m (2021)*

Neben der malerischen Altstadt und den beiden Burgen *Windeck* und *Wachenburg*, die über der Stadt thronen, gehören gleich drei botanische Sehenswürdigkeiten zu den bekanntesten Ausflugszielen an der badischen Weinstraße: Der Schau- und Sichtungsgarten Hermannshof im Stadtzentrum, der Exotenwald am Anstieg zum Odenwald, und dazwischen der gut 6 ha große Weinheimer Schlosspark.

Die bereits ab 1787 im englischen Stil umgestaltete Gartenanlage geht in ihrer heutigen Form auf den Freiherrn Christian von Berckheim zurück, der mit seiner Familie von 1868 bis zu seinem Tod 1889 im Schlossgebäude, dem heutigen Rathaus, wohnte. Von seinen Reisen brachte er große Mengen Samen von exotischen Bäumen mit – ob er bereits in den späten 60er-Jahren des 19. Jahrhunderts davon einige im neu gestaltenen Park des Schlosses auspflanzte, ist zwar nicht belegt, aber immerhin möglich. Der gut 30 m hohe Küstenmammutbaum (*Sequoia sempervirens*), der direkt am Ententeich eine prächtige Figur macht (linke Seite), dürfte eher nicht dazu gehören – seine Stammdimensionen und die noch sehr gleichmäßige und recht feine Borkenstruktur deuten eher auf ein Alter von etwa 60 bis 70 Jahren hin. Der sonnige, freie Platz hat für eine perfekte Kronenform gesorgt, in der die benadelten Äste bis tief herunter erhalten sind (im Gegensatz zum Berg- bzw. Riesenmammutbaum hat die Küstenform tannenähnliche Nadeln).

Etwas näher zum Schloss, an einer Wegkreuzung stehend, ist ein großer Ginkgobaum (rechts oben) schon eher ein Kandidat für eine frühe Berckheim'sche Pflanzung. Die vielastig ausgebildete Krone des Naturdenkmals reicht bis in eine Höhe von rund 25 m und ist vor allem im November, wenn die meisten Bäume ihr Laub schon verloren haben, mit seinem prächtig gelben Blätterkleid ein ganz besonderes Highlight.

Ebenfalls unter Naturschutz steht eine Stiel-Eiche im südlichen Teil des Großen Schlossparks (rechts). Sie könnte sogar noch aus der Zeit der ursprünglichen, französischen Parkanlage des frühen 18. Jahrhunderts stammen, somit bald 300 Jahre alt sein! Nach Standort, Habitus und Erhaltungszustand scheinen ca. 180 bis 200 Jahre allerdings realistischer. Kronenbau und Aststellung deuten auf die Sorte 'Fastigiata' hin, die unter dem Namen *Säulen-Eiche* oder *Pyramiden-Eiche* bekannt ist. Bei ihr wachsen die Äste zunächst steil aufwärts, erst im höheren Alter neigen sie sich zunehmend nach außen. Das Schlosspark-Exemplar zeigt als wesentliches Merkmal sehr weit auslaufende Wurzelstränge an der Stammbasis.

Baumart: *Ginkgo biloba*
Landkreis: *Rhein-Neckar-Kreis*
Standort: *Im Schlosspark, nördlicher Teil*
Geodaten: *49.544919, 8.670197*
Alter: *ca. 160 Jahre*
Stammumfang: *3,61 m (2021)*

Baumart: *Quercus robur 'Fastigiata'*
Landkreis: *Rhein-Neckar-Kreis*
Standort: *Im Schlosspark, zentral*
Geodaten: *49.543841, 8.669642*
Alter: *ca. 180–200 Jahre*
Stammumfang: *5,54 m (2021)*

Exotenwald
in Weinheim

Baumart: *Sequoia sempervirens*
Landkreis: *Rhein-Neckar-Kreis*
Standort: *Am Weg zum Weihertalbrunnen*
Geodaten: *49.538365, 8.676565*
Alter: *149 Jahre, gepflanzt 1873*
Stammumfang: *6,24 m (2021)*

Unmittelbar angrenzend an den Schlosspark beginnen nach Nordosten die bewaldeten Hänge, die den Übergang des Rheintales zum Odenwald markieren. Hier hat Christian Freiherr von Berckheim größere Flächen aufgekauft, um sein vielleicht bedeutendstes Vermächtnis für die Nachwelt in die Tat umzusetzen. Ab 1872 ließ er hier zahlreiche Gehölze aus aller Welt auspflanzen, hauptsächlich Bäume, die in Nordamerika und Ostasien beheimatet sind. Um die 12.500 sollen es insgesamt gewesen sein! Doch in den kalten Wintern um 1880 ist leider eine große Anzahl von ihnen erfroren, darunter viele Hundert Zedern aus Nordafrika und dem Libanon.

Dennoch ist der Weinheimer Exotenwald bis heute der wahrscheinlich größte und beeindruckendste ‚fremdländische' Wald in Europa geblieben, denn auch in der Folgezeit wurden weitere Pflanzungen vorgenommen – auch als das Waldgebiet 1955 von der Landesforstverwaltung des Landes Baden-Württemberg übernommen wurde. Das Besondere am Exotenwald ist, dass viele Bäume einer bestimmten Art auf recht großen Waldflächen in großer Stückzahl wachsen – und nicht nur mit einzelnen Exemplaren verstreut, wie dies im Allgemeinen bei Fremdgehölz-Anpflanzungen der Fall ist. So sind Waldbilder entstanden, die ganz überwiegend nur von Bergmammutbäumen, Sitka-Fichten, Urweltmammutbäumen oder Kalifornischen Flusszedern (Bild rechte Seite) geprägt sind. Man fühlt sich hier in die Bergwälder anderer Kontinente versetzt. Über mehrere Rundwege kann man sich in diesen fremden Wäldern umsehen (links oben), und die angebrachten Holztafeln geben dabei zu den jeweiligen Baumarten Auskunft.

Nach rund 150 Jahren sind viele der noch aus der Anfangszeit erhaltenen Bäume zu stattlichen Vertretern ihrer Art herangewachsen, wobei der Standort in einem durch viel Konkurrenz um Licht und Nährstoffe bestimmten Waldgebiet keine landesweit überragenden Baumriesen hat entstehen lassen – mit einer Ausnahme: Am Weg, der vom westlichen Waldrand beim *Wüstenbergweg* bis zum *Weihertalbrunnen* führt, trifft man auf den sogar bundesweit mächtigsten Küstenmammutbaum (links). Er lässt mit der in grobe Stücke zerbrochenen Borke schon ein wenig erahnen, wie überwältigend seine über 1.000-jährigen und über 100 m hohen Artgenossen in den Coast Ranges Kaliforniens auf uns wirken müssen. Erst 1840 kam das erste Saatgut nach Europa, zunächst in die wintermilden Regionen Englands, sowie nach Spanien und Norditalien. In Neuseeland haben 100-jährige Exemplare bereits 60 m Höhe erreicht – unser Weinheimer Redwood ist zwar schon fast 150 Jahre alt, doch ‚nur' ca. 42 m hoch.

Baumart: *Morus alba*
Landkreis: *Rhein-Neckar-Kreis*
Standort: *Auf der Maulbeerinsel*
Geodaten: *49.486615, 8.500994*
Alter: *bis ca. 250 Jahre, gepflanzt ab 1770*
Stammumfang: *bis 4,98 m (Baum-Nr. 24, 2021)*

Großstadt-Urwald
auf der Maulbeerinsel

Beim Bau des Neckarkanals zwischen Feudenheim und der Mannheimer Oststadt entstand ab 1930 entlang des schon bestehenden Damms eine schmale, lang gestreckte Insel zwischen dem Altneckar und dem neuen Kanal. Der östliche Teil ist die *Feudenheimer Insel*, der westliche die *Maulbeerinsel*. So benannt, weil auf dem heutigen, 10 ha großen Naturschutzgebiet bereits ab 1770 unter Kurfürst Karl Theodor eine lange Allee aus Weißen Maulbeerbäumen angepflanzt wurde. Mithilfe der Seidenraupen, die sich von den Blättern des Maulbeerbaums ernähren, sollten in großem Stil Seidenfäden hergestellt werden. Da die Bevölkerung jedoch andere Sorgen hatte als sich mit feinen Stickereien auf edlen Stoffen und Gewändern zu versorgen, musste die Produktion bald eingestellt werden. Einen neuen Versuch unternahm Großherzogin Stephanie von Baden 1817, doch auch dieser wurde bald wieder aufgegeben. Zuletzt wurden für die Herstellung von Fallschirmseide um 1940 weitere Bäume gepflanzt. So kann man heute auf der Maulbeerinsel Bäume finden, die auf drei verschiedene Pflanzphasen zurückgehen.

Durch den Wildwuchs aus Weißdorn, Holunder, Ahornen und Brombeer-Ranken ist die Allee der gut 100 Maulbeeren kaum noch als solche erkennbar – stattdessen ist durch das Ausbleiben nahezu aller menschlicher Eingriffe ein Waldstreifen entstanden, der fast schon Urwaldcharakter besitzt. In der idyllischen, nur von einem schmalen, wenig begangenen Fußpfad durchzogenen Grünzone, setzen die urtümlich anmutenden Maulbeerbäume immer neue, mystische Akzente. Etwa 30 Bäume der ältesten Generation sind noch vorhanden, fast immer mit hohlen, offenen Stämmen und heruntergebrochenen Ästen. Vor Jahren wurden die Stämme durch das Grünflächenamt in ihrem Inneren ausgebrannt, um die Fäulnis aufzuhalten – meist schaut man deshalb in schwarze, gähnende Abgründe. Der damalige Amtsleiter ließ kleine Nummern-Plaketten anbringen, beginnend nahe der Inselspitze, doch heute fehlen viele oder sind nicht mehr lesbar. Trotz der massiven Schädigungen sind aber noch alle der urigen Baumgestalten vital, überall zeigen junge Austriebe, dass noch Leben in den Bäumen steckt. Besonders typisch für die in China beheimatete Baumart sind die zahlreichen, dicken Knollen, die sich auf der Borke bilden. Die Bilder unten (v. l. n. r.) zeigen die Bäume mit den Nummern 13, 44 und 9, auf der linken Seite Baum Nr. 24.

Kirschblüte
im Schwetzinger Schlossgarten

Sakura ist die japanische Bezeichnung für Kirschblüte und das alljährlich im Frühling gefeierte *Hanami*, das Kirschblütenfest, zählt zu den wichtigsten Ereignissen im japanischen Kalender. Bei uns im Land gibt es wohl kaum einen Ort, an dem die Schönheit der Kirschblüten so intensiv erlebt werden kann wie im Schwetzinger Schlossgarten. Bei meinem Besuch am 1. April 2012 bin ich zwar einige Tage zu spät dran, der Höhepunkt des Farbenrausches ist bereits vorüber, doch das Erlebnis ist dennoch so eindrucksvoll, dass ich noch heute daran zurückdenke. Inzwischen gibt es ein sogenanntes ‚Blüh-Barometer' auf der Webseite des Schlossgartens, hier kann man sich über den richtigen Zeitpunkt für die schönsten Foto-Aufnahmen informieren. Er liegt je nach Witterung des jeweiligen Jahres zwischen Anfang März und Mitte April, und er hält leider nur rund 10 Tage an. Dies passt auch zur Bedeutung der Kirschblüte in Japan, die dort als Symbol sowohl für die Schönheit als auch für die Vergänglichkeit gilt.

Der Schwetzinger Kirschenhain wurde vor etwa 50 Jahren im ehemaligen ‚Holländischen Baumgarten' des Schlosses angelegt, der die örtliche Bevölkerung schon vor über 200 Jahren mit Obstbäumen versorgte. Rund 440 Kirschbäume verschiedener Sorten sind heute vorhanden. Allerdings erreichen die schnell wachsenden Gewächse kein hohes Alter, viele mussten in den letzten Jahren schon ersetzt werden. Die stärksten erreichten bei meinem Besuch 2012 einen Stammumfang von immerhin deutlich über drei Metern. Ein besonders schöner Anblick sind auch die Blüten, die direkt aus der Borke mancher Bäume zu wachsen scheinen. Eine solche ‚Stammblütigkeit' (Kauliflorie) ist in nicht-tropischen Ländern jedoch eine botanische Ausnahme – nur beim Judasbaum und beim Seidelbast ist dies auch in unseren Breiten zu beobachten.

Wer im 1776/1777 angelegten Schwetzinger Schlossgarten unterwegs ist, sollte sich auch die tollen Wandelgänge am ‚Ende der Welt' oder das sehenswerte Arboretum im nördlichen Teil nicht entgehen lassen. Hier sind viele seltene Baumarten aus vielen Teilen der Welt zu entdecken. Darunter teilweise schon beachtliche Exemplare von Tulpenbaum, Ginkgo, Sumpfzypresse, Urweltmammutbaum, Schwarz-Kiefer oder Japanischer Zelkove (Umfang 4,14 m). Vor dem Eingang zum Arboretum stehen auch einige sehr alte Eiben.

Baumart: *Prunus serrulata 'Kanzan' (Japanische Blütenkirsche)*
Landkreis: *Rhein-Neckar-Kreis*
Standort: *Im Schlossgarten, Südseite*
Geodaten: *49.381291, 8.566602*
Alter: *ca. 50 Jahre*
Stammumfang: *bis 3,28 m (2012)*

Pappelriesen
auf der Neuenheimer Neckarwiese

Baumart: *Pterocarya fraxinifolia*
Landkreis: *Heidelberg (Stadt)*
Standort: *Neuenheimer Neckarwiese, beim Wasserspielplatz*
Geodaten: *49.412306, 8.685725*
Alter: *ca. 100 Jahre*
Stammumfang: *4,38 m (Messung bei 90 cm, unterhalb des 1. Tiefasts, 2021)*

Baumart: *Populus x canadensis*
Landkreis: *Heidelberg (Stadt)*
Standort: *Neuenheimer Neckarwiese, entlang der Uferstraße*
Geodaten: *49.412648, 8.690352*
Alter: *ca. 100 Jahre*
Stammumfang: *Von West nach Ost: 7,21 m, 6,10 m, 5,76 m, 5,50 m, 7,32 m (2021)*

Neuenheim ist mit etwa 13.000 Einwohnern der viertgrößte Stadtteil von Heidelberg. Erstaunlicherweise ist das heute im westlichen Teil vom Campus der Universität, verschiedenen Kliniken sowie dem Heidelberger Zoo genutzte Gebiet deutlich älter als die südlich des Neckars liegende Altstadt. Nachdem bereits die Römer hier ein Lager errichtet hatten, siedelten die Franken wahrscheinlich schon im 6. Jahrhundert in der verkehrsgünstigen Lage am Ausgang des Odenwalds in die Rheinebene.

Bei meiner Baumtour in und um Heidelberg fiel mir zunächst eine prächtige Baumgestalt neben dem *Wasserspielplatz* auf: Eine Kaukasische Flügelnuss mit halbkugeliger 26-m-Krone (links oben). Das zu den Walnussgewächsen zählende Gehölz besticht durch 40–50 cm lange Fiederblätter sowie ebenso lang herabhängende Fruchtstände. Das Besondere am Neuenheimer Exemplar ist, dass es nicht – wie zumeist – mehrstämmig entwickelt ist.

Das eigentliche Baumziel entlang der Uferstraße waren jedoch die fünf großartigen Hybrid-Schwarz-Pappeln, deren Kronen vor einigen Jahren allesamt auf ca. 20 m Höhe gestutzt wurden. Bei einem für die Baumart bereits hohen Alter von ca. 100 Jahren ist es nicht verwunderlich, dass im Inneren der mächtigen Stämme bereits Hohlräume entstanden sind, und der Pilz die Zersetzung weiter vorantreibt. Da die Neckarwiese von vielen Erholungssuchenden besucht wird, muss die Stadt ihrer Sicherungspflicht nachkommen.

Der westliche Baum der Gruppe (im Bild links der zweite von links) wurde Ende 2019 durch den Funkenflug von Feuerwerkskörpern in Brand gesetzt, konnte aber zum Glück durch die Feuerwehr gerettet werden. Die östliche Pappel (Bild rechte Seite) ist die stärkste von allen – ihr Stammmaß wird wohl von nur wenigen anderen Artgenossen im Land übertroffen. Wie ich vom Heidelberger Amt für Umweltschutz erfahre, handelt es sich nicht um ‚echte' Schwarz-Pappeln (*Populus nigra*), sondern um die Hybridform *Populus* x *canadensis*.

Flatter-Ulme
im Schlierbacher Wald

Baumart: *Ulmus laevis*
Landkreis: *Heidelberg (Stadt)*
Standort: *Etwa 100 m oberhalb der Einmündung des Rombachwegs in den Klingelhüttenweg*
Geodaten: *49.411544, 8.736437*
Alter: *ca. 300 Jahre*
Stammumfang: *5,47 m (2021)*

Alte Ulmen gehören in ganz Europa längst zu den seltenen Ausnahmebäumen – seit der Ulmensplintkäfer für die Verbreitung eines ostasiatischen Pilzes sorgte. Im Laufe der letzten 100 Jahre sind viele Millionen Bäume unserer drei einheimischen Ulmenarten, die im Gegensatz zu ihren fernöstlichen Verwandten keinerlei Abwehrmechanismen besitzen, diesem Schadpilz zum Opfer gefallen.

Als ich im März 2021 einen kleinen Waldpfad in der Verlängerung des Rombachweges am Südrand des Stadtteils Schlierbach hinaufgehe, bietet sich mir nach ca. 100 m ein erfreulicher Anblick: Die schon bei Fröhlich beschriebene Ulme (s. dort S. 59 f.) ist noch am Leben! Zur Art machte er keine Angabe, bei *Baumkunde.de* wird sie als Flatter-Ulme gelistet. Die bei meinem Besuch gerade aufbrechenden, hellbraunen Blattknospen zeigen dann auch die für die Flatter-Ulme typische, schlanke und spitz zulaufende Form. Bei Berg- und Feld-Ulme sind diese runder und eher dunkelbraun. Der Stammfuß bietet mit seinen tiefen Furchen und Brettwurzeln ebenso ein typisches Bild für die Baumart wie die vielen nestartigen Knospenansammlungen direkt am Stamm, aus denen büschelweise kleine Triebe wachsen.

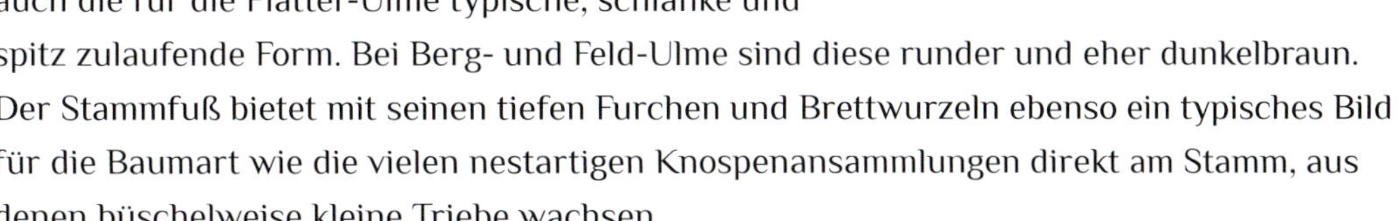

Das von Fröhlich angegebene Alter von 300 Jahren (für das Bezugsjahr 1995) könnte auch nach meiner Einschätzung zutreffen. Im Laufe der letzten 26 Jahre hat der Umfang des Stammes lediglich um 22 cm zugenommen – ein bescheidener, aber für einen Waldbewohner durchaus normaler Wert. Nach dem erst wenige Jahre zurückliegenden Abgang der ältesten Waldulme Baden-Württembergs, der Berg-Ulme ‚Rüsterstumpen' bei Nächstenbach nahe Weinheim, ist die Schlierbacher Ulme zumindest eine Kandidatin für die Alterspräsidentschaft der Gattung *Ulmus*. Es muss jedoch erwähnt werden, dass der ‚Rüsterstumpen' noch nicht tot ist: Wie ich im Februar 2021 sehen konnte, sind der umgestürzten Baumruine einige junge Triebe entwachsen, die das Leben des alten Baumes zumindest ‚klonal' fortsetzen können.

Die Schlierbacher Ulme zeigt die typische Krone des Bestandsbaumes – trichterförmig und gut 30 m hoch aufragend streben zwei ursprüngliche und eine jüngere Achse zum Licht. In zwei Metern Höhe teilt sich der mit Efeu umrankte Stamm auf, sodass zwischen den Stämmlingen ein Raum entstand, den Kinder vortrefflich als Spiel- und Kletterplatz nutzen konnten. Die Holzpalette und die übrigen Bauhölzer machen allerdings schon einen recht morschen Eindruck und sollten besser entfernt werden.

Baumart: *Taxus baccata*
Landkreis: *Rhein-Neckar-Kreis*
Standort: *Blockhütte Gaiberger Weg*
Geodaten: *49.545843, 8.669711*
Alter: *ca. 300 Jahre*
Stammumfang: *3,29 m (2021)*

Mit exotischen Baumarten wirbt die Stadt Heidelberg auf ihrer Webseite und möchte mit den beiden Arboreten im Stadtwald darauf aufmerksam machen, dass viele dieser Gewächse vor Millionen Jahren auch bei uns in Europa heimisch waren. Mit den Eiszeiten verschwanden die Bäume fast völlig und nach der letzten, die vor ca. 11.000 Jahren zu Ende ging, schafften es weit weniger Arten, den lange verloren gegangenen Lebensraum zurückzuerobern.

Ab 1876 wurden mit der Pflanzung fremdländischer Baumarten gleich zwei Arboreten begründet: Im Arboretum 1 auf der *Sprunghöhe* am Gaiberger Weg wurden Baumarten aus Nordamerika gepflanzt, und nahe des ehemaligen Speyerer Hofs, heute ein Lehrkrankenhaus der Uni Heidelberg, entstand das Arboretum 2 mit vorwiegend ostasiatischen Bäumen.

Ein guter Startpunkt für die Rundwege des Arboretums 1 ist der Wanderparkplatz am Gaiberger Weg. Neben der dortigen Blockhütte steht noch immer die alte Eibe, die schon von Fröhlich beschrieben wird (s. dort S. 60 f.) und sicher zu den ältesten und stärksten des Landes zählt (links). Einige Äste sind ihr abhanden gekommen, doch ihre 16 m hohe Krone hat auch nach rund 300 Jahren noch ihre Form bewahrt.

An der nun folgenden Rhododendron-Anlage vorbei erreicht man schon nach wenigen Minuten das Waldgebiet, das vor allem im Winterhalbjahr ganz wesentlich von vielen stattlichen Vertretern der Bergmammutbäume, Douglasien und Scheinzypressen dominiert wird. Unter den Sequoiadendren ragt ein besonders schönes Exemplar hervor: Der vermutlich 1876 gepflanzte Baum (rechte Seite) zeichnet sich durch einen harmonisch ausgestellten Stammfuß aus, und seine Kronenspitze reicht bis in 40 m Höhe hinauf. Die Stammbasis ist von einem Ring aus Holzstämmen umgeben, dessen Durchmesser dem des weltweit stärksten Bergmammutbaums entspricht – rund 11 m misst der ‚General Sherman Tree' im kalifornischen Sequoia-Nationalpark am Stammgrund (Umfang 31 m).

Sequoiadendron
im Arboretum ‚Auf der Sprunghöhe‘

Baumart: *Sequoiadendron giganteum*
Landkreis: *Heidelberg (Stadt)*
Standort: *Im Arboretum 1 ‚Auf der Sprunghöhe'*
Geodaten: *49.400092, 8.709745*
Alter: *148 Jahre, gepflanzt 1876*
Stammumfang: *7,92 m (2021, bei 130 cm Höhe über mittlerem Geländeniveau)*

1.000-jährige Eiche
in Bammental

Tausendjährige Eichen – das klingt nach einem Märchen aus Tausendundeiner Nacht! Allein in Deutschland nehmen rund 30 Eigentümer, meist Gemeinden, eine Lebenszeit von 1.000 Jahren oder mehr für ihren Baum-Methusalem an. Für Europa reichen die Schätzungen sogar noch weiter ins Reich der Legenden: Schweden vermutet 900–1.000 Jahre, England 1.000–1.200 Jahre, Österreich 1.250 Jahre, Bulgarien 1.640 Jahre und Dänemark gar 1.400–2.000 Jahre. Tatsache ist, dass es sich immer um Schätzungen handelt, wissenschaftliche Belege gibt es dafür nicht. Was nicht verwundert, denn alle diese Bäume sind hohl - die für eine genaue Messung erforderlichen Jahrringe sind oft schon seit Jahrhunderten nicht mehr vorhanden. Jeroen Pater, der in seinem großartigen Bildband *Riesige Eichen* (Stuttgart, 2017) die ältesten und eindrucksvollsten Eichenveteranen Europas vorstellt, geht davon aus, dass es in Deutschland nur wenige Eichen jenseits der 700 Jahre gibt, die ältesten in Erle (*Femeeiche*) und Ivenack vielleicht 850 Jahre erreichen.

In einem Zeitschriften-Bericht vom 29. 8. 2020 (ecology, vol. 101) erfährt man, dass es gelungen sei, mithilfe der Radiokarbon-Methode die älteste Eiche der Welt nachzuweisen. Im Nationalpark Aspromonte in Kalabrien (Süditalien) wurden fünf Trauben-Eichen (*Quercus petraea*) untersucht, und das Alter der ältesten von ihnen (‚Demetra') wurde schließlich mit 934 Jahren angegeben.

Viele der ‚Tausendjährigen' haben immerhin Stämme mit Umfängen von über zehn Metern, bei anderen sind nur noch ruinenartige Reste vorhanden, aus denen die ehemalige Stammstärke konstruiert wird. Bei der offiziell wohl auch zur Riege der Tausendjährigen zählenden Stiel-Eiche am Angelocher Graben in Bammental erkennt man sofort, dass man hinsichtlich des Alters einige Etagen tiefer gehen muss – auf ca. 350–400 Jahre. Der beulige Stamm mit einer sehr starken Verdickung am Fuß ist zwar noch kompakt und geschlossen, doch endet er bereits bei etwa 8 m Höhe. An dieser Stelle ist die ehemalige Krone vollständig abgebrochen, die Bruchstelle wurde mit einer runden Blechplatte abgedeckt. Alle heute vorhandenen Seitenäste sind erst nach diesem massiven Ereignis entstanden – bilden aber eine recht vitale und harmonische junge Krone. Die für Stiel-Eichen überraschend fein gefelderte, statt brettartig gefurchte Stammoberfläche ist auf der Lichtseite komplett von Efeu ummantelt. Der Stammzuwachs seit 1995 (5,90 m), um satte 43 cm, ist für eine alte Eiche doch sehr beachtlich - auch das spricht nicht für ein höheres Alter. Gründe dafür könnten der freie, sonnige Standort, die gute Wasserversorgung – unweit am Waldrand sprudelt eine starke Quelle – und ein mit Nährstoffen gut versorgtes Erdreich sein (Muschelkalk mit Lößauflage).

Baumart: *Quercus robur*
Landkreis: *Rhein-Neckar-Kreis*
Standort: *Schützenhausstraße 14, beim Schützenhaus am westlichen Ortsrand*
Geodaten: *49.354782, 8.767246*
Alter: *ca. 350–400 Jahre*
Stammumfang: *6,33 m (2021)*

Neben dem Alten Rathaus des seit 1972 zur Gemeinde Schönbrunn zählenden Ortsteils Haag kämpft der wahrscheinlich älteste Baum des *Kleinen Odenwalds* ums Überleben. In einer alten Urkunde von 1430 wird von einer Gerichtssitzung zu ‚Hage unter der Linden' berichtet. Ob es sich bei der heutigen Sommer-Linde tatsächlich um die damalige Gerichtslinde handelt, wie Fröhlich mit seiner Altersschätzung von 800 Jahren vermutet (s. dort S. 63), bleibt ungewiss. Die heutigen Kronenäste sind allesamt in viel späterer Zeit nachgewachsen, doch der mächtige Stamm deutet immerhin auf ein sehr hohes Alter von mindestens 500 bis 600 Jahren hin.

Als ich die alte Linde Ende März 2021 besuche, treffe ich bei ihr den Baumpflegeingenieur Jürgen Schmitt an, der unter anderem mithilfe einer Schallimpuls-Messung und einem Resistografen (Messung des Bohrwiderstands) die Vitalität und Standsicherheit des Baumveteranen untersucht. Bei derartigen Datenerhebungen gibt es für den Baum selbst und für die betreffende Gemeinde dann meist gute und schlechte Nachrichten. In diesem Fall ist die schlechte, dass die Zersetzung im Inneren schon viel weiter fortgeschritten ist als bisher angenommen wurde. Der oberste Teil der Zentralachse ist seit Jahrzehnten abgestorben und wird nur noch durch zwei seitlich abgehende Stahlkabel gehalten, die eigentlich die beiden Seitenäste sichern sollten. Der komplette Stamm ist hohl, doch beträgt die verbliebene Restwandstärke im mittleren Teil immerhin noch 10 cm, sodass die Bruchsicherheit des Stammes noch gegeben ist.

Baumart: *Tilia platyphyllos*
Landkreis: *Neckar-Odenwald-Kreis*
Standort: *Am Alten Rathaus*
Geodaten: *49.395688, 8.928922*
Alter: *ca. 600–800 Jahre*
Stammumfang: *7,75 m (2021)*

Ebenfalls eine gute Nachricht ist, dass der Baum selbst durch starkes Wachstum im Sockelteil viel Holz aufgebaut hat und die Stabilität auch durch innen verlaufende Wurzeln aufrecht erhält. Im Stammfußbereich liegt die Wandstärke durch starke Wulstbildungen noch bei ca. 40 bis 50 cm. Hier konnte der Baum den vom Brandkrustenpilz verursachten Holzverlust zumindest teilweise kompensieren. Somit kann Herr Schmitt auch den mächtigen Stammfuß als bruchsicher einstufen.

Die Krone ist mit rund 19 m Höhe und 15 m Breite zwar verhältnismäßig groß, doch sind die Äste zum Glück nicht stark und schwer. Dennoch ist dies die eigentliche Problemzone: Sie wurde vom Baumfachmann als akut bruchgefährdet und nicht mehr verkehrssicher eingeschätzt.

Die baumpflegerischen Maßnahmen sind für einen Zeitraum von rund 30 Jahren geplant. Die instabile Mittelachse wurde inzwischen entfernt, die Krone um 4 m eingekürzt sowie einige Seilsicherungen eingebracht. Der Untergrund im Kronenbereich ist zu einem recht großen Teil asphaltiert, hier findet kein Luftaustausch und kein Wurzelwachstum mehr statt. Zudem ist der Boden auf der Wegseite geschottert und ab einer Tiefe von 30 cm sehr stark verdichtet – diese Bedingungen schränken die Wuchsmöglichkeiten der Haager Linde deutlich ein.

Wenn es dem Baum gelingt, durch weiteres Dickenwachstum im Stammbereich mit der fortschreitenden Zersetzung durch den Brandkrustenpilz Schritt zu halten, könnte der ehrwürdigen Gerichtslinde noch eine gute Zukunft beschieden sein.

Gerichtslinde
in Haag

Burgeibe
auf Burg Hornberg

Die älteste Eibe Deutschlands steht nicht in Baden-Württemberg – diese Spitzenposition darf Bayern für sich verbuchen: Die Eibe nahe Balderschwang im Allgäu gilt sogar als ältester Baum überhaupt in Deutschland. Die beiden heute dort noch vorhandenen Stammteile stammen zwar nach einer genetischen Untersuchung von ein und derselben Pflanze, doch man ist sich nicht sicher, ob sie die Reste eines ehemals über 8 m umfassenden Gesamtstamms darstellen, dessen Mittelteil ausgebrochen und verfault ist, oder ob sie als zwei spätere Austriebe des alten Wurzelsystems zu betrachten sind. Je nach dem schwanken die Angaben zum Alter zwischen etwa 1.500 Jahre und ‚über 800 Jahre'.

In unserem Bundesland muss man etwas bescheidener sein, was alte Eiben angeht – einer der ganz wenigen generell bei uns geschützten Baumarten. Doch viele dieser wertvollen Bäume blicken durchaus auf eine lange und oft ereignisreiche Lebenszeit zurück. Allen voran die Burgeibe auf der wirklich sehenswert instand gehaltenen Burg Hornberg über dem Neckartal bei Neckarzimmern. Bekannt ist die in ihren Anfängen auf das 11. Jahrhundert zurückgehende Burg vor allem dafür, dass einer ihrer vielen Besitzer Götz von Berlichingen hieß – er lebte mit seiner Familie von 1517 bis zu seinem Tod 1562 auf Burg Hornberg. Vielleicht auch dafür, dass unterhalb der Burg das zweitälteste Weingut der Welt bis heute Bestand hat.

Am Nordtor stehend fällt auf dem mittleren Zwinger eine große Eibe auf, die einige ihrer Äste über die Mauerkrone herabhängen lässt (rechts oben). Um den Baum näher zu betrachten, muss man Eintritt bezahlen – was sowohl Burgen- als auch Baumfreunden jedoch sehr anzuraten ist. Von der mächtigen, vielfach gefurchten Hauptachse zweigen drei starke Seitenäste ab, deren Enden schon fast bis zur Straße hinabreichen. Der stärkste von ihnen misst 1,60 m im Umfang. Der Flankierungsturm, vor dem die Eibe wächst, wurde 1515 errichtet, zwei Jahre bevor die Burg in den Besitz des Götz von Berlichingen überging. Die Pflanzung der Eibe ist leider – wie so oft – nicht belegt, geht aber nach den in der Burg vorliegenden Angaben in die Zeit um 1500 zurück. Eine andere Quelle nennt hierfür sogar das 14. Jahrhundert.

Baumart: *Taxus baccata*
Landkreis: *Neckar-Odenwald-Kreis*
Standort: *Auf der äußeren Burgmauer, am Flankierungsturm von 1515*
Geodaten: *49.314097, 9.145948*
Alter: *ca. 520 Jahre, gepflanzt um 1500*
Stammumfang: *3,85 m (Messung unterhalb des 1. Asts, bei 80 cm seitlich, 2021)*

Elefantenbaum
im Schlosspark Eichtersheim

Baumart: *Fagus sylvatica 'Asplenifolia'*
Landkreis: *Rhein-Neckar-Kreis*
Standort: *Im Schlosspark Eichtersheim*
Geodaten: *49.233929, 8.774411*
Alter: *ca. 140 Jahre*
Stammumfang: *4,41 m (bei 60 cm, und 5,12 m bei 130 cm, 2021)*

Schlossparks sind grundsätzlich vielversprechende Orte, wenn es darum geht, besondere Bäume zu entdecken. Auch rund um das im 16. Jahrhundert durch die Herren von Venningen entstandene Wasserschloss in Eichtersheim sind eine ganze Reihe von Baumschätzen versammelt, die einen Parkbesuch lohnen. In der Form des Englischen Landschaftsparks wurde das knapp 7 ha große Gelände im Tal des Angelbachs in der zweiten Hälfte des 19. Jahrhunderts angelegt, 1890 erfolgte eine Neugestaltung. Man kann deshalb davon ausgehen, dass der Baumbestand aus dieser Zeit stammt, somit etwa 130 bis 150 Jahre alt ist.

Über eine in den Kronen sehr kurz gehaltene Platanenallee gelangt man zum Schloss, das bis 1963 im Besitz der Familie von Venningen war, seit 1980 aber für die Gemeinde Angelbachtal als Rathaus dient. Auf nordwestlicher Seite des Schlosses beeindruckt eine seltene und dazu großartig gewachsene Farnblättrige Buche mit großer, vielastiger Krone und vielen narbigen Verwachsungen am Stamm (Bild links oben). Wie mir ein älterer Parkbesucher erzählt, wurden zahlreiche, tief abgehende Äste der Buche wenige Jahre nach dem Zweiten Weltkrieg vom Schlossgärtner abgesägt, damit die Dorfjugend nicht mehr so leicht auf dem Baum herumsteigen konnte.

Eine zweite Buche dieser Art auf südöstlicher Seite des Schlosses ist eine gepfropfte Variante – ihre Zweige tragen sowohl die ganzrandigen Blätter der normalen Rot-Buche wie auch die typisch eingeschnittenen der Form 'Asplenifolia'. Wie ihre Schwester zeigt auch sie mindestens ebenso viele, zum Teil sogar zitzenartig verwachsene Aststummel und eine überreich verastete Krone (Bild links unten). Zumindest in dieser Größe (in der normalen Messhöhe 130 cm beträgt der Stammumfang 4,51 m) dürfte sie in Baden-Württemberg einen Spitzenplatz einnehmen.

Baumart: *Fagus sylvatica 'Asplenifolia'*
Landkreis: *Rhein-Neckar-Kreis*
Standort: *Im Schlosspark Eichtersheim*
Geodaten: *49.233144, 8.775225*
Alter: *ca. 140 Jahre*
Stammumfang: *4,51 m (2021)*

Der dendrologische Höhepunkt des Parks ist jedoch gleich benachbart vor der Südfassade des Schlosses zu finden: Eine geradezu atemberaubend gewachsene Hänge-Buche (Bild rechte Seite). Von den Ortsbewohnern wird sie ,*Elefantenbaum*' genannt, doch einige ihrer nach außen abgelegten, im Boden verwurzelten und von dort wieder aufsteigenden Stämme erinnern eher an lange Saurierhälse. Die Nebenstämme erscheinen wie eigene Bäume – und doch ist die rund 33 m durchmessende Baumskulptur nur ein einziger Baum! Im Juli 2019 berichtet die Rhein-Neckar-Zeitung, dass die Hänge-Buche im Sterben liegt. Nachdem zwei große Äste zu Boden gestürzt sind, wurde der Baum dauerhaft mit einer Absperrung umgeben – als Spielplatz für die Kinder ist der beliebte Kletterbaum nun doch zu gefährlich geworden. Insgesamt fünf Gerüste aus Holzstämmen stützen die stärksten Äste.

Baumart: *Fagus sylvatica 'Pendula'*
Landkreis: *Rhein-Neckar-Kreis*
Standort: *Im Schlosspark Eichtersheim*
Geodaten: *49.233236, 8.775588*
Alter: *ca. 140 Jahre*
Stammumfang: *3,70 m (2012)*

Baumschätze
im Schlosspark Eichtersheim

Neben den drei großartigen Buchengestalten gibt es im Eichtersheimer Schlosspark noch weitere, sehr bemerkenswerte Bäume zu entdecken. Hierzu zählt ein eher unscheinbarer Vertreter einer Baumart, die in Europa nur selten anzutreffen ist - ein Geweihbaum (Bild unten links). Das nordamerikanische Gewächs, das im Herkunftsland als ‚Kentucky Coffeetree' bekannt ist (seine gemahlenen Samen wurden früher als Kaffee-Ersatz verwendet), gab sich mir durch die teilweise noch am Boden liegenden Schotenfrüchte des Vorjahres zu erkennen. Sie besitzen einen ganz charakteristischen, blaugrauen, samtigen Überzug, und die Samen sind in klebrigem Fruchtfleisch eingebettet. In der Vegetationszeit sind auch die doppelt gefiederten Blätter ein gutes Erkennungsmerkmal.

Viel bekannter und auffälliger sind die herrlichen, weißen Blüten der großen Kobushi-Magnolie am südwestlichen Wassergraben des Schlosses (Bild unten, Mitte). Mit ihrer 17 m breiten, offenen Krone zählt sie deutschlandweit zu den größten ihrer Art. Bei meinem Besuch Anfang April 2021 haben die Blüten leider unter dem späten Wintereinbruch gelitten – obwohl gerade diese Art in unserer Klimazone noch am ehesten die Winter übersteht.

Nur wenige Schritte von der südlichen Farnblättrigen Buche entfernt ist auch noch ein großer Ginkgo vorhanden (Bild unten rechts). Nach den ersten schwachen, seitlichen Ästen teilt sich der fast 4 m starke Stamm in zwei Hauptachsen auf, die bis in gut 20 m Höhe hinaufreichen. Einige der unteren Äste sind gekürzt.

Für den letzten, hier gezeigten Baum muss man in den südöstlichen Teil des Parks gehen. Dort erreicht man am äußeren Rundweg einen noch nicht sehr alten, aber besonders markant gewachsenen Nadelbaum, der in seiner nordamerikanischen Heimat bis zu 1.000 Jahre alt werden kann – es ist ein Riesen-Lebensbaum (Bild rechte Seite). Durch vier zentrale Steilachsen sowie acht zunächst seitlich, dann aufwärts gerichtete Äste erreicht die große Thuja ein auch überregional beachtliches Format: Die Krone misst in der Breite 18 m, in der Höhe ca. 24 m.

Baumart: *Gymnocladus dioicus*
Landkreis: *Rhein-Neckar-Kreis*
Standort: *Westlich des Schlosses*
Geodaten: *49.233603, 8.774461*
Alter: *ca. 75 Jahre*
Stammumfang: *2,35 m (2021)*

Baumart: *Magnolia kobus*
Landkreis: *Rhein-Neckar-Kreis*
Standort: *Südwestlich des Schlosses*
Geodaten: *49.233301, 8.774923*
Alter: *ca. 100 Jahre*
Stammumfang: *2,34 m (bei 40 cm, 2021)*

Baumart: *Ginkgo biloba*
Landkreis: *Rhein-Neckar-Kreis*
Standort: *Südlich des Schlosses*
Geodaten: *49.233012, 8.775613*
Alter: *ca. 140 Jahre*
Stammumfang: *3,92 m (2021)*

Baumart: *Thuja plicata*
Landkreis: *Rhein-Neckar-Kreis*
Standort: *Im Schlosspark Eichtersheim*
Geodaten: *49.231332, 8.776573*
Alter: *ca. 120 Jahre*
Stammumfang: *5,42 m (bei 130 cm seitlich, 2021)*

Baumart: *Tilia cordata*
Landkreis: *Rhein-Neckar-Kreis*
Standort: *Vor dem Oberen Tor, auf einem Söller der Festungsmauer*
Geodaten: *49.214357, 8.877867*
Alter: *197 Jahre, gepflanzt 1825*
Stammumfang: *5,02 m (2020)*

Söllerlinde
auf Burg Steinsberg

Schon zu Beginn des 12. Jahrhunderts errichteten die *Werinharde von Steinsberg* auf dem freistehenden, schon aus weitem Umkreis sichtbaren Bergkegel vulkanischen Ursprungs eine erste Burg. Wie sie aussah, ist heute nicht mehr bekannt. Nach wechselnden Besitzverhältnissen und der Zerstörung 1525 im Bauernkrieg erfolgte der Wiederaufbau 1527 und 1556 durch die Herren von Venningen, die die Burg bis 1719 bewohnten. Nachdem der letzte Vertreter der Steinberger Linie dieses Adelsgeschlechts gestorben war, verfiel die Anlage, bis die Stadt Sinsheim 1972 als neue Eigentümerin wieder Sanierungs- und Aufbauarbeiten veranlasste.

Heute findet der Besucher auf dem ‚Kompass des Kraichgaus' einen wunderschönen, historischen Ort vor, an dem die Vorstellung einer mittelalterlichen Wehrburg – mit 30 m hohem Bergfried, Ringmauer, Wehrgängen, Schießscharten und Burggräben – wieder lebendig wird. Der Blick reicht weit hinaus in den Kraichgau und vom Bergfried genießt man ein herrliches 360-Grad-Panorama.

Ein besonders schöner Baumplatz liegt auf der östlichen Burgseite, nahe beim Oberen Tor, einem früheren Zugang zur Burg. 1825 wurde hier eine Winter-Linde gepflanzt, unter deren mächtiger Krone man auf der Steinbank der runden Bastion den vielleicht schönsten Aussichtsplatz finden konnte. Noch 1995 berichtet Hans Joachim Fröhlich von ihrer ‚vollen und gesunden Krone' (s. dort S. 66). Der imposante Baum beeindruckte ihn offenbar so sehr, dass er ihm ein Alter von 450–500 Jahren zuschrieb. Das Wachstum muss tatsächlich in früherer Zeit rasant vonstatten gegangen sein – doch dies scheint sich in den letzten 25 Jahren dramatisch zu ändern. Der damals von Fröhlich angegebene Umfang von genau 5 m ist exakt derselbe, den ich bei meinem ersten Besuch 2012 (rechts) messe – und acht Jahre später sind es gerade mal 2 cm mehr! Der Baum hat sein Dickenwachstum praktisch eingestellt. Die bereits vor gut zehn Jahren kräftig zurückgeschnittenen Kronenäste wurden jüngst noch weiter eingekürzt (großes Bild vom September 2020), wobei sich im Vergleich zeigt, dass ein neuerlicher Austrieb nun nicht mehr bei allen Ästen gelingt.

Gut möglich, dass die einstmals so prächtige Linde schon in naher Zukunft mehr und mehr zerfällt – wenn sie verschwunden ist, wird die Burg um eine Attraktion ärmer sein.

Alte Birnen
bei Weiler

Bei einer Baumtour im September 2020 bin ich auf der Suche nach einem alten Birnbaum, der am Höhenweg zwischen den beiden Sinsheimer Stadtteilen Weiler und Reihen stehen soll. Als ich über den Hauweg, nach einer Hühnerfarm in Richtung Reihen abbiege, entdecke ich schon bald eine merkwürdige Gestalt im Rübenacker: Ein kleiner Birnbaum, dessen Stamm wie ein dickes Seil verdreht ist (links). Schnell ist klar, dass es sich nicht um den gesuchten Baum handeln kann, sein Umfang liegt mit 3,10 m deutlich unter dem des beschriebenen Baums. Eine alte Holzunterlage für das längst abgefallene ND-Zeichen macht aber klar, dass dieser skurrile Obstler, eine Schweizer Wasserbirne, etwas ganz Besonderes darstellt und deshalb auch unter Schutz steht.

Die in der nur 8 m hohen und 6 m breiten Krone aktuell vorhandenen Äste sind alle jüngeren Alters, die ursprüngliche Krone des etwa 180-jährigen Baumes muss schon vor langer Zeit abgebrochen sein. Der seltsam gewundene, drehwüchsige Stamm fühlt sich erstaunlich fest und massiv an, Hohlräume sind nicht auszumachen, ebenso keine äußerlichen Beschädigungen und kein Pilz. Der Baum wirkt wie versteinert, ein Fossil aus längst vergangenen Zeiten.

600 m weiter treffe ich dann auf das eigentliche Ziel meiner Tour – direkt am Weg, wo es schon wieder abwärts nach Reihen geht, ist der mächtige Stamm einer weiteren Wasserbirne nicht zu übersehen. Mit einem Stammumfang von 4,75 m zählt die ‚Kraides-Birne' zu den dicksten Birnbäumen des Landes. Auch sie trägt die kleinen, gelben und rundlichen Früchte in großer Zahl, viele liegen bereits dicht gestreut am Boden.

Der Stamm, der wie bei der Birne nahe Kleinvillars (s. S. 80/81) eine stark ausgeprägte längsrissige Struktur zeigt, ist komplett hohl. Gut möglich, dass er im wesentlichen aus der Unterlage besteht, auf die vor bald 200 Jahren ein oder mehrere Edelreiser der Wasserbirne aufgepfropft wurden. Im Inneren sind fünf dicke Gewindestangen erkennbar, die das mächtige Fundament wohl schon seit Jahrzehnten zusammenhalten. Die wenigen Altäste sind nur noch in bescheidener Länge vorhanden, eine zusätzliche Kronensicherung ist bei ca. 5 m Höhe eingebracht. Die Höhe der Krone beträgt etwa 8 m, der Durchmesser 10 m.

Baumart: *Pyrus communis*
Landkreis: *Rhein-Neckar-Kreis*
Standort: *Am Höhenweg zwischen Weiler und Reihen*
Geodaten: *49.208426, 8.888851 und 49.209723, 8.897472*
Alter: *ca. 180 Jahre*
Stammumfang: *3,10 m und 4,75 m (beide 2020)*

Geleitete Linde
in Hilsbach

Ginge es nur nach mächtigen Dimensionen oder biblischem Alter, dann fände die Hilsbacher Linde wohl keine Erwähnung in diesem Buch. Die 1805 gepflanzte Sommer-Linde befindet sich als solche erst im ‚jungen Erwachsenenalter' und ihr Stammumfang ist mit gerade einmal 3,61 m doch recht bescheiden. Zudem wurde die ehemals 25 m hohe Krone im Jahr 1992 von einem Sturm bei rund 8 m Höhe jäh abgerissen.

Dennoch ist das kleine Naturdenkmal ein großer Baumschatz für den südlichsten Sinsheimer Stadtteil – und dies hat folgenden Grund: Es handelt sich um eine der seltenen geleiteten Linden. Ein Balkengerüst mit 16 äußeren und 8 inneren Stützen trägt den bei 3 m Höhe abgehenden Astkranz des Baumes. 16 Äste wurden hier waagerecht nach außen gezogen, alle recht schwach im Durchmesser, doch aufgrund einer Besonderheit dennoch sehr ausdrucksstark: Sie wurden offenbar immer wieder am Rand des 13 m durchmessenden Platzes zurückgeschnitten und sind dort – aber auch schon an den Enden der vielen stummelartigen Zwischenäste – zu kugeligen Verdickungen verwachsen, aus denen büschelweise junge, weidenähnliche Austriebe sprießen.

Aufgrund der beengten Platzverhältnisse an der Einmündung von Mettengasse und der Gasse ‚Unter der Stadt' in die Kraichgaustraße musste man die Krone kleinhalten. Über dem Kronenansatz steht die Zentralachse nur noch weitere 4 m, aber auch hier erfolgte starker Austrieb. Wie man durch eine schmale Öffnung sehen kann (links), ist der Stamm weitgehend hohl. Es ist jedoch gut möglich, dass sich dieser Spalt im Laufe der nächsten 10 bis 15 Jahre schließen wird.

Man muss sich um die unverdrossen wachsende Linde keine Sorgen machen - ist genügend Blattmasse vorhanden, um Energieumsatz und Wachstum zu gewährleisten, sowie ausreichend Wandstärke für den Transport von Wasser und Nährstoffen, dann kann auch aus der Hilsbacher Linde noch ein ‚richtig' alter Baum werden.

Bemerkenswert ist auch, dass die Hilsbacher Linde bereits in den *Mitteilungen des Badischen Vereins für Naturkunde* im Jahr 1912 erwähnt wird (Nr. 272–275, S. 190). Nach Amtsbezirken geordnet wurden hier die bereits gemeldeten Naturdenkmäler Badens und die für Schutzmaßnahmen infrage kommenden Naturerscheinungen in einer ‚vorläufigen Zusammenstellung' veröffentlicht.

Baumart: *Tilia platyphyllos*
Landkreis: *Rhein-Neckar-Kreis*
Standort: *Ecke Kraichgaustraße/Unter der Stadt*
Geodaten: *49.195572, 8.857345*
Alter: *217 Jahre, gepflanzt 1805*
Stammumfang: *3,61 m (2021)*

Rot-Eichen
in Karlsruhe

Quercus rubra, die Rot-Eiche, ist im östlichen Nordamerika beheimatet und taucht in Europa ab 1691 oder - da gehen die Meinungen offenbar auseinander – auch erst ab 1724 auf. Ihr Holz ist zwar nicht so wertvoll und dauerhaft wie das der Stiel- oder Trauben-Eiche, doch hat sie gegenüber unseren einheimischen Eichen auch Vorteile: Sie wächst schneller, ist schattenverträglicher und zudem resistenter gegen Schädlinge. Da sie auch mit trockenen Bedingungen zurecht kommt, dürfte sie in Mitteleuropa eine gute Zukunft haben.

Vielhundertjährige Rot-Eichen kann es zwar hierzulande nicht geben, doch ganz vereinzelt stößt man auf Exemplare mit riesigen Dimensionen, so zum Beispiel im Karlsruher Stadtgebiet. Im Park hinter der Oberfinanzdirektion in der Moltkestraße wächst ein solcher Riese, sicher einer der mächtigsten Bäume dieser Art in ganz Deutschland. Durch fünf starke, seitlich ausgreifende Hauptäste konnte sich eine halbkugelige Krone von 35 m Durchmesser entwickeln. Im Zentrum verlaufen zusätzlich die beiden stärksten Achsen, die sich ihrerseits vielfach aufteilen, senkrecht nach oben. Allein der südliche Tiefast verläuft über 17 m nahezu waagerecht, er wird sich ebenso wie der 16-m-Ast der Nordseite im Laufe der Zeit absenken. Jeweils eine Seilsicherung halten beide mit dem Zentrum verbunden.

Äußere Beschädigungen sind an dem etwa 150-jährigen Naturdenkmal nicht auszumachen, doch am Stammfuß ist bereits ein großer Fruchtkörper eines Porlings zu sehen – ein Zersetzungspilz. Der Boden im Kronenbereich wird mit einer feinen Humusauflage gedüngt.

Eine zweite Rot-Eiche (rechts) am östlichen Zugang zum Gelände liegt mit knapp 5 m Stammumfang auch schon in einem außergewöhnlichen Bereich. Hier wurde offenbar ein jüngerer, am Stammfuß aufwachsender Austrieb bereits komplett, aber noch abgrenzbar im Stammbereich integriert. Seine Spitze ist im Kronenansatz der Hauptachse verwachsen.

Baumart: *Quercus rubra*
Landkreis: *Karlsruhe*
Standort: *Im Park der Oberfinanzdirektion Moltkestraße 50/Roggenbachstraße 1*
Geodaten: *49.015694, 8.381639 und 49.015436, 8.383755*
Alter: *ca. 150 Jahre und ca. 120 Jahre*
Stammumfang: *6,17 m und 4,92 m (2020)*

Für Freunde alter Bäume lohnt sich ein Besuch des Karlsruher Schlossgartens, der in den Jahren 1731–1746 als französischer Barockgarten entstand. Hier sind zahlreiche imposante Eichen, Ahorne, Platanen, Eiben und viele andere Arten anzutreffen, die meist aus der Zeit der Umgestaltungen 1787 beziehungsweise 1856 stammen. Ein absolut herausragender Einzelbaum ist die alte Marone am Schlossgartensee, die deutschlandweit als Rekordhalter gilt, was den Stammumfang betrifft. Der Karlsruher Botanik-Professor Ludwig Klein, der 1909 *„Bemerkenswerte Bäume des Großherzogtums Baden"* vorstellte, wäre an diesem Ausnahmebaum sicher nicht vorbeigegangen, wenn sein heute verschiedentlich angegebenes Alter von mehr als 400 Jahren (Fröhlich, S. 76; Baumkunde.de) richtig wäre. Realistisch dürfte eine Pflanzzeit um 1736 sein.

Der Rekord-Umfang von 9,65 m resultiert aus der Zweistämmigkeit des Baumes. Der zum See zeigende Hauptstamm wird von zwei stählernen Stangen gestützt, der zweite Hauptstamm ist schräg abgenommen und die Schnittfläche wurde mit einer Metallplatte abgedeckt. Ein auf der anderen Seite zunächst horizontal und dann nach oben abknickender Ast bildet heute einen Teil der etwa 20 m breiten Krone, die von einem jüngeren Steiltrieb noch ergänzt wird. Der mächtige Doppelstamm ist teilweise hohl und in der Mitte aufgebrochen, sodass man die Reste einer alten Betonfüllung sehen kann. Diese wurde wahrscheinlich in die Höhlung des abgesägten Stammes eingefüllt, wie an einem breiten Spalt oberhalb der Gabelung erkennbar ist. Der seeseitige Stamm ist vermutlich – außer im Erdstück – nicht hohl.

An seinem freien, hellen Standort im klimatisch milden Rheintal fühlt sich der Baum, dessen Art schon zur Römerzeit nach Mitteleuropa eingewandert ist und deshalb als einheimisch gilt, sichtlich wohl.

Erwähnenswert ist auch ein auf der Gartenseite des Schlosses als schöner Solitär stehender Prächtiger Trompetenbaum (*Catalpa speciosa*). Der seilgesicherte Amerikaner beeindruckt neben seinen riesigen Blättern und herrlichen Blüten auch mit seinem fast 3 m starken, von vielen Beulen bedeckten Stamm (Bild links).

Baumart: *Catalpa speciosa*
Landkreis: *Stadtkreis Karlsruhe*
Standort: *Im Schlossgarten, hinter dem Schloss*
Geodaten: *49.014187, 8.404616*
Alter: *ca. 120 Jahre*
Stammumfang: *2,95 m (2020)*

Baumart: *Castanea sativa*
Landkreis: *Stadtkreis Karlsruhe*
Standort: *Im Schlossgarten, am Parksee*
Geodaten: *49.016227, 8.404114*
Alter: *ca. 290 Jahre, gepflanzt um 1736*
Stammumfang: *9,65 m (Gesamtumfang, 2020)*

Alte Marone

am Schlossgartensee

Ginkgobäume
im Botanischen Garten

Der Botanische Garten in Karlsruhe zählt sicher zu den schönsten Orten der einstigen badischen Residenzstadt. Ab 1808 unter Großherzog Karl Friedrich angelegt, sorgte vor allem seine pflanzenbegeisterte Gemahlin Karoline dafür, dass Blumen und Gehölze aus aller Herren Länder hier angepflanzt wurden. Die prächtigen, heute noch vorhandenen Gewächshäuser stammen jedoch aus der Umgestaltungsphase der 1850er-Jahre. In dieser Zeit wurden wohl auch einige der eindrucksvollsten Bäume gepflanzt, die wir heute hier vorfinden.

Zu ihnen zählen zuallererst zwei herausragend schöne und große Ginkgobäume. Der um 1730 nach Europa eingeführte und in seiner ostasiatischen Heimat schon in alter Zeit kultivierte Tempelbaum gilt als ‚lebendes Fossil' und er ist botanisch so außergewöhnlich, dass man ihn bis heute weder zu den Laubbäumen noch zu den Nadelbäumen rechnet. Diese Alleinstellung hat sicher dazu beigetragen, dass er zum Jahrtausendwechsel sogar zum ‚Baum des Jahrtausends' gewählt wurde.

Einer der beiden Exemplare im Botanischen Garten ist nicht weit vor der ‚Jungen Kunsthalle' und nahe des zweigipfligen Bergmammutbaums zu finden, der als vielleicht auffälligster Baumriese die Gesamtanlage überragt (s. S. 72). Mit weit nach außen spreizenden Ästen erreicht der Ginkgo eine stattliche Kronenbreite von annähernd 24 m (rechts). In seiner Nachbarschaft verdienen einige weitere, zum Teil sehr seltene Baumarten Beachtung – vier von ihnen werden auf der folgenden Doppelseite vorgestellt.

Beim östlichen Zugang zeigt sich ein zweiter Ginkgobaum mit beeindruckender Stammsäule, starken Ästen und schon etwas lichter, 25 m durchmessenden Krone (großes Bild). Eine Sicherungsschlaufe führt vom Zentrum zu einem seitlichen Großast.

Baumart: *Ginkgo biloba*
Landkreis: *Stadtkreis Karlsruhe*
Standort: *Botanischer Garten*
Geodaten: *49.012674, 8.399528 (West); 49.013514, 8.401963 (Ost)*
Alter: *ca. 165 Jahre, gepflanzt um 1858*
Stammumfang: *4,05 m (West) und 4,03 m (Ost, beide 2020)*

Baumart: *Sequoiadendron giganteum*
Landkreis: *Stadtkreis Karlsruhe*
Standort: *Westlicher Teil des Botanischen Gartens*
Geodaten: *49.012873, 8.399407*
Alter: *ca. 150 Jahre, gepflanzt um 1870*
Stammumfang: *5,36 m (2020)*

Baumart: *Fagus sylvatica 'pendula'*
Landkreis: *Stadtkreis Karlsruhe*
Standort: *Südwestlicher Teil des Botanischen Gartens*
Geodaten: *49.012614, 8.399705*
Alter: *ca. 165 Jahre, gepflanzt um 1858*
Stammumfang: *nicht zugänglich, ca. 3,0 m (2020)*

Baumart: *Quercus x turneri 'Pseudoturneri'*
Landkreis: *Stadtkreis Karlsruhe*
Standort: *Südwestlicher Teil des Botanischen Gartens*
Geodaten: *49.012452, 8.399825*
Alter: *ca. 165 Jahre, gepflanzt um 1858*
Stammumfang: *5,23 m (2020, bei 40 cm)*

Baumart: *Cladrastis kentukea*
Landkreis: *Stadtkreis Karlsruhe*
Standort: *Südwestlicher Teil des Botanischen Gartens*
Geodaten: *49.012489, 8.399935*
Alter: *ca. 165 Jahre, gepflanzt um 1858*
Stammumfang: *ca. 3,63 m (2020)*

Seltene Baumschätze
im Botanischen Garten

Der bereits angesprochene Bergmammutbaum (s. S. 71) vor der großen Gebäudekuppel der Orangerie ist in seinem unmittelbaren Umfeld nur von deutlich niedrigeren Bäumen umgeben (linke Seite, oben links), sodass der 37 m hohe Baum eine große optische Dominanz besitzt. Erst auf den zweiten Blick fällt so manchem Besucher auf, dass die tief beastete Krone in einer harmonischen Doppelspitze endet.

Ein Stück weiter südlich, direkt nach dem großen Ginkgo, wurde eine gut 150-jährige Hänge-Buche von einem Metallgitter umgeben (linke Seite, oben rechts). Vier Nebenstämme haben sich hier in einiger Entfernung zum Hauptstamm als Ableger entwickelt – so ist eine gemeinsame, 32 m breite Krone entstanden. Eine solche Schleppenbildung ist etwa bei den Riesen-Lebensbäumen (*Thuja plicata*) häufig zu beobachten, bei Buchen jedoch sehr selten. Der vor den Besuchern abgeschirmte Baum kämpft mit einer Pilzerkrankung und man hofft, dass er sich bald wieder erholen kann.

Baumart: *Sequoiadendron giganteum 'Pendulum'*
Landkreis: *Stadtkreis Karlsruhe*
Standort: *Zwischen Theaterbrunnen und den Badischen Weinstuben*
Geodaten: *49.013431, 8.400965*
Alter: *ca. 50 Jahre*
Stammumfang: *1,43 m (2016, Messung durch V. A. Bouffier)*

Vor dem südlichen Teil des Buchengitters führen sechs starke Stämme aus dem kurzen, dicken Stammsockel einer Turner-Eiche (linke Seite, unten links). Die Mitte ist frei, vermutlich hat der wintergrüne Baum hier seine ehemalige Zentralachse verloren. Entstanden ist die seltene Art um 1780 aus der Kreuzung einer Stiel-Eiche (*Quercus robur*) mit einer Stein-Eiche (*Quercus ilex*).

Gleich daneben verwundert eine äußerst skurrile Baumgestalt: Zerklüftet wie eine uralte Linde, mit der Borke einer Buche, und Blättern, die denen einer Esche ähneln! Bei der noch recht vitalen Ruine handelt es sich um ein Amerikanisches Gelbholz (auch Kentucky-Gelbholz), das in Deutschland in dieser Stärke wohl kaum übertroffen wird (linke Seite, unten rechts).

Geht man nun über die offenen Flächen des zentralen Gartenteils, fällt jenseits des Theaterbrunnens eine weitere, extrem seltene Baumform auf (links): Der Baum bildet durch regelmäßiges Aufbinden des Leittriebs einen anmutigen Halbkreis und lässt seine Zweige von diesem Bogen wie ein Vorhang bis zur Erde herabfallen. Es ist ein sogenannter Hänge-Bergmammutbaum, eine Abwandlung des ‚normalen' Bergmammutbaums. Ein solcher ist dann ganz in der Nähe ebenfalls nochmals vorhanden, mit 6,10 m Umfang sogar noch etwas stärker als der Artgenosse mit den beiden Gipfeln.

Dass all diese besonderen Bäume auch eine besondere Pflege erfahren, ist nicht zu übersehen – kräftige Wassergaben helfen über den trockenen Sommer hinweg.

Eiche
an der Beiertsheimer Allee

Einer der sehenswerten Baumplätze Karlsruhes ist die Beiertsheimer Allee, die sich von der Stadthalle gut 1,5 km nach Süden bis zum ehemaligen Stadtrand zieht, unweit westlich des Hauptbahnhofs. Über weite Strecken verläuft sie zweibahnig, entlang der schmalen, lang gezogenen Bahnhofparkanlage. Ludwig Klein macht uns in seinen ‚*Bemerkenswerten Bäumen des Großherzogtums Baden*' (1909, S. 167) mit einer Stiel-Eiche bekannt, die er für das Jahr 1904 als 400-jährig und mit einem Stammumfang von 5,75 m angibt. Sie ist heute leider nicht mehr vorhanden, doch von den zahlreichen Eichen dieser Baumallee darf sich die stärkste als Nachfolgerin betrachten, mit 5,66 m hat sie schon fast den Umfang jenes abgegangenen Veteranen erreicht.

Das besondere Kennzeichen dieser urigen Baumpersönlichkeit sind zahlreiche Verwachsungen aus dem Stamminneren, die sich schichtartig auf der Borke ausbreiten. Diese sehr grobe, sowohl brettartig als auch völlig unregelmäßig verwachsene Borke ist außergewöhnlich dunkel und sehr ausdrucksstark. Ein schon etwas älteres Schild weist den Baum als 300-jährig aus, auch eine Kennzeichnung als Naturdenkmal ist angebracht.

Die noch rund 26 m hohe Krone zeigt eine zweiachsige Grundform, die nach oben immer breiter wird und mit Seilen gesichert ist. Ihr Aufbau ist für einen Stadtbaum dieser Altersgruppe noch sehr vielastig erhalten, der Gesundheitszustand bietet durchaus gute Perspektiven für die Zukunft.

Gerade im städtischen Bereich stellen derartige Veteranen wahre Hotspots der Artenvielfalt dar. Sie sind letzte Rückzugsgebiete für seltene Käfer- und Schmetterlingsarten, deren Entwicklung nur in altem, bereits durch Zersetzungspilze vermorschtem Holz stattfinden kann. Zahllose Verstecke in kleineren und größeren Hohlräumen, Rindentaschen oder tiefen Spalten der Borke können von Vögeln und kleinen Säugetieren als Lebensräume genutzt werden. Durch alte Bäume erfahren die städtischen Grünzonen, deren Bedeutung ganz wesentlich in ihrer Funktion als Erholungsraum oder auch in ihrer günstigen klimatischen Auswirkung gesehen wird, nochmals eine wichtige Aufwertung.

Baumart: *Quercus robur*
Landkreis: *Karlsruhe*
Standort: *Beiertsheimer Allee/Ecke Kantstraße*
Geodaten: *48.997487, 8.396185*
Alter: *ca. 350 Jahre*
Stammumfang: *5,66 m (2020)*

Wenige Kilometer vor der Einmündung in den Rhein beim Karlsruher Ölhafen zieht das Schwarzwald-Flüsschen Alb ein grünes Band durch den südwestlichen Stadtteil Grünwinkel. Auf dem nördlichen Hochufer steht die kleine *Maria Hilf-Kapelle*, meist nur ‚Albkapelle' genannt, die erst 1913 an dieser Stelle neu errichtet wurde. Sie ist jedoch wesentlich älter – bereits 1759 erfolgte ihr Bau an der nicht weit entfernten Durmersheimer Straße, wo sie jedoch gut 150 Jahre später im Weg war und an den schönen Platz über dem Fluss versetzt wurde.

Baumart: *Acer platanoides*
Landkreis: *Karlsruhe (Stadt)*
Standort: *An der Albkapelle, Stadtteil Grünwinkel*
Geodaten: *49.002760, 8.348811*
Alter: *ca. 110 Jahre, gepflanzt um 1913*
Stammumfang: *3,78 m (2021)*

Direkt neben diesem kulturellen Kleinod finden wir zwei bemerkenswerte Naturschätze, die seit 1988 geschützt sind. Etwas im Hintergrund, doch schon aufgrund der stattlichen Größe unübersehbar, überragt ein mächtiger Spitz-Ahorn die Kapelle: Gut 25 m hoch und fast genauso breit baut sich dessen glockenförmige Krone über den drei Hauptachsen auf. In diese teilt sich der unversehrte Stamm erst bei 5 m Höhe auf, sodass er mit seinem Umfangs-Gardemaß von 3,78 m gut zur Geltung kommt. Im Inneren der Krone sind zahlreiche Äste abgenommen, dort wo aufgrund der geschlossenen Blätterwand des Kronenrandes das Lichtangebot ohnehin dürftig ist.

Volle Sonne genießt dafür ein sehr viel niedrigerer Baum neben dem Kapellengebäude, es ist eine Felsen-Kirsche – und noch dazu die vielleicht stärkste in ganz Deutschland. Ob die geduckte, aber sehr breit entwickelte ‚Steinweichsel', wie der in Südeuropa und wärmeren Gebieten Mitteleuropas heimische Baum auch genannt wird, erst beim Kapellenbau gepflanzt wurde oder schon vorher hier wuchs, ist nicht bekannt. Letzteres wäre zwar denkbar – das Ergebnis meiner Altersschätzung (120 Jahre) übertrifft das Alter der Kapelle an diesem Ort jedoch nur um wenige Jahre. 1913 als Pflanzjahr ist somit realistisch.

Die meist nur strauchförmig oder als kleinerer Baum wachsende Felsen-Kirsche ist auch in weniger großen Gärten ein beliebtes Ziergehölz. Die kleinen, roten, dann in Reife schwarzen Kirschfrüchte sind jedoch nicht genießbar. Die zermahlenen Kerne werden in Westasien unter dem Namen *Mahlab* als Gewürz verwendet – davon leitet sich der botanische Artname ab.

Der deutlich schief stehende Stamm entlässt in 2 m Höhe zwei Hauptachsen: Die seitlich ausgreifende wird an allen vier Hauptästen durch Stahlstangen gestützt, die aufwärts verlaufende bildet dafür den höheren Teil der Krone. Ohne diese Metallstützen wären die beiden Kronenteile sicher längst auseinander gebrochen, wie man aufgrund der vertikalen Rissbildung im Stamm vermuten kann. Ausgeprägte Längsfurchen lassen darauf schließen, dass mehrere, ehemals getrennte Stämmchen im Laufe der Zeit miteinander verwachsen sind. Leider bin ich bei meinem Besuch Anfang Mai schon eine Woche zu spät dran: Die Blüte ist hier im Rheintal gerade vorüber, und so musste eine ebenfalls schon recht alte Artgenossin aus Reutlingen – wo der Frühling erst später Einzug gehalten hat – mit einem Blütenbild aushelfen.

Felsen-Kirsche
bei der Albkapelle

Baumart: *Prunus mahaleb*
Landkreis: *Karlsruhe (Stadt)*
Standort: *An der Albkapelle im Stadtteil Grünwinkel*
Geodaten: *49.002633, 8.348910*
Alter: *ca. 120 Jahre*
Stammumfang: *3,12 m (2021, rechtwinklig zur Stammachse)*

Baumart: *Sorbus domestica*
Landkreis: *Karlsruhe*
Standort: *Gewann ‚Alte Bergwiesen'*
Geodaten: *49.004773, 8.721268*
Alter: *ca. 200 Jahre*
Stammumfang: *3,76 m (2021)*

Speierling
am Alten Berg

Schon vom griechischen Philosophen und Naturforscher Theophrast (371–287 v. Chr.) ist eine genaue botanische Beschreibung des Speierlings überliefert. Nur wenig später taucht in einem römischen Werk zur Landwirtschaft bereits der Gattungsname *Sorbus* auf. Den Artnamen *domestica* liest man erstmalig im 1563 herausgegebenen Kräuterbuch des italienischen Botanikers Pietro Andrea Mattioli (1501–1577). Nördlich der Alpen scheint die Baumart aber schon in früheren Zeiten selten gewesen zu sein. Für Süddeutschland ist der Name Speierling (‚Speyerlingsbaum') ab 1340 nachgewiesen, 1542 erscheint die erste Abbildung im Kräuterbuch des berühmten Mediziners und Botanikers Leonhart Fuchs (1501–1566). Zu seiner Zeit sollte der Verzehr von reifen Speierlingsfrüchten vor der Cholera bewahren. Erst viel später wird mit Speierlingsfrüchten der Apfelwein veredelt, er wird durch die Gerbstoffe klarer, gewinnt an Geschmack und wird haltbarer.

Nach dem Zusammenbruch des größten und ältesten Speierlings in Deutschland, der bis zu einem schweren Sommersturm 2008 auf einer Hangwiese im Südosten von Ölbronn im Enzkreis stand, hat den Spitzenplatz - zumindest für Baden-Württemberg – ein Artgenosse am südlichen Ortsrand des Brettener Stadtteils Ruit übernommen. Im Gewann ‚Alte Bergwiesen' ist seine imponierende Gestalt schon von der aus dem Ort hinausführenden Bauschlotter Straße aus zu sehen (linke Seite). Seine Krone war ehemals sicher weit größer als heute, denn die strahlenförmig abgehenden Hauptäste sind alle gekürzt – heute (2021) ist sie noch 16 m breit und ca. 18 m hoch. Bei zwei Meter Höhe sind die Ausbruchstellen zweier Tiefäste leider offen und unbehandelt, aus der Höhlung treiben neue Zweige aus. Der ungemein eindrucksvolle Baum besitzt einen leicht drehwüchsigen Stamm, die zahlreich abfallenden Borkenstücke sind typisch für alte Speierlinge. Kein Wunder, das Naturdenkmal dürfte vielleicht schon über 200 Jahre alt sein.

Auf einem grünen, von zahlreichen Obstbäumen bestandenen Höhenrücken zwischen dem Tal der Salzach im Süden und dem großen Schillingswald, der sich im Norden bis Knittlingen hinzieht, präsentiert sich im Gewann ‚Lerchenfeld' östlich von Kleinvillars der zweitstärkste Speierling des Enzkreises (links). An seinem mächtigen, drehwüchsigen Stamm wurden zwei große Tiefäste abgenommen. Am darüber gelegenen Kronenansatz gehen sieben kräftige Äste auseinander, einer von ihnen wurde ganz gekappt, ein zweiter bei 2 m Länge, die anderen sind an den Enden gekürzt und von vielen Seitenästen befreit. Die dadurch sehr offene Krone misst noch 19 m in der Breite und 16 m in der Höhe. Von der Naturschutzbehörde wird das Alter im Jahr 2010 mit etwa 180 Jahren angegeben – geschützt ist der Baum erst seit 1991.

Baumart: *Sorbus domestica*
Landkreis: *Enzkreis*
Standort: *500 m östlich von Kleinvillars*
Geodaten: *48.997134, 8.752143*
Alter: *ca. 190 Jahre*
Stammumfang: *3,19 m (2021)*

Baumart: *Pyrus communis*
Landkreis: *Enzkreis*
Standort: *ca. 300 m südwestlich der S-Bahnstation Kleinvillars*
Geodaten: *48.991536, 8.742066*
Alter: *ca. 130-150 Jahre*
Stammumfang: *5,44 m (2020)*

Wasserbirne
bei Ölbronn

Oberhalb der S-Bahnstation nahe beim Knittlinger Teilort Kleinvillars, jedoch schon auf Gemarkung Ölbronn-Dürrn, ist die wahrscheinlich dickste Kulturbirne Baden-Württembergs anzutreffen. Sie gehört zur Sorte ‚Schweizer Wasserbirne', die erstmals 1823 in der Schweiz beschrieben wird. Wenige Jahre später wird diese Sorte in Stuttgart-Hohenheim vermehrt und ist seitdem vor allem im Südwesten Deutschlands weit verbreitet – die saftigen Früchte ergeben reichlich klaren Most. Zum Alter des Baumes wird bei Monumental Trees.com das Pflanzjahr 1890 angegeben.

Das Besondere an diesem mächtigen Exemplar, das am Rande einer größeren Streuobstwiese steht, und dessen Krone noch immer 18 m hoch und bis 13 m breit ist, besteht vor allem in der Art seiner Pfropfung. Birnen erwachsen in der Regel auf einer Quittenunterlage, die schwachwüchsig ist, dem Edelreis zu größerer und früher einsetzender Fruchtbildung verhilft, und zudem eine geringe Anfälligkeit gegen Krankheiten aufweist. Dies scheint hier jedoch nicht der Fall zu sein – die Unterlage zeigt ein deutlich stärkeres Dickenwachstum als das Edelreis der Mostbirne selbst. Es sieht fast so aus, als hätte sich die Birne dicke Winterstiefel übergezogen.

Somit kommt als Unterlage nur eine andere Birnenart oder eine andere Sorte der Kulturbirne in Frage. Bei großen, landschaftsprägenden Bäumen ist dies meist die ‚Kirchensaller Mostbirne', die aus Hohenlohe stammt, jedoch erst ab 1914 beschrieben wird – und damit zu jung sein dürfte. Bei der Knittlinger Birne sind zwei Kerne vorhanden, die im etwa 3 m hohen Stammteil zusammengewachsen sind. Mit Ausnahme eines etwa meterbreiten Bereichs (wegseitig) ist die Borkenstruktur hier einer Linde oder gar einer Robinie ähnlicher als einem Obstbaum. Im Kronenteil zeigt sich dann aber die typisch kleingefelderte Struktur eines alten Birnbaums. Die Artzugehörigkeit seines massiven Unterbaus bleibt weiter sein Geheimnis.

Alle vier Hauptäste tragen noch Früchte, doch die Alterserscheinungen sind unübersehbar – vor allem trockene Äste sind zahlreich vorhanden. Die beiden Hauptachsen sind mit einer alten, längst eingewachsenen Sicherung versehen, die wahrscheinlich kaum noch ihren Zweck erfüllt. Mindestens zwei offene Ausbrüche ehemaliger Äste werden als Nistplätze von Wespen und Hornissen genutzt. Und auch die gelben, rundlichen und jetzt im Oktober hochreifen Früchte sind bei ihnen als Nahrungsquelle sehr beliebt.

Die Voraussetzungen für eine Vogel-Kirsche – beziehungsweise deren Kulturformen – im Verlaufe ihres Lebens eine imposante Baumriesin zu werden, oder gar den Status eines Naturdenkmals zu erlangen, sind denkbar ungünstig: Mehr als 80–100 Jahre hält ihr Holz den Gefährdungen durch Sturm und Pilz in der Regel nicht stand, und das Wachstum bleibt hinter dem einer Pappel, die schon mit 80 Jahren gewaltige Stämme und Kronen bildet, doch deutlich zurück. Die Stärken der Kirsche liegen auf anderen Gebieten als der schieren Größe oder des hohen Alters - man denke nur an die Blütenpracht, die wohlschmeckenden Früchte oder das wertvolle Möbelholz.

Doch es gibt, wie bei jeder Regel, auch hier Ausnahmen. Einen dieser Ausnahmebäume findet man an der K 4525, etwa 600 m südwestlich der Gemeinde Kieselbronn, direkt an der Gemarkungsgrenze zu Pforzheim. Nach der Statur des Stammes und der grauen Borke könnte man die Kirsche fast für eine Linde halten: Die Stammbasis ist deutlich ausgestellt und vielfach sind dicke Verwachsungen vorhanden, wie sich das gehört für einen ‚richtigen' Baumveteranen (Bild links oben). Die kirschentypische Ringelborke, glatt, rötlich glänzend sowie mit Lentizellen und Querstreifen versehen, ist im Stammbereich nahezu völlig verschwunden. Lediglich an den sieben Hauptästen, die ab drei Meter Stammhöhe auswachsen und für eine zwar gekürzte, aber immer noch 18 x 18 m große Krone sorgen, sind diese charakteristischen, an den Rändern aufgerollten Borkenstücke stellenweise noch zu sehen (Bild links unten).

Und auch ein Naturdenkmal-Zeichen ist vorhanden, die Kirsche ist sogar der einzige Baum auf Gemarkung Kieselbronn, der unter Schutz steht. Der Erhaltungszustand ist noch recht gut, wenngleich der Stamm doch deutliche Alterungserscheinungen zeigt. Von einer starken Morschungsstelle zieht sich eine lange Fäulnisspur bis zum Boden hinab. Aufgrund des gerade bei Kirschen leicht brüchigen Astholzes wäre eine Kronensicherung unbedingt angebracht.

Baumart: *Prunus avium (Kulturform nicht bekannt)*
Landkreis: *Enzkreis*
Standort: *An der Kreisstraße 4525 zwischen Pforzheim und Kieselbronn*
Geodaten: *48.927272, 8.737994*
Alter: *ca. 100–120 Jahre*
Stammumfang: *4,08 m (Taille bei 1 m Höhe, 2021)*

Vogel-Kirsche
bei Kieselbronn

Linde

Linde
in Schluttenbach

Sturm-Ereignisse wie ‚Lothar' oder ‚Wibke' sind vereinzelt auch aus früheren Zeiten bekannt – so liest man in einer Meldung der Freiburger Zeitung vom 30. 7. 1867:

„Ettlingen, 26. Juli. Das Gewitter, welches am 23. d.M. Abends zwischen 8 und 9 Uhr unsere Gegend von Süden nach Norden durchzog, hat einzelnen unserer Gebirgsgemeinden durch Entwurzeln von Obstbäumen große Verluste gebracht. Die dürstige Gemeinde Schluttenbach aber hat eine wahre Verheerung zu beklagen. Denn nicht nur wurden in den Gärten und Grasplätzen der nächsten Umgebung 650 Obstbäume, und im Felde eben so viele mit ihrem meist leichten Ertrag aus der Erde gerissen sondern durch Sturm und Gewitterschlag fast alle Häuser beschädigt. Dem größten Theil derselben wurden die Ziegel und Theile des Dachstuhles entrissen, so daß fast Stunden weit die Schindeln fortgetragen wurden. Einem Hause wurde der obere Giebel und die ganze Bedeckung einer Dachwohnung durch einen großen Ast der alten Dorflinde im Fluge weggeschlagen und das Scheuer- und Stallgebäude des Hirschwirths Günter stürzte auf den stärksten Gewitterschlag vollständig in Trümmer."

Dass die alte Dorflinde den größten Teil der Krone spätestens zu jener Zeit verloren hat, ist bei genauerer Betrachtung erkennbar. Die älteren Seitenäste am Kronenansatz in 5 m Höhe sind zum Teil in Ansätzen noch vorhanden, wenngleich sie nach wenigen Metern Länge enden. In der komplett ausgebrochenen Mitte haben sich Steiltriebe entwickelt, die nun wieder zu einer recht harmonisch wirkenden Krone mit rund 17 m Höhe und Breite beitragen. Zahlreiche Seilsicherungen sind vorhanden.

Die 1940 eingebrachte Ausmauerung wurde 1976 wieder entfernt. Die einzige von außen sichtbare Stammöffnung ist mit einem Drahtgitter überdeckt und scheint wieder gut zu verwachsen. Am Stamm sind kleine Austriebe zu sehen und auch auf der umgebenden Wiese sind solche erkennbar, die dort aus nur knapp unter der Erdoberfläche verlaufenden Wurzelsträngen hervorbrechen. Generell macht der Baum einen überraschend vitalen Eindruck – zumindest angesichts des am Stamm angegebenen Pflanzdatums im Jahr 937. Dies erscheint doch recht unrealistisch, obwohl eine Lindenpflanzung nahe der heute noch vorhandenen Quelle durchaus erfolgt sein kann. Ich würde die heutige Sommer-Linde jedoch eher als die Nachfolgerin ansehen und sie auf etwa 600 Jahre einschätzen.

Baumart: *Tilia platyphyllos*
Landkreis: *Karlsruhe*
Standort: *Ecke Lange Straße/Am Lindenbrunnen*
Geodaten: *48.898740, 8.404881*
Alter: *ca. 600–1080 Jahre*
Stammumfang: *7,65 m (2020)*

Kirchhoflinde
in Spielberg

Auch das nur knapp fünf Kilometer östlich von Schluttenbach gelegene, zur Gemeinde Karlsbad gehörende Spielberg, darf auf eine sehr eindrucksvolle Dorflinde stolz sein. Die um 1680 gepflanzte Sommer-Linde und die hinter ihr befindliche St. Jakobuskirche sind quasi ein ‚Gesamtkunstwerk', wobei die Kirche erst 1732–1735 errichtet wurde. Allerdings gab es am gleichen Platz fast 300 Jahre lang eine St. Jakobus-Kapelle.

Die Kirchhoflinde besaß ursprünglich drei Hauptachsen, zwei davon sind in Teilen noch vorhanden. Der zentrale Stamm reicht noch bis 20 m Höhe hinauf, ist im oberen Abschnitt jedoch bereits trocken. An ihm sind die meisten Kronenäste mit Seilen gesichert. Die Ausbruchstelle der ehemals dritten Achse ist noch metergroß und nach oben offen. In der Folge ist das Holz im Stamm und den Hauptästen großenteils ausgefault und im Inneren versuchte man, mittels Stahlankern eine Überbrückungshilfe zu schaffen. Die Mittelachse zeigt in 8 m Höhe eine Öffnung in ihrer Wandung. Die eiförmige, nur ca. 12 m breite Krone wird heute im Wesentlichen über drei jüngere Äste aufgebaut.

Der Erdstamm beeindruckt mit weit ausgestellten Wurzelanläufen und einem deutlich über 7 m messenden Umfang. Die Stammbasis durchmisst am Boden beachtliche 5 m. Da die Rückseite des Stammes ab 3 m Höhe bis zum Boden herab geöffnet ist, sieht man ins Innere, wo kräftiges Adventivwachstum stattgefunden hat. Auch ein alter Baumharz-Anstrich der Innenwand ist noch gut erkennbar.

Am Standort auf einem freien Grashügel vor der Kirche kommt der älteste Dorfbaum zwar schön zur Geltung, doch dürften zumindest stärkere Niederschläge relativ schnell nach außen ablaufen, ohne dabei tief genug ins Erdreich eindringen zu können. Demzufolge zeigt das Naturdenkmal auch deutliche Trockenschäden – Mitte August 2020 liegen bereits viele gelbe Blätter am Boden.

Baumart: *Tilia platyphyllos*
Landkreis: *Karlsruhe*
Standort: *Vor der St.Jacobuskirche*
Geodaten: *48.897467, 8.471610*
Alter: *ca. 340 Jahre, gepflanzt um 1680*
Stammumfang: *7,34 m (2020)*

Batterteiche
am Badener Felsenpfad

Die Burg Hohenbaden – später Schloss Hohenbaden und heute meist ‚Altes Schloss‘ genannt – war ab 1100 Sitz der Markgrafen von Baden und damit auch Namensgeber für das Land Baden und die Residenzstadt Baden-Baden. Ab 1479 wurde die Residenz ins Neue Schloss verlegt, der alte Bau um 1597 durch einen Brand zerstört. Der heutige Schlosshof war einer der größten Wohnbauten in Burgen der damaligen Zeit. Heute beobachten wir hier einige Mauereidechsen, für die das alte, rissige Gemäuer ein idealer Lebensraum darstellt.

Das Felsgebiet des *Battert* nördlich von Baden-Baden gilt als beliebtes Ausflugsziel für Spaziergänger und Wanderer, und gleichzeitig als eines der schönsten Kletterparadiese des Landes. Die Wanderer sind vor allem wegen des ursprünglich anmutenden Walderlebnisses gerne hier unterwegs und werden dabei immer wieder mit schönen Ausblicken verwöhnt.

Nach einem kleinen, steilen Aufstieg über einen schmalen Fels- und Wurzelpfad kommt man an einer eindrucksvollen, mächtigen Stiel-Eiche vorbei, von der wir später erfahren, dass sie als ältester Baum Baden-Badens bereits rund 600 Jahre alt sein soll! Dies dürfte nach dem äußeren Anschein zu hoch gegriffen sein, ist aber bei eher kargen Wuchsbedingungen im felsigen Pophyrkonglomerat immerhin möglich! Das Waldgebiet oberhalb der *Ritterplatte* entspricht mit seinen moosbedeckten Felsblöcken und den knorrigen Bäumen ganz dem Naturbild der Romantik – kein Wunder also, dass es schon ab 1839 mit den ersten Wanderwegen erschlossen wurde.

Im felsigen Bannwald des Battert findet sich viel Totholz. Besonders in alten Buchenstämmen hat der Schwarzspecht seine Bruthöhlen gezimmert, die nachfolgend gerne auch von der Hohltaube genutzt werden. Die bekannte *Felsenbrücke* ist zeitweise gesperrt, da in diesem Bereich seit einigen Jahren wieder Kolkraben und Wanderfalken brüten. Wir bleiben also im verwunschenen Wald mit seinen moosigen Felsen, zwischen denen auch die Heidelbeere gedeiht.

Auf dem Rückweg über den *Unteren Felsenweg* staune ich über das Vorhaben einer weiteren Rieseneiche, einen benachbarten Felsblock zu überwachsen (links).

Baumart: *Quercus robur*
Landkreis: *Stadtkreis Baden-Baden*
Standort: *Östlich des Alten Schlosses, am Oberen Felsenweg*
Geodaten: *48.777933, 8.250884*
Alter: *ca. 600 Jahre*
Stammumfang: *4,53 m (2020)*

Baumart: *Cedrus atlantica 'glauca'*
Landkreis: *Stadtkreis Baden-Baden*
Standort: *Nördlich des Neuen Schlosses, Grünfläche am Türkenweg*
Geodaten: *48.765925, 8.244708*
Alter: *ca. 130 Jahre*
Stammumfang: *oben 4,29 m (2020)*

Atlas-Zedern
am Türkenweg

Nachdem der wahrscheinlich zweitälteste Baum Baden-Badens, die ca. 500-jährige Linde im Park des Neues Schlosses, leider trotz Nachfrage nicht zugänglich war, führte mich mein Weg auf der nördlichen Seite der Schlossanlage zu zwei außergewöhnlich prächtig gewachsenen Atlas-Zedern. Das natürliche Verbreitungsgebiet dieser Kieferngewächse liegt in den Bergregionen des Atlasgebirges in Marokko und Algerien. Die Atlas-Zeder kommt dort bis in Höhenlagen von mehr als 2.000 m vor, die Niederschlagsmengen können 1.500 mm, gebietsweise aber auch nur 500 mm betragen. Sie gilt als dürre- und kälteresistenter als viele andere mediterrane Baumarten, und ihre starke, bis in 4 m Tiefe reichende Pfahlwurzel führt zu einer hohen Standfestigkeit. Nach Europa (Frankreich) wurde die Atlas-Zeder erst 1842 eingeführt – meist als dekorativer Parkbaum. Heute ist sie als interessantes Klimagehölz zunehmend im Gespräch.

Das nahe am Türkenweg stehende Exemplar (links) entspricht in seiner Wuchsform im Wesentlichen dem bei uns meist verbreiteten Typus: Gerader Stamm mit charakteristisch gefelderter Borke und kräftigen Seitenästen, die sich schwungvoll nach oben richten. Durch ihren freien Stand hat diese ca. 130-jährige Zeder – die normale ‚grüne' Variante der Atlas-Zeder - ein Umfangsmaß erreicht, das ihre waldbildenden Artgenossen in Nordafrika wohl erst mit etwa 300 bis 400 Jahren vorweisen können: beachtliche 3,95 m.

Geradezu spektakulär präsentiert sich nur 60 m weiter in nordöstlicher Richtung eine blaue Variante ('Glauca') der Atlas-Zeder, die ab 1867 in Frankreich entstand (linke Seite). Die sehr starke und weit ausgreifende Verastung führt zu einer Krone, die mit 22 m Durchmesser sehr breit ausgebildet ist. Das besondere an diesem ebenfalls rund 130-jährigen Baum besteht darin, dass die Seitenäste schon in Bodennähe auswachsen, wie Polypenarme ausschwingen und sich dann wieder aufwärts richten. In der üblichen Messhöhe von 130 cm kann man den Stamm ohne wesentliche Beeinträchtigung durch Äste messen: 4,29 m.

Aufgrund des Klimawandels, aber auch wegen des vielseitig verwendbaren Holzes, wird diese geschützte Baumart zukünftig sicher noch eine wichtige Rolle spielen – auch bei uns!

Baumart: *Cedrus atlantica*
Landkreis: *Stadtkreis Baden-Baden*
Standort: *Nördlich des Neuen Schlosses, Grünfläche am Türkenweg*
Geodaten: *48.765545, 8.244072*
Alter: *ca. 130 Jahre*
Stammumfang: *3,95 m (2020)*

Bergmammutbäume
bei der Stourdza-Kapelle

Baumart: *Sequoiadendron giganteum*
Landkreis: *Stadtkreis Baden-Baden*
Standort: *Unmittelbar östlich der Stourdza-Kapelle*
Geodaten: *48.763405, 8.233346*
Alter: *158 Jahre, gepflanzt 1866*
Stammumfang: *links 7,85 m, rechts 7,40 m, rechte Seite 7,63 m (alle 2020)*

Kaum eine Stadt in vergleichbarer Größe kann derart viele, imposante Bergmammutbäume aufweisen wie Baden-Baden – sei es im Kurpark oberhalb der Trinkhalle, an der Lichtentaler Allee, am Treppenabgang zur Kaiserallee oder auch beim Neuen Schloss. Doch die drei beeindruckendsten Exemplare wachsen unmittelbar vor der rumänisch-orthodoxen *Stourdza-Kapelle* am Michaelsberg.

Sie wurde zwischen 1863 und 1866 erbaut, also genau zu der Zeit, als die erste Generation der nordamerikanischen Bergmammutbäume in der Stuttgarter Wilhelma gezogen wurde. Offenbar wurde Baden-Baden 1866 hierbei besonders großzügig bedacht!

Der erste *Sequoiadendron* (linke Seite, links) zeigt eine riesige Knolle am Stammfuß, und der mächtige Stamm ist aufgrund der engen Nachbarschaft mit einem Riesenlebensbaum einseitig bis auf gut 15 m Höhe aufgeastet. Die Entstehung der Stammknolle durch wucherndes Holzwachstum wird als Folge einer Pilzinfektion gedeutet, die jedoch bisher nicht nachweislich zu einer Beeinträchtigung der Vitalität führt.

Der mittlere Baum (linke Seite, rechts) hat am Stammfuß nahezu ringsum zahlreiche, knollige Verwachsungen gebildet, ebenfalls unterhalb der Messhöhe von 130 cm. Auch er besitzt mit einer *Thuja plicata* eine (zu) nahe gepflanzte Begleiterin, sodass auch hier einseitig alle Äste entfernt wurden, um gegenseitige Beeinträchtigungen zu vermeiden.

Der südliche *Sequoiadendron* (oben) besitzt die mächtigste, dichteste und gleichmäßigste Krone des Trios. Hier steht die *Thuja*-Partnerin in ausreichendem Abstand, sodass die Beastung auch in Bodennähe erhalten blieb. Diese tief abgehenden Äste schwingen bogenförmig nach außen und richten sich dann wieder aufwärts. Die hier etwas dunkler und fester ausgebildete Borke ist völlig unversehrt, wodurch der Baum jünger und vitaler erscheint als die beiden Nachbarinnen, bei denen die sehr grobe, stellenweise auch angegriffene Borke bereits ausgeprochen urtümlich wirkt.

Lebensbäume
bei der Stourdza-Kapelle

Für gewöhnlich verbindet man den Begriff ‚Lebensbaum' mit der Pflanzengattung *Thuja*, die schon 1753 von Carl v. Linné – nach dem griechischen Begriff für einen immergrünen, harzigen Baum – festgelegt wurde. Häufig begegnet man diesen Zypressengewächsen als in Form geschnittene Heckenpflanze, doch zumindest eine der beiden nordamerikanischen Arten, der Riesen-Lebensbaum (*Thuja plicata*), kann mitunter zu wahrhaft märchenhafter Gestalt heranwachsen. In einem der Ursprungsgebiete, dem US-Bundesstaat Washington, stand bis 2016 der weltgrößte seiner Art – ein Koloss mit beeindruckenden Maßen: Höhe 53 m, Stammumfang 18,70 m, Volumen 500 m^3, und einem Alter von über 1.000 Jahren!

Auch wenn die sieben nahe der Stourdza-Kapelle wachsenden Thujen davon noch sehr weit entfernt sind, lassen sie doch schon erahnen, was aus ihnen noch werden könnte – die drei schönsten sollen beschrieben werden. Die erste von ihnen (linke Seite, oben) ist die Begleiterin des dritten *Sequoiadendron* von Seite 93. Ihr zentraler Stamm löst sich schon früh in fünf schwächere Steilachsen auf, doch die tief seitlich auswachsenden Äste sind entweder bizarr geformt oder haben sich am Boden abgelegt, um dann wieder aufwärts zu wachsen. Diese Schleppenbildung, bei der durch Bewurzelung eigenständige Bäume entstehen, ist ein charakteristisches Merkmal dieser Baumart.

Auch bei der oberhalb benachbarten *Thuja* (Bild links) ist der vertikal orientierte Zentralteil in schwächere, gerade Steiläste aufgeteilt. Zusätzlich greifen mehrere dicke Äste seitlich – talwärts und zum Licht gerichtet – aus, und liegen zum Teil schon am Boden auf, bevor sie sich wieder nach oben wenden.

Nur wenige Schritte weiter und man begegnet einer Baumgestalt mit womöglich noch größerer Ausstrahlung (linke Seite, unten). Eine Doppelachse in der Mitte und viele starke Tiefäste, die zur Seite und zum Boden gerichtet sind. Ein fantastischer Baum mit rekordverdächtigem Stammumfang für Baden-Württemberg: 6,56 m!

Baumart: *Thuja plicata*
Landkreis: *Stadtkreis Baden-Baden*
Standort: *Südlich der Stourdza-Kapelle*
Geodaten: *48.762516, 8.233360*
Alter: *158 Jahre, gepflanzt 1866*
Stammumfang: *linke Seite oben 4,41 m, linke Seite unten 6,56 m, links 5,14 m (alle 2020)*

Schwarz-Kiefer
bei der Stourdza-Kapelle

Baumart: *Pinus nigra subsp. nigra*
Landkreis: *Stadtkreis Baden-Baden*
Standort: *Im Park der Stourdza-Kapelle am Michaelsberg*
Geodaten: *48.763587, 8.233035*
Alter: *158 Jahre, gepflanzt 1866*
Stammumfang: *6,28 m (Gesamtumfang bodennah, 2020)*

Baumart: *Chamaecyparis lawsoniana*
Landkreis: *Stadtkreis Baden-Baden*
Standort: *ca. 30 m südlich der Stourdza-Kapelle am Michaelsberg*
Geodaten: *48.841869, 9.722509*
Alter: *158 Jahre, gepflanzt 1866*
Stammumfang: *gesamt 6,16 m (2020, in 50 cm Höhe)*

Neben den drei mächtigen Bergmammutbäumen sowie den verschlungen gewachsenen Lebensbäumen hat der Park bei der Stourdza-Kapelle noch eine Reihe weiterer, in landesweitem Maßstab bemerkenswerte Baumschätze zu bieten. So hat etwa die Schwarz-Kiefer unweit nördlich der Kapelle bereits Eingang gefunden in die einschlägige Literatur (Ullrich et al., 2009). Durch ihre schöne Alleinstellung und den auffallend mehrstämmigen Aufbau ist die wahrscheinlich ebenfalls in der Entstehungszeit der Kapelle gepflanzte, im Mittelmeerraum beheimatete Kiefer ein großartiger Blickfang. Wie bei der sehr viel häufigeren Wald-Kiefer sitzen die Nadeln auch hier immer zu zweit an den Zweigen, mit bis zu 15 cm sind sie jedoch deutlich länger als bei *Pinus sylvestris*.

Sechs der ehemals sieben Einzelstämme sind noch vorhanden – sehr wahrscheinlich handelt es sich hier um eine Pflanzung mit gleich zwei Sämlingen in einem Pflanzloch. Die frühe Aufteilung in mehrere Achsen ist ein typisches Merkmal der Österreichischen Unterart, die als einzige der insgesamt vier Unterarten auch völlig winterhart ist. Sie ist zudem die mit Abstand am häufigsten in Parks und größeren Gartenanlagen gepflanzte Schwarz-Kiefer. Der Name geht nicht auf die schwärzlichen Borkenrisse zurück, sondern auf die dunkle Färbung der verdeckten Schuppen der Kiefernzapfen.

Eine weitere Nadelbaumart im Park der Stourdza-Kapelle steht häufig ein wenig im Schatten der oft auffälliger wachsenden Riesen-Lebensbäume (*Thuja plicata*) – so auch hier gleich zu Beginn des südlich der Kapelle angelegten Thuja-Hains: eine Lawson-Scheinzypresse (oben). Im Unterschied zu den Lebensbäumen tragen die Scheinzypressen runde, statt wie jene längliche Zapfen. Zur Blütezeit kann man die nach dem schottischen Botaniker Peter Lawson benannte Baumart auch an den roten, männlichen Blüten erkennen, die an den Zweigspitzen wachsen. Das Stourdza-Exemplar ist ebenfalls um 1866 gepflanzt und schickt aus einem mehr als 6 m starken Stammsockel gleich sieben Achsen in rund 25 m Höhe. Die Borke ist arttypisch dunkel-rotbraun gefärbt und löst sich in langen, schmalen Streifen vom Stamm ab.

Lichtentaler Allee

Flaniermeile an der Oos

Die Zisterzienser-Abtei im Baden-Badener Stadtteil Lichtental wurde bereits im Jahr 1245 von Markgräfin Irmengard von Baden gegründet – und besteht als nur eines von drei Klöstern in Deutschland bis heute in dieser Funktion. Im Innenhof des Klosters ist ein geradezu märchenhaft verwachsener Stammtorso eines ehemaligen Baumriesen des Klosters aufgebahrt – es handelt sich hier um einen der beiden außergewöhnlich alten Trompetenbäume (rechts), die schon bei Fröhlich formenreiche Erscheinungen darstellten (1995, S. 99 f.) und mit rund 150 Jahren zu den ältesten ihrer Art in Deutschland zählten. Erst nach 1726 wurde diese Baumart aus Nordamerika nach Europa eingeführt.

Baumart: *Tilia tomentosa*
Landkreis: *Stadtkreis Baden-Baden*
Standort: *Lichtentaler Allee, östlichster Abschnitt*
Geodaten: *48.747540, 8.253625*
Alter: *ca. 100 Jahre*
Stammumfang: *bis ca. 4,00 m (2019)*

Ursprünglich bestand die Verbindung vom Kloster Lichtental zum innerstädtischen Markt nur aus einem Feldweg, den man mit Fuhrwerken befahren konnte. Um 1655 wurde bis zum Goetheplatz eine Eichenallee angelegt, die dann 1850–1870 bei der Umgestaltung in einen Landschaftspark weichen musste. Stattdessen wurden großzügig Bäume und Sträucher in mehr als 300 verschiedenen Arten gepflanzt – und durchaus nicht nur als Alleereihen. Insofern beschreibt der Name Lichtentaler Allee auch heute im weiteren Sinne die gesamte, schmale, rund 2,3 km lange Grünzone zwischen dem Goetheplatz und dem Klosterplatz in Lichtental. Schließlich brauchten die berühmten Besucher der Kurstadt im 19. Jahrhundert auch eine ihren Ansprüchen genügende Promenade.

Stadteinwärts erlebt man ab dem Klosterplatz zunächst den Abschnitt, der die eigentliche Allee entlang der Klosterwiese einschließt. Sie besteht im Wesentlichen aus etwa 120-jährigen Silber-Linden, einer Baumart, die in Südosteuropa und Kleinasien beheimatet ist (großes Bild linke Seite). Sie lässt sich gut durch die silbrigweißen Blattunterseiten von den einheimischen Lindenarten (Sommer- und Winter-Linde) unterscheiden.

Schon bald geht die Silber-Linden-Allee in etwas zersteuteren und auch etwas älteren Baumbestand über, und spätestens ab der Gunzenbachstraße trifft man auf allerlei fremdländische Gehölze wie Sumpfzypresse, Tulpenbaum oder Kaukasische Flügelnuss. Auch zwei Nachfolger der nun historischen Lichtentaler Trompetenbäume sind darunter: Auf den ersten trifft man gleich nach dem letzten Tennisplatz (unten links). Mit vier stählernen Stützen versehen hat sich die vielleicht stärkste *Catalpa* Baden-Württembergs noch eine beachtliche 15-m-Krone erhalten. Den schief stehenden Stamm, der sich in gutem, geschlossenem und äußerlich unbeschädigtem Zustand befindet, messe ich – rechtwinklig zur Stammachse – mit 3,56 m Umfang. Damit dürfte der vielleicht 130-jährige Baum sogar in den Top 10 in Deutschland liegen. Die Borke ist auffallend rau und grob-längsrissig.

Auch etwa 600 m weiter, direkt am Begleitweg an der Oos, muss sich ein wahrscheinlich ebenso alter Trompetenbaum auf Krücken stützen (unten rechts). Wie sein Artgenosse neigt er sich bedenklich zur Seite, sodass man ihn mit drei Metallstangen vor dem drohenden Sturz in den Fluss bewahrt hat. Sein Stamm ist hohl und an der Basis wegseitig geöffnet. Zwei von ursprünglich drei Hauptästen sind noch vorhanden und sie verlaufen schwungvoll seitwärts, sodass die Kronenbreite (16 m) die Baumhöhe (10 m) deutlich übertrifft.

Baumart: *Catalpa bignonioides*
Landkreis: *Stadtkreis Baden-Baden*
Standort: *Lichtentaler Allee, am nordwestlichen Rand der Tennisplätze*
Geodaten: *48.754165, 8.238780*
Alter: *ca. 130 Jahre*
Stammumfang: *3,56 m (2021, Messung bei 60/130 cm, rechtwinklig zur Stammachse)*

Baumart: *Catalpa bignonioides*
Landkreis: *Stadtkreis Baden-Baden*
Standort: *Lichtentaler Allee, Weg an der Oos*
Geodaten: *48.759094, 8.239025*
Alter: *ca. 130 Jahre*
Stammumfang: *3,02 m (2021)*

Baumart: *Fagus sylvatica 'Pendula' (Hänge-Buche)*
Landkreis: *Stadtkreis Baden-Baden*
Standort: *Lichtentaler Allee, Höhe Museum LA 8*
Geodaten: *48.759044, 8.238790*
Alter: *ca. 150 Jahre*
Stammumfang: *ca. 4,00 m (2021)*

Der *Steinbrunnen* nahe dem nördlichen Ende der Lichtentaler Allee besteht aus einer Pyramide aus Sinter-Kalksteinen, die 1877 beim Bau des *Friedrichsbades* abgetragen wurden. Nördlich des Brunnens gehört eine riesige Hänge-Buche zu den eindrucksvollsten Naturdenkmalen der Stadt. Leider ist dieser spektakuläre Baum in teils sehr gebrechlichem Zustand und muss vielfach gestützt werden. Die deutlich geneigte Hauptachse sowie ein starker Ast des zweiten Stämmlings sind fast völlig abgenommen, und am schief stehenden, hohlen Stamm zeigt ein großer Fruchtkörper des Zunderschwamms die fortgeschrittene Zersetzung im Inneren an. Zwei der vier lang herausgezogenen, schlangenförmig gewundenen Seitenarme haben den oberirdischen Kontakt zur Zentrale bereits verloren, sie tauchen dann nach 4 bzw. 8 Metern vom Stamm entfernt aus dem Boden auf und bilden eigenständige Bäume. Der dritte schwingt sich 10 m nach außen, liegt am Boden auf und wächst von dort wieder in die Höhe. Der vierte, recht schwache Ast, liegt nach mehreren Metern ebenfalls am Boden ab – um von hier aus zwei eigene, sehr viel stärkere Stämme zu bilden, die zum Schutz gegen die Sonnenstrahlung weiß gestrichen sind. Durch die vegetative Form der Fortpflanzung dürfte die Buche noch eine gute Zukunft haben, doch aus Sicherheitsgründen musste der insgesamt 33 m breite ‚Schlangenbaum' weiträumig umzäunt werden.

Baumart: *Fagus sylvatica 'Cuprea' (Kupfer-Buche)*
Landkreis: *Stadtkreis Baden-Baden*
Standort: *Lichtentaler Allee, Brücke Fremersbergstraße*
Geodaten: *48.755089, 8.239355*
Alter: *ca. 150 Jahre*
Stammumfang: *3,21 m (2021)*

Der nördliche Teil der Lichtentaler Allee bietet eine Fülle eindrucksvoller Baumgestalten – vier von ihnen seien im folgenden (unten v. l. n. r.) vorgestellt: Kurz nach der Oos-Brücke Fremersbergstraße überrascht eine sehr seltene Variation unserer Rot-Buche – eine Kupfer-Buche. Sie besitzt wie die ‚normale' Blut-Buche ('Atropurpurea') eine tiefrote Blattfärbung.

Der Amerikanische Tulpenbaum nördlich des Turgenev-Denkmals gehört zu den stärksten und größten seiner Art im Land. Die drei Hauptachsen reichen bis in 28 m Höhe.

Auch der auf Höhe des Museums Frieder Burda an der Oos wachsende Amberbaum ist ein Amerikaner und er zählt ebenfalls zu den nationalen Champions seiner Art. Seine ahornähnlichen Blätter sind im Herbst ein einziger Farbenrausch.

Die immergrüne Stein-Eiche, eine typische Vertreterin der Mittelmeer-Flora, ist bei uns in wärmeren Gefilden häufiger anzutreffen. Das Exemplar auf der östlichen Oos-Seite, auf Höhe des Steinbrunnens, sprengt mit seinem Stamm-Maß jedoch den üblichen Rahmen. Drei starke und drei schwächere Stämmlinge sind zu einer gemeinsamen Basis verwachsen.

Baumart: *Liriodendron tulipifera (Tulpenbaum)*
Landkreis: *Stadtkreis Baden-Baden*
Standort: *Lichtentaler Allee, beim Turgenev-Dkml.*
Geodaten: *48.756670, 8.238548*
Alter: *ca. 150 Jahre*
Stammumfang: *4,86 m (2021)*

Baumart: *Liquidambar styraciflua (Amberbaum)*
Landkreis: *Stadtkreis Baden-Baden*
Standort: *Lichtentaler Allee, Höhe Burda-Museum*
Geodaten: *48.758030, 8.239103*
Alter: *ca. 100 Jahre*
Stammumfang: *2,87 m (2021)*

Baumart: *Quercus ilex (Stein-Eiche)*
Landkreis: *Stadtkreis Baden-Baden*
Standort: *Lichtentaler Allee, Höhe Steinbrunnen*
Geodaten: *48.758824, 8.239440*
Alter: *ca. 70 Jahre*
Stammumfang: *2,73 m (2021, bei 40 cm)*

Alte Maronen
bei Schloss Eberstein

Auf der Suche nach einer in mehreren Quellen als eine der ältesten des Landes genannten Edel-Kastanie im Gernsbacher Ortsteil Obertsrot finde ich gleich ein ganzes Wäldchen dieses einzigen europäischen Vertreters der Gattung Kastanie (*Castanea*). Die sehr viel häufiger anzutreffende Rosskastanie (Gattung *Aesculus*) gehört dagegen nicht zu den Buchen-, sondern zu den Seifenbaumgewächsen.

Viele Exemplare im Maronenwäldchen sind mit rund 3 m Umfang schon recht stattlich, ein zweiachsiger Baum nahe beim südlichen Waldeck bringt es schon deutlich über 5 m. Doch die ältesten Veteranen stehen im nördlichen Teil – darunter auch der gesuchte Baum direkt am westlich vorbeiführenden Weg: Seine Krone ist weitgehend abgestorben, der mächtige, stark abholzige Stamm mit der typisch drehwüchsigen Borkenstruktur misst nahezu 7 m Umfang. Der noch grünende Kronenteil besteht vor allem aus einem jüngeren, seitlich austretenden Ast, der sich mehrfach aufteilt. Auf einer nahe beim Baum aufgestellten Tafel erfährt man einige Details zu dieser schon zur Römerzeit nach Mitteleuropa gebrachten Baumart und dass es sich um eines der stärksten Exemplare nördlich der Alpen handelt.

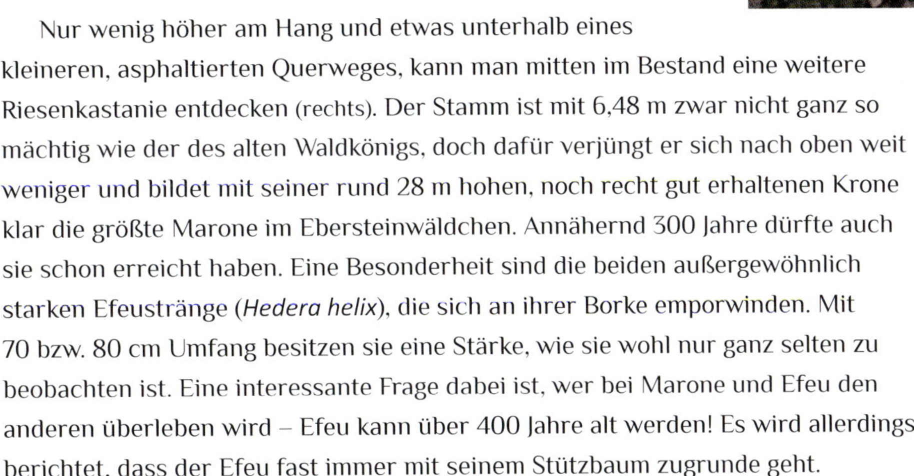

Nur wenig höher am Hang und etwas unterhalb eines kleineren, asphaltierten Querweges, kann man mitten im Bestand eine weitere Riesenkastanie entdecken (rechts). Der Stamm ist mit 6,48 m zwar nicht ganz so mächtig wie der des alten Waldkönigs, doch dafür verjüngt er sich nach oben weit weniger und bildet mit seiner rund 28 m hohen, noch recht gut erhaltenen Krone klar die größte Marone im Ebersteinwäldchen. Annähernd 300 Jahre dürfte auch sie schon erreicht haben. Eine Besonderheit sind die beiden außergewöhnlich starken Efeustränge (*Hedera helix*), die sich an ihrer Borke emporwinden. Mit 70 bzw. 80 cm Umfang besitzen sie eine Stärke, wie sie wohl nur ganz selten zu beobachten ist. Eine interessante Frage dabei ist, wer bei Marone und Efeu den anderen überleben wird – Efeu kann über 400 Jahre alt werden! Es wird allerdings berichtet, dass der Efeu fast immer mit seinem Stützbaum zugrunde geht.

Baumart: *Castanea sativa*
Landkreis: *Rastatt*
Standort: *ca. 270 m südwestlich von Schloss Eberstein*
Geodaten: *48.747826, 8.340669 und 48.748042, 8.341202*
Alter: *ca. 350 Jahre und ca. 300 Jahre*
Stammumfang: *6,95 m und 6,48 m (beide 2020)*

Baumart: *Acer saccharinum*
Landkreis: *Calw*
Standort: *Im Kurpark*
Geodaten: *48.799317, 8.439788*
Alter: *ca. 150 Jahre*
Stammumfang: *4,03 m (2020)*

Ausgerechnet den steinernen Torbogen zur Vorhalle der Klosterruine – sie wird das ‚Paradies' genannt – hat sich um das Jahr 1820 der Same einer Wald-Kiefer ausgesucht, um dort zu keimen. Schon 1957 hatte man einen Bohrspan entnommen und anhand der Jahrringe das Alter bestimmt. Wie sich dabei zeigte, verlief das Wachstum in den ersten Jahrzehnten schnell, verlangsamte sich dann deutlich. In den letzten 60 Jahren betrug die durchschnittliche Jahrringbreite nur noch 0,9 mm! Das Höhenwachstum hat der wunderliche Baum schon nach etwa der Hälfte seiner Lebenszeit praktisch eingestellt.

Wie der heute etwa 13 m hohe Baum solange dort oben überleben konnte fragen sich bestimmt viele der zahlreichen Besucher. Man weiß bereits seit den 50er-Jahren, dass lange Senkwurzeln einen Weg durch Hohlräume des zweischaligen Mauerwerks bis in den Erdboden gefunden haben und sich hier mit den notwendigen Nährstoffen und Wasser versorgen.

2009 ergaben Zugversuche des Baumstatikers Lothar Wessoly aus Stuttgart, dass Baum und Mauerwerk inzwischen eine untrennbare und erstaunlich stabile Einheit bilden. Die sicherheitshalber eingebauten Halteseile zu Nachbarbäumen haben sich beim Sturm ‚Sabine', der im Februar 2020 mit bis zu 177 Stundenkilometern über die Kurstadt fegte, schon bewährt. Sie verhindern das Herabstürzen des Baumes, sollte er doch einmal aus der Mauerkrone brechen.

Der Baum-Sachverständige Peter Jordan rät davon ab, Äste mit dem Ziel herauszuschneiden, die Angriffsfläche für den Wind zu reduzieren. Der Baum besitzt auf seinem Trockenstandort nicht genügend Saft, um entstandene Verletzungen überwachsen zu können. Die an den Schnittstellen eindringenden Pilzsporen könnten die Vitalität gefährden.

Auf der kleinen Parkanlage zwischen Kloster und Rathaus sind einige weitere sehenswerte Bäume vorhanden, so etwa eine Douglasie (U. 3,64 m), ein Bergmammutbaum (U. 5,16 m) und eine fast 3 m starke Kanadische Hemlocktanne, die leider einen Gipfelbruch erlitten hat.

Auch der nahe Kurpark bietet eine Reihe beachtlicher Baumschätze, darunter eine kandelaberförmig gewachsene, 5-stämmige Schwarz-Kiefer und einen ungewöhnlich starken Silber-Ahorn (links), dessen schief stehender Stamm sich in fünf lange Äste aufteilt. Zwei von ihnen sind kräftig gekürzt, Trockenschäden sind bereits unübersehbar. Er ist möglicherweise der stärkste, einstämmige Vertreter seiner Art im Land Baden-Württemberg.

Klosterkiefer
in Bad Herrenalb

Baumart: *Pinus sylvestris*
Landkreis: *Calw*
Standort: *Auf der Ostwand der Kloster-Vorhalle*
Geodaten: *48.796425, 8.436641*
Alter: *ca. 200 Jahre, gekeimt 1820-22*
Stammdurchmesser: *61 cm (2020)*

Baumart: *Sequoiadendron giganteum*
Landkreis: *Calw*
Standort: *250 m nördlich des Klinikums Nordschwarzwald*
Geodaten: *48.747736, 8.711273*
Alter: *157 Jahre, gepflanzt 1865*
Stammumfang: *8,67 m und 6,54 m (2020)*

Sequoiadendren
bei der Landesklinik

Der Calwer Stadtteil Hirsau hat mit dem Ende des 11. Jahrhunderts errichteten Kloster Peter und Paul, das in der Folgezeit zu den größten Klosteranlagen im deutschsprachigen Raum gehörte, ein historisch und touristisch wirklich bedeutendes Highlight. Im Pfälzischen Erbfolgekrieg 1692 brannte das Kloster und auch das etwa 100 Jahre zuvor für Herzog Ludwig von Württemberg erbaute Renaissance-Schloss komplett aus und beide waren fortan dem Verfall preisgegeben. Zu Beginn des 18. Jahrhunderts wuchs im Ostflügel der Schlossruine eine Feld-Ulme auf, die den Tübinger Dichter Ludwig Uhland bei einem Besuch so beeindruckte, dass er angesichts des hoch über die Mauern hinauswachsenden Baumes sein Gedicht „Die Ulme zu Hirsau“ verfasste. Es machte die 30 m hoch aufragende, zum Licht strebende Ulme berühmt, und fortan prägte ihre Krone in zahlreichen Darstellungen die Kulisse der offenen Schlossruine. Etwa 280 Jahre später, im Jahr 1989, fiel die Uhland-Ulme der Ulmenkrankheit zum Opfer und musste gefällt werden. Die heute etwas außerhalb der Schlossmauern schlank und mindestens ebenso hoch aufragende Baumkrone gehört einer 120-jährigen Rot-Buche, die sich zu einer würdigen Nachfolgerin entwickelt hat.

Der heute mächtigste Baum Hirsaus befindet sich jedoch nicht im Tal der Nagold, sondern auf der Höhe über dem Ort, unweit des Klinikums Nordschwarzwald. Es ist ein Riesenmammutbaum mit kapitalen Maßen, der hier zusammen mit einem zweiten Exemplar im Jahr 1865 gepflanzt wurde – 8,67 m zeigt mein Maßband in Brusthöhe, die Kronenspitze endet erst bei 40 m. Deutlich höhere Umfangswerte in der Literatur bzw. in Baumportalen gehen darauf zurück, dass bei 1 m Höhe gemessen wurde – da werden schnell weit über 9 m erreicht. Besonders charakteristisch sind drei der starken, unteren Äste, die – zum Baumnamen passend wie die Stoßzähne eines Mammuts – bis zum Boden herabreichen, sich dort ablegen und dann bogenförmig wieder aufwärts wachsen. Leider sind bereits zwei von ihnen trocken, der stärkste trägt noch ein gutes Dutzend grüner Zweige.

Der zweite Baum nebenan (Bild linke Seite, im Vordergrund) ist mit 6,54 m wesentlich schwächer, sowie rund 10 m niedriger, da ihm aufgrund von Wipfeldürre der oberste Kronenteil abgenommen werden musste. Drei weitere, etwas entfernt stehende Artgenossen sind mit höchstens 50 Jahren deutlich jünger, aber bereits über 35 m hoch. Bei einem von ihnen zeigt sich leider auch schon ein trockener Gipfel.

Eiche und Linde
in Oberkollwangen

Zwischen dem geschlossen bewaldeten, zentralen Nordschwarzwald und dem östlich anschließenden, offenen Gäuland liegen – sozusagen als Übergang zwischen Wald und Feld – die sogenannten Randplatten des Schwarzwalds. Es sind Hochflächen zwischen den Flusstälern von Nagold, Enz, Teinach und deren Zuflüsse, auf denen die menschliche Besiedlung Lücken in den Waldgebieten hat entstehen lassen. Dort liegen zum Beispiel die Teilorte der Gemeinde Neuweiler, allesamt auf Rodungsinseln entstandene *Waldhufendörfer*. Noch heute sind alle ringsum von Wald umgeben.

Zwei bemerkenswerte Baumschätze Neuweilers, ein wenig im Schatten des berühmtesten Baumbewohners, der Hofstett-Wellingtonie (s. S. 110 f.), sind im Teilort Oberkollwangen anzutreffen. Gut 300 m nördlich des Orts, an der Wildbader Straße, hat die ‚Große Eiche' inzwischen leider deutlich an Imposanz verloren. Der harmonisch gewachsene Baum präsentierte auf freier Fläche noch vor wenigen Jahren (2008) eine große, gleichmäßige und vielastige Krone – wenngleich auch schon damals Trockenschäden vorhanden waren. Am Stamm luden Tisch und Bank zum Verweilen ein, mit Blick über die Hochfläche bis zur Schwäbischen Alb. Heute ist das Mobiliar verschwunden, der Platz wird nicht mehr gepflegt (links), die Stiel-Eiche ist vollständig in einer dichten Gebüschzone eingewachsen, und die Krone verkümmert zusehends. Massive Schäden an der Stamm-Nordseite lassen befürchten, dass dem seit 1949 geschützten Naturdenkmal nicht mehr allzu viele Jahre bleiben werden.

Als ‚Große Linde' ist die Sommer-Linde in der Wildbader Straße Nr. 6 ebenfalls seit 1949 geschützt (rechte Seite). Ob sie 1851 oder vielleicht schon um 1830 gepflanzt wurde, da sind sich die Eigentümer nicht sicher. Bei meinem Besuch 2008 war die Krone gut 30 m hoch, 12 Jahre später fehlen rund 5 m – nach einem Zugversuch im Frühjahr 2020 stufte die Naturschutzbehörde sowohl die Stabilität als auch die Versorgung der obersten Kronenteile nur als eingeschränkt sicher ein und nahm daraufhin Kürzungen vor. Zu den bereits seit 1980 eingebrachten Stahlseilen kamen nun weitere Schlaufenbänder hinzu. Der zur Straße zeigende Tiefast ist auf der Oberseite beschädigt und einen über die Hauszufahrt ragenden Ast musste man einige Jahre zuvor schon ganz entfernen. Doch der mächtige Stamm mit seinem schönen Borkenbild ist unverletzt und so hofft man auf weiterhin gutes Gedeihen.

Baumart: *Quercus robur und Tilia platyphyllos*
Landkreis: *Calw*
Standort: *Eiche Wildbader Straße, ca. 300 m nördlich des Orts; Linde in der Wildbader Straße 6*
Geodaten: *Eiche 48.681698, 8.613377; Linde 48.678295, 8.615141*
Alter: *Eiche ca. 250 Jahre; Linde ca. 170–190 Jahre*
Stammumfang: *Eiche 4,43 m; Linde 7,36 m (beide 2020)*

Sequoiadendron
in Hofstett

Den allermeisten Bergmammutbäumen in Europa sieht man ihre Jugend noch gut an, wenn man dabei an die monumentalen Riesenbäume Kaliforniens denkt, die dort zum Teil schon mehr als 2.000 Jahre stehen. Kein Wunder – schließlich wurde diese Baumart erst um 1833 überhaupt entdeckt. 1853 erfolgte die erste Beschreibung als eigene Gattung und Art, und einige Jahre später verbreitete sich der Bergmammutbaum von England aus über Europa.

Der stärkste Baum der Art *Sequoiadendron giganteum* in ganz Deutschland ist im sehr kleinen Neuweiler Ortsteil Hofstett zu finden. Und bei seinem Anblick wird sich die Assoziation mit frühem Jugendalter wohl eher nicht einstellen – obwohl ja auch dieses mächtige Exemplar aus der berühmten Wilhelma-Saat von 1864 heute erst 158 Jahre alt sein kann! Sein Standort ist die Alte Revierförsterei in der Forststraße, auf dem Anwesen des 1716 entstandenen und schon 1768 wieder abgebrochenen Jagdschlösschens von Herzog Eberhard-Ludwig von Württemberg (1676–1733).

Mit seinen bereits dicken Seitenästen und dem weit ausgestellten Stammfuß ist dieser Riese bereits eine urige Erscheinung. Wie mir der Nachbar erzählt, sei bis vor wenigen Jahren ein zweiter, starker und bogenförmig ausgebildeter Hauptast auf etwa halber Kronenhöhe vorhanden gewesen – der Baum wirkte dadurch wie ein riesiger Dreizack. Dieser Ast liegt als 3 m langer, baumstarker Stamm am Fuß des 37 m hohen, seit 1949 als Naturdenkmal eingetragenen Ausnahmebaums. Auch der Kronengipfel besteht nach einem früheren Bruch des Mitteltriebs aus drei Ästen, die das obere Kronendrittel mittlerweile aber sehr harmonisch neu aufgebaut haben. Im mittleren Teil habe das Landratsamt in jüngerer Zeit mehrfach mit der Säge eingegriffen und einiges an trockenem Geäst herausgeschnitten, erfahre ich vom Nachbarn Fritz Braun.

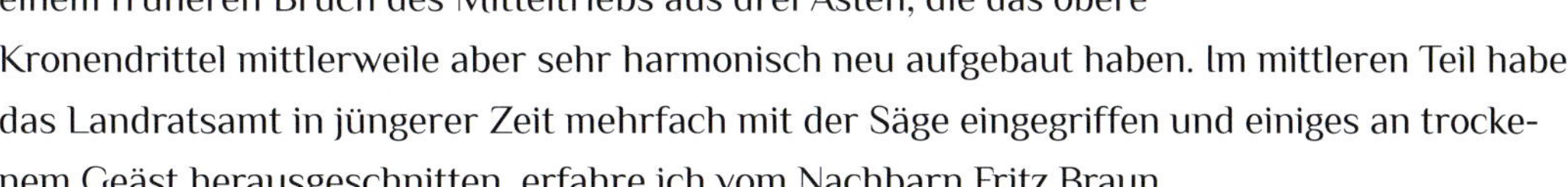

Das wichtigste Merkmal des Hofstetter Rekordhalters ist jedoch – unübersehbar – eine riesige Stammverwachsung am Fuß, gut drei Meter breit und zwei Meter hoch. Sie war vor etwa 70 Jahren noch nicht vorhanden, und durch sie kommt auch der Umfangsrekord zustande – 13,67 m zeigt mein Maßband in der üblichen Messhöhe von 130 cm. In gut zwei Meter Höhe, oberhalb der Knolle, sind es noch immer 10,5 m!

Baumart: *Sequoiadendron giganteum*
Landkreis: *Calw*
Standort: *Forsthausstraße 24*
Geodaten: *48.662262, 8.567296*
Alter: *158 Jahre, gepflanzt 1866*
Stammumfang: *13,67 m inkl. Knolle; 10,50 m oberhalb der Knolle (2020)*

Douglasie
in Enzklösterle

Die in den Küstengebirgen des westlichen Nordamerika beheimatete Douglasie (*Pseudotsuga menziesii*) ist schon seit Langem auch in unseren Wäldern eine häufig gepflanzte Bereicherung. Seit der schottische Naturforscher David Douglas die ersten Samen im Jahre 1827 nach England brachte, hat sich dieser schöne und raschwüchsige Nadelbaum zum erfolgreichsten Fremdling in unseren Wäldern entwickelt.

Im Allgemeinen ist die Wuchsform von Douglasien im Bestand sehr schlank mit geradem, kräftigem und bei höherem Alter bis weit hinauf astfreiem Stamm. Im Kurpark von Enzklösterle jedoch ist ein Exemplar zu bewundern, das sich als Solitärbaum nicht an diese ‚Richtlinien' halten will: Ihre Krone reicht bis zum Erdboden herab, einige Äste neigen sich – wie auch bei Bergmammutbäumen häufig zu beobachten – bis zur Erde, ohne dabei abzubrechen. Der erste Starkast greift bereits bei einem Meter Höhe aus und zeigt einen ungewöhnlich ovalen Querschnitt – eine Wuchsform, die das Bruchrisiko erheblich mindert.

Am wahrscheinlich dicksten Douglasienstamm ganz Deutschlands ist eine Holztafel angebracht, die als Pflanzdatum des Baumes das Jahr 1880 ausweist. Die dort angegebenen 6,25 Meter für den Stammumfang (aus dem Jahr 1997) waren wahrscheinlich auf 130 cm Höhe bezogen, eine Messung, die den ersten Seitenast teilweise mit einschloss. Sinnvollerweise sollte unterhalb davon gemessen werden – 2008 ergab meine Messung dort 6,14 m, 2020 waren es schon 6,60 m – ein rasanter Zuwachs!

Wenn man bedenkt, dass Douglasien in ihrer Heimat ein Alter von bis zu 1000 Jahren und eine Wuchshöhe von mehr als 100 Metern erreichen können, darf man gespannt sein, was unter mitteleuropäischen Gegebenheiten möglich ist – leider werden wir in unserer Zeit hierzu keine Antwort mehr bekommen. Doch ist heute schon klar, dass die höchsten Bäume Deutschlands Douglasien sind - die Rekordhalterin mit gut 68 m steht im Freiburger Mühlwald und sie wurde deshalb mit dem Namen ‚Waltraud vom Mühlwald' bedacht (vgl. S. 310 f.).

Baumart: *Pseudotsuga menziesii*
Landkreis: *Calw*
Standort: *Im Kurpark, vor der evangelischen Kirche*
Geodaten: *48.667849, 8.472453*
Alter: *144 Jahre, gepflanzt 1880*
Stammumfang: *6,80 m bei 130 cm, 6,60 m bei 60 cm (2020)*

Douglastanne
(Pseudotsuga Douglasii)
Heimat: Nordamerika
Gepflanzt: 1880 Höhe: 37,5m
Stammumfang: 6,25m
Stand: Dezember 2005

Baumart: *Quercus petraea*
Landkreis: *Calw*
Standort: *Am Spiel- und Grillplatz Höhenstraße, 900 m nördlich des Orts*
Geodaten: *48.628974, 8.563666*
Alter: *ca. 370 Jahre, gepflanzt um 1650*
Stammumfang: *5,49 m (2020)*

Alte Trauben-Eiche
bei Hornberg

Hans Joachim Fröhlich bewunderte die Hornberger Eiche an der Höhenstraße nördlich des Altensteiger Stadtteils in seiner Buchreihe ‚Wege zu alten Bäumen' (1995, S. 103) wegen ihrer „*dichten, viel- und starkastigen Krone, die einen herrlichen Baldachin über dem Spiel- und Ruheplatz bildet.*" Erfreulicherweise zeigt sich die seit 1949 als Naturdenkmal geschützte Trauben-Eiche 2020 noch immer so prächtig. Zur Neueröffnung des komplett neu angelegten Grill- und Spielplatzes musste die Krone zwar ein wenig ausgeputzt werden, doch hat dies die überaus eindrucksvolle Gesamterscheinung in keiner Weise beeinträchtigt.

Die etwa 25 m hohe und 28 m durchmessende Krone wird von mehr als 20 starken Ästen aufgebaut, die den kompakten Stamm zwischen zwei und vier Metern Höhe verlassen und sich anschließend vielfältig aufteilen. Diese Wuchsform ist durchaus untypisch für die Baumart, bei der sehr häufig eine bis zum Wipfel durchgehende Hauptachse zu beobachten ist. Der zentrale Trieb ist offenbar schon in früher Jugendzeit des Baumes verloren gegangen. Ein sehr großer Tiefast an der Nordseite wurde vor vielen Jahren abgenommen, die Schnittstelle ist bis heute ohne Aufbruch und bereits zur Hälfte überwallt. Der längste Ast streckt sich zur Südseite über gut 16 m Länge aus und er verläuft wie einige weitere nahezu horizontal. Nach Süden treten die Äste so dicht neben- und untereinander aus, dass sie sich überkreuzen und zum Teil miteinander verwachsen sind. Moosauflagen sind hier am Höhenstandort nur schwach ausgebildet, dafür liegt reichlich Flechtenbesatz vor. Die Krone wird im Inneren mit einer eher kleinen Dreiecksverspannung aus direkt im Holz verschraubten Stahlseilen gesichert.

Der Gesundheitszustand ist noch ausgesprochen vital, obwohl an verschiedenen Stellen auch Pilzbefall zu beobachten ist. Der gesamte Kronenraum ist bei meinem Besuch im November 2020 mit einer dicken Schicht aus Blättern und unzähligen Eicheln bedeckt, die in diesem Mastjahr überreich produziert wurden.

Sequoiadendron
in Simmersfeld

„Achtung Lebensgefahr durch Astabbruch!" Diese Warnung ist auf einer am Stamm des Riesenmammutbaums angebrachten Holztafel zu lesen. Angesichts dieses Hinweises muss man sich um das Wohlergehen der Friedhofsbesucher ebenso Sorgen machen wie um den kolossalen Baumriesen selbst – denn welcher Baum wirft schon ohne Not mit Ästen? Tatsächlich sind 2021 mindestens drei starke Abbrüche erkennbar.

Um die Befindlichkeit des wahrscheinlich sechststärksten Mammutbaums in Deutschland ist es allerdings wohl nicht so schlecht bestellt wie die Warntafel befürchten lässt – obwohl ihm ein Sturm vor vielen Jahren den Kronengipfel abgerissen hat! Schon beim ersten Anblick fällt dem Betrachter auf, dass dem 163-jährigen *Sequoiadendron* zu einer wohlproportionierten Gesamtfigur mindestens 15 Meter Kronenhöhe fehlen – so sind es noch rund 24 Meter. Der Orkan hat dem Baum offensichtlich übel mitgespielt, die Struktur der Krone ist ungewöhnlich unruhig, geradezu zerzaust und zerrissen. Die starken und vielfach verzweigten Äste sind alles andere als gleichmäßig gewachsen, breiten sich aber auf insgesamt 18 Metern Durchmesser aus und unterstreichen so wirkungsvoll den imposanten Gesamteindruck. Auch die dicken Rindenstrukturen mit vielen Narben, Rissen und Verwachsungen geben Auskunft über den unablässigen Kampf mit den Elementen – nicht von ungefähr ist ganz in der Nähe der größte Windpark des Landes entstanden!

Wie ebenfalls zu lesen ist, soll der Baum 1859 gepflanzt worden sein. Sollte das zutreffen, wäre er einer der ältesten Bergmammutbäume Europas, sieben Jahre älter als die zahlreichen Exemplare, die aus der berühmten Wilhelma-Saat von 1864-1866 entstanden sind.

Eine weitere Tafel am Baum informiert über die Wachstumsentwicklung seit dem Jahr 1923, als beim Umfang bereits 4,50 m gemessen wurden. Heute messe ich bei 130 cm über mittlerem Bodenniveau 8,75 m, das Volumen dürfte bei über 75 m³ liegen!

Baumart: *Sequoiadendron giganteum*
Landkreis: *Calw*
Standort: *Auf dem Friedhof, Bernecker Weg*
Geodaten: *48.620586, 8.522577*
Alter: *165 Jahre, gepflanzt 1859*
Stammumfang: *8,75 m (2021)*

Zwei Linden
am Bernecker See

Unweit nordöstlich von Altensteig öffnet sich ein kleines Nebental der Nagold, das vom Köllbach durchflossen wird. Nur wenige Autofahrer sind auf dem Sträßchen unterwegs, das schon nach gut 500 m an den ersten Häusern des kleinen Altensteiger Stadtteils Berneck vorbeiführt – es sei denn, es ist gerade Hochsommer und das traditionsreiche, seit 1859 belegte, in neuerer Zeit alle zwei Jahre stattfindende *Bernecker Seefest* lädt mehrere Tausend Besucher zu Schupfnudeln, Livemusik und Feuerwerk.

Doch einmal davon abgesehen geht es in dem idyllischen Städtchen – bis zur Eingemeindung 1974 galt Berneck als zweitkleinste Stadt des Landes – meist ausgesprochen beschaulich zu. Und das, obwohl Berneck über ein besonders reizvolles Ortsbild verfügt, das aus touristischer Sicht geradezu ein Juwel darstellt: Zwischen dem Köllbach und dem Bruderbach ist ein hoher, schmaler Bergsporn erhalten, auf dem die ‚Herren von Bernech' schon im 13. Jahrhundert eine Burg errichteten. Im Schatten der heute noch vorhandenen, mächtigen Schildmauer siedelten sich die Bewohner der Oberstadt an, und heute geht man entlang der Kirchgasse zur Kirche und zum ‚Oberen Schloss' hinauf und schaut auf den schönen Köllbachsee hinab – in dem sich zwei mächtige Linden spiegeln.

Die beiden rund 330-jährigen Sommer-Linden sind Naturdenkmale und in ihren weitgehend unversehrten Kronen mit Stahlseilen gesichert. Ein ungewöhnlich starker Moosbehang auf den langen Ästen deutet auf ein recht feuchtes Lokalklima hin, nicht überraschend angesichts der Tallage und des nahen Sees. Beide zeigen einen harmonisch ausgestellten Stammfuß, bei der stärkeren Linde – im kleinen Bild links – ist der Stamm bis auf eine kleine, schmale Öffnung kurz über der Stammbasis noch geschlossen. Bei der Nachbarin ist eine solche Öffnung schon 1,5 m hoch, mit Drahtgitter und einem Eisenanker überbrückt und verläuft bis zum Boden. Ein früherer Anstrich mit Baumharz ist erkennbar und größere Hohlräume im Stamm selbst dürften wohl vorhanden sein.

Baumart: *Tilia platyphyllos*
Landkreis: *Calw*
Standort: *An der Ortsdurchfahrt Richtung Aichhalden, am Köllbachsee*
Geodaten: *48.603144, 8.615071*
Alter: *ca. 330 Jahre*
Stammumfang: *5,69 m und 4,90 m (beide 2020)*

Burgeibe
auf Hohennagold

Hoch über der Altstadt der Großen Kreisstadt Nagold erhebt sich der in seiner Gesamtheit unter Naturschutz stehende *Schlossberg*. Um den teilweise aus vulkanischem Porphyr bestehenden Hausberg der Stadt kurvt die Nagold in einem großen Halbkreis und wendet sich danach nordwärts, um in Pforzheim in die Enz zu münden. Bekrönt wird der Schlossberg von der Burgruine Hohennagold, die in ihrer ersten Form um 1100 von den Grafen von Nagold erbaut wurde. Nach ihrer Zerstörung gegen Ende des Dreißigjährigen Krieges (1645) wurde die Burg als Steinbruch freigegeben – Schildmauer, Bergfried und ein Wehrturm sind jedoch bis heute erhalten geblieben.

Baumart: *Taxus baccata*
Landkreis: *Calw*
Standort: *Im Vorhof der Burgruine Hohennagold*
Geodaten: *48.553721, 8.717016*
Alter: *ca. 160-200 Jahre*
Stammumfang: *bis 3,34 m (2021)*

Erst im 19. Jahrhundert kehrte wieder Leben ein ins historische Gemäuer, zwischen 1863 und 1880 wurde auf dem ‚Turnierplatz', dem Vorhof der Burg, eine Art Botanischer Garten angelegt. Aus dieser Zeit stammen unter anderem zwei Nadelbäume, die schon aufgrund ihres hohen Wuchses gleich auffallen: ein Bergmammutbaum (leider wipfeldürr!) und eine Griechische Tanne (Bild rechts). Letztere ist unserer Weiß-Tanne in vielerlei Hinsicht ähnlich, ihre Nadeln sind jedoch spitzer, starrer und rund um den Zweig gestellt, was ihr einen besseren Schutz vor dem Verbiss durch Ziegen bietet – die in ihrer natürlichen Heimat Griechenland eine einflussreiche Rolle spielen. Bei uns ist der langsam wachsende Baum eher selten anzutreffen.

Baumart: *Abies cephalonica*
Landkreis: *Calw*
Standort: *Im Vorhof der Burgruine Hohennagold*
Geodaten: *48.553615, 8.716699*
Alter: *ca. 130 Jahre*
Stammumfang: *2,77 m (2021)*

Doch die größte Kostbarkeit stellt sicher die gleich hinter der Pforte des Vorhofs wachsende Burgeibe dar. Sie könnte durchaus auch schon aus der Zeit vor den Pflanzungen vor 150 Jahren stammen. Genau genommen sind es drei Bäume, die hier recht nahe zusammen stehen und eine gemeinsame, für Eibenverhältnisse überaus große Krone formen: Ihr Durchmesser liegt mit 18 m noch ein wenig über der Kronenhöhe. Die Stammformen unterscheiden sich deutlich, denn ein Baum ist 1-stämmig, der zweite besteht aus drei Achsen und ist mit 3,34 m Umfang auch der stärkste der Gruppe. Der dritte hat sogar sechs Stammachsen ausgebildet. Für das theoretisch mögliche Zusammenwachsen zu einem gemeinsamen Komplexstamm würde die extrem langsam wachsende Baumart jedoch noch viele Jahrhunderte benötigen – dann allerdings entstünde mit über 10 m Umfang eine der mächtigsten Eiben Europas. Die fahl gelblich-grüne Benadelung (Bild ganz oben) lässt jedoch befürchten, dass dieses Szenario wohl kaum Realität werden kann!

Mähdracher Forche
bei Obertalheim

Die in vielen Karten als *Mähdracher Forche* eingetragene Wald-Kiefer (das Gewann wird in neuerer Zeit auch Medrach geschrieben) gehört zu den wenigen, heute noch lebenden Nadelbäumen, die auch schon im Schwäbischen Baumbuch von 1911 erwähnt werden (vgl. dort S. 10), wenngleich dieser Name dort nicht genannt wird.

Der Standort auf freiem Feld, auf einem flachen Höhenrücken zwischen Horb und dessen nördlichstem Teilort Talheim, und die damit verbundenen Einflüsse von Wind und Schnee haben dem Naturdenkmal seine unverwechselbare, gedrungene Gestalt gegeben. Aufgrund vieler schlangenförmig verdrehter Äste wirkt der Kronenbau besonders urwüchsig. Vergleicht man die skurrile Erscheinung vom März 2008 (rechts unten) mit der Abbildung aus dem Jahre 1909 (rechts oben), so ist man überrascht, wie gering die Unterschiede sind – der Baum hatte sich in 100 Jahren nur wenig verändert!

Abb. 9. Forche bei Obertalheim. (16. 8. 09.)

Zehn Jahre später allerdings, im April 2018 (linke Seite), bietet sich mir ein trauriger Anblick: Die ehemals schirmförmig ausgebildete, 12 m breite Krone ist nur noch zur Hälfte vorhanden! Neben den bereits abgebrochenen oder abgesägten Ästen sind weitere trocken gefallen, auch der charakteristische, tief abgehende Seitenast zählt leider dazu. Nur der obere, in engem Bogen verlaufende Starkast zeigt noch kräftig grüne Benadelung.

Bemerkenswert ist das zweifellos sehr hohe Alter dieser markanten Forche, das leider nicht dokumentiert ist. Ich versuche es nachfolgend aus dem Zuwachs des Stammumfangs ungefähr zu ermitteln: Der Stammumfang wurde im Schwäbischen Baumbuch mit 2,80 m angegeben, 2008 betrug er 3,50 m und 2018 zeigt mein Maßband exakt denselben Wert – kein messbarer Zuwachs in zehn Jahren! In den letzten 100 Jahren legte der Baum pro Jahr nur um 7 mm zu – ein sehr niedriger Wert. Wenn das Wachstum in der Zeit bis 1909 doppelt so schnell vonstatten gegangen wäre (was in etwa dem durchschnittlichen Zuwachs bei Kiefern entspricht) wie in den 100 Jahren nach 1909, ergäbe sich ein Alter von rund 300 Jahren.

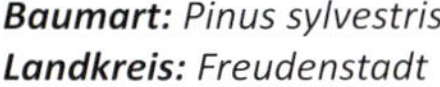

Baumart: *Pinus sylvestris*
Landkreis: *Freudenstadt*
Standort: *Alte Heerstraße zwischen Talheim und Horb*
Geodaten: *48.476443, 8.671297*
Alter: *ca. 300-350 Jahre*
Stammumfang: *3,50 m (2018)*

Walnussbaum
bei Eutingen im Gäu

Walnussbäume zählen zu den wertvollsten Baumarten überhaupt, wenn man die Verkaufserlöse von etwa 2.500 Euro je m^3 als Maßstab zugrunde legt – immerhin das Vierfache der Buche. Die wahrscheinlich von den Römern nach Mitteleuropa eingeführte Baumart wird allerdings nicht besonders alt, 150 Jahre gilt bereits als Obergrenze. Dies ist sicher ein wichtiger Grund dafür, dass die Echte Walnuss (*Juglans regia*) nur äußerst selten als Naturdenkmal geschützt wird.

Eine dieser Raritäten finde ich südlich von Eutingen im Gäu, an der Verlängerung der Marktstraße – und bei einer winzigen Flurkapelle. Tatsächlich könnte es sich hier um einen der größten und stärksten Walnussbäume des Landes Baden-Württemberg handeln – die Maße des Stammes (4,15 m) und der Krone (20 x 20 m) sind für diese Baumart jedenfalls sehr eindrucksvoll. Der Erhaltungszustand ist bis auf einige Trockenäste ausgesprochen gut.

Sieben sehr starke Achsen bilden die Krone, die noch mächtiger wäre, hätte sie nicht fünf weitere, große Äste verloren. Der zum Ort weisende Stämmling, bei 2 m Höhe zur Seite abgehend, knickt so unvermittelt nach oben, dass man annehmen kann, sein ursprünglicher Verlauf ging in die Horizontale. Die noch erkennbare Narbe ist jedoch im Durchmesser deutlich kleiner als der heutige Steilast – der Abbruch bzw. die Abnahme dürfte also schon sehr lange zurückliegen.

Die Borkenstruktur ist besonders am Erdstamm sehr unterschiedlich ausgebildet, mal stark längsgefurcht, mal in flache Stücke gefeldert und besonders auf der Rückseite eher kleinteilig gekräuselt. Eine durch Pilze dunkel gefärbte Feuchtigkeitsspur, die vom Kronenansatz bis hinab zum Boden verläuft, ist die Folge einer Borkenverletzung, an der dann Baumsaft ausgetreten ist. Entstanden ist sie vermutlich vor wenigen Jahren gegen Ende des Sommers – zu dieser Zeit wird der in den Blättern erzeugte Zucker im Bast des Baumes in Richtung des Wurzelwerks transportiert. Solche Saftstellen entstehen nicht selten durch Spechte, die darauf hoffen, dass austretender Baumsaft durch ihren Zuckergehalt Insekten anlocken (vgl. hierzu Binner, 2019, S. 88–95). Ganz schön clever!

Baumart: *Juglans regia*
Landkreis: *Freudenstadt*
Standort: *Südlich des Orts, Verlängerung Marktstraße*
Geodaten: *48.468842, 8.747299*
Alter: *ca. 120 Jahre*
Stammumfang: *4,15 m (2018)*

Großvatertanne
bei Freudenstadt

Die Weiß-Tanne fühlt sich in Bayern und Baden-Württemberg offenbar wohler als in anderen Bundesländern – nirgendwo sonst gibt es in der Fläche noch so große Weiß-Tannen-Bestände. Eine für die Baumart optimale Lebensumgebung bieten Mittelgebirgswälder wie Bayerischer Wald oder Schwarzwald – hier ist die Tanne der Charakterbaum schlechthin. Leider ging der Bestand über mehrere Jahrzehnte merklich zurück – zum einen, weil die Nadeln einer Jungtanne beim Rehwild zur Lieblingsspeise zählen, zum zweiten wegen der hohen Empfindlichkeit gegen Luftschadstoffe (Waldsterben der 70er- und 80er-Jahre), und zum dritten aufgrund der forstwirtschaftlichen Bevorzugung der Fichte als wichtigstem Bauholz. Dabei ist die Weiß-Tanne der in vielerlei Hinsicht ideale Waldbaum: Sie ist schattentolerant, auf guten Standorten wüchsig, liefert hochwertiges Holz, erreicht mit bis zu 500 Jahren ein hohes Alter, kommt auch mit höheren Temperaturen und – aufgrund tief reichender Wurzeln – auch mit zeitweise ausbleibenden Niederschlägen gut zurecht. Erst in den letzten Jahren werden ihre vielseitigen Qualitäten auch im Hinblick auf den Klimawandel wieder besser geschätzt und ihr Anbau systematisch gefördert.

Im Schwarzwald gibt es noch relativ viele Weiß-Tannen in der Altersklasse über 250 Jahre, zu den eindrucksvollsten zählt sicher die *Großvatertanne* südlich von Freudenstadt. Auf einer Tafel am Baum selbst, sowie auf vielen Internetseiten, die über sie berichten, wird sie als ‚nachweislich mächtigste' und als höchste Tanne des Schwarzwalds beschrieben. Tatsächlich trifft beides nicht zu – mindestens vier weitere sind beim Umfang stärker, und bei der Höhe liegen viele noch vor ihr. Doch hat wohl ihr gut zugänglicher Standort, ihr hohes Alter von vielleicht schon 350 Jahren und ihr guter Gesundheitszustand die Marketing-Bemühungen des Tourismus beflügelt. Sie ist unbestritten ein bildschöner Baum: Kerzengerade und 46 m hoch aufragend, ein imposanter Stamm mit harmonisch ausgestelltem Fuß, und eine noch weitgehend intakte Krone. Der Wipfel ist dicht verzweigt, die entstehende ‚Storchenkrone' deutet auf ein Ende des Höhenwachstums hin – doch ist dies altersbedingt ohnehin längst überfällig.

Baumart: *Abies alba*
Landkreis: *Freudenstadt*
Standort: *Südlich der Stadt, ca. 25 min. südlich der Friedrichshöhe*
Geodaten: *48.43695, 8.4033*
Alter: *ca. 300-350 Jahre*
Stammumfang: *5,28 m (2011), 5,60 m (2018 in 100 cm Höhe)*

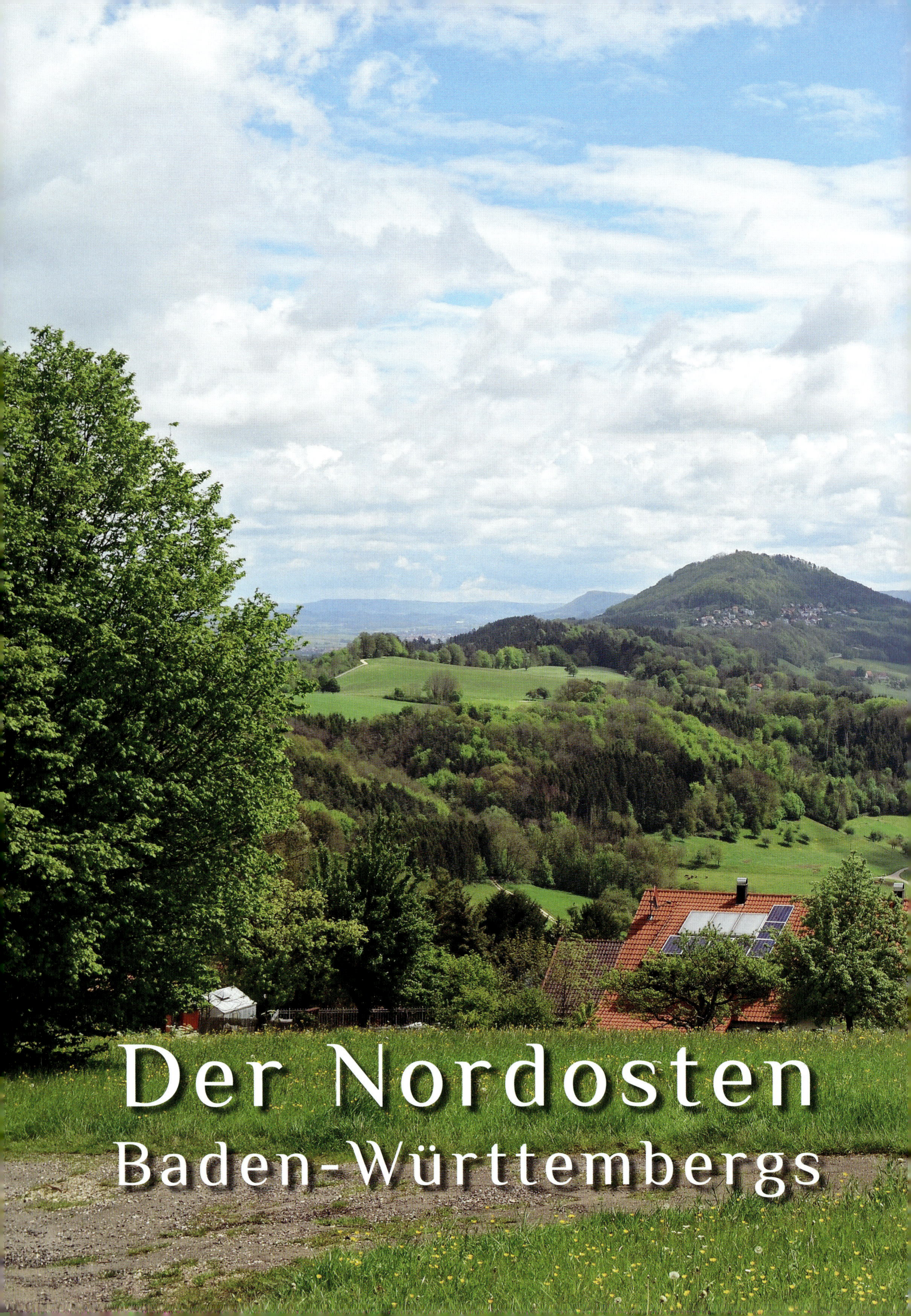
Der Nordosten
Baden-Württembergs

Der Nordosten
Baden-Württembergs

Anzahl Bäume (Allee als Einzelbaum): 147 von insgesamt 500 • Verschiedene Baumarten: 43 von insgesamt 96

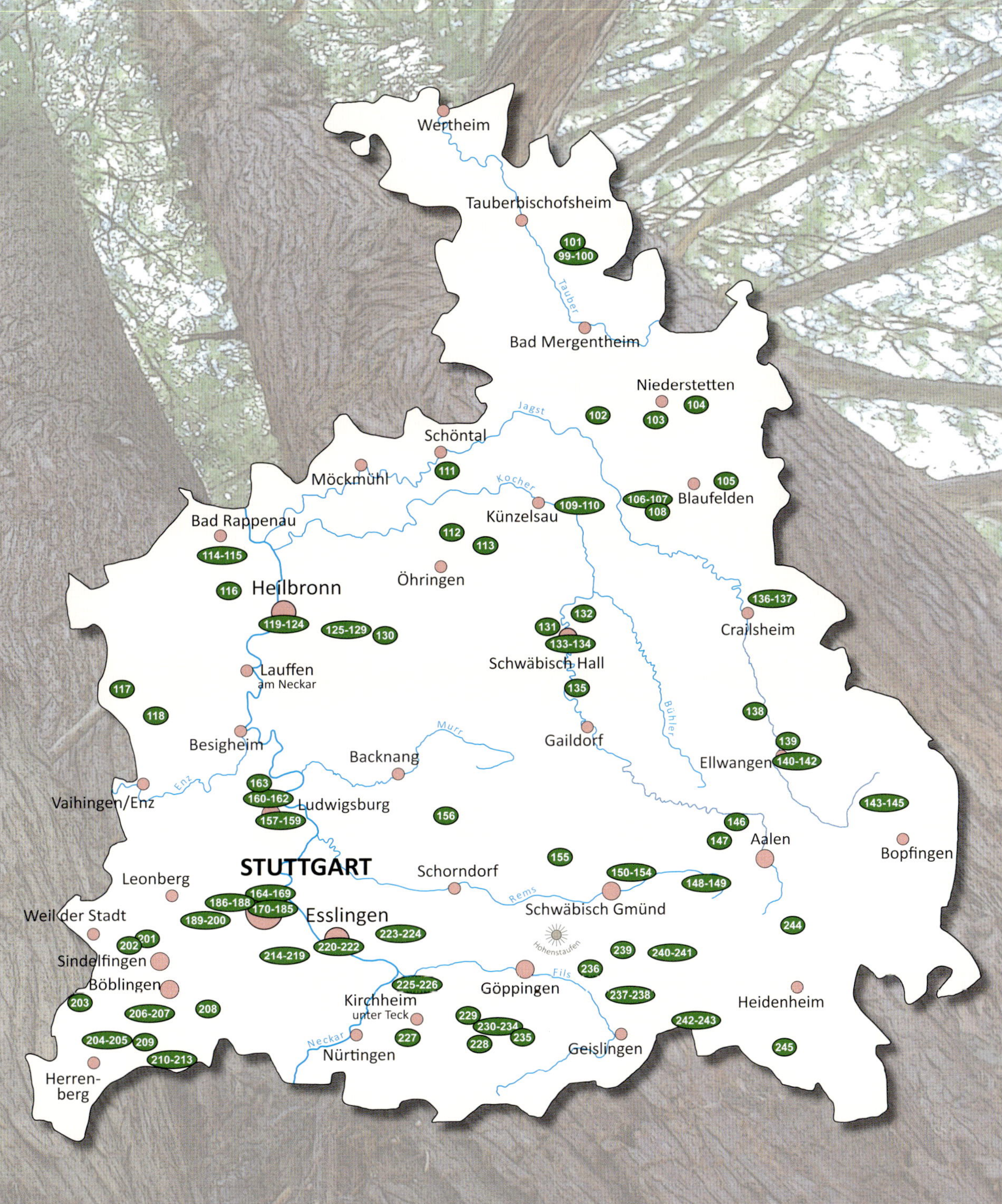

Robinien
bei Kützbrunn

Schon aus großer Entfernung ist ein schönes Baumpaar auf der Höhe über dem kleinen Grünsfelder Stadtteil Kützbrunn erkennbar. Verlässt man den 200-Seelen-Flecken in nordwestlicher Richtung über die Frankenstraße und den Gerlachsheimer Weg, dann steht man nach rund 400 m vor zwei knorrigen, dabei aber harmonisch gewachsenen Baumgestalten: Es sind Robinien, und zwischen ihnen befindet sich ein steinernes Feldkreuz aus dem Jahr 1948, das seine heutige Form erst bei der Erneuerung im Jahr 2011 bekam. Gut möglich, dass dieses Feldkreuz einen viel älteren Vorgänger hatte, denn die beiden ‚Scheinakazien' sind vermutlich bald 200 Jahre alt. Auf einer dabei angebrachten Tafel sind ortsgeschichtliche Daten festgehalten.

Die Doppelkrone über dem Kreuz ist nicht sonderlich groß entwickelt, die Höhe beträgt etwa 15 m, der Durchmesser 17 m. Beide Bäume teilen sich bei 4 m Höhe in jeweils sechs kräftige Kronenäste auf. Die beiden Teilkronen ergänzen sich in perfekt abgestimmter Weise, die zahlreichen Äste sind gleichmäßig nach allen Seiten ausgerichtet, zum Zentrum hin werden sie zunehmend länger. So entsteht eine harmonische Gesamtform. Große Ausbrüche sind nicht vorhanden, einige schwache Äste sind zwar trocken, doch befindet sich das Naturdenkmal in recht gutem Zustand. Die Stämme mit ihrer sehr groben, brettartigen Borkenstruktur werden hinsichtlich ihrer Stärke nur von wenigen Artgenossen in Baden-Württemberg noch übertroffen. Zwischen den oft schräg gestellten und stellenweise schon abgelösten Borkenleisten wachsen die bei alten Robinien generell häufigen Maserknollen als Ansammlung von Stammknospen nach außen – sie zählen zu den typischen Merkmalen der Art. Nach Klopfproben sind keine Hohlräume festzustellen.

Einem kleinen Waldgebiet im Gewann ‚Hundsrück' vorgelagert und dabei selbst schon von einer Gehölzinsel umgeben, kann man ein gutes Stück weit nach Norden einen weiteren Baumschatz bewundern: Es ist ein Feld-Ahorn mit ganz besonders skurrilem Wuchs (unten). Insgesamt 13 meist schwache Stämme entwachsen ringförmig einem flachen Sockel, dessen Umfang knapp über dem Boden mehr als fünf Meter beträgt – ein Spitzenwert für ganz Deutschland!

Ein halbes Dutzend weiterer Äste ist ausgebrochen oder wurde abgenommen. Der keineswegs morsche, sondern aus festem Holz bestehende Innenraum ist frei, sodass eine Art Plattform entstanden ist, die einen Durchmesser von fast zwei Metern hat. Nach Art einer Kopfweide wurden über lange Zeiträume die neuen Austriebe immer wieder geschnitten, um das Laub zur Viehfütterung zu nutzen (siehe auch Ullrich et al., 2007, S. 221). Alle heute vorhandenen Äste des kelchförmigen, etwa 14 m hohen Baumes sind in jüngerer Zeit nachgewachsen – es besteht somit ein beträchtlicher Altersunterschied zwischen den ca. 30- bis 60-jährigen Ästen und dem vielleicht schon 250-jährigen Stammkopf. Zurecht trägt auch dieses kuriose Baum-Kunstwerk das Zeichen eines Naturdenkmals.

Baumart: *Robinia pseudoacacia*
Landkreis: *Main-Tauber-Kreis*
Standort: *400 m nördlich des Orts, Gerlachsheimer Weg*
Geodaten: *49.584608, 9.754196*
Alter: *ca. 180–200 Jahre*
Stammumfang: *4,58 m und 4,11 m (2021)*

Baumart: *Acer campestre*
Landkreis: *Main-Tauber-Kreis*
Standort: *1600 m nördlich des Orts, Frankenstraße*
Geodaten: *49.594302, 9.752270*
Alter: *ca. 200–250 Jahre*
Stammumfang: *5,08 m (2021, unter den Ästen)*

Lindenlaube
in Hollenbach

Baumart: *Tilia platyphyllos*
Landkreis: *Hohenlohekreis*
Standort: *Vor der Evangelischen Dorfkirche St. Stephanus*
Geodaten: *49.375059, 9.804175*
Alter: *ca. 500–700 Jahre*
Stammumfang: *kleinster Umfang bei 50 cm: 7,87 m, unter dem Astkranz 8,28 m (beide 2020)*

Vor der Dorfkirche des Mulfinger Teilorts Hollenbach ist eine der geschichtsträchtigsten Bäume des ganzen Landes zu finden. Es ist eine Sommer-Linde, die als eine der ältesten Gerichtslinden des süddeutschen Raumes gilt. Im Gegensatz etwa zu den Linden bei Kirchhausen (s. S. 156–157) und Neusass (s. S. 148–149), die ihre mächtigen Stämme und Kronen in nur rund 250 bzw. 370 Jahren aufgebaut haben, dürfte die Pflanzung der *Hollenbacher Lindenlaube* vielleicht schon 700 Jahre zurückliegen. In ihrem langen Leben hat sie schon vieles überstanden, den Bauernkrieg, den Dreißigjährigen Krieg, den großen Dorfbrand von 1718, und viele weitere von Menschen verursachte Katastrophen. Nicht zu vergessen auch die Orkane der jüngeren Geschichte.

Die unteren, in gleicher Höhe abgehenden Äste wurden bereits in früher Jugend nach außen geleitet und schon vor 1750 mit einem Stützgerüst unterbaut. Diese rundum laufenden Eichenbalken ruhen seit 1923 auf 17 Steinsäulen, in die die Namen der Kriegsgefallenen des Ersten Weltkrieges eingemeißelt sind. Wie dieses Gerüst in früheren Jahrhunderten aussah, ist nicht überliefert. Michel Brunner sieht die geleitete Linde von Hollenbach als Tanzlinde (s. dort S. 50) an, was trotz ihrer Hauptfunktion als historische Gerichtsstätte durchaus zutreffen könnte.

Ein Indiz für ihr sehr hohes Alter ist das sehr langsame Wachstum während der letzten gut 100 Jahre – im Schwäbischen Baumbuch wird der Umfang des Stammes bereits mit 7 m angegeben, heute sind es an der schmalsten Stelle (bei ca. 50 cm Höhe) nur 87 cm mehr, direkt unter dem ersten Astkranz 128 cm mehr. Bei einem durchschnittlichen Wachstum von nur wenig über einem Zentimeter pro Jahr könnte die Pflanzung der Linde sogar bis in die Zeit der Dorfgründung um 1219 zurückreichen – kein Wunder also, dass sie manch Hollenbacher voller Stolz als ‚1.000-jährige' betrachtet. Da ein schnelleres Wachstum in der ersten Lebenshälfte aber eher wahrscheinlich ist, könnte auch die Pflanzung als Friedenslinde 1526, wie in einem Bericht zur 800-Jahr-Feier Hollenbachs (Stimme.de, vom 24. 7. 2019) zu lesen ist, der Wahrheit entsprechen.

Die Einwohner sorgen sich um ihre älteste Mitbewohnerin, wie in einem Artikel der Stuttgarter Zeitung berichtet wird (vom 21. 9. 2010): 1979 drohte die Linde auseinanderzubrechen, doch die Hollenbacher waren schnell zur Stelle und verhinderten Schlimmeres mit schwerem Gerät, mit Schrauben, Stahlseilen und Bändern.

Die in früheren Zeiten sicher gewaltige Krone ist seit 2002 auf ein recht bescheidenes Maß zurechtgestutzt – altersgerecht eben, zumal nicht nur der kurze, dicke Stamm, sondern auch sämtliche fünf noch vorhandenen alten Hauptäste hohl sind. Ein sechster ist ausgebrochen und die Öffnung mit einem Drahtgitter verschlossen. Drei weitere Äste sind nur noch als knollige Verwachsungen erkennbar. Über dem Hauptkranz erhebt sich die Zentralachse, sie teilt sich zwei Großäste, die, ebenso wie die unteren, zahlreiche jüngere Steiltriebe ausgebildet haben. Diese entstanden vor allem nach einer recht radikal ausgeführten Sanierungsaktion im Jahr 2002, bei der die Krone deutlich entlastet wurde.

Es steckt wohl noch viel Leben in dem urigen Baumgreis, und man darf gespannt sein, wie viel Zukunft er noch vor sich hat.

Lenzeiche
bei Sichertshausen

Wie die *Lenzeiche* zu ihrem Namen kam ist keiner der insgesamt sehr spärlich vorhandenen Informationsquellen zu diesem Baum zu entnehmen – dass die Bezeichnung auf den Frühling (‚Lenz') Bezug nimmt, kann somit nur spekuliert werden. In der Liste der Niederstettener Naturdenkmale wird sie lediglich als *Eiche Gemeindeholz* bezeichnet.

Dabei ist die riesige Stiel-Eiche, die mit ihrer pilzförmigen Krone in der freien Landschaft südlich des Stadtteils Sichertshausen schon von Weitem auffällt, keineswegs so alt, dass sich ihre Pflanzung im Dunkel ferner Jahrhunderte verliert. Eine Bohrspan-Entnahme im Jahr 1987 ergab damals ein Alter von genau 250 Jahren – heute wären es somit 285 Jahre. Offenbar war dieser ehemalige Grenzbaum, der zusammen mit vielen anderen bis ins 19. Jahrhundert hinein die Grenze eines Gerichtsbezirks, des *Cent*, markierte, schon vor über hundert Jahren eine so markante Gestalt, dass er im Schwäbischen Baumbuch erwähnt wird. Für die Zeit um 1910 wird der Umfang seines Stammes mit 4 m angegeben – heute sind es 6,86 m. Ein Stammzuwachs von 2,6 cm pro Jahr in diesem Zeitraum führt dann insgesamt zu einem rechnerischen Alter von 264 Jahren, also recht nahe am tatsächlich festgestellten Alter. Dies zeigt, dass die Altersbestimmung über zwei zeitlich weit auseinanderliegende Messungen zu einem ziemlich realistischen Wert führen kann (s. dazu S. 20).

Die Schönheit dieser Eiche ist beeindruckend: Mit Ausnahme vielleicht der älteren *Breiteich* bei Schwäbisch Hall (s. S. 170 f.) gibt es in Baden-Württemberg keine vergleichbar prächtige, völlig frei stehende Eichengestalt mehr. Diese Lage auf dem Wiesengelände führte zur Ausbildung einer 32 m breiten und gut 23 m hohen, sehr vielastigen Krone. Die frühe Aufteilung am Kronenansatz hatte somit zur Folge, dass die unteren Äste weit zur Seite ausgreifen und einen horizontalen Verlauf nehmen konnten. Das hohe Gewicht dieser Schlangenarme erhöhte jedoch zunehmend das Risiko eines möglichen Abbruchs, und so hat man insgesamt zehn dieser Äste mit Stangen am Boden gestützt. In höheren Regionen der Krone sind mehrere Seilsicherungen eingebracht, um die seit 1981 als Naturdenkmal geschützte Eiche auch im Kroneninneren zu stabilisieren.

Der Stamm ist allseitig geschlossen und vollholzig, trotz einiger unvermeidlicher Trockenäste ist der Eichenriese bei bester Gesundheit.

Baumart: *Quercus robur*
Landkreis: *Main-Tauber-Kreis*
Standort: *450 m südlich des Orts, an der Straße nach Bartenstein*
Geodaten: *49.371437, 9.899977*
Alter: *285 Jahre, gekeimt 1737*
Stammumfang: *6,86 m bei 130 cm, 7,10 m bei 100 cm (2020)*

Dorflinde
in Wildentierbach

Wildentierbach ist seit 1972 ein Ortsteil der Hohenlohischen Kleinstadt Niederstetten – kann aber auf eine über 1.000-jährige Geschichte zurückblicken. Schon im Jahr 999 wird der größte Kulturschatz des Dorfes in einer Urkunde erwähnt: Es ist die alte Wehrkirche, die auf den Resten der vormaligen Burg Wildentierbach errichtet wurde, in der heutigen Form jedoch aus der Zeit um 1500 stammt. Ebenso der massive Eingangsturm, der samt Wehrmauer einen Teil des Kirchenareals umschließt. Nach Absprache kann die Kirche besichtigt werden.

Unterhalb des schönen Kirchvorplatzes ist als bedeutender Naturschatz die alte Dorf- und Gerichtslinde nicht weniger sehenswert. Nach den Angaben der Stadt Niederstetten soll sie um 1650 gepflanzt worden sein – zu der Zeit, als Wildentierbach die Niedere Gerichtsbarkeit zugesprochen wurde. Um unter einer Linde Gericht halten zu können, sollte diese schon eine gewisse Größe erreicht haben – das bei Fröhlich (400 Jahre) und Baumkunde.de (400–500 Jahre) genannte Alter scheint somit realistischer.

Dazu passt auch das Erscheinungsbild: An der Basis weit ausgestellt und mit dicken Verwachsungen versehen, darüber zwei offene Stammschalen, die nur noch straßenseitig eine etwa meterhohe, gewachsene Verbindung haben. Sie werden mit mehreren Seilverbindungen sowie einem alten, eisernen Ringanker zusammengehalten. Zwei von dessen sechs Stäben enden allerdings bereits in der Luft (oben). Die Krone der Sommer-Linde baut sich aus fünf Ästen auf, die den Schalenhälften entspringen, einer von ihnen wird von einem hölzernen Pfosten gestützt. Ein sechster Ast wurde ganz entfernt. Unterhalb der Astaustritte erfolgte starke Stützholzbildung. Diese Äste sind zum Teil auch bereits hohl, wurden stark gekürzt und haben in der Folge kräftig ausgetrieben. Die kleine Krone ist bei meinem Besuch im April 2021 etwa 9 m hoch und 11 m breit.

Im Inneren des Stammes sind wie bei kaum einem anderen Baum Adventivwurzeln zu beobachten – sieben von ihnen sind im Bodenraum verwurzelt, vier weitere wurden leider abgeschnitten. Auf der Innenseite der nur noch etwa 15 cm dicken Stammwand befinden sich wenige Reste eines alten Anstriches mit Baumharz.

Baumart: *Tilia platyphyllos*
Landkreis: *Main-Tauber-Kreis*
Standort: *An der alten Wehrkirche*
Geodaten: *49.394798, 9.982313*
Alter: *ca. 370-500 Jahre*
Stammumfang: *5,43 m bei 130 cm, 7,44 m bei 50 cm (2021)*

Baumart: *Tilia platyphyllos*
Landkreis: *Schwäbisch Hall*
Standort: *Nördlicher Ortsrand, Schmalfelder Straße*
Geodaten: *49.298426, 10.034418*
Alter: *ca. 700 Jahre*
Stammumfang: *gesamt 9,88 m, vorderer Einzelstamm 6,30 m (2020)*

Dorflinde
in Wiesenbach

Das rund 1.000 Einwohner zählende Dorf Wiesenbach ist nach seiner Eingemeindung 1972 zu Blaufelden heute dessen zweitgrößter Ortsteil. Und es beherbergt darüberhinaus auch den größten Baumschatz der Gesamtgemeinde – und weit darüber hinaus: Die Sommer-Linde an der Schmalfeldener Straße. Bei ihr ist auf einer Tafel ein mögliches Alter von 750 bis 900 Jahren angegeben! Damit würde sie zu den fünf ältesten Bäumen überhaupt im Land zählen. Deshalb ist es für mich recht erstaunlich, in den allgemein zugänglichen Quellen über diesen so bedeutenden und überregional bekannten, uralten Baum nur wenige Informationen finden zu können.

Als Indiz für ihr hohes Alter gilt eine Eintragung der Linde in den Hohenloher Lehensbüchern schon um das Jahr 1350 – aber ist es immer noch dieselbe Linde? In den Ortschroniken des 1152 erstmals erwähnten Wiesenbach kommt eine Linde nicht vor, in anderen Veröffentlichungen wird der Baum als Gerichtslinde bezeichnet oder auch als Hoflinde. Auch Zeitungsberichte über dörfliche Festlichkeiten oder etwaige Sanierungsaktionen sucht man vergebens. Die Lage im nördlichsten Ortsteil deutet auch darauf hin, dass es sich bei der Linde wahrscheinlich nie um den Mittelpunkt des dörflichen Lebens mit all den vielfältigen Funktionen, die daraus erwachsen können, gehandelt hat.

Zu lesen ist verschiedentlich, dass ein Blitz den alten Baum vor mehr als 200 Jahren gespalten habe, die Mitte in der Folge dann allmählich ausgefault sei. Einzig Michel Brunner vertritt die These, die beiden heutigen Baumteile seien Stocklohden, die nach einem massiven Ereignis um 1650 aus dem verbliebenen Stumpf nachgewachsen seien (s. dort S. 34). Aufgrund der vorhandenen Altersmerkmale und der Stammdimensionen halte ich diese Variante für wenig wahrscheinlich. Gerade bei langlebigen Baumarten ist im natürlichen Alterungsprozess von Bäumen eine Zerfallsphase zu beobachten, bei der der Stamm in mehrere Teile zerfallen kann (vgl. dazu Roloff, 2017, S. 26).

Tatsächlich besteht der Baum heute nur noch aus zwei offenen, ausgeräumten Schalenstücken, die in den letzten Jahrzehnten eine neue, noch kleine, aber sehr dicht verzweigte Krone ausgebildet haben. Sie ist kaum mehr als 12 m hoch und ebenso breit, doch erzählte mir eine Anwohnerin schon bei meinem ersten Besuch 2009, dass die Linde wohl ihren dritten Frühling erlebe, immer reichlich blühe und eine ‚Unmenge' an Blättern produziere, die man dann im Herbst beiseite räumen müsse.

Eichenpark
auf der Schweizer's Weide

Unweit nördlich der sehenswerten Kleinstadt Langenburg liegt ein großes Waldgebiet, der *Brüchlinger Wald*. Der Forst des Fürstenhauses zu Hohenlohe-Langenburg war vor Jahren in den Schlagzeilen, weil sich gegen die Errichtung eines großen Windparks durch die EnBW in der Bevölkerung Widerstand regte. 2016 wurde ein Kompromiss gefunden und im Juni 2018 fand schließlich die Einweihung von insgesamt 12 Windrädern mit einer Gesamtleistung von 40 Megawatt statt.

Eines dieser Windräder steht nahe der *Schweizer's Weide*, etwa 3 km nordöstlich von Langenburg. Das keilförmig in den Wald eingeschobene Wiesengelände ist eine ehemalige Hutewaldfläche, locker bestanden mit annähernd 20 sehr alten Stiel-Eichen. Dies macht das alte Waldweidegebiet zu einer herausragenden und schutzwürdigen Habitatfläche. Als ich im Mai 2012 auf der L 1036, von Blaufelden kommend, unterwegs nach Langenburg bin, fallen mir die alten Bäume auf und ich biege auf der Höhe des Guts Ludwigsruhe nach Norden ab. Sofort bin ich fasziniert von der ungewöhnlichen Ansammlung der vielleicht schon 400 Jahre alten Eichen, deren frisch austreibendes Laub einen wunderbaren Kontrast zu den unübersehbaren Altersspuren ihrer dicken Stämme und abgebrochenen Äste erzeugen. Gleich das erste Exemplar nahe des Zufahrtweges (großes Bild rechts) bietet mit den zahlreichen trockenen Ästen, Höhlungen und Verwachsungen, sowie dem grobborkigen, hohlen Stamm ein markantes Beispiel für einen wertvollen Biotopbaum – Lebensraum für zahllose Insekten, Vögel und Kleinsäuger. Keine andere einheimische Baumart bietet eine derart große ökologische Vielfalt – besonders auch im fortgeschrittenen Stadium der Zersetzung.

Baumart: *Quercus robur*
Landkreis: *Schwäbisch Hall*
Standort: *Südrand Brüchlinger Wald, 1 km nördlich von Gut Ludwigsruhe*
Geodaten: *49.269483, 9.887105*
Alter: *ca. 350–400 Jahre*
Stammumfang: *bis 6,04 m (2012)*

Der mächtigste Eichenriese auf Schweizer's Weide besitzt trotz zahlreich verloren gegangenem Astwerk noch eine fast 28 m breite Krone, und die breit ausgestellten Wurzelanläufe geben dem mehr als sechs Meter starken Stamm den Anschein unverwüstlicher Stärke (links).

Baumart: *Quercus robur*
Landkreis: *Schwäbisch Hall*
Standort: *Am Westrand des ehemaligen Schlossparks Ludwigsruhe*
Geodaten: *49.259544, 9.885984*
Alter: *ca. 400 Jahre*
Stammumfang: *7,03 m (2012)*

Eiche
beim Hofgut Ludwigsruhe

Auf der gegenüberliegenden Seite der L 1036 ist schnell das alte Hofgut *Ludwigsruhe* erreicht. Schon im 13. Jahrhundert gab es hier einen Bauernhof namens ‚Lindenbronn', benannt nach einer Linde und einem Brunnen. Um 1550 gelangte der Hof in den Besitz der Fürstenfamilie zu Hohenlohe-Langenburg, die 1640 angrenzend an den Hof ein ummauertes Wildgehege anlegte. Hundert Jahre später wurde auf dem Hofgelände ein Lustschlösschen hinzugebaut, das der Familie als Sommerresidenz diente. Es erhielt zunächst den Namen des ursprünglichen Hofes Lindenbronn, wurde dann 1761 zu Ehren des Erbauers Graf Ludwig von Lindenbronn in ‚Ludwigsruhe' umbenannt. Erst 1980 wechseln die Besitzverhältnisse, das Anwesen wird von der Familie Schrödel nun wieder als landwirtschaftliches Hofgut genutzt – nach vielfältigen Renovierungsarbeiten sind nun in der Eventscheune Veranstaltungen mit bis zu 150 Personen möglich.

Im ehemaligen, noch heute mit der historischen Sandsteinmauer umgebenen Wildpark kann man zwar keine tierischen Jagdtrophäen mehr erbeuten, doch lohnt sich die Jagd mit der Kamera auf alte Baumgestalten durchaus. Im etwa 700 m durchmessenden, völlig verwilderten Waldstück ließen sich bei meinem Besuch im Mai 2012 einige schwer gezeichnete Eichen und Rosskastanien entdecken. Die stärkste Rosskastanie (Umfang 4,53 m) hat leider ihre Zentralachse im Sturm verloren. Die meist um 5 m, vereinzelt auch nahe 6 m starken Stiel-Eichen befinden sich nach massiven Kronenschäden in der letzten Phase ihres Lebens (rechts) oder sind bereits abgestorben. Noch 1978 berichtete Wolf Hockenjos von *„prächtigen, gegen 5 m starken Ulmen"* (1978, S. 34–36). Sie sind ebenso verschwunden wie die ehemals durchgehende Lindenallee.

Deutlich bessere Standortbedingungen findet der mit Abstand stärkste Baum der Waldinsel vor (Bild linke Seite). Am westlichen Waldrand ragt die mehr als 7 m starke Stiel-Eiche noch gut 26 m hoch auf – hier findet sie zumindest ausreichend Licht. Ihre hoch angesetzte Krone wird von einer Reihe knorriger, nicht sehr langer Äste gebildet, die aber immerhin gut ausgetrieben haben. Der mächtige Stamm zeigt keine Verletzungen oder offene Abbruchstellen früherer Äste. Schon bei Hockenjos ist der Umfang mit 6,80 m angegeben – 23 cm Zuwachs in 34 Jahren ist sehr wenig, auch für eine alte Eiche. 400 Jahre dürfte sie wohl erreicht haben.

Liebespaar
auf Schloss Stetten

Auf einem Bergsporn über Kocherstetten errichteten die Freiherren von Stetten schon um 1200 eine Burganlage, die in den nachfolgenden Jahrhunderten nie zerstört wurde. Bis heute wird die schöne Höhenburg, die wegen des 1716 ergänzten schlossähnlichen Gebäudes ‚Schloss Stetten' heißt, von der Eigentümerfamilie bewohnt. Die Außenbereiche sind für Besucher zugänglich, von den Befestigungsmauern ergibt sich ein herrlicher Blick in die umliegenden Täler.

Mein Besuch im November 2020 galt jedoch in erster Linie der berühmtesten Bewohnerin der Burg – der Friedenslinde von 1648 (Bild rechte Seite). Sie wird bei Brunner (2007, S. 53 f.) als *„eine der schönsten geleiteten Linden Europas"* bezeichnet. Ihre zahlreichen, radial den Stamm verlassenden Äste wurden in der Jugend des Baumes nach außen geleitet, wie es bei Tanzlinden häufig zu beobachten ist. Später erfolgte eine kräftige Kürzung dieser Äste, worauf die nachfolgenden Neutriebe ohne menschliche Eingriffe wieder aufwärts wuchsen. In jüngerer Zeit wurden diese Astknie mit starken Metallstangen gegen den Boden abgestützt.

Baumart: *Tilia platyphyllos*
Landkreis: *Hohenlohekreis*
Standort: *Auf Schloss Stetten*
Geodaten: *49.267118, 9.769911*
Alter: *ca. 120 Jahre*
Stammumfang: *zusammen ca. 6,5 m (2020)*

Zu meinem großen Bedauern komme ich jedoch zu spät: Orkan ‚Sabine' hat bereits in der Nacht vom 10. auf den 11. Februar des Jahres 2020 den totalen Zusammenbruch dieses großartigen Baumes herbeigeführt! Das Bild oben vom April 2014 stammt deshalb aus dem Archiv des Baumfreundes Rainer Lippert.

Als kleine Entschädigung durfte ich zwei jüngere, vielleicht 120-jährige Linden im Abendlicht betrachten, die auf einer Festungsmauer neben dem Freilufttheater stehen (linke Seite). Ihre Stämme berühren sich noch nicht, doch in zwei Metern Höhe hat sich eine Verwachsungsstelle gebildet, die Michel Brunner zum Namen ‚Liebespaar' inspiriert hat. Darunter entsteht auf diese Weise eine Art gotisches Spitzbogenfenster. Der stärkere Baum wächst so dicht an die Giebelwand eines kleinen Steingebäudes gedrückt, dass hier eine monströse Verwachsung entstanden ist, aus dem ein junger Steiltrieb die etwa 20 m hohe Krone des Baumpaares ergänzt. Alle Äste sind dicht und fein verzweigt – erstaunlich eigentlich, dass auf dem vermeintlich kargen Standort ein derart kräftiges Wachstum möglich ist.

Linde
bei Neusaß

Der kleine Wohnplatz Neusaß unweit südöstlich der Gemeinde Schöntal war die Keimzelle des 1152 dort gegründeten, schon wenige Jahre später aber ins ‚schöne Tal' der Jagst verlegten Klosters Schöntal. Aus der anfänglichen Klosterkirche wurde in späterer Zeit, etwa ab 1395, eine Wallfahrtskapelle. Sie ist bis heute erhalten, ebenso das Forsthaus aus dem 18. Jahrhundert.

Als besonderer Schatz auf dem klösterlichen Anwesen gilt die mächtige Sommer-Linde am Zufahrtsweg, sie ist als national bedeutsames Baumdenkmal in vielen Veröffentlichungen beschrieben. Ihr Alter wird dabei meist mit etwa 500 Jahren, bei Fröhlich (S. 115) und in der Baumkunde.de mit 600 Jahren, in einem Bericht der Hohenloher Zeitung mit ca. 800 Jahren angegeben – und somit in die Zeit der Klostergründung datiert. Die Website der Gemeinde Schöntal gibt ihr Alter gar mit ‚ca. 1.000 Jahren' an! Viel realistischer scheint dagegen die Schätzung des Deutschen Baumarchivs, das von 300–420 Jahren ausgeht. Im Schwäbischen Baumbuch von 1911 wird der Stammumfang mit 5,50 m angegeben, heute messe ich 8,94 m – ein überaus rasantes Wachstum! Daraus lässt sich rechnerisch ein Alter von etwa 300 Jahren ermitteln. Dies passt auch gut zu dem ersten Hinweis auf die Linde: Auf einer Karte aus der Zeit um 1750 ist am Standort der Begriff ‚Linden' eingetragen. Man geht davon aus, dass es ursprünglich drei Bäume waren, die an sakralen Orten häufig als Symbol für die christliche Dreifaltigkeit gepflanzt wurden. Eine Pflanzung um 1648 ist eine mögliche Variante.

Lange Zeit konnte man über eine Leiter eine auf der Kronenbasis angebrachte Plattform mit Tischen und Bänken erklimmen, die von 10–15 Personen als Fest- und Vesperplatz genutzt werden konnte. 1978 wurde sie entfernt und der seit 1955 als Naturdenkmal eingetragene Baum einer gründlichen Renovierung unterzogen. Dabei wurde das morsche Holz aus dem Stamm entfernt, die Krone reduziert und die Äste mit Seilen gesichert. Weitere Maßnahmen folgten in den Jahren 1989, 2001 und 2004.

Der an der Basis weit ausgestellte Stamm ist hohl und zeigt zahlreiche Fensteröffnungen, die größte von ihnen wird mit vier Stahlankern überbrückt und scheint sich allmählich wieder zu schließen. Darüber erhebt sich auf vier dicken Hauptachsen die zuletzt 2012 kräftig zurückgestutzte, rundliche Krone – heute misst sie noch 19 m im Durchmesser und etwas weniger in der Höhe.

Baumart: *Tilia platyphyllos*
Landkreis: *Hohenlohekreis*
Standort: *Bei der Wallfahrtskirche Neusaß*
Geodaten: *49.320906, 9.521033*
Alter: *ca. 370–500 Jahre*
Stammumfang: *8,94 m, Taille 8,83 m (2020)*

Sequoiadendron
im Schlosspark Friedrichsruhe

Graf Johann Friedrich II., der spätere Fürst zu Hohenlohe-Neuenburg, ließ sich zwischen den Jahren 1712 und 1717 am Rande eines größeren Waldgebiets nahe Zweiflingen ein Jagdschloss errichten. Ob er sich hier einmal zur Ruhe setzen wollte, ist nicht belegt. Der schon seit 1612 hier eingerichtete Tiergarten samt ehemaligem Lusthaus wurde erst 1764 in *Friedrichsruhe* umbenannt – ein Jahr vor dem Tod des Fürsten.

Seit 1953 befindet sich auf westlicher Seite des Schlossareals das ‚Wald & Schlosshotel Friedrichsruhe' – ein Luxushotel, das seit 1974 zeitweise mit zwei Michelin-Sternen ausgezeichnet wurde. Die sich anschließende Siedlung samt Golfplatz hat inzwischen schon fast die Größe des Hauptortes Zweiflingen erreicht, in allen sieben Ortsteilen zusammen leben heute rund 1.700 Menschen.

Östlich des Schlossgebäudes lädt der frei zugängliche Schlosspark mit seinem etwa 150-jährigen Baumbestand zu einem beschaulichen Spaziergang ein. Unter den zahlreichen Baumarten finden sich Rot-Eiche, Tulpenbaum, Feld- und Berg-Ahorn, Platane, Esche, Ginkgo, Wald-Kiefer, Lärche, Sumpfzypresse, Hemlocktanne, Eibe und viele weitere. Zu den stärksten Exemplaren zählen eine Sommer-Linde und zwei prächtige Blut-Buchen.

Der mächtigste Baum von allen jedoch ist ein Bergmammutbaum am Südrand des Parks, beim Gärtnerhaus. Der 35 m hohe Baum zählt wahrscheinlich zur ersten Generation der bei uns gepflanzten Nordamerikaner, stammt somit aus der Zeit um 1866. Die tiefsten Äste schwingen bereits weit herab, die Zweigenden sind noch etwa einen Meter vom Boden entfernt. Braune Verfärbungen halten sich in Grenzen, sind in der ganzen Krone verteilt und nicht – was mehr Anlass zur Sorge gäbe – im Gipfelbereich konzentriert. Der Baum wird diese trockenen Zweige bald selbst abwerfen und dann wieder ein rein grünes Erscheinungsbild besitzen. Der typisch ausgestellte Stamm mit seiner besonders markanten und dick ausgebildeten Borke zeigt ein selten erreichtes Umfangsmaß – in der Messhöhe von 130 cm sind es beachtliche 8,72 m, auf Bodenniveau sind es gar 11,40 m.

Baumart: *Sequoiadendron giganteum*
Landkreis: *Hohenlohekreis*
Standort: *Schloßstraße 8, am Südrand des Schlossparks*
Geodaten: *49.242265, 9.527771*
Alter: *ca. 158 Jahre, gepflanzt um 1866*
Stammumfang: *8,72 m (2020)*

Eiche
am Emmertshof

Niemand, der je über die alten Bäume in Baden-Württemberg berichtet hat, kam an ihr vorbei: Die gewaltige Stiel-Eiche am Neuensteiner *Emmertshof*, unweit nördlich der Autobahnausfahrt, ist ein einzigartiges Baum-Monument. Schon Otto Feucht widmete ihr, wenn schon kein Bild, so doch eine ausführliche Beschreibung (1911, S. 27). Und er vergaß dabei nicht, auf das besondere Merkmal der Eiche hinzuweisen, den am Stammfuß weit zur Seite wachsenden Wurzelanlauf. Bei Feucht war dieser einen Meter hoch und direkt darüber maß er den Umfang mit 8 m. Heute ist auch dieser nach Süden und nach Westen zeigende ‚Stiefel des Riesen' mitgewachsen, und so muss ich das Maßband an gleicher Stelle schon in 170 cm Höhe anlegen – hier ergeben sich dann 8,79 m. Damit ist der Hofbaum der Familie Bühl am Emmertshof neben der Tannheimer Eiche (s. S. 370 f.) die stärkste und eindrucksvollste Eiche des Landes.

Über das Alter gibt es leider – wie so oft – keine gesicherten Aussagen oder gar Belege, die Schätzungen reichen von 400 bis 750 Jahre. Letzteres stand früher auf einer Tafel nahe beim Baum und dürfte wahrscheinlich zu hoch liegen – 500–600 Jahre könnten es immerhin sein. Der Zustand ist auch nach dem Orkan ‚Kyrill', der im Januar 2007 eine ganze Reihe von Ästen der oberen Krone herausbrach, ausgesprochen gut – zu gut für ein Alter von 750 Jahren! Als die Baumpfleger nach dem Sturm die Bruchstellen glatt sägten, zeigte sich, dass auch die verlorenen Großäste vollholzig waren. Die Kronenhöhe liegt seitdem nur noch bei 17 m und der Baum wirkt dadurch noch breiter, obwohl der Durchmesser der Krone ‚nur' noch auf knapp 25 m kommt. Wolf Hockenjos gab diesen noch 1978 mit 35 m an (s. dort S. 33)!

Die Äste gehen etagenförmig aus dem Zentrum, im ersten Astkranz bei 5 m Höhe sind noch drei erhalten, drei weitere sind allein auf der Südseite vor Jahrzehnten verloren gegangen. Bei 8 m Höhe teilt sich der Stamm endgültig auf, wobei acht Äste eher zur Seite ausgreifen und nur der stärkste noch ein Stück das vertikale Zentrum bildet. Besonders markant ist auch der für eine Stiel-Eiche arttypische Astverlauf mit häufigen Richtungsänderungen, vielfach knorrig gewunden und verdreht.

Baumart: *Quercus robur*
Landkreis: *Hohenlohekreis*
Standort: *1 km nördlich der A 6, Ausfahrt Neuenstein*
Geodaten: *49.222224, 9.587998*
Alter: *ca. 500–600 Jahre*
Stammumfang: *8,79 m (2021, Messung bei 170 cm)*

Baumart: *Ulmus laevis*
Landkreis: *Heilbronn*
Standort: *Auf dem Friedhof im Stadtteil Bonfeld*
Geodaten: *49.215725, 9.093244*
Alter: *ca. 280–300 Jahre*
Stammumfang: *6,70 m (2020, bei 130 cm oberes Niveau)*

Flatter-Ulme
in Bonfeld

Flatter-Ulmen haben sich gegenüber der vor gut 100 Jahren aus Asien eingeschleppten Ulmenkrankheit als etwas widerständiger gezeigt als ihre beiden Verwandten, die Berg-Ulmen und die Feld-Ulmen. Der Pilz *Ophiostoma ulmi*, der sich bei benachbarten Bäumen über seine Sporen oder auch über das Wurzelwerk, meist aber durch den Ulmensplintkäfer ausbreitet, bringt befallene Ulmen meist nach wenigen Jahren zum Absterben. Auch in den letzten Jahrzehnten gab es in Europa immer wieder neu auftretende Epidemien mit mehrfach abgewandelten Varianten des Erregers. Die Bedrohung unserer sich allmählich erholenden Ulmenbestände ist auch heute nicht überstanden.

Umso schöner, dass unser landesweit vielleicht mächtigstes Ulmenexemplar auf dem Friedhof des Bad Rappenauer Stadtteils Bonfeld dem Pilz bisher entgangen ist. Der freie Standort führte zu einem wunderbar gleichmäßigen Kronenbau: Vier starke, steil aufragende Zentralachsen und ein halbes Dutzend nach außen verlaufender Äste formen eine riesige, kugelförmige Krone – der Durchmesser beträgt maximal 28 m, die Höhe liegt etwas darunter. Abgesehen von nur wenigen Astabbrüchen bzw. -abnahmen musste sie nie gekürzt werden. Die leicht ausgestellten Wurzelanläufe führen noch in sechs Metern Entfernung vom Baum zu an der Erdoberfläche sichtbaren Wurzelverwachsungen. Nur wenige Grabstellen liegen heute noch im Kronenbereich des Baumes und der nördliche Bereich ist sogar komplett freigehalten.

Die schiere Größe des Baumes und seines mächtigen Stammes lässt auf ein Alter von vielleicht 300 Jahren schließen, angesichts des konkurrenzlosen Standorts und des sehr guten Zustandes eventuell auch etwas weniger.

Ebenfalls erwähnt werden sollte noch eine Winter-Linde von respektabler Größe, am Westrand des Friedhofs, etwas oberhalb der Leichenhalle. Der im wesentlichen zweiachsig aufgebaute Baum ist in der Krone mehrfach seilgesichert und ebenfalls in gesundheitlich gutem Zustand. Der lebhafte Kontrast zwischen den gelbgrünen Hochblättern und der dunkelgrünen Belaubung lässt den etwa 200-jährigen Baum sehr attraktiv erscheinen (rechts). Die am Rand eingekürzte Krone ist 18 m breit und 20 m hoch.

Baumart: *Tilia cordata*
Landkreis: *Heilbronn*
Standort: *Auf dem Friedhof im Stadtteil Bonfeld*
Geodaten: *49.215467, 9.092567*
Alter: *ca. 200 Jahre*
Stammumfang: *5,50 m (2020)*

Annalinde
bei Kirchhausen

Als Höhepunkt einer Baumtour durch's *Unterland* im September 2020 erreiche ich am Nachmittag einen der schönsten und mächtigsten Bäume des Landes. Die geradezu majestätische Erscheinung der *Annalinde* beim Heilbronner Stadtteil Kirchhausen entsteht zum einen durch den Stamm, der seinen Umfang von erstaunlichen 7,57 m bis zur Aufteilung in die Kronenäste in rund 5 m Höhe sogar noch steigert. Zum anderen bilden die sechs größten Stämmlinge mit den zahlreich zur Seite ausgreifenden Ästen eine Krone mit riesigem Volumen – bis zu 28 m breit und fast 25 m hoch. Mindestens sieben weitere Äste musste das seit 1941 geschützte Naturdenkmal vor allem auf der Westseite abgeben.

Zur Entstehungsgeschichte ist auf einer wenige Meter entfernt stehenden Gedenktafel zu lesen, dass sich an der Stelle der Linde einst eine der heiligen Anna geweihte Kapelle befunden haben soll. Und weiter heißt es dort:

> *„Die in Großgartach ansässigen Pächter der zur Kapelle gehörenden Äcker waren verpflichtet, jährlich zum Fest der Kirchheiligen 6 Wachskerzen von der Dicke und Höhe eines wehrbaren, rüstigen Mannes in die Kapelle zu liefern. Dieser Last wollten sie sich nach der Reformation entziehen. Sie höhlten die Kerzen aus und füllten sie mit Schießpulver, und als sie während des Festgottesdienstes am Namenstag der Heiligen Anna angezündet wurden, kam es zu einer gewaltigen Explosion. Der Priester und viele Gläubige fanden unter den Trümmern des zusammemstürzenden Gotteshauses den Tod."*

Zur Erinnerung wurde später das steinerne Annakreuz errichtet, das heute noch vorhanden ist und die Jahreszahl 1787 trägt (oben). Es wird berichtet, das Kreuz sei bald von einer Linde überwachsen worden. Die Annalinde könnte somit heute rund 240 Jahre alt sein, was angesichts der Stärke und Größe zunächst eher zu jung erscheint, vom Zustand her aber passen könnte – ein durchschnittliches Wachstum von wenig mehr als 3 cm pro Jahr ist bei guten Bedingungen nicht so ungewöhnlich. Dennoch wird in einem Zeitungsbericht der „Stimme" vom 14. Mai 2020 ein Alter von 350 Jahren angegeben – so angenommen von Baumexperten des Heilbronner Grünflächenamtes und der städtischen Naturschutzbehörde.

Baumart: *Tilia cordata*
Landkreis: *Heilbronn*
Standort: *850 m südlich des Gewerbegebiets Kirchhausen*
Geodaten: *49.171814, 9.129575*
Alter: *ca. 240 bis 350 Jahre*
Stammumfang: *7,57 m (2020)*

Speierling
am Kleinen Steigle

Baumart: *Sorbus domestica*
Landkreis: *Heilbronn*
Standort: *Vor dem westlichen Ortsrand, beim Hotel Seegasthof*
Geodaten: *49.056972, 8.917694*
Alter: *ca. 180–200 Jahre*
Stammumfang: *ca. 3,60 m (2021; nicht messbar)*

Seit dem 19. Jahrhundert ist der seit jeher nicht häufige Speierling immer wieder in seiner Existenz gefährdet. Im Vergleich zu anderen Baumarten ist die generative Vermehrung durch den Menschen schwierig und aufwendig, und durch das langsame Wachstum ist auch das wirtschaftliche Interesse begrenzt. Daran kann offenbar auch das durchaus wertvolle Holz nichts ändern, das selbst gegenüber der Eiche eisenhart ist – mit 0,88 Gramm je Kubikzentimeter ist es sogar das schwerste Holz aller europäischen Baumarten. Verwendung findet es vor allem im Instrumentenbau, als Billard-Queues, bei Dudelsackpfeifen und im Möbelbau, hier besonders als Furnier – doch alles nur in recht bescheidenem Umfang.

Es gibt heute nur etwa 6.000 Speierlinge im Alter von über 50 Jahren in Deutschland, vor allem in klimatisch begünstigten Gebieten wie Unterfranken, dem Taubertal, im Kraichgau und Breisgau, sowie im Raum Frankfurt. Mit etwa 30 Prozent des Vorkommens hält Baden-Württemberg sogar den Spitzenplatz. Bezogen auf die Landesfläche finden sich somit gerade mal 50 ältere Speierlinge auf 1.000 km^2. Erst mit der Wahl zum *Baum des Jahres 1993* entstand ein spürbar größeres Interesse an diesem empfindlichen Gewächs – in den Jahren nach 2000 wurden mehr als 600.000 Speierlinge gepflanzt! Bleibt zu hoffen, dass möglichst viele von ihnen sich zu den schönen Bäumen entwickeln können, die man hin und wieder im Streuobstbereich oder auch im Laubmischwald zu sehen bekommt. Dies gilt umso mehr, als die Blüten eine für viele Insektenarten begehrte Nahrungsquelle darstellen. Die bei Vögeln beliebten Früchte machen die Baumart zu einem Vogelschutzgehölz mit erheblichem Potenzial.

Hinsichtlich des Standorts unterscheidet sich der Wuchs deutlich: Im Freistand bildet der ‚Wiesen-Speierling' eine tief angesetzte, breite Krone aus, im Bestand beginnt die Krone des ‚Wald-Speierlings' dagegen erst in größerer Höhe, nach langem, geradem Schaft – eine Folge des geringen Lichtangebots der tieferen Waldetagen. Im Wald kann die Wuchshöhe dann sogar über 30 m hinausreichen.

Nach dem Exemplar im Brettener Ortsteil Ruit (s. S. 78 f.) ist der Speierling in Zaberfeld wahrscheinlich der zweitstärkste des Landes. Leider kann man den stattlichen Baumriesen nur aus einer Entfernung von etwa 30 m bewundern – er ist in einem rundum eingezäunten, unbewohnten Privatgarten leider nicht zugänglich. Größere Beschädigungen scheinen nicht vorhanden zu sein, die etwa 18 m hohe und 20 m breite Krone ist in typischer Weise aufgebaut und weitgehend vollständig erhalten. Schon bei gut zwei Metern Höhe geht der Speierling, der auf östlicher Seite in direkter Nachbarschaft zum Hotel und Restaurant Seegasthof steht, in die Äste, die alle sechs von beträchtlicher Stärke sind. Auch in der Peripherie ist die Verzweigung dicht und der bei meinem Besuch Anfang Mai 2021 gerade stark einsetzende Blattaustrieb war in allen Kronenteilen erkennbar.

Der Stammumfang wurde zuletzt im Jahr 2014 gemessen (Deutsche Dendrologische Gesellschaft, Champion Trees), er lag damals bei 3,47 m und dürfte sich seitdem nicht wesentlich erhöht haben. Das Alter des seit 1986 geschützten Naturdenkmals kann mit ca. 180 bis 200 Jahren angenommen werden. Damit hat der Zaberfelder Speierling ungefähr die Hälfte des maximal möglichen Lebensalters dieser Baumart erreicht – im österreichischen Aigen (bei Wien) und im mittelfränkischen Halsbach sollen die dortigen Bäume nicht mehr weit von diesen 400 Jahren entfernt sein.

Mammutbaum
(Sequoiadendron giganteum)
nach dem engl. Feldherrn Wellington (1769-1852)
bei uns auch "Wellingtonie" genannt.
Heimat: westl. Sierra Nevada (Kalifornien/USA)
1864 initiierte der württ. König Wilhelm I. einen
Anbauversuch in den hiesigen Wäldern.
Die Sämlinge, im Kalthaus der Wilhelma gezogen,
wurden nach zwei Jahren an die umliegenden
Forstämter verteilt.
Die Pflanzung dieses Baumes erfolgte 1866.

Sequoiadendron
in Ochsenbach

Rund 200 von ihnen soll es heute noch geben in Baden-Württemberg – die 1864-1866 in der Stuttgarter Wilhelma herangezogenen und zwei Jahre später an die Forstämter des Landes verteilten Setzlinge des nordamerikanischen Bergmammutbaums. König Wilhelm I. von Württemberg hatte durch ein Missverständnis viel zu viele Samen bestellt, und der Hofgärtner Christian Schickler brachte deshalb gleich ein ganzes Pfund nach Stuttgart. Daraus wuchsen in den Kalthäusern der Wilhelma zwischen 5.000 und 8.000 Sämlinge heran. Nach ihrer Pflanzung in vielen Teilen des Landes erfroren jedoch die meisten im kalten Winter des Jahres 1879-1880, als das Thermometer bis auf minus 36°C fiel.

Der Ochsenbacher Sequoiadendron auf dem Friedhof des Dorfes hat es in die Gegenwart geschafft und zeigt sich heute mit gleichmäßigem Kronenbau, reicher und kräftiger Beastung und dem typisch abholzigen Stammfuß. Der Gipfel wirkt etwas schütter und überall im Geäst sind braune, trockene Zweige eingestreut. Letzteres ist nicht weiter bedeutsam, ersteres dagegen schon – Wipfeldürre zählt zu den ernsthaft Sorgen bereitenden Krankheitssymptomen.

Man zeigt mir auf dem Friedhof eine Bewässerungsvorrichtung, die man eigens für diesen Baum angelegt hat: Über eine Brunnensäule kann man dem Wurzelraum mittels einer Rohrleitung direkt und gezielt Wasser zuführen. Die beiden Gesprächspartnerinnen erweisen sich als ‚persönliche Krankenschwestern' des Baumriesen – bei Bedarf, also nach längerer Trockenheit, wird der Wasserhahn für mehrere Stunden aufgedreht. Bei meinem Besuch Mitte September 2020 scheint mir eine solche Gießaktion auch angebracht zu sein und die beiden versichern mir, dass sie es schon gut einschätzen können, wann der 33 m hohe und 15 m breite Mammutbaum wie viel Wasser brauche. So gut wie dieser wird wohl kaum ein anderer Baum versorgt!

Aufgrund des stark durchwurzelten Bodens werden im Umfeld des Bergmammutbaums schon seit längerer Zeit keine neuen Gräber mehr angelegt. Man verzichtet also seinetwegen teilweise sogar auf die Nutzung des Friedhofs. Das Ausheben von weiteren Grabstellen hätte zwangsläufig auch eine Beschädigung seiner Wurzeln zur Folge.

Baumart: *Sequoiadendron giganteum*
Landkreis: *Ludwigsburg*
Standort: *Auf dem Friedhof, östlicher Ortsrand*
Geodaten: *49.022157, 8.986957*
Alter: *158 Jahre, gepflanzt 1866*
Stammumfang: *9,25 m bei 130 cm im mittleren Niveau, 9,84 m bei 130 cm im tiefsten Niveau (2020)*

Schnurbaum
im Alten Friedhof

Schon seit 1530 gibt es den *Alten Friedhof* in Heilbronn – damals noch außerhalb der Stadtmauern, beim ehemaligen Karmeliterkloster angelegt. In der Oberamtsbeschreibung von 1865 wurde er aufgrund seiner besonderen Gehölze auch als ‚schönster Friedhof in Württemberg' bezeichnet, doch schon ab 1887 konnten wegen des fehlenden Platzes keine Beerdigungen mehr vorgenommen werden. Einige Jahre später erfolgte die Umgestaltung zu einem öffentlichen Park und 1937 wurde die gesamte Anlage zum Naturdenkmal erklärt.

Zu den ältesten, heute noch vorhandenen Baumschätzen des Alten Friedhofs zählt zu allererst der 1882 gepflanzte Japanische Schnurbaum (rechte Seite). Nach 140 Jahren ist sein mächtiger Stamm, dessen Stärke meines Wissens nach nur noch vom Weinheimer Verwandten (s. S. 32 f.) übertroffen wird, bereits gänzlich ausgehöhlt. Die beiden alten Hauptachsen wurden vor ca. 20 Jahren bei drei bzw. sechs Metern Höhe gekappt (auch sie sind hohl) und haben nachfolgend kräftig ausgetrieben, sodass heute wieder eine etwa 12 m hohe und 15 m breite Krone entstanden ist. Zumindest die schwächere Achse ist im Inneren ausgebrannt – eventuell auch die stärkere, doch aufgrund der beiden engmaschigen Metallgitter, die die große Stammöffnung überspannen, ist kein Blick in den Innenraum möglich. Gut sichtbar unternimmt der Baum große Anstrengungen, diese mehr als zwei Meter hohe Öffnung von den Seiten her zu überwallen. Bei zwei weiteren Ausbruchsstellen ist dies schon fast gelungen, eine von ihnen zeigt die hier noch vorhandene Betonfüllung. Ein zweiter Schnurbaum mit fast vier Meter starkem, intaktem Stamm und gekürzter Krone ist nahe des Südeingangs zu finden.

Nicht weit entfernt vom großen Schnurbaum trifft man auf ein zweites bedeutsames Baumdenkmal, direkt beim 1872 errichteten Denkmal für die gefallenen Soldaten des Deutsch-Französischen Krieges. Eine benachbart stehende, in prächtiger Radialform gewachsene Hainbuche ragt hier bereits in die Krone eines mindestens 100-jährigen Trompetenbaums hinein, der bundesweit zu den stärksten seiner Art zählt (links). Da einer der Hauptäste schräg zur Seite ausgreift, messe ich den Stamm nahe am Boden – die Angabe des Baumkatasters liegt hier sogar bei 4,49 m! Der waagerecht ausstreichende Tiefast ist nur noch an seinem Ende verzweigt, bis dahin sind sämtliche Seitenäste verloren, und auch die Borke ist auf der Oberseite schon weitgehend abgefallen. Auch an den anderen sieben Kronenästen sind Bruch- und Trockenschäden deutlich erkennbar, doch zeigen die zahlreichen, an den Zweigenden hängenden ‚Zigarren' des Vorjahres, dass noch reichlich Leben in diesem besonderen Veteranen steckt.

Baumart: *Catalpa bignonioides*
Landkreis: *Stadtkreis Heilbronn*
Standort: *Im Alten Friedhof, neben dem Soldatendenkmal*
Geodaten: *49.145149, 9.227781*
Alter: *ca. 100-120 Jahre*
Stammumfang: *3,72 m (2021, Messung bei 20 cm)*

Baumart: *Styphnolobium japonicum*
Landkreis: *Stadtkreis Heilbronn*
Standort: *Im Alten Friedhof, Nordteil*
Geodaten: *49.145529, 9.226881*
Alter: *142 Jahre, gepflanzt 1882*
Stammumfang: *5,84 m (2021)*

Auf Entdeckungstour
in Heilbronn

Baumart: *Pterocarya fraxinifolia*
Landkreis: *Stadtkreis Heilbronn*
Standort: *Harmonie/Stadtgarten*
Geodaten: *49.141852, 9.223113*
Alter: *ca. 100 Jahre*
Stammumfang: *stärkster Einzelstamm 3,30 m (2021)*

Die Stadt Heilbronn stellt auf ihrer Website ein Instrument zur Verfügung, an dem jeder Baumfreund seine helle Freude haben kann. Es ist ein akribisch erstelltes *Baumkataster* samt Stadtplan, in dem jeder städtische Baum positionsgenau verzeichnet ist. Mit diesem Geodatenportal kann man auf Entdeckungstour gehen – man bekommt bei jedem Klick auf ein Kreissymbol einige Infos zum jeweiligen Baum angezeigt – Name und Baumart, Standort, Umfangs- und Kronenmaße. Da die Baumsymbole auch noch im Verhältnis zur tatsächlichen Größe dargestellt sind und sogar Einzelstamm und Mehrstämmigkeit anzeigen, dauerte es nicht lange, und ich hatte meine nächsten Besuchsziele im Mai 2021 gefunden. Schon den auf der vorhergehenden Doppelseite vorgestellten Trompetenbaum entdeckte ich mit Hilfe des Baumkatasters des Städtischen Grünflächenamts. Und auch die hier folgenden Baumschätze zählen allesamt zu den Top Ten ihrer Art in Baden-Württemberg:

Am *Stadtgarten* wölbt sich die riesige, grüne Halbkugel einer Kaukasischen Flügelnuss schon weit über die Bühne hinaus, die man eigens für sie angelegt hat (linke Seite). Neben den beiden aufrechten Zentralachsen schwingen sich fünf weitere Stämmlinge weit nach außen, sodass eine Kronenbreite von rund 33 m entsteht.

Neben dem Alten Friedhof lohnt auch der *Hauptfriedhof* einen Besuch – zahlreiche Platanen, Blut-Buchen, Atlas-Zedern, Schwarz-Kiefern, Fächer-Ahorne und unzählige weitere Arten bringen ihre eigenen Farbnoten ein. Ein in dieser Größe seltener Eschen-Ahorn steht im südlichen Teil – die Krone ist unversehrt und dicht verzweigt (unten links).

In den Stahlbühlwiesen, Ecke Cäcilienbrunnenstraße hat es eine stattliche Berg-Ulme bis heute geschafft, dem ostasiatischen Ulmenpilz Paroli zu bieten: Ihre 25 m hohe und breite, nur gering gekürzte Krone baut sich über sieben verschieden starken Hauptästen auf und ist – wie auch der Stamm – gänzlich intakt (unten Mitte).

Eine Baumart, die normalerweise keine Rolle spielt, wenn es um Baumriesen geht, ist der aus China stammende Götterbaum - er wächst sehr schnell, wird aber selten mehr als 100 Jahre alt. Im Südwesten Heilbronns, im *Wertwiesenpark*, lebt ein besonderes Exemplar: Hier scheinen gleich sieben Bäume dicht nebeneinander aufgewachsen zu sein (unten rechts). Es ist jedoch wahrscheinlicher, dass es sich um Stockausschläge handelt, nachdem die alte Zentralachse ausgefallen ist. Auf den ersten 30–60 cm sind sie schon miteinander verwachsen. Der stärkste Stämmling hat bereits einen Umfang von 2,50 m erreicht und man darf gespannt sein, ob es dem Baum gelingt, in der ihm noch verbleibenden Lebenszeit einen geschlossenen Gesamtstamm zu bilden – es wäre der mit großem Abstand stärkste in Deutschland. Die Krone misst schon jetzt 24 m in der Breite und ca. 20 m in der Höhe.

Baumart: *Acer negundo*
Landkreis: *Stadtkreis Heilbronn*
Standort: *Im Hauptfriedhof, Südteil*
Geodaten: *49.134827, 9.237781*
Alter: *ca. 120 Jahre*
Stammumfang: *3,49 m (2021)*

Baumart: *Ulmus glabra*
Landkreis: *Stadtkreis Heilbronn*
Standort: *Nahe beim Cäcilienbrunnen*
Geodaten: *49.127655, 9.231550*
Alter: *ca. 150 Jahre*
Stammumfang: *4,61 m (2021)*

Baumart: *Ailanthus altissima*
Landkreis: *Stadtkreis Heilbronn*
Standort: *Im Wertwiesenpark, neben Minigolf*
Geodaten: *49.130841, 9.203109*
Alter: *ca. 70 Jahre*
Stammumfang: *5,70 m (Gesamt bei 30 cm, 2021)*

Baumschätze
im Schlossgarten Lehrensteinsfeld

Baumart: *Fagus sylvatica 'Atropurpurea'*
Landkreis: *Heilbronn*
Standort: *Im Schlosspark*
Geodaten: *49.131108, 9.321715*
Alter: *ca. 150 Jahre*
Stammumfang: *5,14 m (2021)*

Auf mittelalterlichen Burgfundamenten erbaute Philipp von Gemmingen ab 1540 das heutige Renaissanceschloss Lehrensteinsfeld. Als Erbe fielen ihm unter anderem Teile der beiden Dörfer Lehren und Steinsfeld zu, die jedoch schon seit über 500 Jahren eine gemeinsame Gemarkung besaßen und heute längst zusammengewachsen sind. 1887 gingen das Schloss und die zugehörigen Ländereien in den Besitz der Stuttgarter Familie Dietzsch über, die sich insbesondere um einen zukunftsorientierten Obstbau verdient machte. Später wurden auch die zuvor verpachteten Weinberge durch die heutigen Besitzer, die Familie Dietzsch-Doertenbach, neu bepflanzt. So entstand ab 1986 ein inzwischen renommiertes Weingut im Schloss – ausgebaut werden Rieslinge, Spätburgunder und Lemberger in den großen Kellergewölben des Schlossbaus, die über die gesamte Gebäudelänge vorhanden sind.

Der auf nördlicher Seite sich anschließende Schlossgarten beherbergt eine ganze Reihe von bemerkenswerten Bäumen in vielerlei Arten. Er ist für die Öffentlichkeit nicht zugänglich, doch freundlicherweise wurde mir erlaubt, die dortigen Baumschätze in Augenschein zu nehmen. Auf den ersten Blick fallen mehrere Bergmammutbäume auf, der stärkste von ihnen besitzt einen beachtlichen Stammumfang von 6,72 m – er könnte vielleicht aus der Zeit um 1866 stammen, als von der Wilhelma aus viele Setzlinge im ganzen Land verteilt wurden. Über das Alter der Parkbäume ist nichts bekannt, doch dürften die meisten der älteren Exemplare aus der zweiten Hälfte des 19. Jahrhunderts stammen. So auch drei schöne Blut-Buchen, die alle unter Sturm und Trockenheit in den letzten Jahren sehr gelitten haben. Besonders eindrucksvoll zeigt sich ein dreiachsiges Exemplar im nördlichen Teil des Gartens (linke Seite).

Nahe beim Schloss überrascht eine seltene Variation unserer Rot-Buche – zwei Schlitzblättrige Buchen, deren schmale Blätter tiefe Einbuchtungen aufweisen (unten links). Im zentralen Teil treffe ich einen Eschen-Ahorn, der ebenso zu den stärksten seiner Art im Land gehört (unten Mitte). Die ab 1688 aus Nordamerika eingeführte Baumart zeigt – wie der Name schon verrät – eine an Eschen erinnernde Blattform. Die gefiederten Blätter sind meist drei- bis fünfteilig. Etwa 40 m nördlich des Ahorns besitzt eine Lawson-Scheinzypresse sogar deutschlandweit beachtenswerte Maße (unten rechts). Die starke Mittelachse teilt sich in drei Stämmlinge auf, während sich in recht kurzer Entfernung von diesem Zentrum drei Ableger erheben, die schon wie eigenständige Bäume wirken. Sie alle bilden eine gemeinsame Krone.

Baumart: *Fagus sylvatica 'Laciniata'*
Landkreis: *Heilbronn*
Standort: *Im Schlosspark, nahe beim Schloss*
Geodaten: *49.129933, 9.322249*
Alter: *ca. 150 Jahre*
Stammumfang: *3,17 m und 2,79 m (2021)*

Baumart: *Acer negundo*
Landkreis: *Heilbronn*
Standort: *Im Schlosspark, Ostseite*
Geodaten: *49.130293, 9.322579*
Alter: *ca. 150 Jahre*
Stammumfang: *2,77 m (2021)*

Baumart: *Chamaecyparis lawsoniana*
Landkreis: *Heilbronn*
Standort: *Im Schlosspark, Ostseite*
Geodaten: *49.130681, 9.322564*
Alter: *ca. 150 Jahre*
Stammumfang: *4,21 m (2021)*

Rosskastanie
im Weiler Schlossgarten

Baumart: *Aesculus hippocastanum*
Landkreis: *Heilbronn*
Standort: *Im Weiler Schlosspark*
Geodaten: *48.738221, 9.308558*
Alter: *ca. 320 Jahre*
Stammumfang: *6,68 m (2008)*

Schon im Jahr 1911 wird die Schlosskastanie im heutigen Obersulmer Ortsteil Weiler im *Schwäbischen Baumbuch* als die wohl stärkste Rosskastanie Deutschlands bezeichnet (s. dort S. 34). Man darf sicher davon ausgehen, dass der Erhalt und die außergewöhnlich harmonische Gestalt des ca. 320-jährigen Baumes auf die sorgfältige und über Generationen fortgeführte Pflege durch die Freiherren von Weiler zurückzuführen sind. Die schon damals beschriebenen drei steil aufstrebenden Hauptachsen in der Mitte sind 2008 noch vorhanden, während von dem Kranz der sie umgebenden, auswärts gebogenen Äste nur noch zwei erhalten sind. Und auch diese setzen sich nach ca. fünf Metern des Altholzes durch jüngeres Wachstum fort.

Lesen wir noch einmal im Schwäbischen Baumbuch: „*Der Baum ist von einer Größe und Schönheit, wie sie unerreicht dasteht, aber jetzt scheint er allmählich an der Grenze seiner Leistungsfähigkeit angelangt zu sein*". Offenbar zeigten sich schon damals die Zeichen des Alters und bei meinem Besuch 2008 sind sie natürlich unübersehbar: Die vielen Öffnungen und Ausbruchstellen, die zum Teil mit Eisenstangen überbrückt und innen mit nun abblätternder, grauer Farbe bestrichen wurden, machen deutlich, dass wohl alle 5 Stämmlinge hohl sind. Der Fäulnispilz setzt sein Zerstörungswerk beständig fort und so ist man überrascht, dass sich etliche neue Austriebe gebildet haben, die die Krone auch in der Breite ergänzen. Nur die älteren Zweige zeigen eine deutliche Tendenz, der Schwerkraft zu folgen, sodass die Krone im Durchmesser bei ca. 20 m liegt, in der Höhe jedoch bei fast 28 m! Vor hundert Jahren wurden die Kronenmaße mit 25 m bzw. 23 m angegeben.

An einigen Stellen haben sich geschwulstartige Wucherungen gebildet, die sich mit ihrer glatten und helleren Rinde deutlich von der ansonsten dunklen, grobborkigen Struktur absetzen. An vielen kleinen Maserknollen treiben kurze, beblätterte Zweige aus. Unterhalb des ersten Seitenstammes ergab meine Umfangsmessung im Jahr 2008 ein Stammmaß von 6,68 m. 1909 waren es 5,40 m und 1861 schon beachtliche 4,87 m. Das bedeutet für die letzten 150 Jahre eine recht bescheidene Umfangszunahme von nur 1,2 cm pro Jahr. Während der erste Lebenshälfte muss das Wachstum mehr als doppelt so hoch gelegen haben.

In der Pflanzzeit des Baumes um 1700 waren Rosskastanien noch nicht allzu lange in Mitteleuropa bekannt und bei Weitem nicht so verbreitet wie in heutiger Zeit. Die Heimat der Rosskastanie ist der Balkan und die ersten Früchte gelangten erst um 1576 vom türkischen Hof des Sultans in Konstantinopel nach Wien. Dort gelang es dem damals berühmtesten Botaniker seiner Zeit, Charles de L'Ecluse (bekannter unter dem Namen ‚Clusius'), sie zum Keimen zu bringen. Nun dauerte es noch rund 25 Jahre, bis die ersten der daraus hervorgegangenen, schönen, glänzenden Früchte den Weg nach Deutschland fanden. Die berühmte Riesenkastanie in Hitzacker (Kreis Lüchow-Dannenberg), die die geleitete Form eines Tanzbaums zeigt, könnte somit tatsächlich aus dem Jahr 1610 stammen – und damit der älteste Baum dieser Art in Deutschland sein. In späterer Zeit erfreute sich die charakteristische Baumart nicht nur beim Menschen einer rasch wachsenden Beliebtheit – wozu die unverwechselbaren Blätter, Blüten und Früchte sicher gleichermaßen beitrugen. Die Blüten zeigen Bienen und Hummeln durch die Färbung des Saftmals der beiden oberen Kronblätter an, ob sich ein Besuch lohnt: Bei Gelb ist reichlich Nektar vorhanden, bei Rot (nach der Bestäubung) ist die Produktion bereits eingestellt. Die glänzend braunen, stärkereichen Früchte gelten als beliebte Nahrung für Wildschweine, weshalb die Baumart auf Lichtungen oder entlang von Wegen auch in Wäldern gepflanzt wurde.

Unsere ‚schwäbische' Riesenkastanie in Weiler ist in jedem Fall ein ganz außerordentlicher Baumschatz und es ist zu hoffen, dass sie auch in Zukunft soviel Pflege erfährt, wie dies in der Vergangenheit der Fall war.

Baumart: *Quercus robur*
Landkreis: *Schwäbisch Hall*
Standort: *Stadelmannsacker, ca. 1 km westlich des Stadtteils, vor dem Waldrand*
Geodaten: *49.120636, 9.703873*
Alter: *ca. 450–500 Jahre*
Stammumfang: *6,93 m (2014)*

Breiteich
bei Gottwollshausen

Breiteich wird ganz bewusst ohne abschließendes ‚e' geschrieben – so wird die Stiel-Eiche bei Gottwollshausen schon seit Jahrhunderten von der Bevölkerung im Schwäbisch Haller Raum genannt. Man findet sie, wenn man der Straße Stadelmannsacker am Südrand des Haller Stadtteils nach Westen folgt, kurz vor dem Waldrand stehend. Es ist einer der imponierendsten und schönsten Bäume des Landes. Schon Otto Feucht beschreibt sie im Schwäbischen Baumbuch von 1911 als 300–400-jährig, mit einem Stammumfang von 5,70 m und einer bis zu 35 m durchmessenden Krone. Seit dieser Zeit sind beim Stamm noch eher bescheidene 1,23 m hinzugekommen, was darauf hindeutet, dass er sogar mit seiner oberen Altersschätzung richtig liegen könnte.

Die Krone ist heute zwar etwas gekürzt, doch noch immer von enormer Größe und Dichte. Und dies, obwohl rund ein Dutzend große bis sehr große Äste inzwischen verloren gingen. Bei zweien klaffen noch große Öffnungen, bei anderen sind die Schnittstellen schon gut verwachsen, zwei weitere waren als Stummel stehengeblieben und diese sind dann zu dicken Beulen verwachsen. Dennoch verfügt der Baum noch über drei mächtige Querachsen im ersten Astkranz, die ebenso wie fünf darüber austretende mit starken Holzstämmen am Boden abgestützt werden. Zusätzlich sind von den zentralen Achsen Stahlseile und Schlaufenbänder gespannt, so dass die horizontalen Äste auch von oben gehalten werden.

Der tiefste Astausbruch (rechts) erlaubt durch die etwa 60 x 80 cm große Öffnung trotz des angebrachten Metallgitters einen Blick ins Innere: Der riesige Stamm ist bis in eine Höhe von etwa 5 m gänzlich hohl. Das Gitter ist sogar mit einem Scharnier und einem Schloss versehen, sodass es geöffnet werden kann. Der Randwulst beginnt jedoch bereits, das Gitter zu überwachsen.

Der allgemeine Zustand des seit 1955 geschützten Naturdenkmals ist trotz vielfach erkennbarer Trockenäste in der Peripherie noch immer recht gut, der Fruchtbesatz bei meinem Besuch 2014 außerordentlich stark. Diese ‚Mastjahre' wiederholen sich je nach Baumart und Region in bestimmten Abständen, bei Eichen in der Regel alle 8 bis 10 Jahre. Nach zuvor eher mageren Jahren, die stetig zu einem Populationsrückgang der Tierarten führt, die sich von Eicheln ernähren, folgt ein überreiches Jahr. Nun bleiben zuverlässig genügend Früchte am Boden übrig, mit denen die nächste Generation aufwachsen kann. Der Baum kann somit den Fortbestand seiner Art zum Teil selbst steuern – sofern der Mensch nicht Veränderungen herbeiführt, die diesen Mechanismus empfindlich stören!

Friedhofseiche
in Eltershofen

Offenbar ist dem fleißigen Otto Feucht und seinen vielen Mitstreitern zu Beginn des 20. Jahrhunderts die kapitale Eiche im damaligen Dorf Eltershofen entgangen – obwohl sie sicher schon vor 120 Jahren ein wahrer Riese gewesen sein muss. Im heutigen Stadtteil von Schwäbisch Hall, am nördlichen Ortsrand auf einem Wiesengrundstück neben dem Friedhof, wirkt die mächtige Stiel-Eiche vielleicht sogar noch monumentaler als die Breiteich – und das will schon etwas heißen!

Sie erreicht zwar nicht ganz deren Durchmesser – es sind ‚nur' 27 m, bei etwa 24 m Höhe – doch erscheinen die einzelnen Äste von enormer Länge. So etwa im unteren Astkranz ein Horizontalast, der gleich von zwei Stangen gestützt wird. Er ist hohl und auf der Oberseite offen wie eine Dachrinne. Von oben wird er zusätzlich von einigen in den letzten Jahren eingebrachten Halteseilen gesichert. Zwei weitere Tiefäste sind ausgebrochen, eine der beiden Narben ist zu einem Fenster geöffnet, durch das man in den komplett ausgeräumten Stamm blicken könnte – hätte man eine Leiter dabei. Darüber treten weitere dicke Äste aus, die ebenfalls von oben gehalten und nach unten abgestützt werden. Die Anzahl der Seilsicherungen ist insgesamt schon nicht mehr zählbar!

Die Stützstämme sind nicht – wie bei der Breiteich (s. S. 170 f.) – mit Querhölzern am Kontaktpunkt unterlegt, sondern mit dicken Stahlstangen direkt in den Ast verbohrt. Am Fuß des Stammes ist eine meterhohe Öffnung vorhanden, die mit einem Stahlgitter verschlossen ist. Im Vergleich zur Breiteich ist die Krone zwar deutlich offener, doch im August 2014 ebenso voll belaubt.

Baumart: *Quercus robur*
Landkreis: *Schwäbisch Hall*
Standort: *Nordöstlicher Ortsrand, Seeweg, neben dem Friedhof*
Geodaten: *49.143389, 9.766222*
Alter: *ca. 450-500 Jahre*
Stammumfang: *7,43 m (2014)*

Kocherlinden
in Schwäbisch Hall

Neben den beiden fantastischen Großeichen in Eltershofen (s. S. 172 f.) und nahe Gottwollshausen (s. S. 170 f.) besitzt die schöne Stadt Schwäbisch Hall einen weiteren bedeutenden Baumschatz, der allerdings auch in der Fachwelt viel weniger bekannt ist. Aufgrund des Alters dürfte dieser Ausnahmebaum sogar die Nummer 1 sein im Haller Stadtgebiet. Es ist die Sommer-Linde auf dem ‚Kleinen Wöhrd', einer Insel im Kocher, die gerade soviel Platz bietet, wie der darauf befindliche Minigolfplatz benötigt.

Die am Baum angebrachte Tafel informiert darüber, dass diese Linde zu den weltweit 400 ältesten ihrer Art gehört – ihr Alter soll mehr als 660 Jahre betragen! Aus dem schon bald sich in zwei Achsen aufteilenden Stammsockel streben nur noch zwei Äste bis in etwa 22 m Höhe. Diesen eindrucksvollen Stamm muss ich in knapp zwei Metern Höhe messen, um eine dicke Wucherung nicht mit einzubeziehen: 7,70 m! Zwischen den beiden v-förmig auseinander strebenden Kronenteilen sind einige dünne Seile eingebracht. Aufgrund des regen Publikumsverkehrs wurden offenbar alle älteren und bruchgefährdeten Äste herausgeschnitten. Es gibt deshalb nur noch diverse junge Austriebe, die belaubt sind. Die ersten zehn Meter des Stammes sind dicht mit Efeuranken bedeckt. In seinem hohlen Inneren sind einige Gewindestangen erkennbar sowie reger Adventivwuchs.

Nur wenige Schritte entfernt und nahe beim Übergang zur Insel ist noch eine zweite Sommer-Linde vorhanden (links), der wohl kaum Beachtung geschenkt wird. Doch auch sie besitzt einen starken, alten Stammteil, aus dem überwiegend junges Geäst erwächst. Aufgrund der auf einer Seite stark wuchernden Maserknollen lässt sich der Umfang nur schwer messen – größtenteils darunter bleibend sind es beachtliche 6,16 m. Ein großer, früher wahrscheinlich über den Kocherarm reichender Ast ist leider herausgebrochen. Zum Alter gibt es keine Informationen, annähernd 400 Jahre könnten es immerhin sein.

Baumart: *Tilia platyphyllos*
Landkreis: *Schwäbisch Hall*
Standort: *In der Minigolfanlage südlich der Kocher-Insel*
Geodaten: *49.108832, 9.737255 und 49.108617, 9.737118*
Alter: *ca. 660 Jahre und ca. 400 Jahre*
Stammumfang: *7,70 m (bei 200 cm Höhe) und 6,16 m (bei ca. 80 cm Höhe, beide 2014)*

Rennicheiche
bei Westheim

Am Zusammenfluss von Kocher und Bibers liegt Westheim, der älteste und größte Ortsteil der 1972 im Zuge der Gemeindereform entstandenen Gemeinde Rosengarten. In Sichtweite zur markanten Pfarrkirche St. Martin, die auf dem Berghof – einem ehemaligen fränkischen Königshof – einen exponierten Landschaftspunkt darstellt (im Bild linke Seite, im Hintergrund), trifft man im Anstieg zu den *Limpurger Bergen* auf eine mächtige Stiel-Eiche, die in der Liste der Naturdenkmale seit 1955 als Rennicheiche verzeichnet ist. Auffälligstes Merkmal des ca. 350-jährigen Veteranen ist ein sehr starker Tiefast, der ein gutes Stück entfernt vom Stamm abgebrochen ist. Talseitig ist ihm gegenüber ein zweiter Ausbruch erkennbar, allerdings nahe am 6,13 m starken Stamm und bereits weitgehend verwachsen (rechts). Die zentrale Steilachse und die beiden verbliebenen Seitenäste bauen eine noch immer halbwegs harmonische Krone auf, die im Durchmesser 19 m, in der Höhe noch 26 m misst. Denkt man sich den verlorenen Kronenteil über dem abgebrochenen Seitenstamm hinzu, wäre das Erscheinungsbild des sicher auch in früheren Zeiten solitär stehenden Baumes noch weit imposanter. Heute wird die Rennicheiche auf nördlicher Seite jedoch bereits von einer Gehölzinsel bedrängt, die ihr das weitere Überleben nicht gerade leichter machen wird.

Die ehemals neben dem Baum befindliche Sitzbank mit schönem Blick über das Kochertal wurde mit größerem Abstand neu errichtet – ein Schild weist auf den Befall mit dem Eichen-Prozessionsspinner hin, weshalb man sich im Kronenbereich während der Vegetationszeit besser nicht aufhalten sollte!

Baumart: *Quercus robur*
Landkreis: *Schwäbisch Hall*
Standort: *Nahe eines Gehöfts zwischen Bahnlinie und L 1055 am Kochertalhang*
Geodaten: *49.050887, 9.743641*
Alter: *ca. 350 Jahre*
Stammumfang: *6,13 m (2015)*

Linden
am Kappelwald

Zwei sehr interessante Lindengestalten finde ich im nordöstlichen Teil des Keuperberglandes. Gänzlich unbekannt dürften sie wohl nicht sein – ihrer Kennzeichnung als Naturdenkmale nach zu urteilen. Allerdings sind sie auf meiner Wanderkarte nicht durch ein entsprechendes Symbol vermerkt, was bei ‚Hervorragenden Bäumen' nur ganz selten vorkommt.

Sie stehen genau dort, wo die Kreisstraße nach Crailsheim-Beuerlbach von der L 1066 abzweigt, eine auf jeder Seite. Die nördliche Linde – eine Sommer-Linde – hat eine ihrer beiden Hauptachsen durch Abbruch verloren (linke Seite). Diese bestand aus zwei mächtigen, hohlen Stämmlingen, die seit vielen Jahren schon – stark mit Moosen überwachsen und in entgegengesetzte Richtungen gestürzt – am Boden liegen. Die zweite Achse bildet zum einen die noch verbliebene Krone und zum anderen schickt sie den letzten, alten Hauptast waagerecht zur Seite. Es ist nur eine Frage der Zeit, bis auch dieser zu Boden bricht.

Mit einem Stammumfang von rund 6,50 m zeigt der urig verwachsene Stammsockel ein beeindruckendes Maß. Allerdings ist er nicht einfach zu messen, nicht zuletzt wegen des schon jetzt, Anfang April 2016, stark wachsenden Dornengestrüpps.

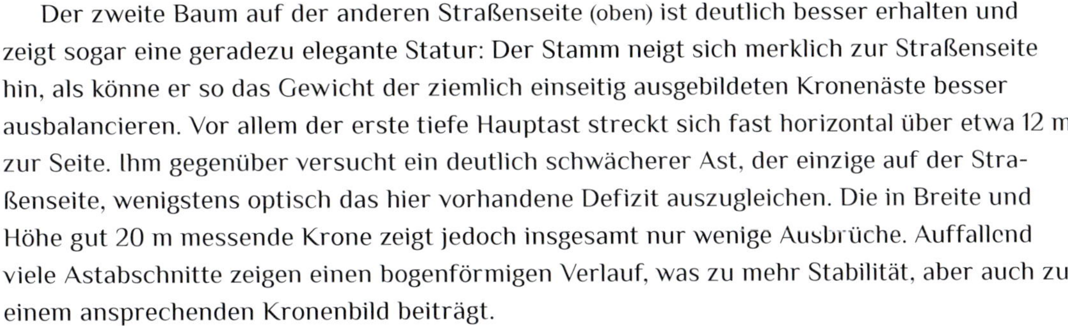

Der zweite Baum auf der anderen Straßenseite (oben) ist deutlich besser erhalten und zeigt sogar eine geradezu elegante Statur: Der Stamm neigt sich merklich zur Straßenseite hin, als könne er so das Gewicht der ziemlich einseitig ausgebildeten Kronenäste besser ausbalancieren. Vor allem der erste tiefe Hauptast streckt sich fast horizontal über etwa 12 m zur Seite. Ihm gegenüber versucht ein deutlich schwächerer Ast, der einzige auf der Straßenseite, wenigstens optisch das hier vorhandene Defizit auszugleichen. Die in Breite und Höhe gut 20 m messende Krone zeigt jedoch insgesamt nur wenige Ausbrüche. Auffallend viele Astabschnitte zeigen einen bogenförmigen Verlauf, was zu mehr Stabilität, aber auch zu einem ansprechenden Kronenbild beiträgt.

Trotz des deutlich geringeren Stammmaßes von nur 3,70 m sind in der Wuchsform und in der Borkenstruktur durchaus Ähnlichkeiten der beiden Linden erkennbar. Dass sie gleichen Alters sind, ist dennoch sehr unwahrscheinlich, dazu sind die Unterschiede hinsichtlich der Stammstärke, des Erhaltungszustandes und vor allem der typischen Altersmerkmale doch zu groß.

Baumart: *Tilia platyphyllos*
Landkreis: *Schwäbisch Hall*
Standort: *An der Einmündung der Rudolfsberger Straße in die L 1066*
Geodaten: *49.150799, 10.108831*
Alter: *ca. 350 Jahre und ca. 180 Jahre*
Stammumfang: *6,50 m und 3,70 m (beide 2016)*

Eiche
über dem Bühlhof

Fragt man mich nach dem schönsten und eindrucksvollsten Baum der Ellwanger Berge, so muss ich für die Antwort nicht lange nachdenken: Für mich ist dies ohne Zweifel die mächtige Stiel-Eiche auf der Höhe über dem Bühlhof bei Jagstzell. Die Gemeinde verweist auf ihrer Internetseite ausdrücklich auf ihre topografisch reizvolle Lage sowie auf den 26 km² großen Waldanteil ihrer Gemarkung, die naturräumlich zu den weiten Wäldern des *Virngrundes* gehören. Doch wie so oft, sieht man vor lauter Wald die Bäume nicht, jedenfalls wird – wie bei fast allen anderen Siedlungen auch – unter dem Stichwort ‚Sehenswürdigkeiten' auf Kirchen und Kapellen hingewiesen. Der größte Baumschatz dagegen bleibt unerwähnt. Wer weiß, vielleicht ist es auch Absicht, um den ca. 350-jährigen Veteranen möglichst unbehelligt zu belassen?

Der ausgestellte Stammfuß und die ausgeprägte Taille – mit Gardemaß 5,73 m – sind die zuerst auffallenden Kennzeichen. Die ersten Tiefäste sind abgenommen, der größte hatte an seiner Basis einen Durchmesser von 130 cm! Ein zweiter, gegenüberliegend, hat seine Narbe fast schon überwachsen und ein weiterer wurde nicht am Stamm, sondern erst bei gut 2 m Länge gekappt. Darüber beginnt der eigentliche Kronenansatz mit einer Aufteilung in zwei stärkere und eine schwächere Hauptachse, die sich ebenfalls früh aufteilen, sodass noch fünf recht lange Hauptäste das eindrucksvolle Gesamtbild ergeben. Die 28 m hohe und in der Breite 20 m messende Krone ist ungesichert und von zahlreichen Trockenästen durchsetzt. An einem nicht behandelten Astabbruch ist ein Fäulnisschaden entstanden.

Unwillkürlich fragt man sich, wie dieser Baumriese wohl vor 100 Jahren ausgesehen haben mag, als er – vielleicht – noch im Besitz seiner kompletten Krone war!? Noch dazu an einem so herrlichen Herbsttag wie zu Anfang November 2015, als ich meinen Blick lange Zeit nicht lösen kann von einem Baum, den es in 100 Jahren vielleicht immer noch geben wird.

Baumart: *Quercus robur*
Landkreis: *Ostalbkreis*
Standort: *Auf der Höhe über dem Bühlhof*
Geodaten: *49.018017, 10.096952*
Alter: *ca. 300 Jahre*
Stammumfang: *5,73 m (2015)*

Eiche
am Kressbachsee

Hans Joachim Fröhlich schreibt in ‚Wege zu alten Bäumen' (Bd. 12, S. 132) zum Standort dieses Eichenveteranen, er sei „versteckt am Hang". Vermutlich war dieser Bereich kurz vor der Zufahrt zum Kressbachsee-Parkplatz – von Ellwangen kommend – in jener Zeit (1995) sehr stark zugewachsen.

Heute, gut 20 Jahre später, kann er sich nicht mehr verstecken! Nur einige junge Fichten umgeben eine der ältesten Eichen des östlichsten Keuperlandgebiets und die drei ihr noch verbliebenen Kronenäste ragen noch gut 25 m hoch auf. Man muss also nicht mehr nach ihr suchen, wenn man auf den straßenparallelen Parkstreifen fährt, um sie in Augenschein zu nehmen.

Eindrucksvoll ist vor allem der mächtige Stamm mit seinen grob-rissigen Borkenstrukturen, den überwachsenen Aststummeln und den wie von innen aufgebrochen erscheinenden Maserknollen. Im großen Bild ist der Erdstamm aus einer ähnlichen Perspektive zu sehen, wie er auch bei Fröhlich abgebildet wird. Die Umfangsmessung ergibt bei mir 5,65 m, bei Fröhlich waren es nur 10 cm weniger! Auch das deutet – neben den sowieso unverkennbaren Alterserscheinungen – darauf hin, dass es sich tatsächlich um eine Eiche im Alter von 350 bis 400 Jahren handeln könnte. Die Schätzung von Fröhlich dürfte somit zutreffen.

Alle unteren Äste sind am Stamm abgenommen, die Schnittstellen sind teilweise bereits eingebrochen, vermutlich ist der Stamm im Wesentlichen hohl. Trotz der teilweisen Freistellung ist der Baum nur schwer zugänglich, außerdem leider auch stark vermüllt. Der Stammsockel zeigt talseitig ablaufende Wurzelansätze, dazwischen eine Tierhöhle, vielleicht ein Fuchs- oder Dachsbau.

Baumart: *Quercus robur*
Landkreis: *Ostalbkreis*
Standort: *Kurz vor der Zufahrt zum Kressbachsee, am Parkplatz*
Geodaten: *49.547577, 8.669833*
Alter: *ca. 350–400 Jahre*
Stammumfang: *5,65 m (2015)*

Pappelriesen
beim Ellwanger Schloss

Während eine Rot-Buche etwa 120 bis 150 Jahre braucht, um ins ‚schlagfähige' Alter zu kommen, schaffen verschiedene Pappelarten das bereits mit 40 oder 50 Jahren – sie gehören damit zu unseren schnellwüchsigsten Laubbäumen überhaupt. Bekanntermaßen ist ihr leichtes und helles Holz, das gerne für die Herstellung von Zellstoff und Papier, Sperrholzplatten, Zündhölzer und allerlei Küchengeräte Verwendung findet, auch relativ weich und wenig beständig. Wegen ihres hohen Wasserbedarfs findet man zumindest die Grau-Pappel (*Populus* x *canescens*) und die Schwarz-Pappel (*P. nigra*) vor allem in den Auwäldern unserer großen Flusstäler. Die beiden anderen bei uns heimischen Arten sind die Zitter-Pappel (*P. tremula*) und die Silber-Pappel (*P. alba*), beide kommen auch mit etwas trockeneren Standorten des Hügellandes zurecht, und letztere kann sogar ein Alter von 300 Jahren erreichen.

Etwas erstaunlich ist es deshalb schon, nahe beim Ellwanger Schloss, in einem Streuobst- und Weidegebiet des Keuperberglandes, zwei überaus mächtige Schwarz-Pappeln zu entdecken. Da die ‚echten' Schwarz-Pappeln inzwischen sehr selten geworden sind, ist die Wahrscheinlichkeit sehr hoch, dass es sich um die Hybridform der ‚Kanadischen Pappel' handelt, die aus der Kanadischen Schwarz-Pappel (*Populus deltoides*) und der Europäischen Schwarz-Pappel (*Populus nigra*) entstanden ist. Aufgrund rein äußerlicher Merkmale ist eine Unterscheidung allerdings nicht sicher möglich. Ein Befall durch Misteln deutet in der Regel jedoch auf die Hybridform hin, die Echte Schwarz-Pappel ist davon nur selten betroffen.

Die gewaltigen Stämme mit ihrer sehr tiefrissigen Borke messen im Umfang fantastische 7,12 m (Bilder linke Seite und links unten) bzw. 6,80 m (links oben). Damit zählen sie sicher zu den Top Fünf ihrer Art in ganz Baden-Württemberg! Trotz ihres ungeschützten Freistandes auf einer Viehweide, etwa 200 m östlich des Schlosszugangs, weisen die Bäume relativ geringe Astverluste auf und die Kronen reichen bis in eine Höhe von 28 m. Der Durchmesser liegt etwa bei 20 m.

Pappeln sind zweihäusig – es gibt also weibliche und männliche Individuen. Welches Geschlecht bei den vielleicht 150-jährigen Ellwanger Riesen vorliegt, lässt sich am besten zur Blütezeit im März/April feststellen: Die männlichen Blütenkätzchen sind rot gefärbt, die weiblichen gelbgrün. Aus den in der Reifezeit aufplatzenden Fruchtkapseln löst der Wind die kleinen Samen heraus, die durch ihre Behaarung weite Strecken zurücklegen können.

Baumart: *Populus* x *canadensis*
Landkreis: *Ostalbkreis*
Standort: *ca. 200 m östlich des Schlosszugangs, auf Weidegrund*
Geodaten: *48.963639, 10.142991*
Alter: *ca. 150 Jahre*
Stammumfang: *Westlicher Baum 7,12 m, östlicher Baum 6,80 m (beide 2015)*

Feldeiche
bei Neunheim

Das kleine Schwarz-Weiß-Bild in Fröhlichs Wege zu alten Bäumen (Band 12, Baden-Württemberg, 1995, S. 133) zeigt einen voll belaubten Eichenveteranen nahe des Ellwanger Ortsteils Neunheim. Der mächtige Baum, wenige Hundert Meter nördlich des ausgedehnten Gewerbegebiets in freier Feldflur stehend, wird von Fröhlich als *„dicht bekronte Stieleiche mit abwechslungsreichem Kronenbild"* und als *„markante Baumgestalt in ausgeräumter Landschaft"* beschrieben.

Bei meinem Besuch im April 2016 kann ich dies zunächst bestätigen, doch lässt der laublose Zustand des etwa 350- bis 400-jährigen Naturdenkmals schon aus größerer Entfernung auch die dramatischen Verletzungen erkennen, die der eindrucksvolle Baum in den letzten Jahrzehnten erleiden musste (rechte Seite). Sowohl die Südseite als auch die Nordseite ist mehrere Meter hoch aufgerissen – von beiden Seiten blickt man in einen völlig ausgehöhlten Stamm, dessen Restwandstärke zum Teil nur noch 10 cm beträgt. Die Innenflächen des Stammes sind weiträumig schwarz verfärbt, was zunächst darauf hinzudeuten scheint, dass der Stamm ausgebrannt ist. Dies könnte durchaus einmal der Fall gewesen sein, allerdings verweisen die russig wirkenden Flecken an der äußeren Stammoberfläche auf einen Befall mit dem gefürchteten Brandkrustenpilz. Dieser gelangt meist in der Folge von Borkenverletzungen, zum Beispiel durch Blitzschlag, in den zentralen Teil des unteren Stammes und er beginnt dort, das Holz von innen heraus zu zersetzen. Dieser Prozess kann sich – vor allem bei einer so starken Eiche – über viele Jahrzehnte zunächst völlig unbemerkt hinziehen. Ist er erst einmal so weit fortgeschritten, dass die schwarzen Pilzschichten auch an der Außenseite – und sogar am Reaktionsholz – sich ausbreiten, besteht akute Bruchgefahr. Der Zelluloseabbau im Holz führt in der Regel zu wenig sichtbarer Veränderung im Kronenbild, aber zu erheblich verminderter Standsicherheit.

Man muss also damit rechnen, dass die zweitstärkste Eiche unseres Albvorlandes – der Stamm misst 6,80 m im Umfang – möglicherweise schon beim nächsten starken Sturm zusammenbrechen wird. Die noch 26 m hohe und 22 m breite Krone täuscht mit ihrer feinen Verzweigung in der Peripherie über den bedrohlichen Gesundheitszustand hinweg.

Baumart: *Quercus robur*
Landkreis: *Ostalbkreis*
Standort: *Nördlich des Gewerbegebiets, Bereich Baindtweg*
Geodaten: *48.962170, 10.173976*
Alter: *ca. 400 Jahre*
Stammumfang: *6,80 m (2016)*

Riesen-Lebensbäume
im Schlosspark Baldern

Schloss Baldern, auf einer Bergkuppe nahe der Stadt Bopfingen gelegen, ist im Besitz der Fürstenfamilie Oettingen-Wallerstein und geht in seinen Anfängen auf das 11. Jahrhundert zurück. Der das Schloss umgebende Park im Stil des englischen Landschaftsgartens wurde ab 1870 angelegt und beherbergt eine Reihe sehr imposanter, exotischer Bäume – allen voran sieben spektakuläre Exemplare des Riesen-Lebensbaumes.

Wenn man vom Parkplatz den Schlossweg hinaufgeht, fällt zunächst eine solitär stehende, große Rot-Buche auf – der Weg führt in einer großen Haarnadelkurve um sie herum. Deutlich weniger auffallend ist dann gleich rechts am Hang die erste Riesenthuja. Um den mächtigen Einzelstamm waagerecht messen zu können, muss ich mein Maßband hangseitig bei etwa 40 cm Bodenhöhe ansetzen – straßenseitig sind es dann weit über 200 cm. Die gemessenen 5,02 m Umfang werden im Verlauf des Parkbesuchs von keinem weiteren Artgenossen mehr übertroffen.

Nur 20 Meter neben dem ersten Baum ragt ein zweiter auf, nicht ganz so stark im Stamm (4,82 m), aber durch die intensiv rötliche Färbung der Borke und den weit auslaufenden Stammfuß sogar noch eindrucksvoller (unten links). Alle weiteren Bäume dieser Art befinden sich im Parkgelände, das sich nun links des Zufahrtswegs zum Schloss erstreckt. Hier stoße ich zunächst auf ein dreistämmiges Exemplar, mit zwei aufrechten (4,18 m + 3,38 m stark) und einem weit zur Seite geneigten Stamm. Hier kann man sehr gut beobachten, wie ein bis zur Erde herabreichender Ast sich bewurzelt hat und von hier aus dann ein neuer Spross heranwächst, aus dem einmal ein eigenständiger Baum entstehen wird.

Bei zwei weiteren Bäumen dieser nordamerikanischen Art mit vier Stämmen (linke Seite), bzw. sechs Stämmen, haben zahlreiche Absenker-Äste eine kreisförmige Schleppe gebildet, bei der die Verbindung zum Zentralstamm meist schon gar nicht mehr sichtbar ist, und die bereits hoch gewachsenen Nachkömmlinge zusammen als kleiner Thujawald erscheinen. Bei beiden Bäumen haben die jeweils stärksten Stämme die Marke von 4 m Stammumfang schon deutlich überschritten. Besonders interessant schließlich ein Doppelstamm, mit riesigem Seitenausleger und gebogenen Absenkern (unten rechts).

Baumart: *Thuja plicata*
Landkreis: *Ostalbkreis*
Standort: *Im Park von Schloss Baldern*
Geodaten: *48.903410, 10.316133*
Alter: *ca. 150 Jahre*
Stammumfang: *bis 5,02 m (2017)*

Auf der Suche nach besonderen Bäumen zählen Schlossgärten für mich zu den ergiebigsten Fundorten – denn hier finden sich häufig entweder sehr alte Bäume oder Exemplare besonders seltener Baumarten, und meist lässt man ihnen hier auch eine ausgiebige Pflege angedeihen.

So ist es – zumindest hinsichtlich der Artenvielfalt und der Pflege – auch im Schlossgarten von *Schloss Fachsenfeld*, wenige Kilometer nordwestlich von Aalen. Das Schloss selbst geht ins 16. Jahrhundert zurück, der Garten entstand ab 1829, zwei Jahre nach der Übernahme des Anwesens durch den Stuttgarter Oberjustizrat Wilhelm von König. Das 7,8 ha große, vom Hofgärtnermeister J. W. Bosch konzipierte Areal steht komplett unter Naturschutz und kann nur im Rahmen einer Führung besichtigt werden. Als ich Mitte Mai 2017 hier eintraf, war die Führung gerade zu Ende gegangen – doch Parkführer Wolfgang Enke erklärte sich bereit, mit mir noch einmal einen Rundgang zu unternehmen. Dank seiner Hilfsbereitschaft konnte ich in dem bis 1859 in englischem Stil angelegten Park eine Reihe von botanischen Raritäten erleben, die in dieser Vielfalt kaum irgendwo sonst anzutreffen sind. Mit insgesamt 580 Baumarten, darunter allein 80 Koniferen, übertrifft dieser Park die Zahl aller in Deutschland heimischen Gehölzarten um mehr als das 6-fache!

Durch das ungewöhnlich starke Relief (die Höhenunterschiede betragen bis 48 m) ergeben sich viele reizvolle Gestaltungsmöglichkeiten und unterschiedliche Standortbedingungen für die Ansprüche der ‚Bewohner' aus mehreren Kontinenten – von trocken bis feucht, von sonnig bis schattig, von exponiert bis geschützt. Die Pflege der Anlage nach ökologischen Gesichtspunkten hat zur Folge, dass auch zahlreiche seltene Stauden, wie etwa Schachbrettblume oder Wild-Tulpe (Bild links), sowie geschützte Vogel-, Insekten- und Amphibienarten hier zu Hause sind.

Leider ist aus den Anfängen des Parks kein Baum mehr erhalten, doch der heute wahrscheinlich älteste, ein Bergmammutbaum aus dem Jahr 1864, zählt mit seiner dreigipfligen Krone und seinem starken Stamm zu den eindrucksvollsten seiner Art.

Sequoiadendron
im Schlosspark Fachsenfeld

Baumart: *Sequoiadendron giganteum*
Landkreis: *Ostalbkreis*
Standort: *Im Schlosspark, Nähe Eingang*
Geodaten: *48.884768, 10.048606*
Alter: *160 Jahre, gepflanzt 1864*
Stammumfang: *6,60 m (2021)*

Bei meiner Ankunft auf dem Faulherrenhof, etwa 1 km südlich des Aalener Stadtteils Dewangen gelegen, schauen mir die zu einem abendlichen ‚Schwätzle' unter einer mächtigen Stiel-Eiche versammelten Anwohner erwartungsvoll entgegen. Was der Fremde mit dem Tübinger Auto-Kennzeichen wohl bei ihnen will? Nachdem ich von meinem Vorhaben mit Blick auf die Eiche berichtet hatte, entwickelte sich schnell ein sehr angenehmes, freundliches Gespräch, bei dem der Baum natürlich die Hauptrolle spielte.

So erfuhr ich unter anderem, dass der örtliche Förster der Eiche ein Alter von etwa 600 Jahren zutraut – was mir angesichts des großartigen Erhaltungszustands der 25 m durchmessenden Krone und der Unversehrtheit des mächtigen Stammes doch zunächst eher unwahrscheinlich schien. Doch dann präsentierte mir der Senior des Hofes als ‚Beweisstück' eine sorgfältig geglättete Baumscheibe, die von einem vor vielen Jahren infolge eines starken Sturms herabgestürzten Astes stammt. Die Jahresringe auf dem etwa 180-jährigen Holzteller weisen nahezu konstant eine Breite von lediglich einem Millimeter auf! Ein derart langsames Wachstum führt hochgerechnet auf den etwa 185 cm dicken Stamm (ohne Borke ca. 165 cm) zu einem Alter von 825 Jahren. Berücksichtigt man jedoch, dass die Zunahme des Stammdurchmessers einer solitären Eiche in den ersten 60 bis 80 Jahren wesentlich höher liegt, nach einer Untersuchung von Uhl (2006) etwa bei 13 mm pro Jahr, dieses dann allmählich auf 8 bis 6 mm abnimmt und erst in höherem Alter Werte von 2 mm annimmt, läge eine mögliche Altersschätzung bei etwa 400 bis 450 Jahren. Da der Standort an einem leicht geneigten, nach Süden orientierten Hang völlig konkurrenzlos und unbedrängt ist, liegt die Ursache des ungewöhnlich langsamen Wachstums vermutlich im Untergrund – der hier anstehende Opalinuston (Braunjura alpha) ist für Luft und Wasser praktisch unduchlässig.

Wie dem auch sei: Der knorrige Baumriese an aussichtsreicher Lage – bei guter Sicht erblickt man im Westen die *Kaiserberge* – hat mit seiner sehr groben Borke tatsächlich eine uralt wirkende Ausstrahlung und zählt sicher zu den eindrucksvollsten Baumschätzen des gesamten Albvorlandes.

Baumart: *Quercus robur*
Landkreis: *Ostalbkreis*
Standort: *Am Faulherrenhof, ca. 1 km südlich des Orts*
Geodaten: *48.857603, 10.017653*
Alter: *ca. 400–450 Jahre*
Stammumfang: *5,80 m (2017)*

Alte Eiche
am Faulherrenhof

Teichlinde
beim Hofgut Hohenroden

Rund einen Kilometer westlich von Essingen, dessen Schlosspark unbedingt einen Besuch lohnt, führt die Straße nach Lautern am *Hofgut Hohenroden* vorbei, einem ehemaligen Schloss aus dem 13. Jahrhundert. Gegenüber der Einfahrt zum Hofgut ist eine mächtige Stiel-Eiche nicht zu übersehen (unten), die allerdings ein bislang völlig ‚unbeschriebenes Blatt' ist. Vom sehr niedrigen Kronenansatz an – über einem 5,20 m starken Stamm – zeigt sie einen ungewöhnlich gleichmäßigen und vielastigen Aufbau mit weit ausgreifenden Tiefästen. Diese führen zu einem Kronendurchmesser von eindrucksvollen 28 m, die Baumhöhe liegt bei etwa 22 m. Ein für sein Alter von etwa 300 Jahren wahrhaft imposanter Eichenriese.

Unterhalb des Schlossguts, bei einem kleinen Fischteich, ragt eine gewaltige Linde auf, über deren Alter die Meinungen in der Baumliteratur weit auseinander gehen: Fröhlich (1995, S. 135) gibt es mit über 500 Jahren an, Brunner (2007, S. 40) nennt ca. 350 Jahre, und Ullrich/Kühn/Kühn (2009, S. 243) trauen ihr lediglich 180 bis 200 Jahre zu. Doch was ist nun richtig? Legt man den gewaltigen Stammumfang von 9,27 m (2015) zugrunde, müsste man Fröhlich zustimmen, denn selbst bei schnellem Wachstum am feuchten Standort ist eine solche Dimension in 200 oder auch 300 Jahren kaum vorstellbar.

Der tief gefurchte und sehr früh sich aufteilende Stammsockel – in fünf starke Steilachsen und vier schwächere, eher seitlich ausgreifende Achsen – zeigt jedoch, dass es sich höchstwahrscheinlich um einen aus mehreren Keimlingen zusammengewachsenen Baum handelt. Die von Ullrich et al. geäußerte Vermutung, es handele sich bei dieser Sommer-Linde um eine Bündelpflanzung, könnte durchaus zutreffen. Vor diesem Hintergrund sinkt das anzunehmende Alter sehr deutlich – 250 Jahre wären meine persönliche Einschätzung.

An der Stammseite, die zur vorbeiführenden Straße zeigt, ist vor Jahren ein weiterer Stämmling ausgebrochen und so lässt sich ein Blick ins morsche Innere werfen. Hier sind zahlreiche Verwachsungen und auch einige Adventivwurzeln erkennbar. Die mächtigen Zentralstämme reichen bis in gut 35 m Höhe hinauf und auch die Kronenbreite erreicht mit 25 m ein sehr respektables Maß. Auf Seilsicherungen hat man bisher verzichtet – ein wachsendes Risiko angesichts der fortschreitenden Zersetzung im Erdstamm einerseits und dem enormen Gewicht der hohen Zentralstämme andererseits!

Baumart: *Tilia platyphyllos*
Landkreis: *Ostalbkreis*
Standort: *Straße von Lautern nach Essingen; unterhalb Hofgut Hohenroden*
Geodaten: *48.807260, 9.999136*
Alter: *ca. 250 Jahre*
Stammumfang: *9,27 m (2015)*

Baumart: *Quercus robur*
Landkreis: *Ostalbkreis*
Standort: *Am Hofgut Hohenroden*
Geodaten: *48.806525, 10.001841*
Alter: *ca. 300 Jahre*
Stammumfang: *5,20 m (2015)*

Koniferenpark
bei Schwäbisch Gmünd

Baumart: *Sequoiadendron giganteum • Calocedrus decurrens*
Landkreis: *Ostalbkreis*
Standort: *Im Koniferenpark an der Herligkofer Straße*
Geodaten: *Großer Sequoiadendron: 48.806715, 9.827111, Weihrauchzeder: 48.806787, 9.826906*
Alter: *ca. 150 Jahre*
Stammumfang: *Sequoiadendren bis 6,70 m, Calocedrus 3,27 m (alle 2017)*

Der *Herligkofer Berg*, etwas außerhalb des östlichen Stadtrandes von Schwäbisch Gmünd, beherbergt eine Reihe wirklich bemerkenswerter Bäume: Neben Rot-Eiche, Ginkgo und Blut-Buche spielen die Nadel- bzw. Schuppengewächse von Mammutbaum und Co. eine herausragende Rolle, sodass man von einem Konferenpark sprechen kann.

Ein direkt an der Herligkofer Straße – mit schönem Blick zum *Hohenstaufen* – stehender Bergmammutbaum ist bei der Vorbeifahrt der erste Blickfang (linke Seite): Aus einer offenbar gebrochenen Krone schiebt sich ein neuer Gipfeltrieb wie ein eigenständiger, junger Baum in die Höhe und bildet hier eine jugendlich anmutende Spitze. Es wird allerdings noch viele Jahre dauern, bis der Baum wieder halbwegs harmonische Proportionen erreicht haben wird. Der Stammumfang beträgt 5,91 m.

Etwa in der Mitte des parkähnlichen Grundstücks steht der stärkste Sequoiadendron. Durch die kandelaberförmige Aufteilung der Krone in drei Hauptäste erreicht der Baum mit 30 m bei Weitem nicht die Höhe, die man bei einem Alter von etwa 150 Jahren erwarten könnte. Die stark entwickelte Borke ist sehr weich, intensiv rostrot und an der Basis zeigt der mächtige Stamm (Umfang 6,70 m) schon einige Beschädigungen. In der Krone wurden vor Kurzem erst rund 50 Seitenäste herausgenommen!

An der Südwestseite befindet sich ein weiterer Bergmammutbaum noch knapp außerhalb des umzäunten Grundstücks (unten links). Auch bei ihm ist die breit-kegelförmige Krone mit 30 m Höhe im Verhältnis zum Stamm etwas zurückgeblieben. Dieser misst im Umfang 5,50 m und bis in eine Höhe von etwa 6 m wurden auch hier alle Seitenäste gekappt. Die Benadelung ist dicht, kräftig grün und ohne Trockenschäden.

Die Vierte im Bunde der Sequoiadendren – an der Längsseite bei der Schwarzwaldstraße stehend – musste ebenfalls viele der älteren Äste hergeben. Bei ihr ist der erste Gipfeltrieb noch vorhanden und die Kronenäste sind sehr gleichmäßig in Stärke und Stellung ausgebildet. Um den typisch abholzigen Fuss des 5,60 m starken Stammes hat sich ein kleiner Erdhügel gebildet.

Besondere Erwähnung verdient ein bei uns sehr seltener Nadelbaum aus dem westlichen Nordamerika (noch dazu in dieser Größe): Es ist eine Weihrauchzeder (unten rechts), auch Kalifornische Flusszeder oder Rauchzypresse genannt. Sie zeigt eine extrem stark ausgeprägte Astbildung im Zentrum, nahezu alle seitlich austretenden Äste wenden sich gleich wieder in die Vertikale. Viele der schwächeren sind trocken, da im Kroneninneren sehr wenig Licht vorhanden ist. Der rötlich schimmernde, 3,27 m starke Stamm hat eine längsgefaserte Borke, die sich in dünnen Plättchen abschilfert. Die Nadelblätter – besser Schuppenblätter – riechen leicht nach Terpentin, sind auf beiden Seiten gleich grün, ohne auffällige Zeichnung an der Unterseite und die Kantenblätter liegen an. Ein gutes Erkennungsmerkmal sind die ovalen, weiblichen Zapfen, die sich in der Reife dreiklappig öffnen.

Bei meiner Fahrt nach Alfdorf im März 2011 führt mein Weg natürlich als Erstes zum *Unteren Schloss*, in dessen Garten eine der mächtigsten Linden des Landes bewundert werden kann. Da ich zufällig den Schlossherrn treffe und er sich ein wenig Zeit für mich nimmt, erfahre ich – sozusagen aus erster Hand – so manches Interessante aus dem Leben des großartigen Baumes, dessen Alter auf 500 bis 700 Jahre geschätzt wird.

Ursprünglich war die Gesamtkrone in mehrere Stockwerke gegliedert, wobei die jeweils in ungefähr gleicher Höhe abgehenden Äste gleichmäßig radial nach außen geleitet wurden, wie man es auch heute noch bei vielen Tanzlinden vorfindet. Ob man bei der Schlosslinde von Alfdorf allerdings auch von einer solchen ausgehen kann, ist nicht bekannt. Im Allgemeinen handelt es sich bei den Tanzlinden ja um Bäume mit der Funktion eines Treffpunkts auf dem zentralen, öffentlichen Dorfplatz. Dass die Freiherren vom Holtz auf ihrem Schlossgelände derartige Tanzveranstaltungen gewährten, ist doch eher unwahrscheinlich.

Wie dem auch sei – ein am 16. Juli 1885 über Alfdorf hereinbrechendes Unwetter brachte den gesamten oberen Kronenteil, der sich über dem ersten Astkranz erhob, zum Einsturz. 23 Jahre später brannte dann der zentral verbliebene Stammrest völlig aus. Nach Michel Brunner, der den Baum in seinem 2007 erschienenen Lindenbuch ebenfalls vorstellt (s. dort S. 31), könnte dies die sicher schon vorhandene Fäulnis zumindest wesentlich verlangsamt haben, da das Feuer das noch vorhandene Splintholz gehärtet hat. Der beim Kronenbruch verschont gebliebene untere Astkranz ist jedenfalls noch heute vorhanden und der Umfang des kurzen, offenen und vielfach überwachsenen Erdstamms darunter hat mit 11,5 m schon ein monumentales Maß erreicht. Die einzelnen Hauptäste wurden schon bald nach dem Unglück abgestützt und auch heute liegen die mächtigen, teils schon isolierten Stämmlinge auf sechs starken Eichenholz-Gerüsten auf.

Wie im Bild (links) erkennbar, ist heute wieder eine hohe, zentrale Krone vorhanden! Nach dem Brand von 1908 wurde im Kern des alten Baums eine Junglinde gepflanzt, die sich erstaunlicherweise gut entwickelt hat, optisch aber noch immer als ‚Baum im Baum' erkennbar ist. Dies liegt auch daran, dass es sich bei der Neupflanzung um eine Winter-Linde (*Tilia cordata*) handelt, während der alte Baum zur Art der Sommer-Linde gehört (*Tilia platyphyllos*). Während der Vegetationsperiode kann man die kleineren, dunkleren Blätter der Junglinde ganz gut von denen des Altbaums unterscheiden.

Schlosslinde
in Alfdorf

Baumart: *Tilia platyphyllos*
Landkreis: *Rems-Murr-Kreis*
Standort: *Im Park des Unteren Schlosses*
Geodaten: *48.841869, 9.722509*
Alter: *ca. 500–700 Jahre*
Stammumfang: *11,50 m (bei ca. 60 cm Höhe, 2011)*

Friedenseiche
bei Königsbronnhof

Baumart: *Quercus robur*
Landkreis: *Rems-Murr-Kreis*
Standort: *Östlich von Königsbronnhof, an der L 1080*
Geodaten: *48.895450, 9.499960*
Alter: *ca. 370 Jahre, gepflanzt um 1650*
Stammumfang: *6,02 m (2011)*

Sie ist sicher die schönste und markanteste Stiel-Eiche des *Welzheimer Waldes* – die Eiche bei Königsbronnhof, an der Straße von Rudersberg nach Allmersbach. Der Name ‚Friedenseiche', der bei einigen Hinweisen zu diesem Baum erwähnt wird, deutet darauf hin, dass er gegen Ende des Dreißigjährigen Krieges gepflanzt worden sein könnte. Auch Fröhlich dürfte mit seiner Altersangabe von 300–400 Jahren somit richtig liegen (1995, S. 128). Dass es sich um den Frieden des Jahres 1871 handeln könnte, ist mit Sicherheit auszuschließen, denn auch das Schwäbische Baumbuch bescheinigt dem Baum einen Umfang von bereits 4,50 m. Heute sind es knapp über 6 m – somit können wir von einem Pflanzjahr um 1648 ausgehen. Fröhlich spricht allerdings nur von der ‚Alten Eiche bei Rudersberg' – und er beschreibt sie mit folgenden Worten: „*Urige Baumpersönlichkeit mit markanter Rindenstruktur und eindrucksvoller Krone an exponiertem Standort. Auffallend starke Äste am Kronenansatz.*"

Tatsächlich sind die unteren Kronenäste das vielleicht erstaunlichste Charakteristikum dieser Eiche. In dieser Altersklasse haben die meisten Stiel-Eichen ihre unteren Äste in der Regel mehr oder weniger vollständig eingebüßt. Auch bei Solitäreichen findet man selten alte Exemplare mit derart waagerechtem Astverlauf. Das berühmteste Beispiel in Deutschland ist sicher die König-Ludwig-Eiche bei Bad Brückenau in Unterfranken (Bayern), deren Krone im unteren Teil 45 m Durchmesser aufwies – unter ihrem Laubdach konnten bei Festlichkeiten Sitzplätze für mehr als 100 Personen eingerichtet werden! Sehr wahrscheinlich entstand der horizontale Astverlauf durch menschlichen Eingriff, wie dies ja vielerorts auch bei den ‚gezogenen Linden' der Fall war.

Ob das auch bei unserer Friedenseiche zutrifft, ist nicht bekannt. Bei ihr betrug der Kronendurchmesser bei meinem Besuch (2011) etwa 22 m, doch ist erkennbar, dass die meisten Äste gekürzt wurden, um die Gefahr des Astbruchs zu verringern. Der Stamm ist hohl, was durch eine sehr schmale Öffnung (20 cm breit, 180 cm hoch) erkennbar wird. Zwei Sitzbänke laden zu einer Rast ein oder dienen als Logenplätze für Zuschauer der in unmittelbarer Nähe stattfindenden Motocrossrennen, die vom MC Rudersberg veranstaltet werden.

Auf östlicher Seite des Ludwigsburger Residenzschlosses befinden sich die zu Anfang des 19. Jahrhunderts unter Herzog Friedrich II. (ab 1806 König Friedrich I.) neu entstandenen Parkanlagen mit ihren ganz unterschiedlichen Gestaltungsformen. Für die heutigen Besucher stellen insbesondere der *Märchengarten*, die herbstliche Kürbisausstellung und die Einrichtungen des ‚Oberen Ostgartens' – darunter *Sardischer Garten* mit Vogelvoliere, historische Schaukel- und Karussellanlagen sowie ein *Japangarten* – beliebte Ausflugsziele dar.

Rund um den 1801 angelegten, ovalen *Schüssele-See*, dessen Wasser ehemals aus einer im Mittelpunkt angebrachten Schale, dem ‚Schüssele' floss, sind auch die interessantesten und zum Teil überregional bedeutsamen Bäume zu finden. Über die schöne Platanenallee, die vom großen Schloss herüberführt, trifft man zuerst links des Wegs auf einen Schwarznussbaum, der einen überaus prächtigen Auftritt neben der historischen Cabrioletschaukel hat. Sein Stamm zählt zu den fünf stärksten dieser Art im Land, ist zudem bis hoch hinauf mit einem dichten Efeumantel umgeben (rechte Seite). Die an der Peripherie gekürzte Krone, die mit Schlingen gesichert ist, erreicht trotzdem noch 20 m in der Breite und gut 26 m in der Höhe.

Direkt benachbart auf der anderen Wegseite hat sich ein wahrscheinlich ebenfalls aus der Zeit um 1860 stammender Japanischer Schnurbaum zu einem echten Riesen seiner Art entwickelt (unten links). Bei 4 m Höhe teilt sich der mächtige Stamm in drei Hauptachsen, die bei 10 m bzw. 15 m gekappt wurden. Von dort aus erreichen jüngere Austriebe aber wieder rund 25 m Höhe. Außer einem kleinen Rindenschaden scheint der ‚Pagodenbaum' aber in gutem Zustand zu sein, seine Borke ist arttypisch stark gefurcht und leicht drehwüchsig.

Hinter dem Karussell schließlich steht ein Blauglockenbaum (unten rechts) dagegen deutlich weniger im Blickfeld als die Baumriesen am See, zu denen sich auch noch stattliche Platanen, Rosskastanien und ein beachtlicher Ginkgobaum gesellen. Doch mit seiner Stammstärke von 3,26 m liegt auch der als ‚Kaiserbaum' bekannte, schnell wachsende Ostasiate unter den größten seiner Art landesweit. Die offene, über zwei Hauptachsen aufgebaute Krone misst etwa 15 m in Höhe und Durchmesser.

Baumart: *Styphnolobium japonicum*
Landkreis: *Ludwigsburg*
Standort: *Im Sardischen Garten, am See*
Geodaten: *48.899834, 9.200513*
Alter: *ca. 160 Jahre, gepflanzt um 1860*
Stammumfang: *4,88 m (2021)*

Baumart: *Paulownia tomentosa*
Landkreis: *Ludwigsburg*
Standort: *Im Sardischen Garten, beim Karussell*
Geodaten: *48.900356, 9.201102*
Alter: *ca. 70 Jahre*
Stammumfang: *3,26 m (2021)*

Baumschätze
im Blühenden Barock

Baumart: *Juglans nigra*
Landkreis: *Ludwigsburg*
Standort: *Im Sardischen Garten, am See*
Geodaten: *48.899965, 9.200314*
Alter: *ca. 160 Jahre, gepflanzt um 1860*
Stammumfang: *4,30 m (2021)*

Im Eichenpark
am Lustschloss Favorite

Etwas im Schatten des großen Residenzschlosses und dem *Blühenden Barock* als bedeutendste touristische Highlights bieten die ‚kleinen' Schlösser *Favorite* und *Monrepos* ein echtes Kontrastprogramm für den Erholung suchenden Stadtbewohner. Wer Ruhe und Entspannung braucht, ist vor allem im alten Parkwald des Lustschlösschens Favorite, das als Ort für die vergnüglichen Stunden bei Hofe zwischen 1717 und 1723 erbaut wurde, genau richtig. Der umgebende Park wurde im 19. Jahrhundert in einen Landschaftsgarten umgewandelt, der zugleich Tiergarten war. Auch heute begegnet man Damwild, das frei im Park unterwegs ist und wenig Scheu vor den menschlichen Besuchern zeigt, dazu Axis- und Muffelwild.

Vom ursprünglichen Baumbestand sind noch eine ganze Reihe knorriger Stiel-Eichen-Veteranen vorhanden, die sich aufgrund des offenen Waldcharakters gut in Szene setzen können und so dem Park sein besonderes Erscheinungsbild verleihen (oben). Hinzu kommen lange Alleenreihen mit Rosskastanien und Linden entlang der Mittelachse, der *Wilhelmsallee*. Schon kurz nach dem Südeingang beeindruckt eine alte Hainbuche mit mächtigem Wurzelfuß (rechts). Der prächtigste Baum ist jedoch eine riesige, wohlgeformte Rot-Buche am Rande der offenen Wiesenfläche hinter dem Schloss (ganz rechts). Krone und Stamm sind ohne Beschädigungen.

Baumart: *Quercus robur*
Landkreis: *Ludwigsburg*
Standort: *Im Favoritepark, Wilhelmsallee*
Geodaten: *48.906055, 9.193628*
Alter: *bis max. 315 Jahre*
Stammumfang: *bis 5,09 m (2021)*

Baumart: *Carpinus betulus*
Landkreis: *Ludwigsburg*
Standort: *Im Favoritepark, beim Zugang Süd*
Geodaten: *49.134827, 9.237781*
Alter: *ca. 150 Jahre*
Stammumfang: *3,49 m (2021)*

Baumart: *Fagus sylvatica*
Landkreis: *Ludwigsburg*
Standort: *Im Favoritepark, 50 m NO Schloss*
Geodaten: *48.905064, 9.196193*
Alter: *ca. 180 Jahre*
Stammumfang: *4,83 m (2021)*

Silber-Pappel
am Seeschloss Monrepos

Wenn man die Richtung der Wilhelmsallee auch jenseits der Bahnlinie fortsetzt, erreicht man über die abwechselnd mit Berg-Ahornen und Linden flankierte, ebenso schnurgerade verlaufende *Seeschloss-Allee* (oben) nach gut einem Kilometer *Schloss Monrepos*. Der schon 1760 unter Herzog Carl Eugen begonnene Bau eines barocken Lustschlosses wurde schon bald wieder gestoppt und erst 40 Jahre später von Herzog Friedrich II. in zeitgemäßer Form des Klassizismus zu Ende gebracht – und auch mit dem Namen Monrepos (frz. „meine Ruhe") versehen. Die dazugehörigen Garten- und Parkanlagen um den schon lange vorher bestehenden Eglosheimer See wurden im Stil eines englischen Landschaftsgartens umgestaltet. Künstliche Inseln mit darauf errichteter Kapelle und Amortempel waren ebenso Bestandteile des Seeschloss-Areals wie ein Tiergarten oder ein landwirtschaftliches Hofgut (Meierei).

Man kann mit einiger Sicherheit davon ausgehen, dass vom Baumbestand des 18. Jahrhunderts heute nichts mehr vorhanden ist. Einige starke Linden in einem großen Rosskastanienhain nordöstlich des Schlosses und eine gut 4 m starke Esche nordwestlich davon dürften als älteste Bäume des Seebestands aus der Mitte des 19. Jahrhunderts stammen.

Baumart: *Populus alba*
Landkreis: *Ludwigsburg*
Standort: *Am Nordufer des Monrepos-Sees*
Geodaten: *48.920293, 9.167902*
Alter: *ca. 150 Jahre*
Stammumfang: *5,99 m (2021)*

Dies gilt auch für eine riesige, völlig unbekannte Silber-Pappel, die ich am Nordende des Sees, direkt am Ufer stehend, entdecke. Bei ca. 8 m Höhe gehen die ersten Äste ab, die jedoch infolge Kappung schon bald abrupt enden. Die Mittelachse reicht noch bis 16 m Höhe, doch auch hier sind die Schäden unübersehbar. Direkt benachbart zeigt ein fast zwei Meter durchmessender Baumstumpf, dass hier früher ein Silber-Pappel-Paar gepflanzt wurde.

Magnolienhain
im Maurischen Garten

Mehr als 2 Millionen Menschen besuchen pro Jahr die *Stuttgarter Wilhelma*, den einzigen Zoologisch-Botanischen Garten Deutschlands. Die in den Jahren 1840 bis 1864 entstandenen Gebäudekomplexe in maurischem Stil prägen die historische Atmosphäre der Wilhelma so stark, dass man ihr den Beinamen ‚Alhambra am Neckar' verlieh.

Dabei ist der Bekanntheitsgrad der tierischen Bewohner, allen voran die Menschenaffen, Elefanten oder Seelöwen, bei Weitem größer als der des botanischen Teils. Und doch ist dieser mit mehr als 6.000 verschiedenen Pflanzenarten selbst international als sehr bedeutend anzusehen. Zu einer gewissen Berühmtheit haben es immerhin die Bergmammutbäume und die ‚weltmeisterliche Titanwurz' gebracht, sowie auch der älteste und größte Magnolienhain nördlich der Alpen.

Etwa 90 Bäume in 23 verschiedenen Arten sind hier rund um den großen Seerosenteich im *Maurischen Garten* versammelt, darunter auch noch 16 aus dem Originalbestand von 1845. Man erkennt diese alten Exemplare nicht nur an ihrer Größe, sondern auch am reizvollen Wuchs: Einige ihrer Äste neigen sich zur Erde, stützen sich dort ab und schwingen anschließend wieder sanft aufwärts. Fast ebenso alt wie die Magnolien sind die immer sorgfältig geschnittenen Eiben (*Taxus baccata*). Die ehemals als schlanke Säulen gepflanzten Formbäume sind seit 1862 zu inzwischen mächtigen, kuppelförmigen Gebilden gestaltet, die mit ihrer gleichmäßig dunkelgrünen Oberfläche einen schönen Kontrast zur Magnolienblüte bilden.

Unter den Magnolien ist die Hybridform Tulpen-Magnolie (*Magnolia* x *soulangiana*), die um 1820 aus der Kreuzung der beiden chinesischen Arten Purpur-Magnolie (*M. liliiflora*) und Yulan-Magnolie (*M. denudata*) entstanden ist, am häufigsten anzutreffen. Entsprechend der Blütenfarbe ihrer Eltern (*liliiflora*: rot und *denudata*: weiß) zeigen die Tulpen-Magnolien verschiedene Rosatöne.

Baumschätze der Wilhelma

Baumart: *Platanus x hispanica*
Landkreis: *Stuttgart (Stadt)*
Standort: *Wilhelma, bei den Gewächshäusern*
Geodaten: *48.804762, 9.207370*
Alter: *ca. 182 Jahre, gepflanzt um 1840*
Stammumfang: *6,80 m (2010)*

Neben den schon erwähnten Bergmammutbäumen, die oberhalb des *Koniferentals* einen Bestand von rund 50 Bäumen bilden, und den Magnolien des *Inneren Gartens* gibt es viele weitere Gehölze, die als dendrologische Schätze gelten dürfen. Zu ihnen zählt sicher die mächtige Ahornblättrige Platane, die man schon kurz nach dem Eingangspavillon, vor der historischen Gewächshauszeile, kaum übersehen kann (linke Seite). Ihr Stamm hat inzwischen mit rund sieben Metern eine Dimension erreicht, die in Baden-Württemberg nur noch von der Hohenheimer Platane (s. S. 250 f.) übertroffen wird. Auf der weitgehend glatten, hellen Rinde haben sich viele Besucher trotz der Absperrung namentlich verewigt. Die Platane scheint sich an ihrem Standort besonders wohl zu fühlen, denn zahlreiche weitere Wilhelma-Bäume dieser Art aus der Zeit um 1850 liegen im Umfang rund 2 Meter zurück. Die Kronenbreite von 38 m ist ebenfalls überragend.

Nur wenige Schritte weiter und man steht unter den Kronen zweier Ginkgobäume (einer im Bild unten links), die in dieser Alters- und Größenklasse ebenfalls absolute Raritäten darstellen. Die beiden männlichen Wilhelma-Ginkgos wurden wahrscheinlich vor 1850 gepflanzt und zeigen bereits erste Ansätze arttypischer ‚Tschitschis', die bei mehrhundertjährigen Artgenossen in Japan meterlang auswachsen können.

Der dritte hier vorgestellte Baumschatz (unten Mitte) wird sicher von kaum einem Besucher als solcher überhaupt wahrgenommen: Die Türkische Hasel oder Baum-Hasel an der Vogel-Freifluganlage hat zwei starke Steilachsen und einen tief ansetzenden, waagerecht ausgestreckten Tiefast entwickelt. Auch dieser Ausnahmebaum zählt zu den Top-5-Bäumen seiner Art in unserem Bundesland.

Zuletzt soll ein weiterer Ausnahmebaum zu Wort kommen, der gänzlich unscheinbar auf nördlicher Seite, nahe beim Jungtier-Aufzuchthaus steht. Er ist weder ein Riese noch ein Methusalem – und doch etwas ganz Besonderes: Der wahrscheinlich stärkste Südliche Zürgelbaum Baden-Württembergs (unten rechts). Trotz seines lateinischen Namens ist *Celtis australis* nicht in Australien zu Hause, sondern im südlichen Europa bis nach Nepal, weshalb er auch Europäischer Zürgelbaum genannt wird. Seine zuerst grünen, später rötlich-braunen Früchte sind essbar, und sie heißen in Südtirol ‚Zürgeln' – was zum deutschen Gattungsnamen geführt hat.

Baumart: *Ginkgo biloba*
Landkreis: *Stuttgart (Stadt)*
Standort: *Wilhelma, bei den Gewächshäusern*
Geodaten: *48.804965, 9.207119*
Alter: *ca. 182 Jahre, gepflanzt um 1840*
Stammumfang: *4,58 m und 4,53 m (2019)*

Baumart: *Corylus colurna*
Landkreis: *Stuttgart (Stadt)*
Standort: *Wilhelma, bei der Vogelvoliere*
Geodaten: *48.805034, 9.207850*
Alter: *ca. 150 Jahre*
Stammumfang: *3,70 m (bei 120 cm, 2021)*

Baumart: *Celtis australis*
Landkreis: *Stuttgart (Stadt)*
Standort: *Wilhelma, bei den Klammeraffen*
Geodaten: *48.806998, 9.206819*
Alter: *ca. 60 Jahre*
Stammumfang: *2,43 m (2021)*

Baumart: *Quercus robur 'Fastigiata'*
Landkreis: *Stuttgart (Stadt)*
Standort: *Westlich des Schlosses Rosenstein*
Geodaten: *48.800229, 9.204907*
Alter: *ca. 160 Jahre*
Stammumfang: *5,91 m (über dem ersten Tiefast bei 130 cm Höhe , 2019)*

Pyramiden-Eiche
im Rosensteinpark

Bei der Entstehung des *Rosensteinparks* spielte der württembergische König Wilhelm I. (1781–1864) die Hauptrolle. Er hat alle wichtigen Entscheidungen bezüglich der baulichen und gestalterischen Maßnahmen für Schloss und Park persönlich getroffen. 1824 erfolgte die Grundsteinlegung des vom Hofarchitekten Giovanni Salucci entworfenen Schlosses, das als Sommerresidenz und zur Austragung höfischer Festlichkeiten geplant wurde. Oberhofgärtner Johann Bosch konnte zwischen den Jahren 1822 und 1840 seine Vorstellungen bezüglich des Wegeverlaufs, der Gehölzpflanzungen oder auch der Freiflächen im Wesentlichen umsetzen. Ab 1826 wurden die ersten Bäume auf dem durch enorme Erdbewegungen völlig umgestalteten Hügelgelände gepflanzt. Auch hierbei mischte der Monarch kräftig mit – Fichten, Kiefern und Birken durften nicht gepflanzt werden!

Baumart: *Robinia pseudoacacia*
Landkreis: *Stuttgart (Stadt)*
Standort: *Nördlich des Schlosses, am Rundweg*
Geodaten: *48.802338, 9.205549*
Alter: *ca. 198 Jahre, gepflanzt um 1826*
Stammumfang: *4,70 m und 4,33 m (2019)*

Die letzte umfassende Bestandsaufnahme aller Rosensteinbäume wurde 1987 durch die Wilhelma vorgenommen, die für die Pflege und Erhaltung des Parks zuständig ist. Insgesamt sind dort 1.924 Bäume erfasst, von denen rund 700 noch dem ursprünglichen Bestand zugeordnet wurden! Die herausragendsten hier vorzustellen, ist teilweise nicht einfach – trotz des Ausfalls einiger Arten (Ginkgo, Silber-Linde, Eschen-Ahorn, u. a. m.) ist die Vielfalt der vorhandenen Baumarten noch immer groß.

Sicher nicht vorbei kommt man an einer der größten und schönsten Pyramiden-Eichen des Landes: Sie steht etwas vorgezogen in dem ansonsten weitgehend freigehaltenen ‚Pleasureground' vor der Schlossfront. Über dem fast 6 m umfassenden Stamm erheben sich rund 30 tentakelartig ausgreifende Äste – ein wunderbar gleichmäßig gewachsener und kerngesunder Baumriese mit guter Zukunft (linke Seite).

Dem Rundweg vom Schloss aus nach Norden folgend erreicht man bald zwei urtümliche Robinien (links), die wahrscheinlich um 1826 gepflanzt wurden. Leider haben sie ihre Kronen weitgehend eingebüßt, doch immerhin treiben die dicken, knorrigen Arme wenigstens teilweise wieder aus. Die mächtigen Stämme sind von sehr grobrissiger, tief gefurchter Borke bedeckt – kaum eine andere Baumart schafft es wie die Robinie, allein dadurch den Eindruck biblischen Alters zu erwecken.

Zerr-Eichen
im Rosensteinpark

Baumart: *Juglans nigra*
Landkreis: *Stuttgart (Stadt)*
Standort: *Am Rundweg, Nordseite*
Geodaten: *48.803725, 9.203183*
Alter: *ca. 160 Jahre*
Stammumfang: *bis 3,93 m (2019)*

Die Charakter-Baumarten des Rosensteinparks sind Zerr-Eichen und Amerikanische Schwarznussbäume – beides Baumarten, die in Baden-Württemberg generell nur vereinzelt vorkommen, hier aber zahlreich und in ungewöhnlich prächtigen Exemplaren vertreten sind.

An einem sonnigen Spätherbsttag kann kaum ein anderer Baum mit der strahlenden Farbenpracht des Schwarznusslaubes mithalten – allenfalls Ginkgo oder Spitz-Ahorn erreichen ein ähnlich intensives Gelb. Zwei besonders schöne Baumgruppen mit der aus dem östlichen Nordamerika eingeführten Baumart befinden sich an der Ostseite des Rundweges – eine 5er-Gruppe noch sehr nahe beim Schloss (ca. 50 m nördlich), und eine 4er-Gruppe (Bild links) etwa 300 m weiter bei der Einmündung des östlichen Querweges.

Die im östlichen Mittelmeerraum beheimatete Zerr-Eiche ist ein besonders robuster Baum – ihre dunkle Borke dick und hart, die Blätter derb-lederig, und das Holz im Kern sogar zäher und härter als das der Stiel-Eiche. Den breiten, Schatten spendenden Kronen der Zerr-Eichen werden wir in Zeiten des Klimawandels zukünftig sicher noch häufiger begegnen. Im Rosensteinpark sind mehrere Dutzend meist schon recht imposante Exemplare vorhanden, manche wahrscheinlich noch aus der Anfangszeit des Parks. Die stärkste von ihnen, mit großer, schmaler Stammhöhlung und vier weit ausgreifenden Hauptästen (rechte Seite), war knapp vor der Pyramiden-Eiche am Schloss der dickste Baum im Park. Leider ist sie 2020 – wohl infolge starker Fäulnis – umgestürzt. Nur ein kleiner Stammrest ist von ihr geblieben.

Baumart: *Quercus cerris*
Landkreis: *Stuttgart (Stadt)*
Standort: *Am Rundweg, nahe Löwentor*
Geodaten: *48.806471, 9.192293*
Alter: *ca. 198 Jahre, gepflanzt um 1826*
Stammumfang: *bis 5,93 m (2019)*

Weitere Raritäten
im Rosensteinpark

Baumart: *Morus alba*
Landkreis: *Stuttgart (Stadt)*
Standort: *beim Pumpsee*
Geodaten: *48.805104, 9.200670*
Alter: *ca. 198 Jahre, gepflanzt um 1826*
Stammumfang: *3,76 m (2010)*

Als besonders seltener und wertvoller Baumschatz des Rosensteinparks gilt das einzig verbliebene Exemplar eines Weißen Maulbeerbaums. Zudem dürfte es abgesehen von den noch etwas älteren Bäumen dieser Art auf der Mannheimer Maulbeerinsel (s. S. 40 f.) kaum irgendwo im Land einen noch stärkeren Maulbeerbaum geben. Wegen der Seidenraupenzucht war die aus China stammende Baumart im 18. Jahrhundert auch in klimatisch geeigneten Regionen Mitteleuropas, vor allem im Oberrheingebiet, noch sehr häufig anzutreffen. Allein im Raum Heidelberg soll es rund 50.000 Bäume gegeben haben. Die Rosenstein-Maulbeere am Pumpsee besitzt einen sehr kräftigen, allerdings weitgehend hohlen und deutlich schief stehenden Stamm, in dessen Innerem Reste eines alten Baumharzanstriches erkennbar sind. Darüber ist eine überraschend vitale und recht breit entwickelte Krone vorhanden.

An der südwestlichen Seite des Rundwegs, wo die Zucker-Ahorne im Herbstkleid eine gute Vorstellung des kanadischen Indian Summer vermitteln, trifft man auf einen weiteren Ureinwohner des Parks - eine fast 5 m starke Berg-Ulme (unten links). Von der Gabelung in die beiden Hauptachsen bei ca. 5 m Höhe ist der am Fuß mächtig ausgestellte Stamm weit aufgerissen. Der Aufriss wird durch drei alte Eisenstangen überbrückt, der Schaden reicht zum Glück nicht allzu tief ins Stamminnere, nur im oberen Teil ist eine größere Höhlung entstanden.

Geht man von hier den Rundweg in nordwestlicher Richtung weiter, unter anderem vorbei an einem überaus stattlichen Silber-Ahorn sowie einem Berg-Ahorn und einem Platanenpaar, erreicht man nach etwa 400 Metern die Wegkreuzung mit dem mittleren Querweg. Nach rechts führt dieser zu einer beeindruckenden Rosskastanie (unten, Mitte). Sie ist möglicherweise aus einer Mehrfachpflanzung entstanden, und die fast 28 m durchmessende Krone ist wegen Bruchgefahr von einer Umzäunung umgeben.

Nach weiteren 600 Metern wechselt der Weg auf die nordöstliche Seite des Parks und hier, ein Stück rechts des Weges, führt der älteste Spitz-Ahorn auf dem Rosenstein ein wenig beachtetes Dasein (unten rechts). Die Hauptachsen sind trocken und gekürzt bzw. ganz abgenommen, doch die seitlichen Äste treiben gut aus.

Baumart: *Ulmus glabra*
Landkreis: *Stuttgart (Stadt)*
Standort: *Am Rundweg, Südseite*
Geodaten: *48.800910, 9.202376*
Alter: *ca. 198 Jahre, gepflanzt um 1826*
Stammumfang: *4,94 m (2019)*

Baumart: *Aesculus hippocastanum*
Landkreis: *Stuttgart (Stadt)*
Standort: *Am mittleren Querweg*
Geodaten: *48.803018, 9.198763*
Alter: *ca. 198 Jahre, gepflanzt um 1826*
Stammumfang: *5,38 m (2019)*

Baumart: *Acer platanoides*
Landkreis: *Stuttgart (Stadt)*
Standort: *Am westlichen Querweg*
Geodaten: *48.805598, 9.193102*
Alter: *ca. 198 Jahre, gepflanzt um 1826*
Stammumfang: *3,83 m (2019)*

Platanenallee
im Stuttgarter Schlossgarten

Baumart: *Platanus x hispanica*
Landkreis: *Stuttgart (Stadt)*
Standort: *Unterer Schlossgarten*
Geodaten: *48.789878, 9.189966*
Alter: *ca. 205 Jahre, gepflanzt 1813–1817*
Stammumfang: *um 4 m (2019)*

Kein anderer Baum prägt den Stuttgarter Schlossgarten so stark wie die Ahornblättrige Platane (*Platanus* x *hispanica*). Viele Botaniker sehen in ihr eine Kreuzung aus der Morgenländischen (*Platanus orientalis*) und der Nordamerikanischen Platane (*Platanus occidentalis*). Der Grund, warum dieser mächtige und relativ schnellwüchsige Baum gerade in großstädtischen Ballungsräumen häufig anzutreffen ist, liegt unter anderem darin begründet, dass die Platane eine mit Feinstaub und verkehrsbedingten Abgasen belastete Umgebung gut erträgt. Auch hohe Temperaturen machen ihr weniger aus als vielen anderen Laubbäumen.

Im Falle Stuttgarts dürfte die Luftverschmutzung allerdings kaum eine Rolle gespielt haben – zum Zeitpunkt der Pflanzung war ein motorisierter Straßenverkehr noch gar nicht vorhanden. Es dürfte also wohl eher die majestätische Erscheinung dieses schönes Baumes gewesen sein, die Friedrich I. um 1807 auf den Gedanken brachte, dem Schlossgarten mit mehreren Hundert Platanen ein möglichst repräsentatives Gesamtbild zu verleihen.

Am Nordost-Ufer des Parksees, kurz vor dem Übergang in die Anlagen des Unteren Schlossgartens, stehen einige der schönsten und stärksten Exemplare in Form einer kleinen Querallee (rechts, oben).

Auf Höhe des Hauptbahnhofs fielen am 1. Oktober 2010 im Mittleren Schlossgarten auch einige große Platanen der Säge zum Opfer, als damit begonnen wurde, das Verkehrsprojekt ‚Stuttgart 21' in die Tat umzusetzen. Auch die Protestaktionen der Umweltorganisation Robin Wood – einige Aktivisten besetzten verschiedene Baumkronen – sowie auch vieler Bürger konnten daran nichts ändern.

Den höchsten Bekanntheitsgrad unter den Schlossgartenbäumen besitzt die unter Naturschutz stehende Felix Mendelssohn-Allee im Unteren Schlossgarten (linke Seite). Viele der ursprünglich 481 Bäume umfassenden Platanenreihen aus den Jahren 1813–1817 sind noch heute erhalten, 2012 wurden 316 von ihnen zu Naturdenkmalen erklärt. Die etwa 1,5 Kilometer lange Allee gilt als eine der bedeutendsten ihrer Art in Deutschland, ja in ganz Europa. Viele Erholungssuchende und auch die sportlich engagierten Stuttgarter genießen es, sich in dieser Frischluftschneise der Großstadt zu bewegen. In manchen Abschnitten lässt man hier über längere Zeit im Spätsommer das Gras hoch wachsen, sodass der Parkcharakter etwas in den Hintergrund tritt. So können sich die Menschen in ein Stück Natur hinein versetzt fühlen.

Neben der Allee wurden schon in der Anfangszeit des Schlossgartens zahlreiche Platanen als Solitäre gepflanzt, und viele von ihnen haben sich nach rund 200 Jahren zu prächtigen Baumriesen entwickelt. Die stärkste von allen steht unweit östlich des Schwefelsees (rechts).

Baumart: *Platanus* x *hispanica*
Landkreis: *Stuttgart (Stadt)*
Standort: *Mittlerer Schlossgarten*
Geodaten: *48.788462, 9.189954*
Alter: *ca. 205 Jahre, gepflanzt 1813-1817*
Stammumfang: *bis 5,41 m (2019)*

Baumart: *Platanus* x *hispanica*
Landkreis: *Stuttgart (Stadt)*
Standort: *Unterer Schlossgarten*
Geodaten: *48.795871, 9.200828*
Alter: *ca. 205 Jahre, gepflanzt 1813–1817*
Stammumfang: *5,70 m (2019)*

Baumschätze
im Stuttgarter Schlossgarten

Als Herzstück der Stuttgarter Grünanlagen ist der dreigeteilte *Schlossgarten* nicht nur ein Platanenrevier – wenngleich diese Bäume als Charakterart gelten dürfen. Daneben sind zahlreiche, sehr bemerkenswerte dendrologische Kostbarkeiten vorhanden. Als Beispiele seien die beiden Bäume genannt, die direkt an der Nordfassade des Neuen Schlosses stehen – ein Blauglockenbaum (*Paulownia tomentosa*) und ein Amerikanischer Zürgelbaum (*Celtis occidendalis*). Beide dürften die jeweils ältesten und stärksten ihrer Art im gesamten Stuttgarter Raum sein. Aus der Anfangszeit der Schlossanlagen, dem Anfang des 19. Jahrhunderts, sind noch eine ganze Reihe von weiteren Baumschätzen erhalten geblieben, so etwa die beiden Robinien vor dem Schauspielhaus. Ihre voll belaubten Kronen sind im Juni 2019 trotz Einkürzung noch immer von eindrucksvoller Größe, und die grob gefurchten Stämme besitzen eine ganz besondere Ausstrahlung (unten links).

Nach dem Übergang in den *Mittleren Schlossgarten* fällt bald nach der Stuttgart-21-Baustelle die dicht geschlossene, hohe Krone einer Pyramiden-Eiche auf (unten rechts). Sie ist zwar noch nicht im hohen Eichenalter, aber ein tolles Einzelstück im Stuttgarter Schlossgarten. Auffallend sind auch die vielen kleinen und dunklen Borkenaufbrüche, wo aus ‚schlafenden Augen' kleine Zweige austreiben.

Nur ein kurzes Stück weiter, zwischen einer mächtigen Solitärplatane und den Ruinen des ehemaligen Lusthauses, sollte man ein außergewöhnlich altes Exemplar des Feld-Ahorns nicht übersehen. Trotz seines aufgerissenen, hohlen Stammes hat sich der zähe Baumgreis noch eine kleine, kompakte Krone bewahrt (rechte Seite).

Baumart: *Robinia pseudoacacia*
Landkreis: *Stuttgart (Stadt)*
Standort: *Oberer Schlossgarten*
Geodaten: *48.781196, 9.183890*
Alter: *ca. 205 Jahre, gepflanzt um 1817*
Stammumfang: *4,12 m und 3,51 m (2019)*

Baumart: *Quercus robur 'Fastigiata'*
Landkreis: *Stuttgart (Stadt)*
Standort: *Mittlerer Schlossgarten*
Geodaten: *48.784415, 9.186768*
Alter: *ca. 130 Jahre*
Stammumfang: *3,89 m (2019)*

Baumart: *Acer campestre*
Landkreis: *Stuttgart (Stadt)*
Standort: *Mittlerer Schlossgarten*
Geodaten: *48.785222, 9.187470*
Alter: *ca. 205 Jahre, gepflanzt um 1817*
Stammumfang: *2,91 m (2019)*

Für die Reichsgartenschau 1939 wurde das Gelände des im Stuttgarter Norden gelegenen *Killesberg*, das im frühen 19. Jahrhundert als Weinberg und später als Steinbruch genutzt wurde, zu einem Park umgestaltet, der heute auf 50 Hektar Fläche vielfältige Erholungsmöglichkeiten für die Bevölkerung bietet. Vom Kinderspielplatz samt Streichelzoo über einen historischen Jahrmarkt mit Karussell, bis hin zum alljährlichen Lichterfest. Ein filigran konstruierter Aussichtsturm bietet den richtigen Überblick, und mit Biergarten, Weinstube und Milchbar ist auch für den Gaumen einiges geboten.

Zum Zeitpunkt der Parkgestaltung gab es hier lediglich einige Robinien, Eiben und Obstbäume – das heißt, nahezu alle der mehr als 200 heute vorhandenen Baumarten wurden frühestens vor etwa 80 Jahren gepflanzt. Und doch haben sich einige Bäume aufgrund ihrer Seltenheit und Schönheit zu echten Baumschätzen entwickelt. Zu den kleinen zählt ein prächtiger Japanischer Fächer-Ahorn (rechte Seite), der im herbstlichen Nachmittagslicht ein geradezu unglaubliches Feuer entfaltet.

Zu den ganz Großen seiner Art darf man einen Blauglockenbaum, auch Paulownie genannt (unten links), rechnen, der seine 24-m-Krone am Ostufer des *Flamingosees* ausbreitet. Der nach der russischen Zarentochter Anna Pawlowna benannte, aus Ostasien stammende Parkbaum erreicht meist nur mittlere Größen bis ca. 15 m, wächst aber sehr schnell. Sein 4,44 m starker Stamm bringt ihn deutschlandweit sogar auf den ersten Platz der bisher dokumentierten Bäume seiner Art!

Auf der anderen Seeseite kann man zu Füßen zweier eher unauffälliger Sumpfzypressen (*Taxodium distichum*) deren ‚Atemknie' betrachten, was in unseren Breitengraden durchaus eine Besonderheit darstellt. Mit diesen luftwurzelartigen Gebilden, die sich in der Regel nur in Überschwemmungsgebieten bilden, belüftet der Baum seinen Wurzelraum und sorgt zudem für besseren Stand.

Ebenfalls mit riesigen Kronenmaßen beeindruckt eine fünfstämmige Kaukasische Flügelnuss im *Tal der Rosen* (unten rechts), die langen, v-förmig ausgreifenden Arme überspannen rund 28 m. Die gefiederten Blätter des aus dem Mittleren Osten stammenden Baumes können ebenso wie die herabhängenden Fruchtstände gut einen halben Meter lang werden.

Baumart: *Paulownia tomentosa*
Landkreis: *Stuttgart (Stadt)*
Standort: *Am Flamingosee*
Geodaten: *48.806191, 9.172051*
Alter: *ca. 70 Jahre*
Stammumfang: *4,44 m (2021)*

Baumart: *Pterocarya fraxinifolia*
Landkreis: *Stuttgart (Stadt)*
Standort: *Im Tal der Rosen*
Geodaten: *48.804629, 9.169796*
Alter: *ca. 70 Jahre*
Stammumfang: *7,60 m (2018, bei ca. 80 cm Höhe)*

Zauberhafter Killesberg

Baumart: *Acer japonicum 'Acontifolium'*
Landkreis: *Stuttgart (Stadt)*
Standort: *Am Koniferenhain*
Geodaten: *48.806437, 9.175114*
Alter: *ca. 50 Jahre*
Stammumfang: *0,57 m (2021)*

Baumart: *Fraxinus excelsior*
Landkreis: *Stuttgart (Stadt)*
Standort: *Schlosspark Solitude*
Geodaten: *48.787408, 9.083771*
Alter: *ca. 200 Jahre*
Stammumfang: *6,59 m (bei 80 cm Höhe, 2020)*

Esche
bei Schloss Solitude

Schloss Solitude, zwischen 1763 und 1769 für Herzog Karl von Württemberg erbaut, gilt als eines der schönsten Rokokoschlösser des Landes. Vom Höhenzug zwischen Stuttgart-Botnang und Gerlingen reicht der Blick weit ins Stuttgarter Vorland. Er wird dabei geleitet von der gut 13 km langen *Solitude-Allee*, die sich schnurgerade nach Nordosten zum Ludwigsburger Schloss hinzieht und so die direkte Verbindung der Residenz mit dem ‚einsamen' Lustschloss darstellt.

Der repräsentationsfreudige Landesfürst hat sich mit der prunkvollen Hofhaltung finanziell allerdings so massiv übernommen, dass diese schon nach wenigen Jahren nach Hohenheim verlegt werden musste. Auch die 1770 gegründete *Hohe Karlsschule*, die in den ersten Jahren auf Solitude angesiedelt war und als Militärakademie, Kunstakademie sowie Allgemeine Hochschule für privilegierte Söhne angesehener württembergischer Familien diente, wurde schon 1775 nach Stuttgart verlegt. Als ihr berühmtester Schüler gilt übrigens Friedrich Schiller.

In der Parkanlage, die sich vom Schloss ein Stück den Hügel hinabzieht, stehen nur drei Bäume: Zwei mittelstarke Berg-Ahorne sowie die zumindest bei Baumfreunden weithin bekannte Esche (*Fraxinus excelsior*). Zwei Merkmale sind es, die diesen Baum deutlich von anderen, groß gewachsenen Eschen unterscheiden: Zum einen ist es die sehr frühe Aufteilung in ein halbes Dutzend ungefähr gleichrangige Kronenäste – eine Wuchsform, wie man sie häufiger bei Linden antrifft. Bei den Eschen ist eine streng vertikale Kronenform mit einer bis über 40 Meter hinauf reichenden Zentralachse sehr viel häufiger. Zum anderen breiten sich am Stammfuß ganze Wurzellandschaften aus, wobei die Ausläufer durch die vielen Besucher stark abgetreten sind.

Der Erdstamm misst bei 80 cm über Bodenniveau, direkt über den Wurzelausläufern, eindrucksvolle 6,59 m – ein Wert, der nur von wenigen Bäumen dieser Art im Land noch übertroffen wird. Auch die Krone, die vielfach mit Halteseilen gesichert ist, zeigt mit einem Durchmesser von nahezu 30 m eine bewundernswerte Größe. Dies ist sowohl eine Folge des herrlichen Freistandes wie auch des sehr guten Erhaltungszustandes – der Stamm ist unbeschädigt, und auch Anzeichen einer Pilzinfektion sind zum Glück nicht auszumachen. In jüngster Zeit ist jedoch einer der sechs Hauptäste (ostwärts zeigend) nach etwa 5 m abgebrochen, und eine offene Bruchstelle im Kronenansatz sollte behandelt werden.

Otto-Feucht-Eiche
im Rotwildpark

Im Quellgebiet des Flüsschens Glems ist ein Waldgebiet erhalten geblieben, das landesweit seinesgleichen sucht: Nirgendwo sonst sind so viele Bäume zwischen 200 und mehr als 400 Jahren erhalten geblieben wie im Schatzkästlein rund um das *Bärenschlössle* im *Stuttgarter Rotwildpark*. Hier eine Auswahl alter, beeindruckender Bäume zu treffen, ist deshalb besonders schwer – innerhalb des rund 830 Hektar großen Naturschutzgebiets werden auf den folgenden Seiten zehn dieser Ausnahmebäume vorgestellt.

Von der Wildparkstraße aus sichtbar, nahe der Botnanger Abzweigung, ist die OttoFeucht-Eiche die unbestrittene Königin des Waldes. Ein herabgestürzter Großast mit dicker Moosauflage bietet einen bequemen Sitzplatz, um diesen Baumriesen gebührend zu bewundern. Auf Anregung des damaligen Forstmeisters Otto Feucht wurde der Glemswald 1938 zum Naturschutzgebiet erklärt. Er war auch der Verfasser des Schwäbischen Baumbuchs von 1911, sowie der Schutzpatron der Stuttgarter Wälder, und so hielt ich diese bis zu meinem ersten Besuch noch namenlose Stiel-Eiche für genau die richtige, dem verdienstvollen Forstmeister noch eine Ehre zu erweisen. Vielleicht schon 450 Jahre lang hat sie hier allen Gefährdungen eines langen Baumlebens getrotzt – Frost und Schneelast, Sturm, Blitz und Hagel, Trockenheit, lichtraubenden Nachbarn, Insekten und zuletzt den Baumpilzen. Mit ihrem fast 7,5 m starken Stamm zählt die noch immer vitale Eiche zu den Top 5 ihrer Art im Land.

Der parallel zur Wildparkstraße verlaufende Forstmeister-Feucht-Weg geht auf westlicher Seite in den Rundweg um das Rotwildgehege über, und dieser führt den Besucher zur Schwarztoreiche. Auch sie zählte bis zu meinem Besuch 2009 zu den vielen monumentalen, doch namenlosen Glemswald-Bäumen. Die erst in jüngerer Zeit etwas freigestellte, etwa 350-jährige Stiel-Eiche verfügt über eine großartige Stammsäule, die von einer breiten Blitzspur durchzogen wird. Hier haben Schwefelporlinge ihre Fruchtkörper ausgebreitet, doch noch immer behauptet der hochgewachsene Baum eine recht vielastige Krone (links).

Baumart: *Quercus robur*
Landkreis: *Stuttgart (Stadt)*
Standort: *Am Nordrand des Rotwildgeheges*
Geodaten: *48.770637, 9.096976*
Alter: *ca. 350 Jahre*
Stammumfang: *6,31 m (2018)*

Baumart: *Quercus robur*
Landkreis: *Stuttgart (Stadt)*
Standort: *Südlich Wildparkstraße, Höhe Abzweig nach Botnang*
Geodaten: *48.767979, 9.109280*
Alter: *ca. 400–450 Jahre*
Stammumfang: *7,38 m (2018)*

Bernhardseiche
auf der Bernhardslichtung

Über den schmalen Pfad, der auf westlicher Seite des Wanderparkplatzes am *Solitudetor* in den Wald führt, kann ich mich schon bald über zahlreiche Begegnungen mit alten Bäumen freuen. Nach kurzem Weg südwärts ist die urige Erscheinung einer alten Stiel-Eiche der erste Fund an diesem schönen Oktobertag 2018. Die weit ausgestellte Stammbasis ähnelt dem Fuß eines Elefanten, der mit einem dicken Zehenwulst umgeben ist – und schon ist der Baum mit der auf der Borke angebrachten Nummer 4656 auf den Namen Elefantenfußeiche getauft (rechts). Wie mir Förster Michael Seifert erklärt, sind im Wildparkgebiet mehr als 4.800 Bäume mit einem Brusthöhendurchmesser von über 80 cm erfasst! Wie viele Artgenossen in der Umgebung ist auch dieser Eichenveteran in der letzten Phase seines Lebens, nur der obere Teil seiner arg mitgenommenen Krone zeigt, dass er sich noch immer eine gewisse Vitalität bewahrt hat.

Baumart: *Quercus robur*
Landkreis: *Stuttgart (Stadt)*
Standort: *Nahe beim Wanderparkplatz Solitudetor*
Geodaten: *48.777311, 9.089263*
Alter: *ca. 350 Jahre*
Stammumfang: *6,34 m (2020)*

Auf dem weiteren Weg nach Süden passiert man zahlreiche weitere Eichen und Buchen jenseits der 300 bzw. 200 Jahre, und auf der dann folgenden Lichtung am *Schießhaus* – von dem aus früher die höfischen Jagdgesellschaften die hierher getriebenen Wildtiere erlegten - ist erst im Sommer 2018 wieder eine ehemals prächtige Solitäreiche zusammengebrochen. Nach erneut kurzer Walddurchquerung trifft man mit der nächsten Lichtung auf die Bernhards-eiche, die heute wohl schönste, frei stehende Großeiche des Glemswaldes. Sie beherrscht die Szene schon auf den ersten Blick mit ihrer noch ziemlich vollständig erhaltenen Krone und dem sich erst in größerer Höhe aufteilenden, nahezu unbeschädigten Stamm.

Während die meisten Bäume der höchsten Altersklasse im Glemswald kaum noch an Umfang zunehmen – wegen des Borkenverlustes in der Zerfallsphase sogar abnehmen – hat ihr 6,68 m starker Stamm in den letzten 10 Jahren immerhin um 20 cm zugelegt. Entgegen der meisten Alteichen, die ebenso wie die ältesten Buchen in den letzten Jahren deutlich an Substanz und Vitalität verloren haben, verfügt die schöne Bernhardseiche über einen noch guten Allgemeinzustand, auch wenn sich bei ihr ebenfalls schon die Baumschwämme zu schaffen machen.

Baumart: *Quercus robur*
Landkreis: *Stuttgart (Stadt)*
Standort: *Lichtung beim Bernhardsbach*
Geodaten: *48.774762, 9.086672*
Alter: *ca. 350 Jahre*
Stammumfang: *6,68 m (2020)*

Alte Eiche
am Bärenkopf

Stiel-Eichen mögen es gerne hell, folgerichtig finden sich viele der schönsten Altbäume dieser Art an Waldrändern oder auf Lichtungen, wenngleich der Mensch hier häufig nachgeholfen hat. Auch auf der zentralen Lichtung am *Bärenkopf*, nördlich des beliebten Ausflugsziels ‚Bärenschlössle', ragt einer dieser sturmfesten Veteranen auf: Es ist die eigentlich namenlose, bei Google Maps allerdings als ‚Alte Eiche' bezeichnete Stiel-Eiche (rechte Seite). Wahrscheinlich trug sie noch bis vor rund 20 Jahren eine imposante Krone, doch schon bei meinem ersten Besuch 2008 zeigten sich zahlreiche Astverluste. Heute ist diese Krone weiter geschrumpft und damit im Verhältnis zum sehr kräftigen Stamm deutlich zu klein.

Am südwestlichen Rand des Rotwildparks befindet sich ebenfalls eine Lichtung, sie wird vom Wildwiesenweg durchquert – eine sehr ansprechende Kastanienallee begleitet diesen Weg. Es lag somit nahe, der dort am südlichen Lichtungsrand stehenden, bisher völlig unbekannten Eiche den Namen Wildwieseneiche zu geben (unten links). Sie ist einer der drei mächtigsten Bäume auf westlicher Seite des Bärensträßchens und mit etwa 350 Jahren auch einer der ältesten. Über dem Stamm, dessen handbreite Borkenleisten weit heraustreten, blickt man in eine struppig wirkende, dicht verzweigte und fast 35 m hoch aufragende Krone.

Auch im Waldgebiet um den *Pfaffensee*, dem östlichsten und ältesten der drei Wildparkseen (1566 angelegt), sind zahlreiche großartige Baumriesen zu entdecken. Die beiden ältesten sind die leider inzwischen abgestorbene Lanzeiche im Bestand nahe des Südufers (unten, Mitte), und die Adlereiche direkt am Nordostufer (unten rechts), auf der früher Fischadler gehorstet haben sollen – lange vor unserer Zeit!

Baumart: *Quercus robur*
Landkreis: *Stuttgart (Stadt)*
Standort: *An der Wildwiese nördlich Bruderhaus*
Geodaten: *48.756967, 9.083928*
Alter: *ca. 350 Jahre*
Stammumfang: *6,27 m (2018)*

Baumart: *Quercus robur*
Landkreis: *Stuttgart (Stadt)*
Standort: *Südufer Pfaffensee*
Geodaten: *48.757398, 9.104821*
Alter: *ca. 400 Jahre (abgestorben)*
Stammumfang: *6,03 m (2018, ohne Borke)*

Baumart: *Quercus robur*
Landkreis: *Stuttgart (Stadt)*
Standort: *Nordostufer Pfaffensee*
Geodaten: *48.759106, 9.107448*
Alter: *ca. 400 Jahre*
Stammumfang: *6,54 m (2018)*

Baumart: *Quercus robur*
Landkreis: *Stuttgart (Stadt)*
Standort: *Große Lichtung am Bärenkopf*
Geodaten: *48.763982, 9.090578*
Alter: *ca. 400 Jahre*
Stammumfang: *6,72 m (2020, in 150 cm Höhe)*

Buchenkönigin
im Glemswald

Neben den zahlreichen alten und im Erscheinungsbild sehr dominanten Eichenveteranen haben es andere Baumarten im Glemswald sehr schwer, auf sich aufmerksam zu machen. Linden, Ahorne, Kiefern und Lärchen sind nur mit wenigen, wenngleich recht stattlichen Exemplaren vertreten, und bei den längs des Bärensträßchens ehemals vorhandenen, sehr alten und urwüchsigen Hainbuchen zerfallen die letzten Exemplare zusehends. Nur die Rot-Buche schafft es in der Breite, sich mit mehreren Hundert eindrucksvollen Gestalten zu behaupten, leider sind auch hier in den letzten zehn Jahren massive Verluste zu beklagen.

Wer am nördlichen Ufer des *Bärensees* entlang geht, sollte noch vor der westlichen Seespitze den Hang hinaufschauen – dort nämlich residiert (von den meisten Besuchern unbemerkt) die Königin aller Glemswaldbuchen. Am gedrungenen, wuchtigen Erdstamm läuft eine Schleppe kräftiger Wurzelstränge ein Stück den Hang hinab, und darüber greifen zahlreiche, in Stockwerken angeordnete Äste weit zur Seite aus. Diese ‚korpulente' Figur lässt darauf schließen, dass die gut 250-jährige Buche nicht immer so gut im Bestand versteckt war wie heute (linke Seite).

Die allermeisten Buchen im Rotwildpark sind einstämmig und viele von ihnen verdienten eine Erwähnung an dieser Stelle, wäre der Platz nicht so knapp bemessen. Auf eine ganz eigene Entstehungsgeschichte können die ‚16 Buchen' zurückblicken, die man nördlich des *Schattengrund*-Parkplatzes, oberhalb des *Neuen Sees* antrifft. Die zehn heute noch vorhandenen, intakten Stämme, die am Fuß zu einem gewaltigen Sockel verwachsen sind, bilden die im Glemswald größte und bekannteste Bündelpflanzung einer Rot-Buche (rechts, oben). Soweit die Arme nach oben reichen, haben sich zahllose Besucher mithilfe ihres Taschenmessers auf der Borke verewigt.

Von ähnlicher Gestalt, doch wahrscheinlich nicht aus mehreren Individuen verwachsen, beeindruckte mich 2010 die Straußbuche, die unweit nördlich der *Hirschwiese* über 40 m hoch aufragte (rechts), sich dabei in sieben riesige Steilachsen aufteilend. Heute ist sie leider, wie so viele ihrer Artgenossinnen, vom Sturm schlimm zugerichtet.

Baumart: *Fagus sylvatica*
Landkreis: *Stuttgart (Stadt)*
Standort: *Über dem nordöstlichen Bärensee*
Geodaten: *48.763567, 9.087507*
Alter: *ca. 250 Jahre*
Stammumfang: *5,30 m (2018)*

Baumart: *Fagus sylvatica*
Landkreis: *Stuttgart (Stadt)*
Standort: *Östliche Fortsetzung der Schattenallee*
Geodaten: *48.756896, 9.092134*
Alter: *ca. 200 Jahre*
Stammumfang: *7,40 m (2018)*

Baumart: *Fagus sylvatica*
Landkreis: *Stuttgart (Stadt)*
Standort: *Über dem nordwestlichen Bärensee*
Geodaten: *48.762452, 9.086235*
Alter: *ca. 200 Jahre*
Stammumfang: *5,15 m (2010)*

Hainbuche
im Maichinger Friedhof

Der Sindelfinger Stadtteil Maichingen beherbergt auf dem Friedhofsgelände eine der stärksten Weiß- oder Hainbuchen des ganzen Landes! Diese Baumart, *Carpinus betulus*, ist – wie der Artname schon verrät (*Betula* ist der Gattungsname der Birke) - mit den Buchen nicht näher verwandt als ein Ahorn oder eine Linde. Sie gehört zu den Birkengewächsen und ist vielen Menschen in Heckenform möglicherweise vertrauter denn als großer Baum. Trotz ihres dichten und schweren Holzes erreicht die Hainbuche selten ein Alter von mehr als 150 Jahren, und da ihr Wachstum recht langsam vonstatten geht, sind Exemplare mit Stammumfängen von über 3 m höchst selten anzutreffen.

Deshalb staune ich nicht schlecht, als ich Anfang März 2018 im Maichinger Friedhof der wahrscheinlich mächtigsten Hainbuche des Gäulandes gegenüberstehe. Ihr Stamm misst an der schmalsten Stelle, 70 cm über dem Boden, 430 cm im Umfang. Schon bald teilt sich dieser in 12 unterschiedlich starke Äste auf, die in der 18 x 18 m großen Krone über Seilverbindungen gesichert sind. Einige Ausbrüche sind noch erkennbar ausgeschnitten, zum Teil aber auch mit Holzpilzen besetzt. Der möglicherweise schon 200-jährige Baum zählt auf jeden Fall zu den eindrucksvollsten seiner Art in ganz Deutschland – und fand doch bisher keinerlei Erwähnung.

Baumart: *Carpinus betulus*
Landkreis: *Böblingen*
Standort: *Auf dem Alten Friedhof hinter der Kirche*
Geodaten: *48.722897, 8.966600*
Alter: *ca. 200 Jahre*
Stammumfang: *4,30 m (2018, in 70 cm Höhe)*

Linde
am Hohen Rain

Nordwestlich von Maichingen, jenseits der B 464, ist schon aus großer Entfernung die mächtige Baumkrone einer Winter-Llinde zu erkennen. Auf einer Informationstafel (Stand 1999) ist ein Pflanzdatum ‚um 1600' angegeben, sowie ein Stammumfang von 5,17 m (Messhöhe 1,60 m). Angesichts eines Zuwachses von 51 cm bis zum Jahr 2021 (Umfangsmessung bei 1,60 m wegseitig) und einer weitgehend erhaltenen Krone, sowie des freien Standorts auf ackerbaulich genutztem Umland erscheint ein Alter von über 400 Jahren eher unwahrscheinlich – 300 dürften realistischer sein.

Von den fünf seilgesicherten Hauptstämmlingen nehmen drei einen eher senkrechten Verlauf, die Zentralachse ist im oberen Teil leider gebrochen. Die beiden weiteren, bogenförmig zur Seite ausgreifenden Großäste weisen im Verlauf der Oberseite beziehungsweise am Kronenansatz deutliche Schäden auf. Doch abgesehen davon sind feine Verästelungen bis in alle Kronenregionen des Naturdenkmals hinein erkennbar.

Bei meinem Besuch im März 2018 erzählt ein Passant, die Gemeinde habe die Absicht, wegen der Bruchgefahr Kronenkürzungen vorzunehmen – wahrscheinlich hat der Pilz dem schönen Baumriesen bereits erheblich zugesetzt. Wegseitig erscheinen Stützen nicht umsetzbar und die Verlegung des vorbeiführenden Weges dürfte aufgrund der landwirtschaftlichen Nutzung des Umfelds zumindest schwierig sein. Man darf also gespannt sein, was die Zukunft für Veränderungen im Fortbestand des ‚Hohen Baumes' mit sich bringt!

Zu Beginn des Jahres 2021 zeigen sich (noch) keine Veränderungen! Offenbar wurde bislang darauf verzichtet, größere Eingriffe im Kronenbereich vorzunehmen.

Baumart: *Tilia cordata*
Landkreis: *Böblingen*
Standort: *Am Grenzweg ‚Hoher Rain' (Weilderstädter Straße)*
Geodaten: *48.729709, 8.945283*
Alter: *ca. 300 Jahre*
Stammumfang: *5,68 m (2021)*

Baumart: *Tilia cordata*
Landkreis: *Böblingen*
Standort: *Straße nach Deckenpfronn*
Geodaten: *48.664555, 8.840681*
Alter: *ca. 350 Jahre*
Stammumfang: *6,44 m (2018)*

Große Linde
auf dem Höhnle

Direkt an der Verbindungsstraße von Deckenpfronn nach Dachtel, auf dem *Höhnle* genannten Höhenrücken, besuche ich eine mir schon seit fast 20 Jahren bekannte, wirklich großartige Winter-Linde. Der solitär stehende Baum beeindruckt zunächst durch den mächtigen Erdstamm, der im Umfang 6,44 m misst. Hier sind vielerlei Strukturen und Wachstumsformen zu sehen, die einem alten Baum zu seinem besonderen, individuellen Charakter verhelfen: tiefe Furchen, Maserknollen, von innen nach außen durchwachsendes Splintholz, einzelne, verbliebene Grobborkenstücke, beulenartige Wucherungen, Flechtenbesatz und vieles mehr. In den Furchen schimmert Feuchtigkeit und bei genauerem Betrachten zeigt sich dann straßenseitig auch eine Faulstelle, dicht über den Wurzelanläufen. Eine Klopfprobe lässt hier auf größere Hohlräume und teilweise vermodertes Holz schließen.

Auch die prächtig entwickelte und vielfach seilgesicherte Krone – ihre Höhe beträgt nach erkennbarer Reduzierung immerhin 25 m, ihr Durchmesser noch 18 m – erscheint nur auf den ersten Blick unbeschädigt. Über dem Kronenansatz ist einer der sieben Stämmlinge durch einen abgeschlitzten Ast so weit aufgerissen, dass sich schon ein erheblicher Fäulnisherd gebildet hat. Wie weit er ins Innere des Erdstammes hinabreicht, ist schwer zu sagen, doch dürfte hier die Ursache des beginnenden Verfalls liegen. Bedauerlich ist nur, dass dieser große Schaden nicht, wie an verschiedenen anderen kleineren Bruchstellen, behandelt und die Folgen damit eingedämmt wurden. Der äußere Kronenbereich ist dennoch insgesamt nur gering geschädigt, die Verästelungen sind rundum noch bis in die Zweigenden fein ausgebildet.

Gott sei Dank aber muss mit einem baldigen Abgang dieser herrlichen, wahrscheinlich gut 350-jährigen Linde im *Heckengäu* nicht gerechnet werden. Eine zweite Winter-Linde folgt an der Straße, die hier ‚Steige' heißt, kurz vor Dachtel. Mit 4,70 m ist ihr Stammumfang zwar deutlich geringer, doch die nach allen Seiten gleichmäßig ausgebildete Krone ist ohne erkennbare Schäden – ein Baum mit guter Zukunft.

Berg-Ulmen
in Nufringen

Vor 100 Jahren begann sich ein kleiner, aus Ostasien eingeschleppter Pilz mithilfe seines Wirts, des Ulmensplintkäfers, über ganz Europa – und nachfolgend auch über Nordamerika – auszubreiten. Durch die Züchtung resistenter Sorten ebbte das Ulmensterben allmählich ab, doch eine zweite Welle in den 1970er-Jahren raffte allein in England rund 20 Millionen Ulmen dahin! Auch Deutschland war so stark betroffen, dass ältere Ulmen bald eine ausgesprochene Rarität darstellten. Es traf in erster Linie die Berg-Ulme (*Ulmus glabra*), die durch die vom Pilz verursachte Unterbrechung ihrer Wasserleitbahnen vertrocknete – auf diese Weise wurde die Art an den Rand des Aussterbens gebracht. Nur wenig besser erging es der Feld-Ulme (*Ulmus minor*) – nur die dritte einheimische Art, die Flatter-Ulme (*Ulmus laevis*) gilt als weniger empfindlich gegenüber dem Schädling.

Meine Begeisterung, am Alten Bahnhof der Gäurand-Gemeinde Nufringen zwei mächtige, alte Berg-Ulmen anzutreffen, war deshalb entsprechend riesig. Man könnte sagen, ebenso groß wie die Bäume selbst, deren seilgesicherte Kronen bis in 25 m beziehungsweise 30 m Höhe aufragen. Beide sind im Wesentlichen dreiachsig aufgebaut und erstaunlich gut erhalten. Vor allem der 5,21 m starke südliche Baum (links im Vordergrund und rechte Seite) ist ein wahrer Riese, und selbst in 15 bis 20 m Höhe sind die Stämmlinge noch so stark, dass ich das Alter trotz des guten Zustands auf über 200 Jahre schätze.

Der Gehweg an der vor wenigen Jahren umgestalteten Bahnhofstraße wurde um den zweiten, etwas schwächeren Baum (links, im Hintergrund) herumgeführt. Die beiden seit 1994 geschützten Naturdenkmale beginnen bei meinem Besuch im April 2018 gerade mit dem Blattaustrieb – ein wunderbarer Anblick.

Baumart: *Ulmus glabra*
Landkreis: *Böblingen*
Standort: *Am Alten Bahnhof*
Geodaten: *48.620196, 8.889279*
Alter: *ca. 250 Jahre*
Stammumfang: *5,21 m und 4,17 m (2018)*

Silber-Pappeln
bei Schloss Mauren

Durch das obere Würmtal führt die Straße von Holzgerlingen nach Ehningen an einem geschichtsträchtigen Ort vorbei: *Mauren* bestand ursprünglich, mindestens seit dem Anfang des 14. Jahrhunderts, aus einem Adelsgut und einer Besitzung des Klosters Bebenhausen, unter anderem einer Wallfahrtskirche aus dem Jahre 1320.

Die im Talbereich liegende, ehemalige Wasserburg wurde 1395 zerstört, später aber wieder aufgebaut. Die gesamte Anlage gelangte etwa 200 Jahre später in den Besitz von Johann Friedrich Schertel von Burtenbach, der schon kurze Zeit später den herzoglichen Baumeister Heinrich Schickhardt beauftragte, am nördlichen Talhang ein neues Schloss zu errichten und die alte Wasserburg abzutragen. In der Folgezeit wechselten die Schlossbesitzer vielfach, doch erst Anfang des 19. Jahrhunderts erlebte das alte Schloss eine neue Blütezeit, als Freiherr von König zahlreiche Umbauten vornahm und das südlich angrenzende Gartengelände terrassierte und neu anlegen ließ. In der ‚Schwäbischen Chronik' von 1867 ist zu lesen: *„Prachtvolle Baumgruppen, darunter riesige Tannen, umgrenzen das hohe Schloß und den weiten, blühenden, rauschenden Garten.*" Leider ist von der einstigen Pracht nicht viel geblieben – das Schloss wurde im Oktober 1943 im Bombenhagel zerstört.

Die beiden alten Silber-Pappeln, in Sichtweite der gotischen Kirche, dürften aus der Zeit um 1820 stammen. Ihre Stämme sind mit einem Umfang von 6,40 m bzw. 5,98 m so stark wie nur wenige andere Bäume dieser Art im ganzen Land. Eine dritte Silber-Pappel ist deutlich jünger, vermutlich kaum 100 Jahre alt, eine weitere steht oben am Hang über dem Tal. Von einer ehemals mächtigen Linde zeugen nur noch einige vergehende Stammreste, ein bereits Jahrzehnte zurückliegender Sturm hat sie gefällt. Ein noch im Frühjahr 2003 kurz unterhalb des Parkplatzes beim ‚Grünen Baum' angetroffener, riesiger Eichenzwiesel (Umfang 5,77 m und Kronendurchmesser 28 m) ist nach Auskunft der Anwohner ebenfalls einem Sturm zum Opfer gefallen. Der mächtige, auf den ersten 5 m hohle Stamm liegt in meterlange Stücke zersägt am Hang.

Der mit wahrscheinlich über 300 Jahren älteste Baum am Ort ist jedoch die fast 6 m starke, knorrige und inzwischen bereits abgestorbene Stiel-Eiche (rechts) mit ihrer markanten Silhouette. Seit einigen Jahren trägt sie ein Kunstwerk, viele weitere sind im nahen Schlosspark frei zugänglich ausgestellt.

Baumart: *Popolus alba*
Landkreis: *Böblingen*
Standort: *Im Talgrund unterhalb von Mauren*
Geodaten: *48.649149, 8.977405*
Alter: *ca. 180 Jahre*
Stammumfang: *6,40 m und 5,98 m (2021)*

Linde am Steinbaß
in Schönaich

Die Aich ist ein kleines Flüsschen, das auf Gemarkung Holzgerlingen entspringt und nach einem Lauf von etwa 25 Kilometern bei Nürtingen in den Neckar mündet. Nach ihr ist die nur wenige Kilometer südöstlich von Böblingen gelegene und heute 10.000 Einwohner zählende Gemeinde Schönaich benannt.

Eines ihrer Wahrzeichen ist das im Ortskern, an einem neugestalteten Straßendreieck zu bestaunende *Eichle*, eine Stiel-Eiche mit kräftigem Stamm (Umfang 5,59 m) und recht gleichmäßig entwickelter Krone. Aus Gründen der Sicherheit wurde sie auf etwa 21 m eingekürzt, was das Augenmerk noch stärker auf die Stammsäule des gut 300-jährigen Naturdenkmals richtet.

Auch beim wichtigsten Baum-Wahrzeichen Schönaichs, einer mindestens gleichaltrigen Winter-Linde, richten sich die Blicke zunächst auf den massigen, von vielen Wucherungen und dicken Maserknollen überzogenen Erdstamm. 2010 zeigte das Maßband im Bereich des Sockels einen Umfang von 7,48 m, an der schmalsten Stelle – in etwa 1,30 m Höhe – waren es immer noch 6,31 m. Zehn Jahre später misst der Sockel 7,81 m (bei 50 cm Höhe) und die Taille 6,61 m. Besonders zahlreich sind die wulstigen Verwachsungen auf der Lichtseite (Südwest) ausgebildet. Hier fehlen die auf der Nord- und Ostseite noch vorhandenen – wenngleich auch dort deutlich gekappten – tief angesetzten Starkäste. Diese waagerecht abgehenden Achsen sind für das Erscheinungsbild der Linde außerordentlich wichtig. Leider wurden die zum nahe vorbeiführenden Weg zeigenden Äste bei etwa zwei beziehungsweise fünf Metern abgenommen. Der noch recht junge Austrieb an den Enden zeigt, dass diese Schnitte vor etwa 20–25 Jahren ausgeführt wurden.

Die vor allem nach 2003 verstärkt auftretenden Trockenpartien schmälern den ansonsten intakten Gesamteindruck der 23-m-Krone kaum, alle zehn Hauptachsen sind durch Seilsicherungen mit dem Zentralstamm verbunden. Somit ist zu hoffen, dass uns dieses wunderschöne Baumdenkmal, für dessen Entfaltung man eine große Rasenfläche frei gehalten hat, noch viele Jahrzehnte erhalten bleibt. Eine Klopfprobe ergibt keine sicheren Hinweise auf vorhandene Hohlräume, die aber angesichts des Alters anzunehmen sind. Vermodertes Holz aus dem Inneren zeigt sich nur in einer der sieben tiefen Furchen des zerklüfteten Stammes.

Baumart: *Tilia cordata*
Landkreis: *Böblingen*
Standort: *Östlicher Ortsrand, Straße nach Steinenbronn*
Geodaten: *48.661601, 9.068261*
Alter: *ca. 300–350 Jahre*
Stammumfang: *6,61 m (Sockelmaß 7,81 m, 2020)*

Obere Linde
in Hildrizhausen

Die kleine Gemeinde Hildrizhausen am Nordrand des Naturparks Schönbuch präsentiert uns auf ihrer Gemarkung einen überragenden Baumschatz – die *Obere Linde* im Würmtal, unweit nördlich des Ortsrandes. Das Besondere an diesem völlig frei stehenden Naturdenkmal ist seine Wuchsform: Der wulstig verwachsene Stammsockel hat mit seinen zahlreichen Maserknollen den Raum innerhalb der massiven, alten Rundbank inzwischen schon komplett ausgefüllt und droht, sie bald zu sprengen. Sein Umfang ist auch wegen der reichlich vorhandenen Austriebe schwer zu messen – nach einiger Mühe zeigt mein Maßband respektable 7,20 m. Schon bei zwei Metern Höhe gehen die noch vorhandenen sieben Stämmlinge (2008 waren es noch neun) weit auseinander und bilden eine breite, flache Krone mit 23 m Durchmesser.

Weitere Stämmlinge im Zentrum sind schon vor sehr langer Zeit ausgebrochen, dort hat sich eine knollig verwachsene Holzlandschaft gebildet – ohne dass eine Höhlung zu sehen wäre! Weitere Astverluste zeigen sowohl der Stamm als auch die Hauptäste, auch der Kronenrand wurde vor wenigen Jahrzehnten offenbar eingekürzt. In einem kurzen Aststummel hat sich ein Bienenschwarm eingenistet. 2008 waren noch einige Kronenschlaufen vorhanden, heute fehlen sie leider – notwendig wären solche Schlaufen oder auch Stützen gegen den Boden allemal!

Zum Alter und zur frühen Geschichte des Baumes ist wenig bekannt. Die Lage an einer bereits in alter Zeit wichtigen Wegkreuzung und ein heute nicht mehr vorhandenes Steinkreuz lassen darauf schließen, dass es eine Gerichtslinde gewesen sein könnte – so vermuten es die Ortshistoriker. Allerdings gab es schon um 1297 eine Gerichtsstätte im Kirchhof des Ortes, und ab 1472 war bereits das Rathaus der Ort für Vertragsschließungen und die Gerichtsbarkeit. In einer alten Urkunde wird am Standort der Winter-Linde ein längst abgegangener Wohnsitz namens ‚Quintsäß' erwähnt – es könnte sich somit auch um einen Zeugenbaum handeln.

Bemerkenswert ist, dass *Zur Geheimnisvollen Vergangenheit der Hildrizhauser Linde* sogar ein Youtube-Video existiert, in dem der Bürgermeister versucht, der Baumgeschichte näher zu kommen.

Baumart: *Tilia cordata*
Landkreis: *Böblingen*
Standort: *1 km nördlich des Orts (Talstraße)*
Geodaten: *48.634184, 8.970006*
Alter: *ca. 400 Jahre*
Stammumfang: *7,20 m (2020)*

Baumart: *Quercus robur*
Landkreis: *Böblingen*
Standort: *Nahe der Kauppenklinge im Waldgebiet Lindach*
Geodaten: *48.607850, 8.964074*
Alter: *ca. 400–450 Jahre, Weihnachten 2012 umgestürzt*
Stammumfang: *6,53 m (2011)*

Baumart: *Quercus robur*
Landkreis: *Böblingen*
Standort: *Nordöstlich des Kreisverkehrs an der Kälberstelle*
Geodaten: *48.592517, 9.074915*
Alter: *ca. 400 Jahre*
Stammumfang: *6,30 m (2020)*

Baumart: *Quercus robur*
Landkreis: *Tübingen*
Standort: *Nördlich Einsiedelsträßle, Waldgebiet Dreispitz*
Geodaten: *48.567339, 9.112028*
Alter: *ca. 400 Jahre*
Stammumfang: *6,14 m (2020)*

Baumart: *Quercus robur*
Landkreis: *Tübingen*
Standort: *Nördlich Einsiedelsträßle, Waldgebiet Dachsbühl*
Geodaten: *48.574274, 9.121959*
Alter: *ca. 400 Jahre*
Stammumfang: *6,06 m (2020)*

Eichenriesen
im Schönbuch

Der älteste und stärkste Baum des Schönbuchs war bis 2012 die auf ein Alter von weit über 400 Jahre geschätzte *Dicke Eiche* – aufgrund ihres Standorts auch als ‚Kauppenklingen-Eiche' bezeichnet. Otto Feucht gibt den Umfang im Jahr 1909 mit 5,28 m an (s. dort S. 61). Genau 100 Jahre später ist der baumstarke östliche Hauptast herausgebrochen und hat dabei den Stamm weit aufgerissen (linke Seite oben links). Nach starken Regenfällen und heftigen Windböen um die Weihnachtszeit 2012 war das Ende des Baumriesen gekommen – die noch immer gut 35 m hohe Krone war zu schwer für den ausgehöhlten Methusalem. Als ich 2020 wieder vorbeischaue, finde ich die Reste des Baumes bereits im fortgeschrittenen Zerfallsprozess vor, aufkommender Jungwald und rankende Brombeeren haben den Leichnam schon teilweise umschlossen (Bild oben).

Nach der *Sulzeiche* (s. S. 454) ist sie nun die zweitstärkste Stiel-Eiche im Schönbuch: Die ebenfalls schon im Schwäbischen Baumbuch erwähnte *Große Eiche* an der Kälberstelle (linke Seite oben rechts). Der Standort verrät, dass es sich bei ihr um eine ehemalige Hute-Eiche handelt – der Schönbuch diente in früheren Zeit vielfach als Viehweide. Die großen, tieferen Äste sind bei ihr alle abgegangen, doch die obere Krone ist noch gut erhalten und mehr als 25 m hoch. Eine alte Blitznarbe und mehrere knollig überwachsene Abbruchstellen ehemaliger Äste gehören zu den besonderen Kennzeichen dieses Eichenveteranen.

Die Nummer drei der dicksten Schönbuch-Eichen ist die einzig noch verbliebene eines Trios, das man vom zentralen Parkplatz am Einsiedelsträßle aus schnell erreichen kann. Die beiden anderen beim Wegedreieck am ‚Dreispitz' sind allerdings längst gestürzt und bieten heute – zumindest eine von ihnen – ein immer noch sehr sehenswertes Beispiel für die wertvolle Bedeutung liegenden Totholzes für zahllose Kleinlebewesen, Moose und Pilze. Auch das noch erhaltene Exemplar (linke Seite unten links) ist bereits von einem recht modrigen Geruch umgeben, doch kann sie ihre fast 30 m hohe Krone noch immer recht gut halten. Sehr auffallend ist ihr übergroßer Tiefast, der alleine schon so stark ist wie eine mittelgroße Eiche. Die Borke fällt besonders waldseitig schon auf großer Fläche ab, doch scheint sich darunter eine zweite neu zu bilden. Auch sie besaß in früheren Zeiten weitere Starkäste, wie an den dick verwachsenen Bruchstellen erkennbar ist.

Nur rund einen Kilometer in nordöstlicher Richtung ist eine weitere Stiel-Eiche der 6-Meter-Klasse gar nicht so leicht zu finden. Man geht vom Weg, der zum nahen *Jägersitz* führt, etwa 100 m nach Norden in den Bestand. Dort steht die *Alte Dachsbühl-Eiche* an einem langen, schmalen Äsungsstreifen (linke Seite unten rechts). Ihre 28-m-Krone ist im oberen Teil weitgehend intakt, der Stamm geschlossen und mit brettartig dicker Borke bedeckt, die nur wenige Schadstellen aufweist. Ihr Wachstum verläuft – wie bei den vorher beschriebenen auch – sehr langsam, sodass man auch bei ihr ein etwa 400-jähriges Baumleben annehmen kann.

Die beiden letztgenannten Eichen gehören bereits zum Regierungsbezirk Tübingen, sind hier nur vorgezogen dargestellt, um auf das gemeinsame Waldgebiet des Schönbuch Rücksicht zu nehmen.

Verglichen mit den bei uns viel bekannteren Arten Sommer- und Winter-Linde ist die seit 1767 aus Südosteuropa nach Europa (zuerst nach England) eingeführte Silber-Linde (*Tilia tomentosa*) erheblich seltener anzutreffen. Das lateinische Wort ‚tomentosus' bedeutet ‚filzig', es steht somit als Art-Kennzeichnung für die dicht behaarte Blattunterseite, die sich durch ihren silbrigen Schimmer deutlich von derjenigen ihrer Verwandten unterscheidet.

Im Stuttgarter Stadtbezirk Plieningen ist man auf einen in hohem Maße landschaftsprägenden Baum dieser Art besonders stolz – schließlich gibt es hinsichtlich der Größe und des Alters kaum einen in Baden-Württemberg, der sich mit ihm messen könnte. Nach historischer Recherche des emeritierten Professors A. M. Steiner (Birkacher Notizen) erscheint eine Pflanzung um 1780 durch Herzog Carl Eugen von Württemberg als sehr wahrscheinlich.

Erst in jüngerer Zeit werden Silber-Linden aufgrund der beachtlichen Resistenz gegen Luftschadstoffe vermehrt auch als städtische Straßen- und Parkbäume gepflanzt. Neben der Eigenart und der landschaftstypischen Kennzeichnung hat sicher auch die Bedeutung eines solchen Prachtexemplars für die Tierwelt eine Rolle gespielt, als man den Baum unter Naturschutz stellte. Eine Linde bietet ebensoviel Nektar wie eine mehrere Hektar große Blumenwiese! Infolge der späten Blütezeit gewinnt die Silber-Linde insbesondere für Bienen, Hummeln und Schwebfliegen als Nahrungsquelle an Bedeutung. Denn Ende Juli ist das übrige Nektarangebot – vor allem auch in unseren ökologisch eher ‚schmalspurigen' Parkanlagen – bereits deutlich zurückgegangen. Vor allem in den Abendstunden lockt der angenehme Blütenduft deshalb so viele Insekten an, dass der enorme Konkurrenzdruck zu einem regelrechten Massensterben führen kann. Das pausenlose Anfliegen von bereits besetzten Blüten führt dazu, dass viele Hummeln entkräftet vom Baum fallen und sterben. Durch die Nahrungssuche wird offenbar mehr Energie verbraucht als diese dann einbringt! Dieser Zusammenhang wurde allerdings erst in den 90er-Jahren nach Untersuchungen der Uni Münster erkannt, zuvor hatte man den Nektar selbst als Verursacher des Phänomens in Verdacht und daraufhin gebietsweise schon damit begonnen, Silber-Linden zu entfernen und durch andere Arten zu ersetzen!

Hoffen wir also, dass die wertvolle Baumart Silber-Linde großräumig die Chance bekommt, sich zu so stattlichen Exemplaren zu entwickeln, wie wir es hier am Rande des Naturschutzgebietes Weidach- und Zettachwald bewundern dürfen.

Baumart: *Tilia tomentosa*
Landkreis: *Stuttgart (Stadt)*
Standort: *Am Wollgrasweg, 1 km westlich von Steckfeld*
Geodaten: *48.709362, 9.191466*
Alter: *ca. 240 Jahre*
Stammumfang: *5,43 m (2020)*

Silber-Linde
auf dem Beiberg

Baumart: *Platanus x hispanica*
Landkreis: *Stuttgart (Stadt)*
Standort: *Im Exotengarten Nordteil, beim Spielhaus*
Geodaten: *48.710150, 9.207394*
Alter: *247 Jahre, gepflanzt 1779*
Stammumfang: *7,70 m (Messung A. Roloff, 2023)*

Franziska-Platane
im Hohenheimer Exotengarten

Baumart: *Liriodendron tulipifera*
Landkreis: *Stuttgart (Stadt)*
Standort: *Im Exotengarten Nordteil*
Geodaten: *48.710288, 9.206794*
Alter: *247 Jahre, gepflanzt 1779*
Stammumfang: *5,11 m (2021)*

Das heutige Landesarboretum Baden-Württemberg vor den Toren Stuttgarts, dicht bei der Universität Hohenheim, wurde nach dem Vorbild englischer Parkanlagen bereits in den Jahren 1776 bis 1793 angelegt. Nach den Plänen des damaligen württembergischen Herzogs Carl Eugen sollte für seine spätere Gemahlin Franziska ein exotischer Garten mit Nachbildungen römischer Monumente und vielen seltenen Bäumen entstehen. Nach dem Tod des Monarchen im Jahr 1793 wurde das Gelände der Öffentlichkeit zugänglich gemacht. Schon zehn Jahre zuvor zählte die Sammlung 1.200 fremdländische Baum- und Straucharten und war damit die umfangreichste ihrer Art in ganz Deutschland.

Der 16,5 Hektar große Garten enthält heute zusammen mit dem benachbarten Schlosspark (13 Hektar) fast 2.600 verschiedene Gehölzarten (Formen, Sorten und Varietäten inbegriffen), viele davon sind nur mit wenigen oder gar nur mit einem einzigen Exemplar vertreten! Aus der Zeit vor 1793 sind heute noch 19 Baumschätze vorhanden!

Schon im Schwäbischen Baumbuch von 1911 ging Otto Feucht recht ausführlich auf diesen großartigen Bestand ein und beschrieb zwölf herausragende Seltenheiten – drei von ihnen haben bis heute überdauert. Der bekannteste dieser drei alten Baumbuch-Veteranen ist sicherlich die riesige Ahornblättrige Platane, die an sonnigen Nachmittagen das *Spielhaus* beschattet (linke Seite). Dieses Bauwerk ist noch aus der Gründerzeit erhalten und beherbergt heute das Museum zur Geschichte Hohenheims. Die nach der damaligen Favoritin des Landesherrn, Franziska von Leutrum – der späteren Herzogin von Hohenheim – benannte Platane zählt mit ihrer gut 33 m hohen und 25 m durchmessenden Krone zu den größten Bäumen im Ländle. Sie wurde 1779 vom Hofgärtner Johann Caspar Schiller, dem Vater Friedrich Schillers, gepflanzt. Ihr mächtiger Stamm mit der typischen gelb- und grüngefleckten, glatten Rinde – nur in den furchigen Vertiefungen haben sich Reste älterer Borkenstücke erhalten – gabelt sich in knapp 4 m Höhe in zwei Hauptachsen, die sich ihrerseits weiter aufteilen, einige Spannseile sichern die Verbindung. Es ist gut möglich, dass hier sogar zwei Bäume dicht nebeneinander gepflanzt wurden – einer für Carl Eugen und einer für Franziska. Wahrscheinlich gibt es kein stärkeres Exemplar dieser Baumart in Baden-Württemberg, der Stamm misst im Jahr 2023 stolze 7,70 m im Umfang. Der Gesundheitszustand ist so vital, dass man der Hybrid-Platane sicher weitere hundert Lebensjahre zutrauen darf. Am 6. Mai 2023 wurde die Franziska-Platane zu einem Nationalerbe-Baum Deutschlands gekürt – eine Ehre, die bisher erst 24 weiteren alten, historischen Bäumen in Deutschland zuteil wurde.

Unweit westlich von ihr steht einer der drei stärksten Tulpenbäume des Landes, auch er wurde 1779 gepflanzt (Bild oben). Sein Stammgrund hat sich infolge ungezügelten Wurzelwachstums zu einem für die Art nicht untypischen, monströsen Elefantenfuß entwickelt, oberhalb dessen der Umfang mit mehr als fünf Metern gemessen werden kann. Die Krone ist leider erheblich reduziert, was die Dominanz des Stammes noch mehr betont. Aus der Zeit vor 1790 kann man im Exotengarten erfreulicherweise noch weitere fünf Exemplare dieser schönen Baumart Nordamerikas entdecken.

Jägerallee
im Hohenheimer Schlosspark

Baumart: *Populus nigra 'Italica'*
Landkreis: *Stuttgart (Stadt)*
Standort: *Im Schlosspark, Zentralachse nach Süden*
Geodaten: *48.710358, 9.214391*
Alter: *252 Jahre, gepflanzt 1772*
Stammumfang: *bis 3,84 m (2021)*

Auf den Wiesen vor der Hohenheimer Schlossfassade wurde ab 1829 der Alte Botanische Garten angelegt, und im heutigen Schlosspark lassen sich aus dieser Zeit noch einige spannende Baumentdeckungen machen. Gleich nach dem westlichen Zugang zum Park an der Emil-Wolff-Straße wird ein in dieser Größe sehr seltener Japanischer Schnurbaum (*Styphnolobium japonicum*) leicht übersehen, da er ein wenig in die umgebenden Eiben eingewachsen ist (rechts oben). Der erstmals 1767 beschriebene Schmetterlingsblütler, dessen Pflanzdatum leider nicht bekannt ist, dürfte aus der Zeit um 1860 stammen und zählt mit seinem 4,5-m-Stamm zu den größten seiner Art in Baden-Württemberg.

Über den Koniferenhain, in dem unter anderem Bergmammutbaum, Douglasie, Gelb-Kiefer und Riesen-Lebensbaum vertreten sind, gelangt man auf die weitgehend freie Schlossterrasse. Hier sind nur wenige Gehölze gepflanzt, darunter ein beachtlicher Speierling im Alter von vielleicht schon 120 Jahren. Jenseits des östlichen Diagonalwegs fällt ein fünfachsiger, sehr knorrig wirkender Baum auf, dessen grobe Borke der einer Robinie gleicht. Doch es ist eine Kaukasische Flügelnuss (rechts unten), vielleicht die älteste im Land – 1782 wurde die Art nach Europa eingeführt. Mit ihren sehr großen, im Herbst intensiv gelb gefärbten Fiederblättern und den langen Fruchtständen gilt sie als ausgesprochen dekorativer Parkbaum. In weitem Umkreis um den 1842 gepflanzten Baum sind durch Wurzelschösslinge Hunderte von Austrieben entstanden, die den Altbaum umgeben wie ein kleiner Wald.

Der in der Schlossachse nach Süden verlaufende Weg wird von einer Doppelreihe erstaunlich alter Pappeln gesäumt: Es ist die 1772 mit der Säulen- oder Pyramiden-Schwarz-Pappel angelegte *Jägerallee* (linke Seite). Wirklich bemerkenswert an dieser Allee ist zum einen, dass die ehemals schlank und hoch aufragenden Bäume (dies belegt eine Zeichnung aus dem Jahr 1801) seit langer Zeit bereits nach Art der Kopfweiden geschnitten werden. Zum anderen liegt das angegebene Alter von 250 Jahren weit jenseits der normalen Lebenserwartung dieser pilzanfälligen Baumart – mehr als 150 bis 200 Jahre werden selten erreicht. Ihre teilweise offenen Stämme sind alle hohl, was sie dann auch sehr alt aussehen lässt. Zumindest vereinzelt dürften allerdings auch Nachpflanzungen dabei sein. Drei der alten Exemplare sind umgestürzt, doch zwei von ihnen treiben dennoch aus!

Baumart: *Styphnolobium japonicum*
Landkreis: *Stuttgart (Stadt)*
Standort: *Hohenheimer Schlosspark*
Geodaten: *48.711646, 9.211555*
Alter: *ca. 160 Jahre*
Stammumfang: *4,57 m (2021)*

Baumart: *Pterocarya fraxinifolia*
Landkreis: *Stuttgart (Stadt)*
Standort: *Hohenheimer Schlosspark*
Geodaten: *48.711419, 9.215371*
Alter: *182 Jahre, gepflanzt 1842*
Stammumfang: *6,77 m (2021)*

Die imposantesten Bäume Esslingens leben nur wenige Hundert Meter voneinander entfernt, sodass man sie auf einem kleinen Spaziergang besuchen kann. An der Bushaltestelle in der Maillestraße steht man direkt vor einem der ältesten und großartigsten Ginkgobäume Deutschlands (rechte Seite). Die in China beheimatete Baumart kam schon wenige Jahre nach ihrer Entdeckung 1691 nach Europa. Die ältesten heute noch existierenden Exemplare werden auf etwa 1750 bis 1770 datiert – unser Esslinger Ginkgo dürfte spätestens 100 Jahre später gepflanzt worden sein, Angaben gibt es hierzu leider nicht. Er ist heute zwischen den hohen Gebäuden der Volksbank und eines Studentenwohnheims regelrecht eingezwängt. Früher stand er hier auf einer kleinen Parkfläche und konnte seine altersbedingt schon recht ausladende Krone sicher wesentlich besser zur Geltung bringen. Aber immerhin, man hat ihn im Zuge der Baumaßnahmen nicht beseitigt, und das ist ja schon sehr lobenswert. Der mit tiefen Furchen und dicken Wucherungen versehene Stamm ist für einen Baum dieser Art ungewöhnlich stark entwickelt – in 1 m Höhe, unterhalb einer großen Verdickung, messe ich 4,72 m, in der üblichen Messhöhe von 130 cm sind es sogar 4,98 m. Damit liegt er in Deutschland und sogar in ganz Europa bei den stärksten Bäumen seiner Art! Auch die Ausbildung zweier ‚Tschitschis', wurzelartiger Auswüchse am Stamm, ist zu beobachten – was nur in höherem Alter vorkommt und bei uns sehr selten ist. Die Funktion dieser stalagtitenartigen Auswüchse ist bisher noch nicht bekannt.

Auf einer sehr schmalen Verkehrsinsel der Ulmer Straße, am Mörikepark, erhebt sich die mächtige Kuppel einer Ahornblättrigen Platane (unten links). Die gewaltige Kronenbreite von 36 m resultiert aus der frühen Aufteilung des Stammsockels in fünf Achsen. Diese riesigen, bis in über 30 m Höhe hinaufreichenden Stämmlinge sind erstaunlicherweise nicht gesichert – und das direkt an einer viel befahrenen Straße! Dass der Baum die starken Stürme der jüngeren Vergangenheit offenbar ohne große Schäden überstanden hat, grenzt schon an ein Wunder. An einer Stelle ist der Fruchtkörper eines Baumpilzes zu entdecken, ansonsten scheint der mindestens 150-jährige Baumriese in guter Verfassung zu sein. In arttypischer Weise blättert die Rindenstruktur des Stammes stark ab, sein Umfang von 6,12 m bringt die Esslinger Platane auf den sechsten Platz in Baden-Württemberg (vgl. www.ddg@web.de).

Der nahe am Neckar gelegene *Merkelpark* erinnert an den Kommerzienrat Oskar Merkel, der vor 150 Jahren seine Villa mit zahlreichen Parkbäumen umgab. Heute erfreuen sich die Besucher neben vielen weiteren Arten vor allem an prächtigen Platanen, aber auch an einer der stärksten Blut-Buchen des Landes. Eine 27 m breite Krone wölbt sich über dem mit vielen Narben und Verwachsungen ungemein beeindruckenden Stamm (links).

Baumart: *Platanus x hispanica*
Landkreis: *Esslingen*
Standort: *Ulmer Straße*
Geodaten: *48.736293, 9.308896*
Alter: *ca. 150–180 Jahre*
Stammumfang: *6,12 m (2018)*

Baumart: *Fagus sylvatica 'purpurea'*
Landkreis: *Esslingen*
Standort: *Merkelpark, Im Pulverwasen*
Geodaten: *48.735527, 9.307462*
Alter: *ca. 150 Jahre*
Stammumfang: *5,21 m (2018)*

Ginkgo
in Esslingen

Baumart: *Ginkgo biloba*
Landkreis: *Esslingen*
Standort: *Maillestraße*
Geodaten: *48.738221, 9.308558*
Alter: *ca. 160 Jahre*
Stammumfang: *4,72 m (2018, bei 100 cm Höhe)*

Königspaar des Waldes
bei Baltmannsweiler

Der Eichenkönig des Schurwaldes ist längst Geschichte – am 5. August 1905 stürzte der schwer von Gewitterstürmen erschütterte und von Blitzen getroffene Baum mit ‚donnerähnlichem Krachen' zu Boden. Nach über 500 Jahren hatte er einen Umfang von 7,5 m und ein Volumen von angeblich 75 m^3 erreicht! Auch wenn letzteres ein wenig hoch gegriffen scheint – das Schwäbische Baumbuch erwähnt hier lediglich 30 Festmeter – sind das doch Maße, die bisher von kaum einer anderen Waldeiche des Landes erreicht wurden. Noch heute, nach über 100 Jahren, ist ein großes Stammstück vorhanden (oben), bei dem eine Holztafel an den einstigen Waldriesen erinnert. Das Schwäbische Baumbuch schreibt hierzu: *„Unberührt bleibt er auf Beschluß der Staatsforstverwaltung liegen, als Ruine inmitten der lebenskräftigen Umgebung, ein eindringliches Bild gewesener Macht."* (S. 52).

Rund 50 Schritte unterhalb (nördlich) des gefallenen ‚Königs' erhebt sich noch heute die ‚Eichenkönigin'. Während sie im Jahre 1910 offenbar noch im Vollbesitz ihrer Krone („*in der Vollkraft des Lebens*") stand, lesen wir bei Wolf Hockenjos in seiner ‚Begegnung mit Bäumen' (1978), dass ihr letztes Stündlein wohl kurz bevor stünde. Einige Jahre zuvor hatten achtlose Frevler im hohlen Stamm ein Feuer entzündet, was wahrscheinlich das Ende ihres Baumlebens bedeutete. Die Brandspuren sind noch heute unübersehbar und wer den hohlen Stamm durch einen breiten Riss betritt, kann am Ende der ausgebrannten, schwarzen Stammröhre durch einige weitere Öffnungen das Blau des Himmels sehen (oben rechts).

Die Dimensionen dieses Stammes, an dessen Fuß sich auch die Reste einer früheren Beton-Ausmauerung finden, sind immer noch beeindruckend: 2008 zeigte mein Maßband unterhalb einer alten Maserknolle (talseitig in 1,60 Meter Höhe) 6,65 m. Schon im Jahr 1910 waren es bereits 6,20 m und 68 Jahre später bei Hockenjos 6,55 m. Nicht auszuschließen also, dass auch die ‚Königin' ihre Regentschaft seit fast einem halben Jahrtausend standhaft behauptet – wenngleich dies heute längst nur noch als Totholz der Fall ist. Irgendwann wird auch diese ruinenhafte Stiel-Eiche im Sturm fallen, und auch bei ihr wird das sicher in weitem Umkreis zu hören sein!

Baumart: *Quercus robur*
Landkreis: *Esslingen*
Standort: *Nördlich des Esslinger Wegs, im Bestand, 50 m unterhalb des 1905 gefallenen Eichenkönigs*
Geodaten: *48.753398, 9.431073*
Alter: *ca. 500 Jahre*
Stammumfang: *6,51 m (2020)*

Mehr als ein Dutzend Gemeinden und Ortsteile tragen den Namen Hochdorf – und fast alle liegen in Baden-Württemberg oder Bayern. Das ist nicht weiter verwunderlich, denn dieser Ortsname ist alemannischen Ursprungs und man geht davon aus, dass auf der ‚Hochebene' über dem Filstal schon im 6. Jahrhundert eine erste Besiedlung stattfand.

Was mich allerdings schon ein wenig überrascht ist, dass das hier angesprochene Hochdorf in der südlichen Nachbarschaft von Reichenbach a. d. Fils einen bisher weitgehend unbekannt gebliebenen Baumschatz zu bieten hat: Auf einer kleinen Anhöhe, wenige Hundert Meter nordwestlich des Ortsrandes befindet sich ein großartiger Lindenplatz. In jüngerer Zeit hat die Gemeinde den Platz am Gehölzrest nahe des ehemaligen Steinbruchs freigestellt und eine Sitzbank sowie eine Tafel mit der Geschichte des Ortswappens angebracht. Dieses zeigt drei Lindenbäume – und immerhin zwei von den alten Wahrzeichen der Gemeinde sind noch heute vorhanden. Von der dritten Linde fehlt dagegen jede Spur.

Beide sind jedoch von der Last ihres Alters, 300 Jahre dürften es sicher sein, schon schwer gezeichnet. Dennoch – oder gerade deshalb – entfalten sie eine märchenhafte Ausstrahlung. Die tiefer am Hang stehende (oben) hatte früher wahrscheinlich drei Hauptachsen. Von der unteren Achse ist nichts mehr zu sehen, hier ist der ganze Stamm aufgerissen, sodass man ins Innere blicken kann. Die mittlere Achse ist ebenfalls komplett abgerissen, ein wenige Meter langes Reststück ragt noch spitz zulaufend aus dem Stammsockel. Der obere Stämmling ist dagegen noch in Teilen erhalten, er gabelt sich nach etwa 5 m in zwei Äste, die nun noch die zunehmend absterbende Krone bilden. Sehr markant ist ein noch erhaltener Tiefast, der seitlich abgeht und sich waagerecht ausstreckt. Sehr charakteristisch sind die zahlreichen geschwulstartigen Maserknollen, die sich bis hoch hinauf fortsetzen und im Stammbereich bereits zum Teil weggefault sind. Eine Reihe von Jungtrieben zeigen die erstaunlichen Überlebenskünste des 2012 noch 5,18 m starken Veteranen. Frühere Behandlungen sind als Reste eines Wundharzanstrichs sowie zweier Gewindestangen erkennbar, die früher einen Spalt überbrückt haben mögen, heute aber schon ins Freie ragen.

Die etwas höher am Hang stehende zweite Linde (rechte Seite) wirkt sogar noch älter – bei ihr besteht der alte Stammsockel nur noch aus einer ca. 5 m hohen Stammschale, die an zwei Seiten bis auf einen Meter über dem Erdboden geöffnet ist und somit Einblick in ihr vermodertes Innenleben gewährt. Ein ausgebrochener Stamm liegt ihr zu Füßen. In der Höhlung ist Adventivwachstum in Form beulenartiger Wülste zu erkennen, und einige Wurzeln sind im modrigen Boden versenkt. Auch fensterartige Öffnungen sind vorhanden. Und doch hat die alte Schale an den wulstig verwachsenen Resten der ehemaligen Stämmlinge jeweils einen grünenden Ast hervorgebracht, die im September 2020 bis in 15 beziehungsweise 8 m Höhe emporwachsen. Der Baum bietet dem Betrachter ein Bild von Verfall und Wachstum zugleich und die auch hier vorhandenen Wucherungen stehen in seltsamem Kontrast zur zierlichen Verzweigung der jüngeren Kronenteile.

Seit dem 25. 8. 1983 sind die alten Winter-Linden als Naturdenkmale geschützt.

Drei Linden
in Hochdorf

Baumart: *Tilia cordata*
Landkreis: *Esslingen*
Standort: *Plochinger Straße, 130 m südwestlich der Abzweigung Reichenbacher Straße*
Geodaten: *48.698977, 9.457446*
Alter: *ca. 300 Jahre*
Stammumfang: *obere Linde 4,50 m, untere Linde 4,68 m (2020)*

Lindacheiche
im Schelmenwasen

Zwischen Beuren, Nürtingen und Kirchheim unter Teck ist ein großes, vom Tiefenbach durchschnittenes Waldgebiet erhalten geblieben, dessen Fläche unter die angrenzenden Siedlungen aufgeteilt ist. Der nördliche Teil davon, der *Talwald*, gehört zum Stadtgebiet von Kirchheim unter Teck, und somit darf dieses wohl einen der ältesten und bedeutendsten Bäume des gesamten Albvorlandes für sich in Anspruch nehmen. Wenn auch nur ganz knapp, denn der mächtige Baum steht direkt am östlichen Waldrand und somit an der Grenze zum Gemeindegebiet von Dettingen unter Teck.

Das Alter dieser imposanten Stiel-Eiche wird auf einer Tafel mit 550 Jahren angegeben – und selbst wenn dies ein wenig zu hoch gegriffen sein sollte, so ist doch jedem klar, der an ihr hinaufschaut, dass man hier einen hinsichtlich des Alters absolut herausragenden Baum vor sich hat. Und dies gilt nicht nur für Bäume im Allgemeinen, sondern sogar für Eichen im Speziellen. Und das will schon etwas heißen, schließlich gelten Eichen – zusammen mit den Linden – als die langlebigsten Laubbäume überhaupt in Europa!

Der mächtige und das Gesamtbild prägende Stamm der Lindacheiche ist bis in 10 m Höhe nahezu astfrei, darunter sind zahlreiche alte Verwachsungsnarben erkennbar, darüber treten einige relativ schwache Äste aus. Oberhalb dieser Äste nimmt der Umfang des Stammes deutlich ab, in 130 cm Höhe beträgt er noch knapp 6 m. Eine Etage darüber folgt die Aufteilung über zwei Hauptachsen in die eigentlichen Kronenäste. Als Gesamthöhe werden noch 30 m angegeben. Vor allem im mittleren Bereich sind viele Astausbrüche und auch ein erheblicher Borkenschaden zu sehen. Die ungefähr in Messhöhe vorhandene Schadstelle dürfte vermutlich nicht durch einen Astausbruch entstanden sein, eher kommt hier eine Verletzung durch ein Fahrzeug oder durch einen anderen, stürzenden Baum in Frage.

Pilzbefall ist bereits außen zu sehen (Bild rechts), doch nach Klopfproben scheinen zumindest keine großen Hohlräume im Stamm vorhanden zu sein – eigentlich sehr ungewöhnlich in diesem Alter. Vor allem die dem Wald abgewandten Äste sind noch sehr fein verzweigt. Auch daraus darf man schließen, dass dieses ungewöhnliche Naturdenkmal noch weitere Jahrzehnte vor sich haben könnte.

Baumart: *Quercus robur*
Landkreis: *Esslingen*
Standort: *Am östlichen Rand des Talwaldes*
Geodaten: *48.626618, 9.435432*
Alter: *ca. 400–550 Jahre*
Stammumfang: *5,98 m (2017)*

Eichenhain
am Kinderwasen

Den größten und bedeutendsten Baumschatz Weilheims findet man etwa 600 m vom östlichen Stadtrand entfernt, am Rand des bewaldeten Bergrückens ‚Wolfscherre'. Vom Wanderparkplatz am *Kinderwasen* ist es nur ein kurzes Stück hangaufwärts und man steht vor dem schönsten Eichenhain des gesamten Albvorlandes. Insgesamt rund 60 Trauben-Eichen im Alter von bis zu 300 Jahren sind hier am Nordhang mit schönem Blick nach Kirchheim, über das Filstal und zum dahinter liegenden Schurwald versammelt.

Das mit Abstand eindrucksvollste Exemplar ist gleich der erste Baum in vorderster Reihe: Viel stärker als bei allen anderen ist bei dieser Eiche der teilweise freiliegende Wurzelansatz ausgebildet, der seitlich so weit ausgreift, dass am kurzen Stamm eine ausgeprägte Taille entsteht. Der Umfang in Brusthöhe beträgt stattliche 6,60 m, die Taille misst 6,45 m. Der tiefe Kronenansatz und die hier abgehenden, starken Hauptäste führen zu einer großen und bis auf wenige Verluste noch vollständig erhaltenen Krone – die Höhe beträgt 27 m, der Durchmesser etwa 24 m. In östlicher Richtung hat der Baum allerdings kaum Kronenäste ausgebildet, hier steht schon in recht kurzer Entfernung der 5,40 m starke Nachbar. Die erwähnten Astverluste liegen – sicher nicht zufällig – genau über der Grillstelle, die viel zu nahe am Baum angelegt wurde. Brandspuren sind zwar keine auszumachen, doch die aufsteigende Wärme hat vermutlich zur Austrocknung der Äste geführt. Und wenn dann zum Grillen gerade kein anderes trockenes Holz zur Hand ist ...

Im zentralen Teil des Hangabschnitts steht der zweitstärkste Baum. Er zeichnet sich durch einen starken Tiefast aus, der den 5,60 m dicken Stamm horizontal verlässt und sich 19 m lang über den Boden streckt.

Im östlichen Teil fällt ein stark geschädigtes Exemplar auf (Umfang 5 m) mit hohlem Stamm und erheblich reduzierter Krone. Es weist den schlechtesten Zustand aller hier stehenden Bäume auf. Der letzte Baum vor dem begrenzenden Weg hat dagegen seine 25 m durchmessende, prächtige Krone fast vollständig erhalten.

Baumart: *Quercus petraea*
Landkreis: *Esslingen*
Standort: *am Kinderwasen, Anstieg zur Wolfscherre*
Geodaten: *48.618780, 9.557170*
Alter: *ca. 300 Jahre*
Stammumfang: *bis 6,60 m (2017)*

Königslinde
bei Ohmden

Ohmden ist eine heute etwa 1.700 Einwohner zählende Gemeinde am östlichen Rand des Landkreises Esslingen. Ihr Name geht auf die Bezeichnung für den zweiten Grasschnitt zurück, den man noch heute ‚Öhmd' nennt. Auf einer Wiese nahe des Ortsteils Lindenhof pflanzte die Bürgerschaft am 31. 10. 1841 anlässlich des 25. Regierungsjubiläums von König Wilhelm I. eine Linde. Diese Winter-Linde ist seit 1983 als Naturdenkmal eingetragen und hat sich inzwischen zu einem mächtigen Solitärbaum entwickelt. Die östlich daran vorbeiführende Straße führt zum Nachbarort Schlierbach, weshalb der nun ca. 180-jährige Baum auch Schlierbacher Linde genannt wird.

Schon am 3. März 2009 war der Zustandsbericht der Königslinde, erstellt von einem Welzheimer Forstingenieur, im ‚Teckbote' zu lesen. Danach nehmen die Sachverständigen ein noch höheres Alter an und ihr Gesundheitszeugnis fällt leider alles andere als erfreulich aus: Der damals 33 m hohe Baum sei größtenteils hohl – wie eine Messung mit einem Schallimpuls-Tomografen ergeben hat. Die Restwandstärke von nur noch 20 bis 30 cm führe dazu, die Linde als ‚nicht standsicher' einzustufen. Die schon in den 30er-Jahren nach einem Blitzschlag eingebrachte Kronensicherung mit Kanthölzern und Stahlgewindestangen sollte durch Seilverbindungen ergänzt werden.

Als ich 2011 vorort war, fand ich die Linde in der Krone um ca. 5 m gekürzt vor und einige Stahltrossen waren eingebracht. Rein äußerlich war von der Kernfäule im Inneren des rund 7 m starken Stammes nichts zu entdecken. Und auch die etwa 22 m breite Krone machte einen vitalen Eindruck. Doch gegen die Pilze ist wohl noch kein Kraut gewachsen!

Bei einem zweiten Besuch im Mai 2017 (Bilder unten und rechte Seite) zeigt sich die noch 28 m hohe Krone auf den ersten Blick unverändert – die etagenförmig über den drei baumstarken Hauptachsen sich aufbauende Verzweigung weist allerdings auf der Westseite deutliche Trockenschäden auf. Auch einige weitere Abbrüche haben inzwischen stattgefunden und vereinzelt sind größere Äste auch ganz abgestorben. An vielen Seitenästen fallen unterseits knollenartige Verdickungen auf. Der Stamm selbst ist mit Holundersträuchern und eigenem Austrieb dicht eingewachsen und somit nicht zugänglich.

Baumart: *Tilia cordata*
Landkreis: *Göppingen*
Standort: *Lindenhof; Ortsausgang, Straße nach Schlierbach*
Geodaten: *48.652365, 9.536426*
Alter: *ca. 180 Jahre*
Stammumfang: *ca. 7 m (2017)*

Alte Eichen
am Badwasen

Baumart: *Quercus petraea*
Landkreis: *Göppingen*
Standort: *Direkt am Schützenhaus sowie ca. 100 m westlich beim Tempele*
Geodaten: *48.632029, 9.599610 • 48.631761, 9.599761 • 48.631707, 9.600364*
Alter: *Tempele- und Badwaseneiche ca. 400 Jahre, Schützenhauseiche ca. 350 Jahre*
Stammumfang: *Tempele-Eiche: 6,03 m, Badwaseneiche: 5,90 m, Schützenhauseiche: 5,13 m (alle 2011)*

Unweit des Aichelbergs, der am Beginn des Albaufstiegs der A 8 zumindest den meisten Autofahrern bekannt ist, liegt die Kurgemeinde Bad Boll im Landkreis Göppingen. Schon vor über 400 Jahren wurden im Ortsbereich Schwefelquellen entdeckt und 1596 errichtete der berühmte Baumeister Heinrich Schickhardt das heutige Kurhaus in seiner ersten Form. Neben dem Schwefelwasser des hier anstehenden Posidonienschiefers – einer sehr fossilreichen Schicht des Schwarzen Juras – tritt in Bad Boll auch kohlensäurehaltiges Thermalwasser zutage, das 1972 erbohrt wurde. Dieses hat seinen Ursprung in tieferen Erdschichten, wo der ‚Schwäbische Vulkan' (Zone intensiver vulkanischer Tätigkeit im Raum Bad Urach vor ca. 17 Millionen Jahren) noch immer die aktive Wärmequelle darstellt. Sowohl der Aichelberg (564 m) als auch der benachbarte Turmberg (609 m) sind zwei dieser alten Vulkanschlote.

Hinter dem Kurhaus führen die Wege nach Süden durch Wiesen und Obstgärten zum bewaldeten Albrand. Hier trifft man auf einen schon 1824 erbauten Holz-Pavillon, das *Tempele*, mit schönem Blick zu den *Kaiserbergen*. Auch drei eindrucksvolle Trauben-Eichen (*Quercus petraea*) sind hier anzutreffen, die zum Zeitpunkt des ersten Kurbetriebs vielleicht noch nicht aufgegangen waren, doch zumindest nicht allzu viel jünger sein dürften. Das prächtigste Exemplar steht direkt am Tempele (Bild rechts oben) und bildet mit diesem zusammen eine sehr ansprechende Einheit. Bis in 27 m Höhe recken sich die drei Hauptachsen, die den mächtigen Stamm erst in über 7 m Höhe verlassen. Eine riesige Verwachsung am 6,03 m starken Stamm – an der Seite zum Schützenhaus – zeigt den Abgang eines ehemals sehr großen Tiefastes.

Ein zweiter Baum, die annähernd gleich starke Badwaseneiche (rechts unten) steht vom kleinen Weg etwas zurückgesetzt in einer unwegsamen Gehölzmulde, in der die weit ausgreifenden Wurzelanläufe durch Bodenerosion teilweise frei liegen.

Direkt am Schützenhaus dann ein sehr ausladendes Exemplar (linke Seite) mit kurzem, wuchtigem Erdstamm. Dieser teilt sich früh in ein gutes Dutzend sehr lang ausgebildeter Äste auf, die der Krone eine nach oben immer breiter werdende Form geben. Sie misst im Durchmesser fast 28 m und unterscheidet sich im Wuchs deutlich von den Kronen der beiden anderen Eichen.

Silber-Pappel
in Bad Boll

Silber-Pappeln (*Populus alba*) erfreuten sich offenbar um 1820 einer gewissen Beliebtheit im Land – ähnlich wie es bei den Blut-Buchen 60 Jahre später der Fall war. Im Zeitalter des Klassizismus war es geradezu schick, einen so prächtigen Baum in seinem (ziemlich großen) Garten oder gar herrschaftlichen Park zu haben. Jedenfalls dürfte es kein Zufall sein, dass einige der größten Silber-Pappeln Baden-Württembergs zu dieser Zeit gepflanzt wurden.

Die beiden Exemplare im Tübinger Stadtteil Kilchberg (am Friedhofseingang) wurden 1826 gepflanzt, die zwei im ehemaligen Schlossgarten von Mauren bei Ehningen etwa um 1820 (s. S. 240 f.). Für die Pappeln am Zimmerbach-Brückle (Hechingen-Weilheim, s. S. 484 f.) gibt es leider keine Angaben. Im Unterschied zu diesen immer paarweise gepflanzten Bäumen steht die Silber-Pappel von Bad Boll alleine am südlichen Ortsausgang, an der Straße nach Gruibingen.

Ein seit einigen Jahren weiträumig den Baum umgebender Holzzaun soll die Besucher vor eventuell herabstürzenden Ästen schützen, schließlich ist *„der Gesundheitszustand der Silberpappel nach 200 Jahren (Pflanzzeit 1820) nicht mehr der Beste“*, wie auf einem am Zaun angebrachten Hinweisschild zu lesen ist. Auf einer zweiten Tafel erfährt man, dass das Boller Wahrzeichen 2004 wegen Gefährdung der Allgemeinheit gefällt werden sollte. Durch eine Bürgerinitiative und ein Gutachten konnte der alte Baum aber gerettet werden!

Bei meinem ersten Besuch im November 2011 (linke Seite) war noch keine Umzäunung vorhanden und ich konnte das morsche Innenleben des 6 m dicken Stammes betrachten, auch Spuren eines früheren Brandes waren erkennbar. Die Forstwirte von Bad Boll nehmen regelmäßig Pflegemaßnahmen vor – dazu gehört das Einkürzen der Baumkrone (Höhe 2017 noch 16 m, Bild rechts) sowie das Heraussägen von dürren Ästen und Schösslingen.

Baumart: *Populus alba*
Landkreis: *Göppingen*
Standort: *Ortsausgang Richtung Gruibingen*
Geodaten: *48.631867, 9.611234*
Alter: *204 Jahre, gepflanzt 1820*
Stammumfang: *6,00 m (2011)*

Trauben-Eiche
über dem Riesbachtal

Noch ein wenig dicker als die Boller Silber-Pappel ist eine weitere Trauben-Eiche am östlichen Talrand des Riesbachs, im südlichen Teil der Gemarkung und 200 m oberhalb des Freibades gelegen. Die ursprüngliche Krone muss riesig gewesen sein, noch heute (2017) spannen sich die verbliebenen fünf Stämmlinge mit relativ guter Verzweigung über 24 m – bei einer Kronenhöhe von 20 m. Zahlreiche Kronenäste wurden zur Gewichtsreduzierung erkennbar eingekürzt.

Die Zentralachse fehlt seit Langem, doch an der zentrumsnächsten Achse sind zur Sicherung Stahlseile zu den übrigen vier Hauptästen angebracht. Ein ehemaliger Tiefast ist an seiner Abbruchstelle sehr gut verheilt. An der Rückseite fehlt allerdings der talseitige Kronenteil – der hier herausgebrochene Stämmling hat den Hauptstamm auf 4 m bis zum Erdboden herab aufgeschlitzt (rechte Seite). An den Rändern dieser Öffnung haben sich dicke Wülste gebildet, die jedoch mit ihrer Überwallungsarbeit nicht schnell genug vorankommen, um den an der Basis 1,5 m breiten Riss wieder zu verschließen. Das lange Zeit schutzlose Holz des 6,16 m dicken Stammes ist infolgedessen auch bereits ziemlich stark vermodert.

Bei meinem Besuch Ende April 2017 hat an allen Ästen des Naturdenkmals wieder der Blattaustrieb eingesetzt und man darf davon ausgehen, dass der vielleicht schon 400-jährige Baum noch viele weitere Jahre Bestandteil des reichen Bad Boller Baumschatz-Ensembles bleiben wird.

Baumart: *Quercus petraea*
Landkreis: *Göppingen*
Standort: *200 m südlich des Freibads, oberhalb des Riesbachs*
Geodaten: *48.629314, 9.617998*
Alter: *ca. 400 Jahre*
Stammumfang: *6,16 m (2017)*

Baumart: *Taxus baccata*
Landkreis: *Göppingen*
Standort: *Auf dem Friedhof*
Geodaten: *48.639340, 9.636820*
Alter: *ca. 300 Jahre*
Stammumfang: *3,23 m (2017)*

Eibe
in Dürnau

Die Eibe (*Taxus baccata*) war einst der heilige Baum der Kelten. Nach deren Weltanschauung war die Seele des Menschen unsterblich und so pflanzten sie die ewig lebenden Eiben ihren Toten zur Seite. In den ehemals keltisch besiedelten Gebieten Nordwest-Frankreichs, Großbritanniens und Irlands stehen bis 2.000 Jahre alte Eiben, in deren riesigen Stämmen mitunter ganze Kapellen samt Sitzbänken Platz finden. Die älteste Eibe Europas im schottischen Fortingall soll sogar 3.000 Jahre alt sein.

Bis in unsere Gegenwart hinein hat sich diese Kultur auch bei uns insofern erhalten, als man die ältesten Eiben meist auf Friedhöfen findet. So etwa im Friedhof von Dürnau, dem östlichen Nachbarort von Bad Boll, wo ein ungewöhnlich prächtiges, altes, aber sehr vitales Exemplar den Mittelpunkt bildet. Der wunderbar gleichmäßig gewachsene Baum verfügt sowohl über eine ausgeprägte Zentralachse als auch über fast gleich lange, radial abgehende Seitenäste. Diese zeigen einen deutlich unsymmetrischen Querschnitt, was zu mehr Stabilität am Ansatzpunkt führt. Der nur etwa 10 m hohe Baum erreicht so eine Krone von immerhin 17 m Durchmesser.

Eiben gehören seit dem Ausgang des Mittelalters, als das harte und zähe Holz in großem Umfang zu Gebrauchsgegenständen, aber auch zu Bogen, Pfeil und Armbrust verarbeitet wurde, zu den seltenen Baumarten und sind deshalb generell geschützt. Die Eibe ist auch die Baumart mit dem langsamsten Wachstum überhaupt bei uns. Während Pappeln oder Weiden schon mal 5 bis 7 cm pro Jahr im Umfang zulegen, bleibt es bei der Eibe meist deutlich unter 1 cm. Der Umfang des tief gefurchten Stammes der Dürnauer Eibe beträgt beachtliche 3,23 m – was auf ein Alter von rund 300 Jahren hindeutet.

Apropos Alter: Natürlich spielen für den Zusammenhang von Baumstärke und Alter die lokalen Bedingungen hinsichtlich Wärme- und Lichtverhältnisse, Konkurrenzsituation sowie Wasser- und Nährstoffgehalt des Bodens eine entscheidende Rolle. Den ältesten, nicht geklonten Baum der Welt findet man unter den Grannen-Kiefern der White Mountains (Kalifornien, bis 5.062 Jahre). Wurzelsysteme eines Baums können dagegen immer wieder neue Klone austreiben, wodurch sich die gesamte Lebenszeit eines pflanzlichen Organismus enorm verlängern kann: Fichten in Nordschweden bis 9.550 Jahre oder die Zitterpappel-Kolonie ‚Pando' in den USA sogar bis zu ca. 80.000 Jahre.

Linde
beim Bühlhof

Die bei Google Maps am Waldrand über dem *Gestüt Birkhof* nahe Reichenbach unter Rechberg vermutete Linde entpuppte sich bei meinem Besuch im Juni 2017 als wahres Baum-Ungetüm! Der mächtige Erdstamm ist ein geradezu monumentaler Sockel, ein Gebirge aus Holz, das viele Meter weit seine dicken, knorrigen Wurzelausläufer ausschickt, um dem riesigen Baum einen sicheren Stand zu geben. Es führt kein Weg zu diesem Koloss einer Winter-Linde (*Tilia cordata*) und bei dem leider gerade jetzt einsetzenden Landregen ist der Weg durchs Unterholz vom Bühlbuckelweg aus nicht gerade einfach.

Der Baum wurzelt auf einem Geländekamm, der nach Westen zum Birkhof und nach Osten in ein steiles bewaldetes Bachtal abfällt, und er wird vom umgebenden Jungwuchs bereits erheblich bedrängt. Der in der Liste der Naturdenkmale der Stadt Donzdorf (hier ist der Baum seit 1984 als geschützt eingetragen) erwähnte ‚Bühlhof' als Namensgeber für die Linde existiert heute nicht mehr.

Eine am Baum angelehnte, alte, hölzerne Leiter – die zu besteigen schon ein Risiko darstellt – reicht fast bis zum Kronenansatz in etwa 3 m Höhe, wo noch drei baumstarke Hauptachsen das Kronenbild prägen. Zwei weitere Stämmlinge sind auf der Rückseite, zum Wald hin ausgerichtet, leider ausgebrochen und liegen zu Füßen des vielleicht schon 500-jährigen Veteranen. Zahlreiche knollige Verwachsungen, auch an den Unterseiten der seitlich abgehenden Äste, gehören ebenso zu den spezifischen Merkmalen wie jüngere Austriebe, die sich auf allen Seiten im Sockelbereich entwickelt haben.

Die Kronenmaße sind mit ca. 25 m in Höhe und Breite schon beeindruckend genug – doch der Stamm liegt mit ziemlich genau 9 m Umfang in einer Dimension, die nicht viele Bäume im Land erreicht haben – bei den Winter-Linden ist sie sogar die stärkste in Baden-Württemberg. Die vorhandene Seilsicherung zeigt immerhin, dass der Baum nicht völlig unbekannt ist – ein ND-Zeichen fehlt allerdings ebenso wie ein entsprechendes Symbol in meinen Wanderkarten. Hohlräume sind wahrscheinlich vorhanden, doch sind außer im Bereich der großen Ausbruchstelle keine Öffnungen erkennbar - selbst die Kronenbasis scheint noch (oder wieder?) geschlossen zu sein. Der mehrfach zu beobachtende Knickwuchs (Bild rechts) zeigt an, dass die Kronenperipherie in früheren Jahren bereits eingekürzt wurde – eine Maßnahme, die darauf abzielt, das Gewicht und damit die Gefahr des Astbruchs zu reduzieren.

Baumart: *Tilia cordata*
Landkreis: *Göppingen*
Standort: *Östlich des Gestüts Birkhof am Waldrand*
Geodaten: *48.714966, 9.778933*
Alter: *ca. 500 Jahre*
Stammumfang: *9,00 m (2017)*

Linden und Eschen
bei Oberweckerstell

Sehr nahe an der Gemarkungsgrenze zwischen den Städten Donzdorf und Geislingen, aber noch auf Donzdorfer Seite, liegt das landwirtschaftliche Anwesen *Oberweckerstell*. Wer vom Segelflugplatz Messelberg kommt, wird schon kurz vor den Gebäuden auf eine Reihe höchst beachtenswerter Bäume stoßen. Dabei stellt ein wahres Lindenmonstrum (linke Seite) alle Artgenossen einer kleinen Allee buchstäblich in den Schatten. Allerdings lassen die rings um den Baum aufwachsenden Sträucher die gebrechliche Gestalt nicht mehr annähernd so in Erscheinung treten, wie das vielleicht vor Jahren noch der Fall war. Wegen Einsturzgefahr ist der Standort auf einem großen Wegedreieck komplett mit einem Zaun abgesperrt. Die herabgebrochenen und zum Teil weit ausladenden Tiefäste haben den Kontakt zum Zentralstamm nicht völlig verloren und so treiben sie, sogar am Boden liegend, weiter aus! Vor allem auf südöstlicher Seite ist es ein baumstarker Riesenast, der zusammen mit seinem Gegenüber wie eine natürliche Krücke der vielleicht 400-jährigen Sommer-Linde noch etwas Standsicherheit gibt.

An einem nebligen Novembertag 2011 ist dieser Lindengreis wirklich eine gespenstische Erscheinung. Der dichte Bewuchs mit Moospolstern trägt zum märchenhaften Gesamtbild ebenso bei wie der weit ausgestellte Stammfuß mit seinen knolligen Verdickungen. Selbst oberhalb dieser Verwachsungen reicht der Umfang nahe an 7 m heran. Die beiden zentralen Stämmlinge bilden die noch verbliebene Krone. Einer von ihnen ist jedoch bereits weit aufgerissen und zeigt Brandspuren – offenbar hat auch der Blitz seinen Teil zu diesem besonderen Baumdenkmal beigetragen.

Wenige Hundert Meter weiter östlich, in Richtung Schnittlingen, ist eine mächtige Esche (rechts) direkt am Hochsträßchen nicht zu übersehen. Mit gut 25 m ist ihr Durchmesser deutlich größer als die Baumhöhe und der Kronenansatz ist für diese Baumart extrem tief ausgebildet. Dies darf man sicher als Anpassung an die klimatischen Bedingungen der Albhochfläche deuten – ein hochgewachsener Baum hätte auf Dauer keine Chance gegen den Wind. Schon jetzt ist sie mit einem Stammumfang von 5,50 m die mutmaßlich stärkste ihrer Art auf der Schwäbischen Alb, und in Baden-Württemberg gehört sie wohl gerade noch zu den Top-10-Eschen. Bleibt natürlich zu hoffen, dass sie noch möglichst lange vom Eschentriebsterben verschont bleibt – da es im Umfeld jedoch weitere Eschen gibt, ist zumindest das Gefährdungspotenzial für eine Infektion gegeben.

Baumart: *Tilia platyphyllos und Fraxinus excelsior*
Landkreis: *Göppingen*
Standort: *In einem Wegedreieck ca. 200 m nordöstlich, bzw. ca. 500 m nordöstlich des Gutshofs*
Geodaten: *48.672457, 9.841929 und 48.673085, 9.845327*
Alter: *Linde ca. 400 Jahre, Esche ca. 200 Jahre*
Stammumfang: *Linde 6,97 m, Esche 5,50 m (beide 2011)*

Zeiglinde
bei der Reiterles Kapelle

Die Linde an der *Reiterleskapelle* oberhalb von Tannweiler (Gemeinde Waldstetten) gehört zu den bekannteren Einzelbäumen unseres Landes. Dies liegt sicher weniger an den – eher bescheidenen – Dimensionen des Baumes, als vielmehr am überaus harmonischen Gesamtbild, das die Linde zusammen mit der kleinen St. Leonhardskapelle abgibt. Noch dazu an einem so exponierten Standort wie dem Bergsattel zwischen Rechbergle und der ehemaligen Höhenburg Granegg, dem Christentalpass.

Bezüglich des Alters der Sommer-Linde widersprechen sich die Angaben: Auf der am Baum angebrachten Tafel (aus dem Jahr 2008) wird das Pflanzdatum zunächst in das 16. Jahrhundert verlegt, um dann anschließend nach ‚*Forstamtlicher Schätzung*' ein Alter von 360 Jahren zu bescheinigen – somit also 17. Jahrhundert! Sicher scheint, dass die Kapelle im Jahr 1714 errichtet wurde – auch dieser Zeitpunkt könnte ein mögliches Pflanzdatum sein. Verschiedentlich ist auch zu lesen, dass die Linde als ‚Wegzeiger' zum Christental schon über hundert Jahre vor der Kapelle vorhanden war und etwa um 1600 gepflanzt wurde (s. Wikipedia).

Zu einem ähnlichen Ergebnis führt die spannende Sage um die Erbauung der Kapelle. Danach dürfte es eine Vorläuferkapelle gegeben haben, die von einem Tannweiler Bauern namens Reuterle errichtet wurde. Diesem war der mit ihm befreundete und am 20. Februar 1621 verstorbene Hauptmann Berchthold von Roth – nächtens und als Geist auf kopflosem Pferd reitend – begegnet. Für dessen Seelenfrieden gelobte er, eine Kapelle zu bauen, und was liegt näher, als dabei auch eine Linde zu pflanzen, das Symbol schlechthin für den Frieden?

Baumart: *Tilia platyphyllos* **Landkreis:** *Ostalbkreis* **Standort:** *Bei der Reiterleskapelle am Christentalpass, oberhalb von Tannweiler* **Geodaten:** *48.730737, 9.837800* **Alter:** *ca. 308–420 Jahre, Pflanzung 1714 oder um 1600* **Stammumfang:** *4,35 m (2011)*

Auf der Suche nach dem zweitstärksten Baum am *Albuch* verlasse ich die B 466 zwischen Böhmenkirch und Weißenstein am Steighof, in nördlicher Richtung. Vorbei am Birkenbuckel treffe ich zunächst auf das Bergwachthaus, das sich mit vier unter Naturschutz stehenden Linden umgibt. Mit maximal 4,60 m Umfang kommen sie allerdings für die Platzierung nach der Anhauser Linde (s. S. 286) nicht in Betracht. Der Stamm der stärksten von ihnen ist völlig hohl und offen, im Inneren ist noch ein Anstrich mit Baumharz erkennbar.

Doch schon 400 m weiter, direkt am Wanderparkplatz, tauchen bereits die nächsten Kandidaten auf. Darunter sind auch einige, die im Alter schon bei 200 Jahren oder darüber liegen könnten. Das mächtigste Exemplar (oben) bringt es beim Stammumfang auf stolze 6,96 m! Doch leider hat die Linde mehr als die Hälfte ihrer Krone eingebüßt.

Linde und Esche
bei Lauterstein

Was muss das für ein Riese gewesen sein, wenn man bedenkt, dass die Restkrone noch immer 18 m Durchmesser aufweist und die höchsten Äste bis in 27 m Höhe hinaufreichen! Auch die anderen Linden zeigen zum Teil erhebliche Schäden, bei einer von ihnen scheint ein sehr starker Tiefast komplett aus dem Stamm herausgebrochen zu sein.

Schon ein Stück unterhalb des Parkplatzes steht eine bemerkenswerte Esche (oben) direkt an der Straße. Ihr Stamm ist mit 5,05 m für die Art recht stark und auch der Kronendurchmesser von 20 m ist durchaus beachtlich. Was ihren Wuchs anbelangt: Man könnte sie fast für eine Linde halten! Die eschentypische, bogenförmige Aufrichtung der Zweigenden ist bei ihr kaum ausgebildet. Ihre Borke ist jedoch auffallend dicht mit Flechten bewachsen – die Patina alter Bäume.

Baumart: *Tilia platyphyllos/Fraxinus excelsior*
Landkreis: *Göppingen*
Standort: *Parkplatz nordöstlich der DRK-Bergwacht Göppingen*
Geodaten: *48.716748, 9.920401 und 48.715433, 9.918993*
Alter: *Linde ca. 300 Jahre, Esche ca. 180 Jahre*
Stammumfang: *Linde 6,96 m, Esche 5,05 m (beide 2012)*

Spitzbuche und Stöckachlinde

bei Gussenstadt

Das Motto der Gemeinde Gerstetten lautet ‚Immer auf der Höhe' – und natürlich ist damit auch die Höhe der Schwäbischen Alb gemeint. Gerstetten liegt auf der Heidenheimer Alb, ungefähr in der Mitte zwischen seiner Kreisstadt Heidenheim im Osten und Geislingen auf westlicher Seite. Auf dieser rund 650 m hoch gelegenen, weitgehend offenen Landschaft sind einige sehr alte und markante Baumgestalten erhalten geblieben. Obwohl völlig frei in der offenen Feldflur stehend, bemerkt man bei der *Spitzbuche* erst in unmittelbarer Nähe, um welch ein großartiges Baumrelikt es sich bei dieser mindestens 250-jährigen Rot-Buche handelt (rechte Seite oben).

Der mächtige, 5,90 m umfassende Stammsockel ist einseitig aufgebrochen und stark wulstig verdickt. Vor langer Zeit muss eine zweite Hauptachse herausgebrochen sein, wobei dieser Abbruch den vielleicht damals schon hohlen Stamm aufgerissen hat. Darauf deutet auch die auffällige Schiefstellung des verbliebenen Stämmlings hin. Es ist gut zu erkennen, wie der Baum versucht hat, die entstandene Öffnung durch starkes Wachstum der Bruchränder wieder zu verschließen – allerdings ist dies nicht gelungen. Heute (im Januar 2012) zieht sich die Fäulnis durch den ganzen, monströsen Stamm, der immer mehr Borkenstücke verliert. Der abgestorben wirkende Kernbereich des Baumes steht dabei in merkwürdigem Kontrast zu der erstaunlich fein verzweigten Kronenperipherie. Die rund 20 m hohe Krone ist im unteren Teil nur etwa 12 m breit und verjüngt sich nach oben hin noch deutlich, sodass – je nach Blickwinkel – eine kegelförmige, ja sogar spitz erscheinende Kronenform entsteht. Der Blick von Süden dürfte somit auch zum Namen der alten Buche geführt haben.

Auf nordwestlicher Seite der Gussenstadter Straße, hier recht nah an der Heerstraße und quasi als Pendant zur Spitzbuche gelegen, ist eine sehr alte und skurril gewachsene Sommer-Linde erhalten geblieben, die *Stöckachlinde* (rechte Seite unten). Das Alter ihres Gegenübers hat sie bereits weit überschritten und auch sie kämpft bisher erfolgreich gegen den drohenden Zerfall. Über dem kurzen, mächtigen Stammsockel sind noch zwei alte Achsen erkennbar, die jedoch längst in wenigen Metern Höhe gebrochen sind. Der Stamm selbst ist offen und weitgehend hohl, aber aus dem morschen Innenraum hat sich vor Jahrzehnten ein nachwachsender Stamm gebildet, der die kleine Krone wirkungsvoll ergänzt.

Baumart: *Fagus sylvatica (oben) und Tilia platyphyllos (unten)*
Landkreis: *Heidenheim*
Standort: *Am Hochsträß zwischen Steinenkirch und Gussenstadt; 400 m südlich, bzw. 20 m nördlich der L 1229*
Geodaten: *48.649088, 9.937708 und 48.652292, 9.941532*
Alter: *Buche ca. 250–280 Jahre, Linde ca. 350 Jahre*
Stammumfang: *Buche 5,90 m, Linde 6,50 m (beide 2012)*

Alte Buchen
bei Ochsenberg

Königsbronn im Landkreis Heidenheim ist nicht zuletzt wegen des hohen Waldanteils seiner Gemarkungsfläche (70 %) ein staatlich anerkannter Erholungsort. Die Gemeinde liegt reizvoll im Tal der Brenz, die hier im blaugrün schimmernden Quelltopf entspringt. Zu Königsbronn gehört auch der kleine Ortsteil Ochsenberg, und hier, direkt am Mühlweg und einer Waldspitze vorgelagert, ist ein wertvoller Naturschatz zu finden: Der *Judenbusch*, eine der eindrucksvollsten Buchengestalten der Schwäbischen Alb. Der mächtige, von steingrauen Flechten besiedelte Baum steht hier auf einer Schafweide und in seiner Nachbarschaft befinden sich weitere Rot-Buchen mit zum Teil beachtlichen Maßen (oben). So beträgt der Stammumfang eines ehemals zweistämmigen Exemplars – dessen eine Hälfte heute allerdings komplett fehlt – immerhin 5,77 m. Sie alle dürften zwischen 150 und 200 Jahren alt sein.

Der Judenbusch selbst kann dies – obwohl einstämmig – mit 6,35 m noch übertreffen (linke Seite). Allerdings können durchaus mehrere Einzelbäume verwachsen sein, das hohe Alter von annähernd 300 Jahren lässt dies nicht mehr eindeutig erkennen. Auf der dem Feld zugewandten Seite sind die Schäden massiv – einer der ehemals vier großen Stämmlinge ist schon vor sehr langer Zeit herausgebrochen und hat den gewaltigen Stamm dabei bis zum Boden geöffnet. Ein zweiter wurde abgenommen, und bei 2 bis 3 m Höhe sind die teilweise verwachsenen Überreste weiterer Astverluste zu sehen. Auch der dritte Stämmling ist nur noch mit seinen unteren Abzweigungen vorhanden, sodass die verbliebene Krone im Wesentlichen von der letzten großen Achse gebildet wird – immerhin noch fast 27 m hoch und 19 m breit. Die Wurzelanläufe sind ringsum ein gutes Stück ausgestellt und vom Weidevieh inzwischen ganz glatt gescheuert. Im unteren Kronenteil ist die Fruchtbildung bei meinem Besuch im Juli 2013 sehr stark ausgeprägt und die Blätter zeigen – wahrscheinlich infolge einer Pilzerkrankung – braun verfärbte Spitzen.

Ein Nachfolger wurde vor gut zehn Jahren gepflanzt und mit einem massiven Holzzaun umgeben (Bild oben im Hintergrund).

Baumart: *Fagus sylvatica*
Landkreis: *Heidenheim*
Standort: *Am Waldrand 1,5 km nordöstlich des Ortsrands*
Geodaten: *48.754352, 10.147366*
Alter: *ca. 300 Jahre*
Stammumfang: *6,35 m (2013)*

Anhauser Linde
in Dettingen am Albuch

Sagenhafter Albuch ist der Name einer von den Gemeinden Bartholomä, Essingen, Heubach und Steinheim ins Leben gerufenen Touristikgemeinschaft. Und tatsächlich kann die Region auf einige sagenhafte Sehenswürdigkeiten verweisen: Neben dem durch den Einschlag eines großen Kometen entstandenen *Steinheimer Becken* und dem durch seine bizarren Felsbildungen bekannten *Wental* ist die waldreiche Landschaft des Albuchs per se eine ungemein reizvolle Erholungslandschaft. Insofern darf sie sich zu Recht mit dem Prädikat ‚sagenhaft' schmücken – auch wenn es offenbar keine Sagen im eigentlichen Sinne waren, die zum Namen geführt haben.

Sagenhaft ist auf jeden Fall auch die *Anhauser Linde* bei Dettingen am Albuch, die bis zum 3. Oktober 2006 zu den stärksten und eindrucksvollsten Winter-Linden Baden-Württembergs zählte – obschon sie mindestens in den drei Jahrzehnten zuvor mehrere Feuersnöte infolge Blitzschlags und Brandstiftung überstanden hatte. Seit dem 4. Oktober 2006 ist von ihr jedoch nicht mehr allzu viel übrig – der nächtliche Gewittersturm hat den Baum fast völlig zerstört. Tatsächlich ist nur ein einziger Tiefast noch vollständig erhalten geblieben. Sich mehrfach aufteilend, legt er noch immer rund 14 m nach Süden, zum Dorf zeigend, aus und vermittelt zumindest eine schwache Vorstellung davon, wie riesig die Krone einmal gewesen sein mag. Es erscheint dringend geboten, diesen letzten lebenden Teil des Baumes zu stützen! Gegenüber der Abbildung von Fröhlich (S. 156) hat sich diese Achse bereits deutlich auf den Erdboden zubewegt. Zwei weitere, schon nach wenigen Metern gebrochene Äste treiben an den Enden immerhin noch aus, alle anderen sind abgestorben. Dennoch sollte man die ‚Große Linde' nicht schon in naher Zukunft abschreiben. Es kann durchaus sein, dass sich der ca. 400-jährige Baum noch weitere Jahrzehnte behaupten kann – auch totgeglaubte Bäume leben länger! Im kleinen Bild sieht man den Wappenbaum Dettingens in einer Aufnahme aus dem Jahr 1926 (Hans Schwenkel).

Der Stammumfang betrug damals 6,40 m – 96 Jahre später misst der hohle, offene Erdstamm mit seinen bizarren, von Sonne und Regen gebleichten Stämmlingsfragmenten beeindruckende 8,48 m.

Baumart: *Tilia cordata*
Landkreis: *Heidenheim*
Standort: *Nördlich des Orts, 600 m nach der Abzweigung Anhauser Straße*
Geodaten: *48.605351, 10.134206*
Alter: *ca. 400 Jahre*
Stammumfang: *8,48 m (2013)*

Der Südwesten
Baden-Württembergs

Der Südwesten
Baden-Württembergs

Anzahl Bäume (Allee als Einzelbaum): 142 von insgesamt 500 • Verschiedene Baumarten: 45 von insgesamt 96

Kirsche
bei Nussbach

Auf dem Weg zur Alten Marone auf dem Oberkircher *Fürsteneck* fällt mir schon bei der Vorbeifahrt ein über die Maßen starker Kirschbaum auf – also gleich den Abzweig nach Nussbach nehmen und auf dem parallel zur Bundesstraße verlaufenden Feldweg wieder ca. 400 m zurück! Das nennt man wohl einen echten Glückstreffer: Eine der mächtigsten Kirschen Deutschlands ist weder als Naturdenkmal bekannt noch in irgendeiner mir bekannten Veröffentlichung erwähnt, ja noch nicht einmal mit einem Baumsymbol in der Wanderkarte eingetragen! Es könnte sich um eine Herz-Kirsche der Sorte ‚Dolleseppler' handeln, aus deren schwarzen, süßen Früchten hier in der Ortenau meist das Schwarzwälder Kirschwasser gebrannt wird.

Die bei meinem Besuch im April 2021 gerade in voller Blüte stehende Kirsche verfügt zwar nicht (mehr) über eine riesige Krone - nach mehrfachen Kürzungen beträgt der Durchmesser noch 14 m, die Höhe ca. 10 m. Doch der kurze, massige Stamm ist einfach überwältigend und absolut überragend für diese Baumart. Bei 100 cm Höhe gemessen zeigt mein Maßband erstaunliche 4,75 m. Von allen in Deutschland bekannt gewordenen Kirschen hat nur das Exemplar im hessischen Blofeld einen noch stärkeren Stamm.

Am Kronenansatz greifen noch fünf starke Hauptäste recht harmonisch zu den Seiten aus, ein sechster wurde leider nicht gerade fachmännisch abgenommen: Zwischen dem oberseitigen und dem unterseitigen Sägeschnitt liegt fast ein Meter Distanz, die Kappung hat somit eine unnötig große offene Holzfläche verursacht! Der tief gefurchte Stamm dürfte in seinem Inneren bereits stark von Pilzen angegriffen sein, dennoch befindet sich der vielleicht schon 130-jährige Baum in einem zumindest zufriedenstellenden Zustand.

Baumart: *Prunus avium subsp. juliana*
Landkreis: *Ortenaukreis*
Standort: *An der B 28, 400 m südwestlich des Abzweigs Nussbach*
Geodaten: *48.533630, 8.006658*
Alter: *ca. 130 Jahre*
Stammumfang: *4,75 m (2021, bei 100 cm Höhe)*

Dorflinde
in Zusenhofen

Baumart: *Tilia platyphyllos*
Landkreis: *Ortenaukreis*
Standort: *Am Lindenplatz, südwestlicher Ortsrand*
Geodaten: *48.544281, 8.011289*
Alter: *ca. 350 Jahre*
Stammumfang: *5,27 m (Angabe auf der Tafel vor dem Baum)*

Die *„herrliche Baldachinkrone"*, die ihr Hans Joachim Fröhlich 1995 noch bescheinigte (S. 159), ist dahin. Seitdem hat die Dorflinde am Lindenplatz von Zusenhofen leider massiv abgebaut (linke Seite). Heute ist der radikal gekappte Baum von einem Gartenzaun umgeben, die Kronenreste liegen als Totholz auf einer Wiese außerhalb. Auf einer großen Holztafel neben dem Baum sind viele Ereignisse seiner jüngeren Vergangenheit festgehalten.

Die schon während des Dreißigjährigen Krieges als ‚Große Linde' bezeichnete Sommer-Linde wird auf der 1997 aufgestellten Infotafel als *‚typische Dorflinde mit einem weitausladenden und selten schönen Kronenhabitus'* beschrieben, ihre Krone wird mit 28 m Höhe und 30 m Durchmesser angegeben. 1936 wird der Baum von der Freiburger Forstdirektion vermessen und das Alter wird auf 500 Jahre taxiert. Das heutige Alter läge somit bei ca. 590 Jahren, was gemessen am äußeren Erscheinungsbild klar zu hoch gegriffen erscheint. Nach meiner Einschätzung handelt es sich eher um den Nachfolgebaum, der die ursprüngliche Linde etwa in der Zeit um 1670 ersetzt hatte.

Baumart: *Populus nigra 'italica'*
Landkreis: *Ortenaukreis*
Standort: *140 m östlich des Ortsrandes, am Stangenbach*
Geodaten: *48.546337, 8.025625*
Alter: *ca. 120 Jahre*
Stammumfang: *5,48 m und 5,35 m (2021)*

1943 erfolgt die Ausweisung als Naturdenkmal. Anfang der 1970er-Jahre bricht ein Wirbelsturm einen mächtigen Ast aus der Krone, der Anwohner Franz Weinzierle lässt sich eine Astscheibe absägen, schleift sie glatt, und zählt mit Lupe und Nadel 285 Jahrringe. 1982 werden Gewindestangen als Querverstrebungen eingebaut sowie mehrere Stahlseile eingebracht, eine Morschung wird ausgeräumt. 1989/1990 wurde die Bodenstruktur verbessert, um die Widerstandskraft des Baumes zu stärken. Einige Jahre später sind weitere Gurtanker eingebracht und ein ringförmiges Drainagesystem angelegt, über das die Linde bei Dürreperioden bewässert werden kann. Auf diese Weise hofft man in Zusenhofen, die betagte Lindendame – vielleicht für weitere Jahrhunderte – der Nachwelt erhalten zu können.

Zwei weitere beachtenswerte Bäume stehen noch recht nahe des östlichen Ortsrandes, am Stangenbach: Es sind Pyramiden-Pappeln, die mit ihren schmalen, rund 30 m hoch aufragenden Kronen schon von Weitem zu sehen sind (oben). Die westliche zeigt einen geschlossenen, brettartig ausgestellten Stamm, der jedoch verschiedentlich hohl klingt. In der Krone sind viele Trockenäste auszumachen, doch der Wipfel scheint noch vital. Die östliche Pappel ist sichtbar hohl – der ebenso markant ausgestellte Stammfuß ist auf westlicher Seite geöffnet. Im Inneren laufen Adventivwurzeln in den Bodenraum. Die besonders schnell wachsende Baumart erreicht mit etwa 100 Jahren ihre natürliche Altersgrenze, die Zusenhofener Pappeln könnten bereits etwas älter sein.

Alte Marone
auf dem Fürsteneck

Baumart: *Castanea sativa*
Landkreis: *Ortenaukreis*
Standort: *Burgruine Fürsteneck, Am Eckenberg 44*
Geodaten: *48.526799, 8.060861*
Alter: *ca. 400 Jahre*
Stammumfang: *7,10 m (2021, Messung bei 110 cm seitl.)*

Gegen Ende des 12. Jahrhunderts erbauten die Zähringer Grafen auf einem kleinen Bergsporn über dem Renchtal bei Butschbach eine Burg, die unter dem Namen *Fürsteneck* bis zu ihrer Zerstörung 1635 im Dreißigjährigen Krieg bewohnt war. Ihren Namen erhielt sie vermutlich 1286, als das Anwesen in den Besitz von Friedrich und Egino Fürstenberg überging, die als Dienstmannen und Verwalter König Rudolfs I. fungierten. Heute ist die Ruine vom umgebenden Wald des Gipfelplateaus eingeschlossen und als Privatbesitz nicht für die Öffentlichkeit zugänglich.

Eine botanische Sehens- und Erlebenswürdigkeit ersten Ranges befindet sich nur wenig unterhalb der Burgreste auf einem Gehöft ‚Am Eckenberg'. Es ist eine der größten und ältesten Edel-Kastanien des Landes – und auch wenn der Hofhund zunächst nicht so recht einverstanden ist, auf höfliches Nachfragen darf ich den Baumriesen dann doch in Augenschein nehmen. Die drei alten Stämmlinge, in die sich der Erdstamm wie bei einem Dreizack aufteilt, sind vom Alter schon schwer gezeichnet. Hohl, mit mehreren großen Öffnungen versehen, ist der Baum an seinem schönen Aussichtsplatz direkt an der Hangkante eine großartige Erscheinung. Nahezu 20 m hoch und genauso ausladend hat sie gegenüber der Beschreibung bei Fröhlich (S. 159) zwar einige Meter eingebüßt, doch die wahrscheinlich gut 400-jährige Edel-Kastanie trotzt erfolgreich allen bisherigen Gefährdungen. Schon Ludwig Klein (1908, S. 305) berichtet, dass ihr Stammfuß rund 1,5 m tief in einer Erdauffüllung der Gartenterrasse versunken sei. Aufgrund der exponierten Lage auf dem wasserarmen Plateau schätzte er das Alter auf 300 Jahre ein.

Viele trockene Äste haben sich in der Krone gebildet, aber auch zahlreiche munter austreibende Partien. Am Stammfuß, der von dichtem Austrieb umgeben ist, kommt man nur mühsam zu einer Messung – bis zu einer Messhöhe von 110 cm sind die Hauptachsen noch vereint und hier zeigt mein Maßband beachtliche 7,10 m, darüber nimmt der Umfang zu. Damit liegt die Fürstenberg-Marone deutschlandweit unter den zehn stärksten Bäumen dieser Art. Sicherungsmaßnahmen sind nicht vorhanden, Spuren eines früheren Baumharz-Anstriches erkennt man dagegen vor allem im Zentrum, wo der Stamm über mehrere Meter Länge offen steht.

Gerichtslinde
im Harmersbachtal

Der Einzugsbereich des etwa 16 Kilometer langen Kinzig-Zuflusses Harmersbach gehörte im Mittelalter zur kleinsten Freien Reichsstadt des Heiligen Römischen Reiches, dem Städtchen Zell im Harmersbachtal. Neben Offenburg und Gengenbach wurde auch Zell bereits im 14. Jahrhundert an das Bistum Straßburg verpfändet. Bei der Auslösung 1504 wurde der hinter Zell gelegene Abschnitt des Tales nicht berücksichtigt, und so bildete sich hier eine eigene Gerichtsbarkeit. Die Ansprüche von Zell auf das Tal wurden von den Bewohnern nicht akzeptiert und ab 1708 musste der Hauptort auch offiziell seinen Hoheitsanspruch aufgeben. So entstand im mittleren und höheren Talabschnitt das einzige *Freie Reichstal Harmersbach*. Die Zeit als freie Bauernrepublik endete 1806, als das Tal an das Kurfürstentum, respektive Großherzogtum Baden fiel.

Die im heutigen Ortsteil Kirnbach-Grün gelegene *Michaelskapelle* wurde in der heutigen Form 1567 erbaut und gilt als eine der ältesten im Harmersbachtal. Es ist gut möglich, dass die Hochgerichte ‚über Leben und Tod', die wahrscheinlich bereits im frühen 16. Jahrhundert von den Talbewohnern abgehalten wurden, hier unter der Gerichtslinde neben der Kapelle stattfanden. Dies ist jedoch nicht schriftlich belegt, und auf der Tafel neben der Kapelle ist nur bekundet, dass die Anwohner der benachbarten Dörfer hier zur Messe zusammengekommen sind, und dass die Linde an die freie Gerichtsbarkeit der damaligen Zeit erinnern soll.

Außerdem wird sie bereits 1515 in einer Urkunde erwähnt, sie könnte somit deutlich älter sein als die jetzige Kapelle. Diese hatte jedoch ihrerseits Vorgänger, die jeweils zerstört wurden. Tatsächlich könnte der beeindruckende Baum durchaus schon mehr als 600 Jahre hinter sich haben, somit auch eine ehemalige Gerichtslinde gewesen sein – wenn man davon ausgeht, dass man jene Hochgerichte nicht unter einem ‚Bäumchen' abgehalten hat. In einem Bericht von Baden online aus dem Jahr 2014 wird sie sogar auf 1.000 Jahre eingeschätzt!

Schon über 200 Jahre ist die Sommer-Linde durch Blitzschlag aufgespalten und nachfolgend ausgefault. Doch die Schalenstücke haben starke Überwallungen und Randwülste gebildet, einige jüngere Achsen ragen noch immer gut 20 m hoch auf und bilden eine respektable Krone. Aus Sicherheitsgründen wurden 2017 vor allem die zur Kapelle hin orientierten Äste des Naturdenkmals deutlich gekürzt.

Baumart: *Tilia platyphyllos*
Landkreis: *Ortenaukreis*
Standort: *Bei der St. Michaelskapelle an der Talstraße*
Geodaten: *48.361592, 8.102763*
Alter: *ca. 500–600 Jahre*
Stammumfang: *9,10 m (2013)*

Marone
bei Suggental

Im Mai 2022 bin ich für eine letzte Besuchsreise im Rahmen des Baumschätze-Projekts in der Region Freiburg unterwegs. Wieder einmal auf den Spuren von Hans Joachim Fröhlich (1995, S. 167) führt mich mein Weg zunächst in den kleinen Waldkircher Teilort Suggental. Hier finde ich die von ihm beschriebene Kastanie – auf der Höhe über dem Ort, am Waldeingang hinter dem Vogelsanghof. Der uralte Baum, der offenbar um 1670 gepflanzt worden sein soll, macht sofort großen Eindruck auf mich, obwohl er neben den beiden einst gewaltigen Seitenästen auch seine zentrale Hauptachse nahezu vollständig verloren hat. Die riesige Stammöffnung auf Höhe der Kronenbasis ist die Folge eines noch viel weiter zurückliegenden Großast-Ausbruchs. Der Stamm selbst ist komplett hohl und wegseitig kann man ihn durch eine nach oben spitz zulaufende, 130 cm hohe Eingangstür betreten (rechte Seite).

Die alten, noch vorhandenen Teile des Baumes lassen ihn als Ruine erscheinen, mit deren Ende man infolge des natürlichen Zerfallsprozesses schon in naher Zukunft rechnen muss – schon Fröhlich bezeichnete den Zustand als ‚hinfällig'. Doch die zahlreichen neuen Austriebe zeigen, dass die alte Marone eine echte Kämpfernatur ist. Ungeachtet ihrer zahlreichen Schäden findet sie – einer Linde ähnlich – immer noch die bewundernswerte Kraft, Leben und Wachstum durch die Neubildung von laubtragenden Ästen fortzusetzen. Dass Edel-Kastanien mit über 500 Jahren ein sehr hohes Alter erreichen können, haben sie einerseits ihrem tanninreichen, sehr witterungsbeständigen Holz zu verdanken, andererseits können sie mit ihrer extrem tiefen Pfahlwurzel noch an Nährstoffe gelangen, die für andere Arten unerreichbar sind.

Gut möglich auch, dass die Suggentaler Marone nach ihrem Abgang durch ihre Befähigung zum Stockausschlag ein zweites Leben beginnen kann. Das urtümliche Naturdenkmal wurde 2007 vom Deutschen Baumarchiv als *National bedeutsamer Baum* eingestuft.

Baumart: *Castanea sativa*
Landkreis: *Emmendingen*
Standort: *Am Waldeingang hinter dem Vogelsanghof, Kirchweg 8 A*
Geodaten: *48.065260, 7.930403*
Alter: *ca. 350 Jahre, gepflanzt um 1670*
Stammumfang: *6,67 m (2022)*

NATURDENKMAL
KASTANIE
CA.1670

Baumart: *Castanea sativa*
Landkreis: *Breisgau-Hochschwarzwald*
Standort: *Im Wildtal, Vorderer Rufehof*
Geodaten: *48.031025, 7.903809*
Alter: *ca. 350 Jahre*
Stammumfang: *7,39 m (bei 20/200 cm, 2022)*

Edel-Kastanien
im Wildtal bei Gundelfingen

Die wärmeliebende, ursprünglich im Kaukasus-Gebiet beheimatete und im Mittelmeeraum schon in der Antike gepflanzte Edel-Kastanie hat innerhalb Baden-Württembergs ihren Verbreitungsschwerpunkt in den Weinbaugebieten entlang des Rheins. Es ist also nicht erstaunlich, dass ich schon wenige Kilometer südlich des Suggentals (vgl. S. 300) einen weiteren Baumschatz dieser Art aufsuche. Im *Wildtal* bei Gundelfingen machte das *Deutsche Baumarchiv* eine der stärksten, einstämmigen Ess-Kastanien Deutschlands ausfindig (s. Ullrich et al., 2009, S. 229). Mein Besuch im Frühjahr 2022 war sogar doppelt erfolgreich, denn – wie schon von der Talstraße unweit des Gehrihofes aus unschwer zu erkennen ist – wächst neben der beschriebenen Kastanie ein zweiter Baum, von dem bisher noch nicht berichtet wurde. Doch beide sind in Gundelfingen als Naturdenkmale eingetragen.

Der sehr steile Standort auf dem *Rebbühl* deutet darauf hin, dass hier in früherer Zeit Wein angebaut wurde. Heute befindet sich die schmale Gehölzzone mit den beiden Kastanien zwischen zwei Weidegebieten. Die Hangneigung ist so steil, dass ich das Maßband talseitig bei gut 2 m Höhe anlegen muss, während es hangseitig nur wenig über dem Boden entlang geführt wird. Für den etwas höher an der Böschung stehenden Baum ergeben sich so beeindruckende 7,39 m. Die Hauptachse ragt noch gut 20 m hoch auf, zeigt aber bereits viel Trockenholz. Ein seitlicher Stämmling ist noch deutlich besser versorgt. Auf der Rückseite sind von einem weiteren Stamm nur noch zersplitterte Reste vorhanden – er muss schon vor langer Zeit beim Sturm ausgebrochen sein.

Der Stamm des zweiten Baums (links) ist unbeschädigt und zum Fuß hin kräftig ausgestellt, und auch hier muss ich das Maßband extrem ungleichmäßig anlegen. Dieser deutlich jüngere Artgenosse hat wie sein mächtiger Nachbar schon einige Äste durch Sturm verloren, einer wurde gekürzt. Der Blattaustrieb ist gut ausgebildet und auch die Fruchtbildung scheint im vergangenen Jahr üppig ausgefallen zu sein, wie die im Kronenraum zahlreich vorhandenen, braunen Stachelschalen zeigen.

Baumart: *Castanea sativa*
Landkreis: *Breisgau-Hochschwarzwald*
Standort: *Im Wildtal, Vorderer Rufehof*
Geodaten: *48.031010, 7.903650*
Alter: *ca. 200 Jahre*
Stammumfang: *4,78 m (bei 20/220 cm, 2022)*

Der Schwarznussbaum (*Juglans nigra*) ist das im östlichen Nordamerika beheimatete Pendant zum europäischen Walnussbaum (*Juglans regia*). Wie dieser besitzt auch die Schwarznuss ein außergewöhnlich wertvolles Nutzholz, das vor allem im Möbelbau sehr gefragt ist. Man findet die imposanten Bäume gelegentlich in größeren Parkanlagen, doch sie zählen zu den eher seltenen Baumarten im Land. Erste forstliche Versuchspflanzungen in den Rheinauewäldern haben unter anderem bei Breisach, Philippsburg und Lambertheim zu inzwischen bewährten Beständen für Saatgut geführt.

Während ein bereits 199-jähriges Exemplar im Hohenheimer Exotengarten – die wahrscheinlich älteste Schwarznuss in Baden-Württemberg – beim Stammumfang nur auf 4,44 m kommt (2021), erreicht die Artgenossin im Schlosspark der Freiherren von Gayling-Westphal in Freiburg-Ebnet beeindruckende 6,87 m. Misst man bei 130 cm Höhe nicht vom kleinen Hügel aus, der den Stamm umgibt, sondern ab Geländeniveau – wie es auch international üblich ist – dann werden sogar 7,40 m erreicht. Sie hat damit den Titel eines *Champion Tree* nicht nur für Deutschland, sondern für ganz Europa inne. Nikolaus Freiherr von Gayling-Westphal erzählt mir von seinem Besuch im Jahr 2019 bei der nachweislich ältesten und vermeintlich ebenso starken Schwarznuss, die im Marble Hill Park unweit von London im Jahr 1730 gepflanzt wurde. Offensichtlich findet der Baum dort deutlich ungünstigere Wuchsbedingungen vor als der Ebneter Parkriese, denn die Krone der mehr als 100 Jahre älteren Schwarznuss ist sehr viel kleiner und auch der Stammumfang liegt mit knapp unter 6 m um über einen Meter zurück.

Die Pflanzung des mit dem Schiff aus Amerika angereisten Setzlings in Ebnet erfolgte am 27. 11. 1847 anlässlich der Geburt des Freiherrn Heinrich von Gayling-Altheim. Der spätere badische Kammerherr war der letzte männliche Spross des Adelsgeschlechts derer von Gayling. Erst 1811 war Schloss Ebnet aus dem Besitz des Großherzogs Carl Friedrich von Baden an die Familie von Gayling übergegangen. Das heutige Rokokoschloss wurde 1750 vom Freiherren Ferdinand Sebastian von Sickingen errichtet. Es ersetzte die Vorgängerbauten, die unter der Familie Schnewlin von Landeck bis in die Mitte des 14. Jahrhunderts zurückreichten. Das Bild des Baumes im Herbstaspekt (links) wurde mir vom Schlossherren überlassen.

Das Geheimnis des Ebneter Riesenbaums deckt sich perfekt mit den Anforderungen der Baumart an ihre Umgebung. Die 30 m hohe und noch etwas breitere Krone, mit der der schöne Ausnahmebaum das Gartengelände östlich des Schlosses beherrscht, ist das Ergebnis des völlig freien, sonnigen Standorts und der sehr guten Nährstoff- und Wasserversorgung des Erdreichs im breiten Tal der Dreisam. Zudem bietet das Schlossgebäude gegen die meist aus Westen kommenden Stürme einen sehr wirksamen Schutz.

Baumart: *Juglans nigra*
Landkreis: *Stadtkreis Freiburg*
Standort: *Im Schlossgarten der Freiherren von Gayling-Westphal*
Geodaten: *47.987046, 7.902132*
Alter: *178 Jahre, gepflanzt 1847*
Stammumfang: *7,40 m bei 130 cm über Geländeniveau; 6,87 m bei 130 cm über Stammfußniveau; je 2022*

Schwarznuss
in Freiburg-Ebnet

Linden
bei der Lorettokapelle

Im Jahr 1744, während des Österreichischen Erbfolgekrieges, hielt sich der französische König Louis XV. vor der Freiburger *Lorettokapelle* auf, um die Belagerung der vorderösterreichischen Hauptstadt Freiburg vom ‚Feldherrenhügel' aus beobachten zu können. Zwischen den Kriegsparteien wurde vereinbart, dass der Kapellenberg nicht beschossen werden durfte – dafür sollte Louis das Münster verschonen. Doch war diese Absprache bei einem Freiburger Kanonier wohl nicht angekommen, denn plötzlich schlug eine Kanonenkugel in der Wand der Kapelle ein. Noch heute ist diese Kugel über dem Kapelleneingang zu sehen.

Schon hundert Jahre zuvor, im August 1644, kam es zwischen den bayerischen und den französischen Truppen zur *Schlacht bei Freiburg*. Die Bürger gelobten für den Fall des Sieges, für die zerstörte Josefskapelle auf dem Schlierberg, dem heutigen Lorettoberg, ein neues Kirchlein zu errichten. Die Franzosen zogen sich nach großen Verlusten tatsächlich nach Breisgau zurück, doch es dauerte noch bis 1657, bis die neu erbaute Kapelle der heiligen Maria geweiht werden konnte. Sie wurde dem Vorbild der *Santa casa* im italienischen Loreto nachempfunden und erhielt in den Folgejahren noch zwei Anbauten auf östlicher (Annakapelle) und westlicher Seite (Josephskapelle).

In der Hoffnung auf Frieden pflanzten die Freiburger vermutlich schon im Jahr 1645 einige Sommer-Linden, von denen zwei bis in unsere Zeit überlebt haben. Eine steht nahe beim Biergarten der Gaststätte Schlosscafé Lorettoberg, nordöstlich der Kapelle (linke Seite). Stamm und Hauptäste sind hohl, teils lang aufgeschlitzt wie nach einem Blitzschlag. Bei 3,5 m Höhe erfolgt die Aufteilung in die drei starken Hauptachsen, die bei 6–10 m Länge gekappt sind. Stahlkabel verbinden die alten Äste, junge Austriebe haben zu einer kleinen, lockeren Neukrone gefürt. Eine zweite Linde, am Parkplatz westlich der Kapelle (rechts oben), ist mit 20 m Höhe und 17 m Kronenbreite deutlich besser erhalten, doch auch ihr Stamm ist hohl, wie ein 3 m langer, wegseitig aufklaffender Spalt zeigt. Im Gespräch mit dem Pächter des in kirchlichem Besitz befindlichen Anwesens erfahre ich, dass immer wieder Baumsachverständige vor Ort sind, um die Standsicherheit der Veteranen zu prüfen. Nachfolgend dann Baumpfleger, die die Kronen kürzen und sichern.

In der Nachbarschaft dürfte eine alte Edel-Kastanie den meisten Kapellenberg-Besuchern wohl entgehen (rechts unten). Die zentrale Hauptachse fehlt komplett, doch einige jüngere Äste formen eine kleine, runde Sekundärkrone. Aufgrund des steilen Standorts messe ich hangseitig bei 50 cm, talseitig bei 250 cm Höhe. Es ist durchaus möglich, dass auch sie aus der Zeit vor 1700 stammt - eventuell sogar aus den ersten Friedensjahren nach dem Ende des Dreißigjährigen Krieges.

Baumart: *Tilia platyphyllos*
Landkreis: *Stadtkreis Freiburg*
Standort: *Lorettokapelle, am Biergarten*
Geodaten: *47.981402, 7.838678*
Alter: *ca. 380 Jahre, gepflanzt um 1645*
Stammumfang: *6,50 m (bei 130 cm oberes Geländeniveau, 2022)*

Baumart: *Tilia platyphyllos*
Landkreis: *Stadtkreis Freiburg*
Standort: *Lorettokapelle, am Parkplatz*
Geodaten: *47.981364, 7.838201*
Alter: *ca. 380 Jahre, gepflanzt um 1645*
Stammumfang: *5,90 m (2022)*

Baumart: *Castanea sativa*
Landkreis: *Stadtkreis Freiburg*
Standort: *Lorettokapelle, am Parkplatz*
Geodaten: *47.981491, 7.838308*
Alter: *ca. 300–370 Jahre*
Stammumfang: *6,65 m (2022)*

Der südlichste Stadtteil Freiburgs ist *Günterstal*, eingebettet zwischen den Hangwäldern des Bohrerbachtals. Nicht wenige wohlhabende Bürger haben sich in der Zeit um 1900 diese reizvolle Umgebung ausgesucht, um ihre Anwesen samt großer Gärten hier anzulegen. Allen voran die ehemalige *Villa Wohlgemuth*, die 1906–1913 durch den Oberamtsrichter August Wohlgemuth (1868–1940) errichtet wurde. Der südländische Charakter mit den flachen Pyramidendächern und den warmen, ockergelben Farbtönen der Wände geht auf die Begeisterung für die italienische Baukunst zurück, die vor allem der zeitweise in Florenz lebende Bruder des Bauherrn, Wilhelm Wohlgemuth, in die Planung einbrachte. Der wunderschöne Komplex von *Kloster St. Lioba* ist heute im Besitz des Benediktiner-Ordens und wird als Seniorenheim genutzt.

Drei malerische Schwarz-Kiefern im westlichen Teil der Terrasse passen perfekt zum mediterranen Flair der Gesamtanlage. Unterhalb der Terrassenmauer dominieren zwei herrliche Riesen-Lebensbäume das von Formplatanen gesäumte Halbrund des Vorgartens (rechte Seite). Das perfekte, 8 m voneinander entfernt stehende Baumpaar besticht durch die ausgeprägte Symmetrie der Kronenform, die Baumhöhe liegt bei rund 20 m, der gemeinsame Durchmesser beträgt 25 m. Beide Thujen sind einstämmig und zeigen einen beziehungsweise zwei starke Bogenäste, die bei jeweils 6 m (8 m) Höhe auswachsen.

In den Jahren 1891/1892 errichtete Dr. Berns seine Villa an der Schauinslandstraße ganz im Stil alpenländischer Holzbaukunst, mit vielen detailreichen, ornamentalen Verzierungen. Heute ist der *Bernshof* in städtischem Besitz, umgeben von einem Park, der zahlreiche exotische Baumschönheiten aus der Entstehungszeit bietet. Besonders auffallend ist ein mächtiger, rund 40 m hoher Bergmammutbaum (unten links), der das Erscheinungsbild des Gartens besonders prägt. Am nördlichen Rand – und daher auch von außen gut einsehbar – stehen zwei weitere Baumschätze, die in Gestalt und Größe ebenfalls überregionales Format besitzen. Unter den räumlich beengten Verhältnissen hat sich ein Riesen-Lebensbaum (unten Mitte) mit zwei starken Zentralachsen entwickelt, die von insgesamt vier Seitenstämmen ergänzt werden. Weitere zwei sind wegseitig entfernt. Bodennah beträgt der Umfang des Baumes 7,30 m. Die benachbarte Atlas-Zeder (unten rechts) ist ebenfalls mit zwei eng nebeneinander aufwachsenden Hauptstämmen aufgebaut. Oberhalb eines starken Tiefastes messe ich den Stamm mit beachtlichen 4,73 m.

Auf Wunsch des Eigentümers, der Stadt Freiburg, werden die genauen Standortdaten nicht genannt.

Baumart: *Sequoiadendron giganteum*
Landkreis: *Stadtkreis Freiburg*
Standort: *Im Park der ehem. Villa Bernshof*
Alter: *ca. 114 Jahre, gepflanzt 1911*
Stammumfang: *6,69 m (2022)*

Baumart: *Thuja plicata*
Landkreis: *Stadtkreis Freiburg*
Standort: *Im Park der ehem. Villa Bernshof*
Alter: *ca. 114 Jahre, gepflanzt 1911*
Stammumfang: *5,20 m (ohne drei Tiefäste, 2022)*

Baumart: *Cedrus atlantica*
Landkreis: *Stadtkreis Freiburg*
Standort: *Im Park der ehem. Villa Bernshof*
Alter: *ca. 114 Jahre, gepflanzt 1911*
Stammumfang: *4,73 m (gemessen bei 120 cm, 2022)*

Baumschätze
in Günterstal

Baumart: *Thuja plicata*
Landkreis: *Stadtkreis Freiburg*
Standort: *Vor der Klosterterrasse*
Geodaten: *47.967987, 7.855784*
Alter: *ca. 115 Jahre, gepflanzt um 1910*
Stammumfang: *4,46 m (West) und 4,62 m (Ost; beide 2022)*

DURCHMESSER
VOLUMEN
UMFANG
WALDTRAUT VOM MÜHLWALD
HÖCHSTER BAUM DEUTSCHLANDS
ALTER
HÖHE

Waldtraut
vom Mühlwald

Schon vor der letzten Eiszeit gab es zwar die Gattung der Douglasien in Mitteleuropa, jedoch nicht die heute bei uns weit verbreitete Art der ‚Grünen' Douglasie (*P. menziesii*). Deshalb wird sie bis heute als ‚Gastbaumart' betrachtet, als ein nicht heimisches Gehölz. Aus diesem Grund wird die gezielte Förderung vor allem von den Naturschutzverbänden eher kritisch gesehen. Auf der anderen Seiten hat die Douglasie als gefragter Holzlieferant und als klimastabile Baumart durchaus viele Fürsprecher.

Erste Pflanzungen in Baden-Württemberg erfolgten 1868 in Herrenberg (1990 gefällt) und 1873 in Kandern (‚Teuffelstanne', 2016 gefällt). Ab 1896 wurde die Douglasie zusammen mit weiteren amerikanischen Nadelgewächsen zu Versuchszwecken im bestehenden Freiburger Stadtwald ausgepflanzt. Wie schon anderenorts erwies sich die Douglasie hierbei als besonders vielversprechend, und das Günterstaler Forstrevier mit den steilen, feuchten Hängen im Tal des Bohrerbachs scheint dabei ein herausragender Standort zu sein – im wahrsten Sinne des Wortes. Denn wie nirgendwo sonst haben sich die im ersten Jahrzehnt des 20. Jahrhundert gepflanzten Bäume zu wahrhaft riesiger Höhe entwickelt – und ‚Waldtraut vom Mühlwald' ist mit rund 68 m sogar der höchste Baum in ganz Deutschland! Selbst europaweit gibt es nur wenige portugiesische Eukalyptusbäume, die noch einige Meter höher aufragen.

Bei einem Spaziergang im 100 Hektar großen Günterstaler Arboretum, in dem insgesamt 1.300 Baum- und Straucharten (darunter 392 Nadelbaumarten) aus vielen Teilen der Welt vertreten sind, fiele der Champion Tree-Status von ‚Waldtraut' wohl niemandem auf, stünde nicht eine große Holztafel und eine Ruhebank vor ihr. Dass sie ihre vielen Alters- und Artgenossinnen in der Höhe noch um ein Stück übertrifft, ist vom Boden aus nicht erkennbar. Die letzte offizielle Messung erfolgte am 19. 11. 2019 – bei einer angenommenen Wuchsleistung von 30 cm pro Jahr dürfte sie bei meinem Besuch 2022 somit die 68-m-Marke soeben erreicht haben.

Baumart: *Pseudotsuga menziesii*
Landkreis: *Stadtkreis Freiburg*
Standort: *Am Mühlwaldweg, ca. 1.700 m Fußweg oberhalb des Parkplatzes Schauinslandstraße 136*
Geodaten: *47.953441, 7.860859*
Alter: *112 Jahre, gepflanzt 1913 als 3-jähriger Setzling*
Stammumfang: *3,52 m (2022), Höhe ca. 68 m (2022)*

Baumart: *Castanea sativa*
Landkreis: *Breisgau-Hochschwarzwald*
Standort: *Alois-Schnorr-Straße 5 A*
Geodaten: *47.884477, 7.739059*
Alter: *ca. 350-400 Jahre*
Stammumfang: *8,57 m (2011)*

Alte Marone
in Staufen

Edel-Kastanien – auch Ess-Kastanien genannt – zählen zur Gattung *Castanea* und sind botanisch mit unseren Eichen oder Buchen näher verwandt als mit den Rosskastanien (Gattung *Aesculus*). Die Ähnlichkeit ihrer braunen, glänzenden Früchte führte jedoch in Deutschland dazu, für beide Arten den Namen Kastanie zu verwenden.

Beide stammen aus dem Mittelmeerraum, wobei die Rosskastanie aufgrund ihrer höheren Frosthärte in Mitteleuropa deutlich verbreiteter ist. Die Marone dagegen braucht klimatisch wintermilde Bedingungen, kommt aber mit kargen Untergründen gut zurecht. Die vielleicht schönsten Exemplare der *Castanea sativa* in Norditalien, Österreich und der Schweiz stellt Conrad Amber in seinem prächtigen Bildband *Baumwelten* vor. Darunter urige Gestalten im Alter von 500 bis 800 Jahren und mit Stämmen, deren Umfang bis zu 15 m beträgt. Noch weitaus mächtigere Vertreter finden sich noch heute auf Sizilien - hier steht die ‚Kastanie der 100 Pferde' bei Sant' Alfio sogar im Wettbewerb um den Titel des dicksten Baumes der Welt. Genetische Untersuchungen sollen ergeben haben, dass es sich bei dem auf 2.000 Jahre geschätzten, fast schon waldähnlichen Gebilde tatsächlich um einen einzigen Baum handelt, dessen Stammumfang mit rund 50 m angegeben wird. Beim ‚offiziell' stärksten Baum weltweit, der Sumpfzypresse *Arbol del Tule* in Mexiko, schwanken die Angaben zwischen 46 und 58 m.

Unsere stärkste, einstämmige Ess-Kastanie in Baden-Württemberg habe ich 2011 zusammen mit dem 2020 leider verstorbenen Bernd Ullrich vom *Deutschen Baumarchiv* im Städtchen Staufen im Breisgau besucht. Der Messvorgang gestaltete sich extrem schwierig, da der Baum an einer Steilhangkante steht und von Dornenranken und am Stammfuß emporwucherndem Gestrüpp umgeben war. Der monströse Stamm war zusätzlich von einem dichten Efeumantel eingehüllt, so dass es längere Zeit dauerte, bis wir das Maßband fast überall direkt auf der Borke hatten: 8,57 m – ein für mitteleuropäische Verhältnisse wirklich überragendes Maß. Zahlreiche Kronenäste waren abgestorben, doch es zeigten sich auch noch einige grüne Austriebe in der oberen Krone. Allerdings befand sich der wohl schon mindestens 350-jährige Baum fraglos in seinem letzten Lebensabschnitt. Mindestens das erstickende Efeu sollte dringend entfernt werden!

Im Mai 2022 bin ich wieder in Staufen und traue meine Augen kaum: Der Baumkoloss ist fast vollständig vom Efeu befreit, hat unzählige neue Austriebe hervorgebracht und sich damit wieder einen grünen Blättermantel zugelegt! Auch die Umgebung hat sich in einen wunderschönen, naturnahen Garten verwandelt. Der Eigentümer erzählt mir, dass sein Blick von seinem Arbeitszimmer aus immer wieder zu seiner Kastanie schweift und er sich am guten Gedeihen eines so besonderen Baumes erfreuen kann. Regelmäßig sorgt er dafür, dass Baumpfleger das Leben des mächtigen Baumes begleiten. Auf eine erneute Umfangsmessung habe ich verzichtet, doch es ist anzunehmen, dass zur 9-m-Marke inzwischen nicht mehr viel fehlen wird.

Wolf Hockenjos stellt die ‚Große Tanne' in seiner *Begegnung mit Bäumen* (1978, S. 165) als einen bis dato noch völlig unbekannten Baumriesen vor. Vielleicht lag es daran, dass der nahe der Sirnitzer Passhöhe entspringende Klemmbach, der nach Westen in Richtung Badenweiler und dem Rhein zustrebt, in seinem Oberlauf ein früher schlecht zugängliches, bewaldetes Tal durchfließt. Allerdings dürfte der Waldriese zumindest den Ortskundigen schon seit Langem bekannt gewesen sein, denn er wurde bereits 1912 in den Mitteilungen des Badischen Landesvereins für Naturkunde als Naturdenkmal gelistet. Hockenjos erwähnte ihre *„Benadelung von gesunder, tiefgrüner Farbe"*, und gab an, dass eine Storchenkrone zu seiner Zeit noch nicht vorhanden war. Die von ihm genannten Maße (Stammumfang 5,50 m, Höhe 50 m, Holzmasse 42,3 m^3) machten den *„Unscheinbaren Riesen"* zum Tannen-Champion des ganzen Landes.

Das Deutsche Baumarchiv (Ullrich et al., 2009, S. 216) gibt den Stammumfang für das Jahr 2001, in 1 m Höhe gemessen, mit 6,35 m an. Eine Zustandsbeschreibung fehlt hier zwar, doch zeigt das Bild eine große Höhlung am Fuß des mächtigen Stammes. Baumkunde.de gibt an, dass die Tanne nach einem Gipfelbruch im April 2019 abgestorben sei – dennoch statte ich ihr drei Jahre später einen Besuch ab, und bin gespannt, was nach einem langen Baumleben von gut 400 Jahren von Baden-Württembergs größter Weiß-Tanne noch übrig geblieben ist. Nach einem kleinen Fußweg, vom ehemaligen Gasthaus Auerhahn an der L 131 aus, treffe ich sie nur noch als 13 m hohen Stammtorso an. Die übrigen 37 m sind quer über den Bach gestürzt und wurden dabei regelrecht zertrümmert (rechte Seite). Unwillkürlich kommt mir in den Sinn, dass der Fall des Baumes wie ein Donnerschlag durch das Tal gegangen sein muss. Die vielfach vorhandenen Fruchtkörper des Rotrandigen Baumschwamms zeigen an, dass der Pilz den Baumriesen schon seit Jahrzehnten im Inneren mürbe gemacht und dabei eine zuletzt wohl massive Kernfäule verursacht hat – ohne dass dies von außen sichtbar war, da die äußeren Schichten hierbei noch intakt bleiben.

Das verbliebene Stammstück ist nur im Fußbereich teilweise hohl, die etwa 70 cm hohe Öffnung bietet zumindest Kindern die Gelegenheit zur Erkundung einer Baumhöhle.

Sirnitztanne
im Klemmbachtal

Baumart: *Abies alba*
Landkreis: *Breisgau-Hochschwarzwald*
Standort: *Am Klemmbach unterhalb der Sirnitz-Passstraße, 950 m westlich des ehem. Gasthauses Auerhahn*
Geodaten: *47.799689, 7.747583*
Alter: *ca. 400 Jahre*
Stammumfang: *6,11 m bei 130 cm, 6,55 m bei 100 cm (2022)*

Weidbuchen
beim Todtnauer Wasserfall

Der *Todtnauer Wasserfall* des Stübenbachs zählt mit insgesamt 97 m Fallhöhe – über fünf Stufen – zu den höchsten Wasserfällen Deutschlands, und seine Entstehungsgeschichte ist wirklich interessant: Wie auf einer Tafel am südlichen Zugang (beim Kiosk) zu lesen ist, hatte der bis zu 500 m mächtige Gletscher des Wiesetales und des Schönenbachtales – in das der Stübenbach mündet – sein Bett in der letzten Eiszeit viel tiefer ausgeschürft als es der kleine, von Todtnauberg herabkommende Stübenbach-Gletscher vermocht hatte. Dadurch ist nach Abschmelzen des Eises ein Hängetal entstanden, über dessen Kante der Stübenbach bis heute herabstürzt. Der ‚stiebende' Bach bietet vor allem während der Schneeschmelze im Frühjahr oder auch im Frost des Winters ein beeindruckendes Naturschauspiel.

Bei einer Baumtour Ende Mai 2021 bildet der Todtnauer Wasserfall eine grandiose Ouvertüre in die wunderschönen (Baum-)Landschaften des Südschwarzwaldes. Überraschenderweise entdecke ich am südlichen Zugang zum Wasserfall eine uralte Weidbuche im Hangwald über dem Weg (linke Seite) – drei Hauptstämme, die bis ca. 2 m Höhe zu einem riesigen, hellgrauen Stammsockel verwachsen sind. Die beulige und mit tiefen Furchen versehene Struktur des Stammes verrät, dass der Wuchsort in früheren Zeiten kein geschlossener Wald, sondern eine steile, offene Viehweide war. Deutlich über 100-jährige Fichten und andere benachbarte Bäume verweisen darauf, dass dieser Lebensabschnitt schon lange zurückliegt. Massive Bruchschäden und zahlreiche Zunderschwämme zeigen an, dass der sogar im Wikipedia-Beitrag des Wasserfalls erwähnte Baum sich im letzten Altersabschnitt seines Lebens befindet. Seine Restkrone ist dabei aber noch stattliche 25 m hoch und die noch vorhandenen Äste und Zweige haben ein beachtliches Blätterkleid ausgetrieben.

Ein kleiner, kurzer Waldpfad führt zu dem alten Veteranen (Buche I), und erst bei ihm stehend erkennt man, dass er nicht der einzige Archebaum des Todtnauerberger Waldes ist: Nochmals ein Stück den steilen Hang hinauf wirkt eine zweite Buche genauso monströs (links). Sie besitzt eine deutlich breitere Wuchsform, von ihren zahlreichen, weit zur Seite ausgreifenden Horizontalästen sind viele abgebrochen und bilden zu Füßen des mächtigen Baumes ein regelrechtes Trümmerfeld.

Baumart: *Fagus sylvatica*
Landkreis: *Lörrach*
Standort: *Am unteren Zugangsweg zu den Wasserfällen*
Geodaten: *47.842177, 7.936620 (I) und 47.842273, 7.936364 (II)*
Alter: *ca. 300 Jahre (Buche I) und ca. 280 Jahre (Buche II)*
Stammumfang Buche I: *6,56 m (2021, Messung bei 20/150 cm)*
Stammumfang Buche II: *5,98 m (2021, Messung bei 50/130 cm)*

Weidbuchen-Paradies
im NSG Utzenfluh

Baumart: *Crataegus macrocarpa*
Landkreis: *Lörrach*
Standort: *350 m nördlich Parkplatz Seeweg*
Geodaten: *47.808276, 7.910207*
Alter: *ca. 80 Jahre*
Stammumfang: *1,73 m (2021, bei 40 cm)*

Eines der schönsten und wichtigsten Vorkommen alter Weidbuchen des Schwarzwaldes liegt ein Stück nördlich der Gemeinde Utzenfeld: es ist das Naturschutzgebiet *Utzenfluh.* Schon kurz nach dem Aufstieg vom Wanderparkplatz am Seeweg bewundere ich aber zunächst die voll erblühte Krone eines alten Weißdorns (links). Nach der Lektüre des Pflanzenbestandes im NSG gehe ich davon aus, dass es sich um ein Exemplar des *Großfrüchtigen Weißdorns* handelt – es könnte eines der stärksten in ganz Deutschland sein!

Bald zeigen sich die ersten ‚Kuhbüsche' (links unten). In dieser Form verbringen die Buchen des offenen Weidelandes die ersten Jahre bis Jahrzehnte ihres Lebens. Wenige Wochen nach dem Austrieb der Blätter werden diese vom Weidevieh (meist sind es Rinder, auf der Utzenfluh jedoch Ziegen) abgefressen und dem Baum bleibt nichts anderes übrig, als immer wieder neu Knospen und Blätter zu bilden. Auf diese Weise entsteht allmählich ein vielfach verzweigtes Gebilde mit fingerdicken Stämmchen, die vom Weidevieh am Wachstum gehindert werden. Man muss schon die unbeirrbare Geduld eines Baumes aufbringen, um nach 40, 50 oder sogar 100 Jahren die sich bietende Gelegenheit zu nutzen: Sobald der Buchenbusch eine Breite erreicht hat, bei der das Ziegen- oder Rindermaul nicht mehr bis zur Mitte reicht, streben dort einige Triebe in die Höhe und sind dann nach einigen Jahren auch soweit aufgewachsen, dass sie vor einem weiteren Verbiss des Weideviehs sicher sind.

Nun beginnt der schöne Teil des Buchenlebens. Infolge des freien Standorts auf der offenen Weide steht das volle Sonnenlicht zur Verfügung und der Baum kann seine Arme nach allen Seiten weit ausstrecken. In aller Regel erwachsen die Stämmlinge aus einem einzelnen Kuhbusch und gehören damit zu *einem* Baum-Individuum (viel seltener kommen Doppelbuchen vor). Im Laufe der Zeit wachsen sie dann zu einem dicken Komplexstamm zusammen – und häufig lassen sich die einzelnen Achsen auch noch im hohen Alter erkennen. Einen solchen Baumriesen im besten Buchenalter entdecke ich auf einer Vorhöhe der südlichen Utzenfluh (rechte Seite). Die wahrscheinlich aus sieben Teilstämmen verwachsene Weidbuche präsentiert eine aus vielen langen Ästen bestehende, 28 m durchmessende Halbkugel-Krone in bestem Zustand. Große Ausbrüche musste sie bisher nicht hinnehmen, lediglich einige Trockenäste sind zu sehen. Der Boden des Kronenraumes ist übersät mit einem Teppich aus Hunderttausenden Bucheckern, aus deren Samen Tausende Buchenkeimlinge und Hunderte von Buchenbüschen entstanden sind. Es ist die vielleicht schönste Weidbuche, die ich jemals sah!

Baumart: *Fagus sylvatica*
Landkreis: *Lörrach*
Standort: *Vor dem südlichen Waldrand*
Geodaten: *47.806676, 7.916908*
Alter: *ca. 250 Jahre*
Stammumfang: *6,47 m (2021)*

Baumart: *Fagus sylvatica*
Landkreis: *Lörrach*
Standort: *150 m nördlich des Waldrandes Utzenfluh*
Geodaten: *47.813379, 7.918876*
Alter: *ca. 300 Jahre*
Stammumfang: *6,35 m (2021, Messung bei 100 cm hangseitig und 150 cm talseitig)*

Außergewöhnliche Landschaften mit artenreicher Flora und Fauna wie die *Utzenfluh* mögen zu Naturschutzgebieten erklärt werden, und herausragende Baumveteranen als Naturdenkmale eingetragen sein, doch eines sind sie gewiss nicht: Schöpfungen der Natur. Genau genommen sind die offenen Weidflächen des Schwarzwaldes eine Kulturlandschaft, die der Mensch mithilfe seiner Haustiere Rind, Schaf oder Ziege hat entstehen lassen – und ohne extensive Beweidung gäbe es auch keine Weidbuchen! Im NSG Utzenfluh kann man sehr gut erkennen, dass sich ohne menschliche Einflussnahme schon bald wieder der (Buchen-)Wald auf allen offenen Flächen ausbreiten würde. Über die flexiblen Umzäunungen ist es möglich, Teilflächen ganz gezielt für einen bestimmten Zeitraum kurz zu halten, oder auch einer gewissen Anzahl Nachwuchs-Buchen Gelegenheit zu geben, während einiger Jahre über die Fraßhöhe des Weideviehs hinauswachsen zu dürfen. Erst dann werden aus ‚Kuhbüschen' – als solche hat sie schon Ludwig Klein benannt – endlich *Weidbuchen*.

Welche Dimensionen Weidbuchen erreichen können, erlebe ich ein Stück nördlich der bewaldeten Utzenfluh-Kuppe. Am kleinen Weg, der nach Norden aus dem NSG hinausführt, setzen mich zwei mächtige Buchengestalten in Erstaunen: Etwas unterhalb des Wegs türmt das vermutlich größte Exemplar des gesamten Schwarzwaldes seine Krone bis in eine Höhe von gut 30 m (rechte Seite). Die Breite ist aufgrund des Standorts am Hang schwer zu bestimmen, doch 25 m könnten es durchaus sein. Der Stammfuß hat zahlreiche große Felsbrocken um- und überwachsen, und das Umfangsmaß des Stammes von 7,82 m wird wohl landesweit nur noch von einer einzigen Weidbuche der östlichen Schwäbischen Alb übertroffen (s. S. 530 f.). Ursprünglich bildete der Baum offenbar vier Hauptstämme aus – einer von ihnen ist gänzlich abgebrochen und inzwischen trocken, wie die abblätternde Rinde zeigt. Die beiden zentralen Achsen bilden die hohe Krone, der schwächere vierte Stamm schwingt hangseitig aus.

Auf der anderen Wegseite präsentiert eine vermutlich im gleichen Alter befindliche Weidbuche eine fast ebenso hohe und eindrucksvolle, wenngleich ziemlich einseitige Krone – der südliche Hauptstamm ist leider vollständig ausgebrochen (oben). Bei ihr ist das für Weidbuchen typische Merkmal des tiefen Kronenansatzes trotz der inzwischen hochovalen Krone gut erkennbar. Gut möglich, dass die meisten der alten Weidbuchen aus der Zeit um 1700 stammen, als die Bevölkerung nach dem Dreißigjährigen Krieg dramatisch reduziert war und kaum noch extensive Weidewirtschaft betrieben werden konnte (s. Schwabe/Kratochwil, S. 85).

Baumart: *Fagus sylvatica*
Landkreis: *Lörrach*
Standort: *150 m nördlich des Waldrandes Utzenfluh*
Geodaten: *47.813097, 7.918750*
Alter: *ca. 300 Jahre*
Stammumfang: *7,82 m (2021, Messung bei 80 cm hangseitig und 200 cm talseitig)*

Ein wenig erstaunlich mutet es schon an, dass Ludwig Klein in seinem Buch *Bemerkenswerte Bäume im Großherzogtum Baden* (1908) den Raum Utzenfeld nicht erwähnt – Wieden und auch Schönenfeld dagegen mit einigen besonders alten Weidbuchen hervorhebt. Dabei war zumindest einer der Utzenfelder Baumriesen in jener Zeit mit Sicherheit bereits eine ganz spektakuläre Erscheinung. Vielleicht lag es ja daran, dass am schon 1718 erwähnten und auf 1.100 m Höhe gelegenen *Knöpflesbrunnen* noch kein Almgasthaus existierte, zu dem heute ein Wanderweg hinaufführt?

Den dendrologischen Höhepunkt meiner Utzenfeld-Baumtour erwähnen dann Angelika Schwabe und Anselm Kratochwil in ihrem Buch über *Weidbuchen im Schwarzwald* (1987), ebenso das Deutsche Baumarchiv in ihrem Deutschland-Band *Unsere 500 ältesten Bäume* (2009). Dessen Autoren waren offenbar in hohem Maße beeindruckt und beschrieben den uralten Baum als *Klotzigen Wehrturm* (S. 225). Ich bin also sehr gespannt, was mich am Waldrand oberhalb des Weidelandes erwartet.

Tatsächlich übt der Baum seine Wirkung nicht aus der Distanz aus, ich kann ihn hinter grünem Geäst am Waldrand zunächst nur undeutlich ausmachen. Doch als ich dem gewaltigen Stamm näher komme, wird mir schnell klar, welch staunenswertem Monument ich hier begegne. Wie viele einzelne Stämme hier zu einer der gewaltigsten Weidbuchen des Landes verwachsen sind, ist aufgrund der massiven Schädigungen kaum noch erkennbar (unten rechts), nach Schwabe und Kratochwil sind es 28! Thomas Ludemann und Dagmar Betting weisen allerdings darauf hin, dass vertikale Überwallungsstrukturen (Furchen, Nahtstellen) als Folge von Verletzungen leicht zu einer Überschätzung der Anzahl von Teilstämmen führt (2009, S. 105). Bei ihren jahrringanalytischen Untersuchungen von rund 300 Weidbuchen unterschiedlichen Alters im Südschwarzwald konnten sie nie mehr als vier Teilstämme nachweisen!

Nur fünf größere Äste der ältesten Bewohnerin Utzenfelds grünen noch und sie verzweigen sich vielfach, sodass immerhin noch eine Restkrone von etwa 18 m Höhe und fast 20 m Breite entsteht. Am Hang unterhalb der Krone wächst ein ganzer ‚Wald' von immer wieder verbissenen Buchenschösslingen – mehr als auf Meterhöhe hat es bisher kaum einer geschafft. Doch jenseits des Wanderwegs zeigen gleich mehrere Buchenstamm-Gruppen, dass es irgendwann eine Chance gibt, man muss sie nur nutzen!

Der Zunderschwamm ist mit zahlreichen Fruchtkörpern sicher schon viele Jahrzehnte damit beschäftigt, den Utzenfelder Buchenkoloss in die Knie zu zwingen – doch dieser hält sich standhaft und ist an seinem schönen Platz mit Blick zum Tal ein wunderbarer und überaus wertvoller Baumschatz von nationalem Rang.

Baumart: *Fagus sylvatica*
Landkreis: *Lörrach*
Standort: *Am Weg zum Knöpflesbrunnen, am Waldeingang*
Geodaten: *47.817326, 7.919646*
Alter: *ca. 350 Jahre*
Stammumfang: *7,13 m (2021, Messung unterhalb des 1. Astes)*

Baumart: *Fagus sylvatica*
Landkreis: *Lörrach*
Standort: *Am Eisenbläuenweg*
Geodaten: *47.801634, 7.868021*
Alter: *ca. 300 Jahre*
Stammumfang: *6,00 m (2021)*

Auch die kleine Gemeinde *Schönenberg*, die zum Verwaltungsverband Schönau im Schwarzwald zählt, besitzt auf den südwestlichen Hängen, die bis zum Belchen (1.414 m NHN) hinaufreichen, noch beachtenswerte Weidbuchenbestände. Um auf die leider allmählich verschwindenden, landschaftsprägenden Baumgestalten aufmerksam zu machen, wurde zwischen der *Unteren* und der *Oberen Stuhlsebene* ein Weidbuchenpfad angelegt, der an vielen dieser Charakterbäume des südlichen Schwarzwaldes vorbeiführt.

Vom Parkplatz an der Wildböllenstraße hat man bald den ersten Baum erreicht, der bei Schwabe und Kratochwil 1987 (S. 54) als *„regelmäßig gestaltete Weidbuche mit mächtiger Krone"* beschrieben wurde. Leider ist heute nicht mehr viel übrig von der einst so prächtigen Gestalt (oben): Die dicke Hauptachse ist im Sturm komplett herausgebrochen und im daraufhin notwendigen Erhaltungsschnitt mussten die wenigen verbliebenen Seitenäste kräftig gekürzt werden. Etliche Kubikmeter Schnittholz liegen nun gleich oberhalb des aus vielen Teilstämmen verwachsenen Baumes direkt am Wegesrand. Die Südseite des Stammes – von wo man, auf einer Bank sitzend, noch vor kurzer Zeit den Blick weit über das Wiesetal schweifen lassen konnte – zeigt massive Fäulnisschäden.

Etwa 50 m nördlich, und nur über den schmalen Weidbuchenpfad erreichbar, steht eine schon bei Ludwig Klein mit einem Bild von 1905 vorgestellte Artgenossin, die in jener Zeit mit 4,64 m wohl noch nicht zu den ganz Großen zählte (rechte Seite). Doch schon 1987 war sie mit einem Umfang von 7,10 m die dickste, aus einem einzelnen Kuhbusch entstandene Weidbuche im Schwarzwald. Der enorme Zuwachs ging jedoch darauf zurück, dass das Zentrum des nach Schwabe und Kratochwil aus 20 Teilstämmen erwachsenen Baumes ausgebrochen ist und die noch vorhandenen Stämme sich nach außen neigten. Im Juni 2021 messe ich in Brusthöhe – infolge der entstandenen Stammlücke – ‚nur' noch 6,71 m und kann dabei den offenen Innenraum mit seinen skurrilen Verwachsungsformen ausgiebig betrachten. Selbst in diesem späten Zerfallsstadium repariert der Baum entstandene Öffnungen der Stammwandung durch Randwülste, so dass an mehreren Stellen ‚Fensterrahmen' entstehen, die schließlich so dick werden, dass die Öffnungen sich wieder schließen. Vom Eisenbläuenweg aus täuscht die zumindest auf westlicher Seite noch weitgehend erhaltene, große Krone über den tatsächlich kritischen Zustand des ältesten Bewohners von Schönenberg hinweg. Umso schöner, dass man die natürliche Verjüngung der Weidbuchen hier gebietsweise ganz bewusst zulässt.

Oberhalb der großen, hohlen Buche führt der Pfad weiter bergwärts und zu vielen weiteren Weidbuchen im Alter von meist rund 200 Jahren – und sie alle zeigen, was als Besonderheit dieser Buchenart gilt: große Individualität in der Gestalt sowie einen ganz eigenen Charakter.

Am Weidbuchenpfad
über Schönenberg

Baumart: *Fagus sylvatica*
Landkreis: *Lörrach*
Standort: *Oberhalb des Eisenbläuenwegs*
Geodaten: *47.802152, 7.868026*
Alter: *ca. 320–350 Jahre*
Stammumfang: *6,71 m (2021)*

Bühlbuchen
bei Graben

Wieden ist ein kleiner, weit verstreuter Erholungsort zwischen Feldberg und Belchen. Fast ein Drittel der Markungsfläche ist als Naturschutzgebiet *Wiedener Weidberge* eingetragen, und auf einer Tagestour im Juni 2021 konnte ich die schönsten und ältesten Weidbuchen besuchen, die der Ort zu bieten hat. Im Ortsteil Graben sind dies die beiden Bühlbuchen unweit des Wasserbehälters auf dem Bergrücken über dem Grabenbächle. Die etwas tiefer stehende ist eventuell aus zwei Kuhbüschen entstanden (unten), die Mitte ist aufgebrochen, fehlt hangseitig komplett und auch talseitig ist nicht mehr viel vorhanden. Doch zwei große Hauptäste tragen eine mit 21 m noch recht breite, flache Krone (Höhe 14 m). Die oberhalb der Taille spreizenden Hauptachsen müsste man abstützen, doch hat die herrlich markante Baumgestalt ihr maximal mögliches Höchstalter wohl bald erreicht. So lässt man der ‚Natur' ihren Lauf. Der gute Blattaustrieb und die offenbar gute Verankerung am Nordwesthang des Bühls lassen aber immerhin die Hoffnung zu, noch nicht allzu schnell auf die als Archebaum so wertvolle Weidbuche verzichten zu müssen. Der Bodenumfang des dicken Stammes beträgt erstaunliche 12,80 m!

Baumart: *Fagus sylvatica*
Landkreis: *Lörrach*
Standort: *100 m nordöstlich Wasserbehälter*
Geodaten: *47.836828, 7.904986*
Alter: *ca. 320–350 Jahre*
Stammumfang: *7,21 m und 6,77 m (beide 2021)*

Baumart: *Sorbus aucuparia*
Landkreis: *Lörrach*
Standort: *100 m östlich Graben 8*
Geodaten: *47.838123, 7.905399*
Alter: *ca. 80 Jahre*
Stammumfang: *2,50 m (2021)*

Nur wenige Schnitte aufwärts hat man den Kamm des Bergrückens bei 970 m NHN fast erreicht und staunt über die zweite, wohl ebenso alte Weidbuche (unten). Sie ist talseitig weit geöffnet und ausgemorscht, ein starker, jüngerer Seitenast schwingt rund 13 m ins Tal hinab und bildet den Hauptteil der noch 20 m breiten Krone. Am oberen Rand der alten Stammschale entspringen drei weitere, jüngere Äste, die sich reich verzweigen und dicht belaubt sind. Mit etwa 12 m reichen sie jedoch nicht weit hinauf, sodass auch dieser Baumveteran eine recht geduckte Form besitzt. Den Umfang messe ich in Brusthöhe mit 6,77 m, die Taille liegt bei 50 cm und erreicht 6,51 m.

Die Stamminnenseite bietet viele Verwachsungsformen, mit etwas Fantasie erinnern einige von ihnen gar an die Skulptur einer menschlichen Gestalt. Die individuell sehr unterschiedlichen Erscheinungsformen der Weidbuchen gehen zum einen – während der Wachstumsphase – auf den jeweiligen räumlich-zeitlichen Wechsel von Unter- und Überbeweidung zurück. Zum anderen aber auch auf die jeweils gegebenen Verhältnisse in der Altersphase, in der sich die Einflüsse von Schnee und Frost, Windbruch und Pilzbefall zeigen. Große Stammstücke des herausgebrochenen und im Inneren zersetzten Mittelteils liegen noch zu Füßen des urtümlich wirkenden Baumes.

Oberhalb des Hofes am Grabenbächle entdecke ich im weiteren Verlauf des Weges eine der landesweit stärksten Ebereschen (oben), auch sie ist ein aus vier Teilstämmen verwachsener Weidbaum. Die wunderbar gleichmäßige, schirmförmige Krone misst 6 x 12 m.

Doppelbuche
am Laileberg

Während im Umfeld der beiden alten Weidbuchen auf dem östlichen Grabener Bühl überhaupt keine Kuhbüsche vorkommen, und selbst Buchenkeimlinge an einer Hand abgezählt werden können, ist die Situation bei der anschließenden Etappe über den *Ochsenboden* zum *Laileberg* eine völlig andere: Auf der Suche nach der schon bei Ludwig Klein erwähnten ‚Doppelbuche am Lailekopf' (s. dort S. 282) sind die unmittelbar vor einem Waldgebiet über dem Spitzdobelbach aufwachsenden Kuhbüsche nicht mehr zählbar! Hier ist die natürliche Verjüngung offenbar erwünscht, und so ist der gesuchte, bei Klein (S. 136, Bild von 1897) noch frei auf der Weide stehende Baumriese inzwischen längst in den Buchenbestand des Waldes eingewachsen.

Doch selbst hier hat der gewaltige Baum, der wohl aus zwei nebeneinander aufkommenden Kuhbüschen erwachsen ist, einen geradezu majestätischen Auftritt (linke Seite). Die schon vor über 100 Jahren abgefaulte Bergseite des Stammes ist inzwischen längst wieder knollig überwallt und von dicken Moospolstern bedeckt. Hier wirkt der Baum ungemein vital und wuchskräftig, nur bodennah kann man aufgrund einer kleineren Öffnung durch den hohlen Stamm hindurchschauen. Talseitig (rechts) sind die Folgen der Zersetzungspilze schon viel deutlicher sichtbar.

Die westliche Baumhälfte mit einem stärkeren und einem schwächeren Stämmling reicht noch hoch hinauf bis über 25 m und ist gut erhalten. Die östliche Hälfte hat einige starke Äste durch Fäulnis und Bruch verloren, der vertikale Stämmling ist intakt, der zur Seite wachsende Stamm teilt sich in drei Äste auf, die alle mehr oder weniger starke Beschädigungen aufweisen.

Da kein noch so kleiner Pfad zum Baum führt, war ich dem Hofbauern vom Haus Grabenbühl, Herrn Gramespacher, für seine Wegbeschreibung (und ein interessantes Gespräch) dankbar. Genaue Standortangaben einer der mutmaßlich mächtigsten Weidbuchen des Schwarzwaldes sind bisher nicht (oder falsch) veröffentlicht – und da man nur über privates, umzäuntes und steiles Weideland zum Baum gelangt, werden die Geodaten auch hier ausnahmsweise nicht genannt.

Baumart: *Fagus sylvatica*
Landkreis: *Lörrach*
Krone: *Höhe ca. 26 m, Durchmesser gut 20 m*
Alter: *ca. 330–350 Jahre*
Stammumfang: *7,66 m (2021); schon bei Klein waren es 6,80 m (1897)*

Ein weiteres interessantes Weidbuchengebiet Wiedens ist das Gewann *Schafbuchen*, das sich von der L 123 nahe des Ortsteils Hüttbach bis hinauf zum Waldrand bei 1.100 m NHN erstreckt. Als Ausgangspunkt für die Erkundung dieser weitgehend offenen Weiden eignet sich das *Wiedener Eck* am Westrand der Gemarkungsfläche, wo man über die Passhöhe ins Obermünstertal oder auch zum Schauinsland gelangt. Vom Hotel *Wiedener Eck* führt ein Wiesenweg zu den *Mittleren Schafbuchen*, einem schon von Weitem gut sichtbaren Weidbuchenhain, der heute aus zehn Bäumen im Alter bis ca. 250 Jahren besteht. Der südlichste Baum (unten) ist der markanteste der Gruppe, er besteht aus drei verwachsenen Stämmen, bei denen die Kontaktstellen noch sehr gut sichtbar sind. Dies gilt umso mehr, als an diesen Nahtstellen deutlich erkennbare Risse entstanden sind – der fast 6 m starke Baumriese droht hier auseinanderzubrechen. Die Krone ist mit rund 20 m Höhe und Breite noch recht komplett vorhanden, wobei der hangseitige Teil deutlich offener erscheint und mehr Trockenäste enthält. Eine breite Verbissplatte rund um den Stammfuß trägt ganz wesentlich zur sehenswerten Gesamterscheinung bei.

Die *Oberen Schafbuchen* auf der Höhe sind bei meiner heutigen Tour nicht zu erreichen, ohne mit dem Hinterwälder Weidevieh in Konflikt zu geraten, weshalb ich dann in östlicher Richtung abwärts in Richtung Hüttbach gehe. Vor einem lang gestreckten Waldgebiet, das sich in Nord-Süd-Richtung an der Flanke des Hüttbachtals hinzieht, erreiche ich die *Unteren Schafbuchen*. Der schönste Baum, nur wenige Meter oberhalb der L 123 wachsend, ist eine gleichmäßig rundkronige, gut erhaltene Weidbuche mittleren Alters (ca. 180 Jahre), deren Kronenrand genau da anfängt, wo die Fraßhöhe des Weideviehs endet. Oberhalb am Hang ist noch ein gutes Dutzend sehr alter Exemplare erhalten, die sich mit zum Teil über 250 Jahren bereits in der Zerfallsphase befinden und eine großartige Ausstrahlung besitzen. Die markantesten Bäume unter ihnen sind zum einen eine Doppelbuche (großes Bild rechte Seite, im Hintergrund) mit fauligem Kern, aber noch recht intakter Krone (Breite gut 15 m, Höhe 20 m). Der mächtige Stamm beginnt mit einer talseitig weit auslaufenden Verbissplatte, einem der typischen Merkmale von Weidbäumen.

Noch ein Stück höher am Hang geht eine beulige Buchenruine, die sich noch einen einzigen grünenden Stämmling erhalten hat, ihrem Ende zu (rechte Seite unten). Abertausende Kuhbüsche im Initialstadium sind hier – unter den Kronen der Altbäume dem Waldrand vorgelagert – zu entdecken. Doch nur einer von ihnen hat es im Schutz eines ringförmig gewachsenen Wacholders geschafft, mit gut drei Metern Höhe in die Auswachsungsphase zu gelangen.

Ludemann und Betting (2009, S. 105) fassen den Kernpunkt des Landschaftserhalts im Südschwarzwald wie folgt zusammen: „*Um die typische, historisch gewachsene Landschaftsform zu erhalten, muss die Verbissphase möglichst lange anhalten – andererseits muss einzelnen Individuen auch das Durchwachsen ermöglicht werden.*“ Und Schwabe und Kratochwil (1987) bestätigen: „*Wenn die jahrzehntelange Verbissphase fehlt, können keine bizarr geformten (...) Weidbuchen entstehen*“ (S. 109) und „*wenn wir diese Baumgestalten für immer verlieren, so verlieren wir auch einen Teil der Kulturlandschaft ...*“ (S. 112).

Baumart: *Fagus sylvatica*
Landkreis: *Lörrach*
Standort: *Mittlere Schafbuchen, 650 m ONO Wiedener Eck*
Geodaten: *47.846851, 7.875865*
Alter: *ca. 250 Jahre*
Stammumfang: *5,99 m (2021)*

Schafbuchen
beim Wiedener Eck

Baumart: *Fagus sylvatica (oben, rechts)*
Landkreis: *Lörrach*
Standort: *Untere Schafbuchen, ca. 100 m westlich der großen Scheune bei der L 123*
Geodaten: *47.845929, 7.880793*
Alter: *ca. 280 Jahre*
Stammumfang: *5,21 m (2021, Taille bei 130 cm)*

Baumart: *Fagus sylvatica (rechts)*
Landkreis: *Lörrach*
Standort: *Untere Schafbuchen, ca. 150 m WNW der großen Scheune bei der L 123*
Geodaten: *47.846287, 7.880282*
Alter: *ca. 280 Jahre*
Stammumfang: *5,38 m (2021)*

Baumart: *Quercus petraea*
Landkreis: *Lörrach*
Standort: *Wanderparkplatz am Mettler Weg*
Geodaten: *47.683400, 7.917276*
Alter: *ca. 250–300 Jahre*
Stammumfang: *5,26 m (2022)*

Hinsichtlich ihrer Höhenlage von rund 900 m NHN im südwestlichen Gemeindegebiet von Gersbach darf man die am Wanderparkplatz stehende *Hohle Eiche* durchaus als etwas Besonderes betrachten (links). Seit wohl mehr als 250 Jahren behauptet sich die wärmeliebende Trauben-Eiche an ihrem schneereichen Höhenstandort. Und sie ist wahrscheinlich die älteste Eiche im südlichen Schwarzwald, denn die ehemals noch deutlich stärkeren (Stiel-)Eichen am Sengelenwäldchen bei Schopfheim und auf dem Dinkelberg bei Brombach (*Kreuzeiche* und *Große Eiche*) sind inzwischen alle abgegangen. Im Wikipedia-Artikel von Gersbach ist zu lesen, dass Teile ihres Kernholzes schon vor über 50 Jahren ausbrannten, die Rindenschicht dabei aber unversehrt blieb. Heute ist die Vitalität des Grenzbaumes zwischen Hasel und Schopfheim ungebrochen, die Krone noch immer 24 m hoch. Ein Stammaufriss hat sich zu einer großen, offenen Stammhöhle entwickelt.

Doch zuallererst ist der Gersbacher Wald ein Paradies der Weiß-Tanne. Kein Wunder also, dass man zur Abstützung des größten, freitragenden Holzdaches der Welt auf der Expo 2000 in Hannover 40 etwa 200-jährige Tannen aus Gersbach auswählte. Wenige andere dürfen hier noch viel älter werden, und einst zählte die *Große Tanne* zu den mächtigsten ihrer Art in ganz Westeuropa. Doch 1992 musste sie wegen Kernfäule gefällt werden, und seit Oktober 2019 erinnert eine im Ort ausgestellte Baumscheibe an die ehemals rund 400-jährige Waldkönigin.

Doch sie hat in der *Dicken Tanne* eine würdige Nachfolgerin gefunden, die sich bei kaum geringerem Alter erfreulicherweise noch recht vital präsentiert (rechte Seite, großes Bild). Der Rauschbachstraße folgend erreiche ich nordöstlich des Ortes einen kleinen Wanderparkplatz beim Fetzenbach. Nach 1.300 m auf dem Dachsbauhaldenweg gehe ich bei einem Wegweiser über eine Rückegasse etwa 120 m in den Bestand des ‚Alten Haus' und entdecke sie gleich neben einem kleinen Quellbach. Es gibt am Baum selbst keinerlei Hinweise – doch es besteht kein Zweifel: Allein die Dimensionen des grobrissigen, äußerlich unversehrten Stammes mit fast 6 m Umfang ist Nachweis genug! In Baden-Württemberg liegt sie – nach der inzwischen gestürzten *Sirnitztanne* (s. S. 314) und zusammen mit der *Danieltanne* bei Rothaus (s. S. 336) an der Spitze der stärksten Weiß-Tannen. Die etwa 46 m hohe Krone zeigt durchaus einige Schäden, ist im oberen Teil altersbedingt verlichtet und als Doppelwipfel (ohne Storchenkrone) ausgebildet, doch sie scheint noch halbwegs intakt. Ihr Umfeld ist auf ca. 15 m Durchmesser von weiterem Bewuchs freigehalten, hier ist beim letzten Sturm viel trockenes Kleingeäst herabgefallen. Das Holzvolumen dürfte rund 45 m^3 betragen.

Weitere Baumriesen sind aufgrund des Wegweisers *Große Tannen* etwa 300 m weiter östlich am Waldweg zu erwarten – bei der großen Wegbiegung sehe ich zumindest ein bemerkenswertes Exemplar im Alter von etwa 250 Jahren (Umfang 4,63 m). Nach Süden und Osten erstreckt sich das Waldgebiet *Flachslandtanne*, und hier begegne ich gleich mehreren, sehr alten Tannen – eine liegt schon viele Jahre zerschmettert am Boden und bietet in dieser letzten Phase der Zersetzung Lebensräume für viele Pflanzen und Kleintiere, eine andere ist bereits zerfressen vom Baumschwamm, weitgehend entrindet und abgestorben. Von den drei verbliebenen vitalen Flachslandtannen ist die südlichste, direkt am Rande einer Weidefläche, besonders imposant (kleines Bild rechte Seite). Über dem moosbedeckten Stamm türmt sich eine Krone mit dicht gestellten, zum Teil trockenen Ästen. Am Stamm ist eine rote Diagonallinie aufgesprüht – sie scheint schon für die baldige Fällung ausgewählt zu sein!

Dicke Tanne

Im Gersbacher Gemeindewald

Baumart: *Abies alba*
Landkreis: *Lörrach*
Standort: *Waldgebiet ‚Flachslandtanne'*
Geodaten: *47.802152, 7.868026*
Alter: *ca. 300 Jahre*
Stammumfang: *5,47 m (2022)*

Baumart: *Abies alba*
Landkreis: *Lörrach*
Standort: *Waldgebiet ‚Alter Hau'*
Geodaten: *47.715877, 7.951622*
Alter: *ca. 350 Jahre*
Stammumfang: *5,85 m bei 130 cm, 6,17 m bei 100 cm (2022)*

Zwei Linden
am Hardtwald

Ganz nahe schon am Hochrhein und der Schweiz bildet der *Klettgau* die südlichste unserer Gäulandschaften, die sich quer durch unser Bundesland bis ins Tauberland im Nordosten erstrecken. Auf meiner Baumtour, die mich im Juli 2020 entlang des Wutachtales nach Süden führt, stoße ich auf eine riesige Baumkrone nahe des Klettgau-Teilortes Erzingen. Tatsächlich ist es eine Doppelkrone zweier Winter-Linden, die hier nahe des *Hardtwaldes*, aber noch auf freiem Feld neben einem hölzernen Kruzifix aufragen.

Die näher zur vorbeiführenden Straße stehende Linde ist die größere der beiden, die Kronenmaße sind mit 28 m Breite und 32 m Höhe tatsächlich außergewöhnlich. Die drei Hauptachsen sind in einer Linie angeordnet, die mittlere gabelt sich in zwei Zentralstämme. Die nördliche Achse richtet sich ebenfalls steil auf, entlässt dabei einen zunächst bogenförmig, dann zur Seite ziehenden Ast. Die südliche Achse nimmt gleich nach dem Kronenansatz einen bogenförmigen Verlauf. Der Zustand ist bei Krone und Stamm gleichermaßen ausgezeichnet, Verletzungen sind nicht auszumachen.

Der zweite Baum (rechts) ist von ganz anderer Gestalt: Bei ihm ist nur eine Hauptachse ausgebildet, die zahlreiche schwächere Äste etagenförmig nach allen Seiten schickt – mit der Ausnahme im Osten, wo die Nachbarin steht. Im Gegensatz zu den für Winter-Linden typischen, zopfartigen Borkenstrukturen, die auch der erste Baum zeigt, ist ihr Stamm wie ein graues Felsmassiv. Zahlreiche Verwachsungen und auch die vielfach knotenartig verdickten Äste lassen den Baum viel älter erscheinen als die von mir angenommenen 250 Jahre. Viele Austriebe und Efeubewuchs erschweren die Umfangsmessung, die dann aber ein deutlich stärkeres Maß ergibt als bei der Nachbarlinde – 6,24 m. Ihr Zustand ist leider deutlich schlechter, viele Äste sind trocken und bei weiteren endet die Verzweigung nach den verdickten Astpartien.

Baumart: *Tilia cordata*
Landkreis: *Waldshut*
Standort: *Südlich des Orts, an der Züricher Straße, vor dem Hardtwald*
Geodaten: *47.643975, 8.432881*
Alter: *ca. 250–300 Jahre*
Stammumfang: *4,96 m und 6,24 m (2020)*

Tannenriesen bei Rothaus

Das *Tannenzäpfle* aus Deutschlands höchstgelegener Brauerei ist heute, 66 Jahre nach seiner Einführung, eine über Baden-Württemberg hinaus bekannte und beliebte Biersorte. Schon 1791 hatten die Benediktiner-Mönche aus St. Blasien im kleinen Schwarzwald-Dörfchen Rothaus das Bierbrauen begonnen. Ausgeschenkt wurde das Bier dann wenige Jahre später im damaligen Gasthaus Kaiser, das schon 1660 im alten ‚Rothen Haus' eingerichtet wurde. Dieses geht auf die Familie Roth zurück, die das Haus bereits im 14. Jahrhundert erbaut hatte. Auf dem Etikett der Tannenzäpfle-Flasche sind kurioserweise sieben Fichtenzapfen zu sehen – wohl aus Gründen des Markenschutzes hat man diesen Irrtum bis heute nicht korrigiert. Eine mögliche Erklärung dafür liegt wohl in der vielerorts gebräuchlichen Bezeichnung ‚Rot-Tanne' für die Baumart Fichte.

Bekannt ist der kleine Grafenhausener Ortsteil auch für das Museum *Hüsli*, das in der TV-Serie *Die Schwarzwaldklinik* als Wohnsitz des Professors Brinkmann diente und zahlreiche Alltagsgegenstände des dörflichen Lebens im Schwarzwald präsentiert.

Nach einem kurzen Spaziergang vom Hüsli aus, etwa 30 Minuten in nordöstlicher Richtung, erreicht man einen Abschnitt des Kapellenwaldes, in dem noch drei gewaltige Tannenriesen zu bestaunen sind, die vielleicht schon 50–70 Jahre alt waren, als die Mönche aus St. Blasien den Grundstein der Rothaus-Brauerei legten. Direkt am Weg trifft man zunächst auf ein Exemplar mit einer auffällig schmalen, gegabelten und schopfartigen Kronenspitze (unten links). Bei ca. 15 m Höhe beginnt die Krone mit zahlreichen starken, knorrigen Ästen, die jedoch alle sehr kurz sind, sodass die Krone nur etwa 12 m breit ist – doch die Höhe des Baums dürfte bei 40 m liegen. Ein zweiter, ähnlich starker Baum wenige Meter danach ist beim Orkan ‚Sabine' am 10. Februar 2020 umgestürzt. Der gut 30 m lange Stamm liegt ohne den obersten Kronenteil entlang des Weges. Wie mir der zuständige Revierförster, Herr Hugel, erzählt, war dem Baum die stark ausgeprägte Stammfäule von außen nicht anzusehen, doch die sehr hohe Krone bot dem Sturm an der recht breiten Wegschneise im Wald viel Angriffsfläche.

Gleich danach weist ein Schild nach rechts hinein in den Bestand zur Danieltanne. Sie ist weiträumig umgeben von einem Holzzaun und eine 2014 angebrachte Holztafel zeigt die damals ermittelten Werte: Höhe 46 m, Volumen 35 fm, Alter 300–400 Jahre. Sie steht im Distrikt 1, Abt. 6 ‚Daniel' – so ist sie zu ihrem Namen gekommen. Nur 10 m entfernt steht ein zweiter Tannenriese mit etwas geringeren Stammmaßen – man sollte sie ‚Danielatanne' nennen. Beide haben eine altersbedingt verdichtete, abgeflachte Kronenspitze (linke Seite).

Baumart: *Abies alba (‚Schopftanne')*
Landkreis: *Waldshut*
Standort: *ca. 1.500 m nordöstlich Museum ‚Hüsli'*
Geodaten: *47.796564, 8.261191*
Alter: *ca. 280 Jahre*
Stammumfang: *4,43 m (2022)*

Baumart: *Abies alba (‚Danieltanne')*
Landkreis: *Waldshut*
Standort: *ca. 1.500 m nordöstlich Museum ‚Hüsli'*
Geodaten: *47.796224, 8.261674*
Alter: *ca. 300–350 Jahre*
Stammumfang: *5,87 m (2022)*

Baumart: *Abies alba (‚Danielatanne')*
Landkreis: *Waldshut*
Standort: *ca. 1.500 m nordöstlich Museum ‚Hüsli'*
Geodaten: *47.796226, 8.261970*
Alter: *ca. 300–350 Jahre*
Stammumfang: *5,14 m (2022)*

Gegen Ende meiner Schwarzwaldtour im September 2020 bin ich in der weit zerstreut liegenden Kurgemeinde *Saig* unterwegs, einem rund 1.000 m hochgelegenen Teilort von Lenzkirch. Östlich von Saig führt die Hierastraße zum gleichnamigen Hof, auf dem die mächtigste und älteste Esche des Schwarzwaldes meine Baumreise beschließt. Doch zunächst lässt mich eine andere Esche die Fahrt unterbrechen, der ich beim Haus Nummer 36 begegne (Bild unten). Ihre vier Hauptachsen bilden eine riesige, vor allem talseitig weit ausladende Krone, die eine hölzerne Aussichtsplattform trägt. Der Stamm des etwa 250-jährigen Naturdenkmals hat mit 5,85 m Umfang ein schon bemerkenswertes Maß erreicht, in der Literatur ist dieses Eschenexemplar jedoch noch fast unbekannt, lediglich Rainer Lippert erwähnt sie auf seiner Website *Monumentale Eichen*.

Etwa 450 m weiter komme ich dann auf dem *Hierahof* der Familie Brugger an (Haus Nummer 52), der ganz am östlichen Rand von Saig liegt. Die in vielen Veröffentlichungen schon vorgestellte Hofesche wird schon 1909 von Ludwig Klein (S. 318) als *„schönste Gebirgsesche des Schwarzwaldes"* bezeichnet und gilt mit 300 bis 350 Jahren nach Angabe des Deutschen Baumarchivs als älteste Esche Deutschlands (Ullrich et al. 2009, S. 217). Die früher einmal riesige Krone ist heute sehr stark reduziert, denn der alte Hofbaum kämpft ums Überleben. Schon auf dem Lohrenhof (s. S. 348 f.) sagte man mir, dass es auf dem Hierahof (die Eigentümer kennen sich gut) wohl bald dem Ende zugeht mit der dortigen Esche. In Hiera hofft man indes darauf, dass sich ihr größter Baumschatz nach den radikalen Schnittmaßnahmen wieder etwas erholen könnte. Allerdings sind seitdem weitere Äste trocken gefallen.

Ein wichtiges Ereignis im Leben der alten Esche trug sich 1928 zu, als der von der jungen Hofbäuerin abgewiesene Nachbarssohn am Stammfuß eine Sprengladung gezündet hatte – am Vorabend ihrer Hochzeit. Damit war der Anfang vom Ende des stolzen Baumes vorgezeichnet (s. Hockenjos, S. 144).

Insgesamt neun Hauptäste gehen bei 4 m Höhe und etwas darüber ab, vier davon leicht seitlich, die anderen aufwärts. Am weit auslaufenden Stammfuß ist eine große Höhlung vorhanden – die bleibende Folge des nun schon fast 100 Jahre zurückliegenden Anschlages. Zwei große Tiefast-Ausbrüche sind seit Langem dagegen recht gut verheilt, ein weiterer dürfte vor nicht allzu langer Zeit abgerissen sein, hat aber zum Glück den Stamm dabei nicht zusätzlich beschädigt. Die Hauptachsen der Krone sind mit dicken Halteseilen verbunden. Junge Austriebe, einer davon aus dem Stammfuß, bringen mit ihrer Belaubung etwas Farbe hinein.

Zahlreiche weitere Eschen sind auf dem Hofgelände zu finden, eine vielleicht 150-jährige Dreiergruppe ist ebenso wie eine mehrstämmig entwickelte Sommer-Linde als Naturdenkmal gekennzeichnet. Etwas außerhalb des Hofes folgt eine weitere, starke Esche mit bereits recht lichter Krone – gut 5 m Stammumfang und ein Alter von ca. 200 Jahren sind schon sehr beachtlich. Der talwärts nach Südwesten führende Weg bringt mich noch zu einer weiteren Eschengruppe. Auch sie sind als Naturdenkmale geschützt, besitzen starke Stämme (bis 5,90 m) und breite Kronen. Insgesamt dürfte die nach Süden geneigte Hochfläche um Saig wohl zu den bedeutendsten Eschenstandorten zählen, die Baden-Württemberg zu bieten hat. Sollte die alte Hierahof-Esche bald dahingehen, stehen weitere bereit, in die Bresche zu springen.

Eschen
am Hierahof

Baumart: *Fraxinus excelsior*
Landkreis: *Breisgau-Hochschwarzwald*
Standort: *Ortsteil Hiera, Hausnummer 36 und 52*
Geodaten: *Nummer 36: 47.887786, 8.191155 und Nummer 52: 47.885133, 8.196313*
Alter: *ca. 250 Jahre und 350 Jahre*
Stammumfang: *5,85 m und 7,13 m (2020, Taille)*

Alte Linde
in Breitnau

Baumart: *Tilia platyphyllos*
Landkreis: *Breisgau-Hochschwarzwald*
Standort: *Dorfstraße, neben der Kirche*
Geodaten: *47.938916, 8.078520*
Alter: *ca. 500–700 Jahre*
Stammumfang: *9,46 m (2022, bei 60 cm Höhe)*

Schon Ludwig Klein ging in seinem Buch *Bemerkenswerte Bäume des Großherzogtums Baden* (1908) davon aus, dass Linden in höhergelegenen Teilen des Schwarzwalds sehr langsam wachsen. Die Gemeinde Breitnau über der Nordseite des Höllentals liegt auf 1.018 m NHN und ist damit sogar der höchstgelegene Ort des Schwarzwalds – nicht zuletzt deshalb war Klein der Ansicht, „... *dass der uralte, prachtvolle Baum wohl seine 600 Jahre haben kann*" (ebenda, S. 309).

Vor mehr als hundert Jahren beschrieb er die alte Sommer-Linde beim Gasthof zum Kreuz (heute Hotel Kreuz) genau so, wie ich sie antreffe, als ich im Mai 2011 mit Bernd Ullrich vom Deutschen Baumarchiv auf einer Baumtour im Südschwarzwald unterwegs bin (rechts). Und auch beim letzten Besuch im Januar 2022 (linke Seite) sind keine wesentlichen Veränderungen des Gesamtbildes erkennbar – nur die damals noch vorhandenen Sitzbänke sind inzwischen verschwunden. Die Gestalt des Baumes war aber schon bei Klein durch zwei Stämme gekennzeichnet, in die sich der Erdstamm sehr früh aufgabelt. Seine Umfangsmessung in Brusthöhe, wo die Teilung bereits ausgeprägt ist, ergab damals 8,79 m. Für das Jahr 2006 geben Ullrich/Kühn/Kühn genau einen Meter mehr an (allerdings in der für das Deutsche Baumarchiv üblichen Messhöhe von 100 cm). Meine Messung erfolgte in 60 cm Höhe, da sich hier die Teilung nur in geringem Maße auswirkt - in Brusthöhe sind es sicher deutlich über 10 m.

Ob die beiden Stämme ursprünglich einen gemeinsamen Stamm bildeten und eventuell durch einen Blitzschlag gespalten wurden – wie etwa bei der Wiesenbacher Linde (s. S.140 f.) – ist nicht bekannt. Sollte es sich jedoch um zwei eigenständige Bäume handeln, die im Laufe der Zeit in einer gemeinsamen Basis verwachsen sind – dafür sprechen zumindest die doch recht weit auseinanderliegenden Verläufe der Mittelachsen – müsste man das vermutete Alter von heute etwa 700 Jahren deutlich reduzieren. In diesem Fall wäre die Pflanzung der Linde frühestens für den Beginn des 16. Jahrhunderts denkbar, nachdem der alte Kirchenbau im Jahr 1500 durch Blitzschlag eingeäschert wurde und nachfolgend ein Wiederaufbau erfolgte. Schriftliche Hinweise dafür gibt es jedoch nicht. Im Landesarchiv Baden-Württemberg ist Breitnaus Wahrzeichen seltsamerweise als ‚100-jährige Linde' verzeichnet. Es ist anzunehmen, dass man das Naturdenkmal eigentlich als 1.000-jährig dokumentieren wollte!

Die Sekundär-, vielleicht schon Tertiärkrone, über dem aufrecht stehenden Teilstamm ist relativ gleichmäßig und harmonisch ausgebildet, die originalen Schalenreste sind mit langen Strängen Adventivholz durchwachsen und verstärkt. Die Kronenäste über dem zweiten, schräg stehenden Stamm sind dagegen nur spärlich entwickelt. Alle alten Stammteile enden bereits bei 5 m Höhe, alles übrige ist in späterer Zeit nachgewachsen. Wenige Meter nördlich des alten Baumes ist vor gut 40 Jahren eine wohl als Nachfolgerin gedachte Junglinde gepflanzt, man darf gespannt sein, wann sie die ihr zugedachte Aufgabe übernehmen muss.

Balzer Herrgott
bei Gütenbach

Die Gemeinde *Gütenbach* im südöstlichen Schwarzwald ist die kleinste Gemeinde im Schwarzwald-Baar-Kreis, von der nächstgrößeren Stadt Furtwangen aus fährt man etwa 7 km in westlicher Richtung. Im südlichen Zipfel des Gemeindegebiets liegt – auf einem bewaldeten Höhenrücken über dem steil abfallenden Tal der Wilden Gutach – ein ganz besonderer Wallfahrtsort. Es ist der *Balzer Herrgott*, eine einzigartige Verbindung einer alten Weidbuche mit einer sandsteinernen Christusfigur. Zur Entstehung dieses Baumschatzes gibt es vielerlei Sagen und Legenden – was genau sich dabei abgespielt hat ist heute nur in groben Zügen bekannt.

Man geht davon aus, dass das Hofkreuz des aufgegebenen Hofes von *Balthasar (‚Balzer') Winkel* – oder auch des *Königenhofes vom Wagnertal*, der 1844 von einer Lawine zerstört worden war – in der Zeit zwischen 1870 und 1890 an der damals etwa 100-jährigen Buche angebracht wurde. Sollte letzteres zutreffen, könnte der Name auch auf einen nahe gelegenen Balzplatz der Auerhähne zurückgehen. Schwabe und Kratochwil (1987, S. 81 ff.) schreiben, dass der Baum zu dieser Zeit auf freiem Weidfeld stand und aus zehn Teilstämmen bestand, die erst damit begonnen hatten, zu einem gemeinsamen Stamm zu verwachsen. Das Kreuz konnte somit zwischen zwei Stämme eingeklemmt werden. Noch heute erkennt man am Stamm genau in Kreuzmitte eine längs verlaufende Furche. Schon zu jener Zeit hatte die Herrgottsfigur keine Arme und Beine mehr – ob dies eine Folge des Lawinenunglücks war, ob das Weidevieh Arme und Beine abgetreten hatte (die Figur soll längere Zeit achtlos am Boden gelegen haben), oder ob gar ein Jäger dafür verantwortlich war, der die Extremitäten abgeschossen haben soll, bleibt wohl für immer im Dunkel der Geschichte verborgen. Gesichert scheint, dass die Steinfigur an einem eisernen Kreuz befestigt war, und dass ein Furtwanger Forstmeister 1935 die aus dem Baum ragenden Stäbe des Kreuzes abgetrennt hat, um dem Baum die weitere Überwallungsarbeit zu erleichtern.

Die allmähliche Einverleibung der Christusfigur durch den Baum ist in den letzten 90 Jahren gut dokumentiert, auf einer Tafel nahe des Baumes sind vier Stadien der Verwachsung dargestellt. Heute ist nur noch der Kopf zu sehen, der – wie aus einem Fenster schauend – von einem annähernd herzförmigen Kallusring der Buche umgeben ist. Die Figur musste in jüngerer Zeit mehrfach frei geschnitten werden, sonst wäre sie inzwischen wohl schon ganz im Baum verschwunden. Auch gegen die Einflüsse der Witterung wurde mit einer Versiegelung von Holz und Stein Vorsorge getroffen. Heute ist der Baumplatz großzügig freigestellt, sodass ein schöner Blick über die umliegenden Waldgebiete möglich ist. Der Baum selbst ist im Stammbereich von einem alten Ring aus Felsbrocken und einem Staketenzaun umgeben, um Besucher auf Abstand zu halten. Zusätzlich ist ein weiterer Ring aus 17 Findlingen vorhanden, die den Baum in Kronengröße umgeben und eine Verdichtung des Bodenraums durch schweres Forstgerät verhindern. Die Krone ist mit einem Durchmesser von 22 m, bei einer Höhe von 25 m von beachtlicher Größe und noch sehr vielastig erhalten.

Baumart: *Fagus sylvatica*
Landkreis: *Schwarzwald-Baar-Kreis*
Standort: *ca. 1.100 m südlich des Parkplatzes oberhalb des Fallengrundhofs*
Geodaten: *48.020475, 8.132746*
Alter: *ca. 230–250 Jahre*
Stammumfang: *4,10 m (2022)*

Esche und Buche
am Lohrenhof

Schauplatz einer Schwarzwald-Tour im September 2020 ist das schöne Reichenbachtal unweit nördlich von Neustadt. Hier besuche ich eine der stärksten Eschen des Landes, die noch immer gut 30 m hoch aufragende Hofesche am *Lohrenhof* des kleinen Teilorts Schwärzenbach (rechte Seite). Der Zahn der Zeit hat bereits deutlich sichtbare Spuren am zunächst zwei-, dann sechsachsigen Baumriesen hinterlassen. Insbesondere die mittlere Steilachse ist bereits völlig abgestorben. Einige größere Äste des Naturdenkmals wurden herausgenommen und aktuell scheint auch einer der seitlich ausgreifenden Äste trocken zu fallen.

Glücklicherweise ist der mächtige Stamm weitgehend intakt, wenngleich in einer tiefen Stammfurche auf der Talseite einige kleinere Öffnungen erkennbar sind. Gut möglich, dass im Inneren Hohlräume vorhanden sind – angesichts des Alters von etwa 300 Jahren ist dies zumindest wahrscheinlich. Zur Stabilisierung hat der Baum seitliches Stützholz ausgebildet. Im Gespräch mit der Eigentümerin erfahre ich, dass in der Krone regelmäßig Turmfalken brüten.

Die Hofbäuerin gibt mir schließlich auch noch den Hinweis auf eine bisher völlig unbekannte Rot-Buche, die unmittelbar am Waldrand oberhalb des Hofes wächst (links). Ich staune nicht schlecht, als ich dort auf zehn Buchenstämme treffe, die allesamt aus einer gemeinsamen Stammbasis gut 35 m hoch steil emporragen. Mit knapp 9 m Umfang ist dieser Sockel vielleicht sogar der stärkste Buchenstamm Deutschlands. Es könnte sich um eine Bündelpflanzung handeln, wahrscheinlicher aber um einen Stocklohdenbaum, bei dem nach Abgang des ursprünglichen Stammes aus dessen Resten ringförmig neue Triebe erwachsen sind und das Leben des alten Baumes fortführen. Eine solche Entwicklung ist auch bei Linden anzutreffen. Träfe dies auch hier zu, wäre es zwar nicht mehr der gleiche Baum, der hier vielleicht schon zuvor 200 Jahre lang gelebt hatte, doch läge in diesem Fall das ‚klonale' Alter des Baumes wohl bei mindestens 350 Jahren.

Baumart: *Fagus sylvatica*
Landkreis: *Breisgau-Hochschwarzwald*
Standort: *Neustadt-Schwärzenbach 3*
Geodaten: *47.936431, 8.226967*
Alter: *ca. 150 Jahre*
Stammumfang: *8,98 m (10-achsig, 2020)*

Baumart: *Fraxinus excelsior*
Landkreis: *Breisgau-Hochschwarzwald*
Standort: *Neustadt-Schwärzenbach 3*
Geodaten: *47.936379, 8.229420*
Alter: *ca. 300 Jahre*
Stammumfang: *7,00 m (2020)*

Alte Kiefern
im Klosterwald

Die Wald-Kiefer, regional auch als *Föhre* oder *Forche* bezeichnet, zählt zu den besonders anspruchslosen Baumarten und ist deshalb auch in fast ganz Eurasien verbreitet. Sie könnte im Schwarzwald fast überall wachsen, kann sich aber nur auf feuchten, moorigen Böden oder auch auf trockenen, sandigen und felsigen Untergründen gegen die natürliche Konkurrenz von Tanne, Fichte und Buche durchsetzen. In den Alpen klettert sie in Höhenlagen bis 2.000 m, bildet hier oft kleinwüchsige Gebirgsformen aus. Als typische Pionierbaumart war sie zusammen mit der Birke das erste Gehölz, das gegen Ende der letzten Eiszeit die vom Eis befreiten und wieder auftauenden Böden besiedelte – und damit die Entstehung aller späteren Waldgesellschaften vorbereitet hat.

Dass die Wald-Kiefer – gleich nach der Europäischen Fichte – mit einem Anteil von 24 % aller Bäume in Deutschland unser zweithäufigster Waldbaum ist, hat sie allerdings nicht nur ihrer besonderen Genügsamheit zu verdanken, sondern auch dem Menschen, der sie vor allem im 18. und 19. Jahrhundert auf ärmeren, sandigen Standorten weitflächig auspflanzte. Die so entstandenen Kiefernwälder haben jedoch zunehmend unter Schäden durch Insekten- und Pilzbefall zu leiden, sowie unter Waldbränden, die sich durch das harzreiche Holz der Kiefer schnell ausbreiten können. Deshalb versucht man in jüngerer Zeit verstärkt mit anderen Baumarten hier stabilere Mischbestände zu schaffen.

Pinus sylvestris kann bis zu 500 Jahre alt werden, erreicht auf ihren meist mageren Standorten aber keine eindrucksvollen Stammdimensionen. Auch auf dem Buntsandstein-Plateau des *Fürstlich Fürstenbergischen Klosterwaldes* bei Friedenweiler – einem alten Nadelmischwald aus Fichte, Wald-Kiefer und Weiß-Tanne - stehen den Bäumen nicht viele Nährstoffe zur Verfügung. Gerade deshalb haben sich einige der dortigen Wald-Kiefern zu etwas ganz Besonderem entwickelt: Sie sind die ältesten bekannten Vertreter ihrer Art im Schwarzwald, vielleicht sogar in ganz Mitteleuropa. Mithilfe eines Kernbohrers ermittelten Mitarbeiter des Instituts für Waldwachstum der Universität Freiburg im Jahr 2012 ein Alter von maximal 446 Jahren (Bad. Zeitung vom 12. 6. 2012).

Baumart: *Pinus sylvestris*
Landkreis: *Breisgau-Hochschwarzwald*
Standort: *Löffinger Stadtwald*
Alter: *gemessen bis 390 Jahre (2012)*
Stammumfang: *bis 1,99 m (2022)*

Ende Februar 2022 bin ich mit Oberforstrat i. R. Dr. Gerrit Müller, einem ausgewiesenen Kenner der hiesigen Waldfauna und -flora, im Klosterwald unterwegs. Nach Betreten des Bestandes in der Abteilung *Schanzhau* sind wir sofort von einem ganz außergewöhnlichen Wald umgeben. Dies liegt in diesem Fall auch am typischen, sauren Feuchtboden: Er ist kissenartig weich, dicht bestanden mit Sträuchern aus Heidelbeere, Preiselbeere und Rauschbeere, und auf ebenso weiten Flächen durchsetzt mit Polstern von Torfmoosen und Weißmoos. Viele Flechtenarten an Stämmen und Ästen geben dem Wald ein märchenhaftes Aussehen. Totholz ist dagegen Mangelware – was jedoch nicht verwundert angesichts des überaus guten, vitalen Zustandes des Waldes insgesamt, denn Schäden durch Sturm, Trockenheit oder Borkenkäfer sind hier eher die Ausnahme. Schon bald tauchen mehrere der gesuchten Altkiefern auf (Bild linke Seite) und ich bin überrascht, in welch großartigem Zustand sie sich uns präsentieren: Über den hohen, schlanken, rötlich schimmernden Stämmen sind noch immer dicht verzweigte und voll benadelte Kronen vorhanden, deren Äste zumeist mit schlangengleichen Windungen und Drehungen entwickelt sind.

Auch im sich direkt anschließenden Löffinger Stadtwald (Bild oben) besuchen wir einige Schwarzwälder Höhenkiefern, deren Alter nur unwesentlich niedriger liegt als bei den Friedenweiler Artgenossen. Auch hier ergaben die Untersuchungen von 2012 beachtlich hohe Alterswerte: 13 der 59 ausgewählten Bäume lagen hier über 300 Jahre, das älteste Exemplar erreichte sogar 390 Jahre – wies mit 20 m Höhe und einem Stammdurchmesser von 58 cm jedoch nur sehr bescheidene Maße auf (Bad. Zeitung vom 24. 4. 2012). Dies zeigt deutlich, wie stark die Standortbedingungen – und hier besonders die geringe Bodengüte – das Wachstum der Bäume bremsen. An den Schnittflächen einiger gefällter Stämme sind die auffallend schmalen Jahrringe gut erkennbar: Bei einem Durchmesser von nur 35 cm (Umfang 110 cm) zähle ich hier etwa 180 Jahre! Gut sichtbar ist hier auch der starke, kräftig rötliche Kern der Bäume, der von einer deutlich schmaleren, hellen Splintzone umgeben ist.

Die im Klosterwald Friedenweiler und im Löffinger Stadtwald wachsenden Kiefern spielen für seltene Vogelarten, insbesondere Spechte und Kleineulen als Brutbäume eine bedeutende Rolle. Darüberhinaus sind sie ein entscheidender Faktor bei der Erhaltung des Lebensraumes für das stark bedrohte Auerwild, das sich im Winter bevorzugt von Kiefernadeln ernährt und sich auf den oft horizontal abgehenden Kronenästen der Kiefern gerne niederlässt. Die sehr schattentolerante Fichte, die in den rund 900 m hoch gelegenen Wäldern rund um Löffingen ebenfalls ideale Wuchsbedingungen vorfindet, schränkt das Überleben der Auerhühner ein, indem sie die offenen und besonnten Flächen überwächst, die für das Aufwärmen der Küken von größter Bedeutung sind. Wegen des hoch sensiblen Lebensraumes dieser scheuen und vom Aussterben bedrohten Tiere werden die genauen Standortdaten der Altkiefern von Friedenweiler und Löffingen hier nicht genannt.

Aufgrund ihrer historischen und ökologischen Bedeutung ist eine Holznutzung der Methusalem-Kiefern von Friedenweiler und Löffingen nicht (mehr) vorgesehen – sie werden somit dereinst eines natürlichen Todes sterben.

Baumart: *Pinus sylvestris*
Landkreis: *Breisgau-Hochschwarzwald*
Standort: *Klosterwald, Abt. Schanzhau*
Alter: *gemessen bis 446 Jahre (2012)*
Stammumfang: *bis 2,49 m (2022)*

Krummförle
auf dem Lindenbuck

Nähe beim östlichen Stadtrand von Bonndorf führt ein kleines Sträßchen namens *Am Lindenbuck* auf die gleichnamige Hochfläche hinaus. Nach 1.300 Metern, unweit eines mächtigen Windrades, trifft man auf eine wundersame, gebrechlich wirkende Baumgestalt, wie sie im ganzen Land wohl kein zweites Mal vorhanden ist. Schwer gestützt auf insgesamt vier Krücken steht vor mir das *Krummförle*, eine skurril gewachsene Weidforche, deren Rücken, gebeugt von der Last dreier Jahrhunderte, diesen Namen schnell erklärt. Am Ende des kurzen, im Umfang noch auf 2,80 m zunehmenden Stammes greifen die beiden verbliebenen Äste nach Norden und nach Süden aus. Sie wachsen, wie bei Weidbäumen dieser Art oft zu beobachten, vielfach verschlungen und verdreht, und bilden eine etwa 10 m breite, flache Schirmkrone aus.

Die offenbar schon vor langer Zeit angebrachten Stützen sind in deutlich schlechterem Zustand als der Baum selbst und sollten bald erneuert werden. Die abgewetzte Borke des ca. 6 m hohen Veteranen deutet darauf hin, dass er häufig als Kletterbaum herhalten muss. Der Zustand des Krummförle ist aber wahrscheinlich besser als der erste Eindruck vermittelt. An vielen Stellen wurden vorhandene Hohlräume in früherer Zeit mit Betonplomben verschlossen, doch die Krone ist in großen Teilen grün, und gerade jetzt im Mai stehen zahllose Knospen an den Zweigenden.

Aus fotografischer Sicht ist das Krummförle sicher einer der interessantesten Bäume landesweit! Je nachdem, aus welcher Richtung man darauf schaut, präsentiert sich die märchenhafte Figur anders – mal wie ein zyklopenhaftes, fremdartiges Wesen (Bild rechte Seite), mal wie ein muskelbepackter Kraftprotz, oder auch als ein nur dank seiner Krücken noch mühsam gehaltener Baumgreis.

In seiner Nachbarschaft hat auch eine Schwedische Mehlbeere (*Sorbus intermedia*) bereits eine beachtliche Größe erreicht. Die viel langsamer wachsende Kiefer wird sie hinsichtlich der Stammstärke – aktuell sind es 2,37 m – sicher bald überflügelt haben. Auf jeden Fall hat sie die Nachfolge zweier Verwandten angetreten, die früher am Lindenbuck – deutlich stadtnäher allerdings – als Naturdenkmale eingetragen waren, heute jedoch nicht mehr vorhanden sind. Vermutlich waren dies Echte Mehlbeeren (*Sorbus aria*).

Dass Kiefern tatsächlich uralt werden können, und dabei sogar die besonders langlebigen Eichen und Linden übertreffen können, beweisen in Europa einige Exemplare der Art *Pinus heldreichii*, der Schlangenhaut- oder Panzer-Kiefer. Sie wächst nur noch in einigen felsigen Bergregionen Süditaliens sowie auf dem Balkan und in Griechenland. Im Norden Griechenlands wurden mithilfe eines meterlangen Bohrkerns 1.075 Jahre ermittelt (siehe natur.de vom 22. 8. 2016), für Kalabrien wird sogar von einem 1.230 Jahre alten Baum berichtet (siehe naturschutz.ch vom 3. 6. 2018).

Baumart: *Pinus sylvestris*
Landkreis: *Waldshut*
Standort: *1,3 km östlich des Stadtrands, Am Lindenbuck*
Geodaten: *47.816209, 8.364106*
Alter: *ca. 250–300 Jahre*
Stammumfang: *2,47 m (2020)*

Hoflinde
bei Lausheim

Südlich der *Wutachschlucht* liegt eine reizvolle Hochfläche, die sich im Wesentlichen die Gemeinden Wutach und Stühlingen teilen. An der nach Süden aus Ewattingen – dem Hauptort von Wutach – hinausführenden Straße nach Lausheim kann man sich an der eindrucksvollen Landschaft kaum sattsehen – im Osten grüßen die beiden ‚Baumberge' Blumbergs, der Eichberg und der Buchberg.

Um den bedeutendsten Baumschatz des weiteren Umlands zu finden, muss man den kleinen Ort Lausheim durchqueren und in Richtung des Nachbardorfes Weizen wieder verlassen – bezeichnenderweise auf der Lindenbergstraße. Diese führt an den *Lindenhöfen* vorbei, und genau dort hat die ‚Alte Linde', wie der Baum in den Naturdenkmalslisten benannt ist, ihren Platz. Freundlicherweise erlaubt man mir, die Hoflinde ausgiebig zu betrachten, zu bewundern, zu fotografieren und zu vermessen. Über ihr Alter ist leider nichts bekannt, doch sie steht wohl ‚schon immer' hier.

Die sechs, recht bescheidenen Stämme, die die heutige Krone aufbauen, sind mit Sicherheit noch keine hundert Jahre alt. Das Besondere an dieser Sommer-Linde ist der mächtige Stammsockel als noch verbliebener Teil des ursprünglichen Baumes. Als dieser möglicherweise einer Naturgewalt zum Opfer fiel, zeigten sich die großartigen Regenerationskräfte dieser Baumart: Aus bis dahin ‚schlafenden Knospen' erwachten am Rand der alten Stammschale neue Triebe und bildeten im Laufe der Zeit starke Äste. Es ist immer noch derselbe Baum, aber nicht mehr der gleiche wie der, der vielleicht 300 Jahre lang den Lindenhof beschattete.

Auch heute zeigt sich starker Austrieb am 5,20 m umfassenden Stamm, besonders am Stammfuß, doch diese kleinen Wassertriebe mit den großen Blättern werden sich nicht zu Ästen entwickeln. Man sollte sie besser regelmäßig entfernen, um nicht dem Pilzbefall Vorschub zu leisten.

Auf dem alten Stammrest mit seiner groben Borkenstruktur, den starken Wülsten und Verwachsungen, breiten sich auch dicke Moosauflagen aus. Auch sie tragen zum urtümlichen Erscheinungsbild dieses wertvollen Naturdenkmals bei.

Baumart: *Tilia platyphyllos*
Landkreis: *Waldshut*
Standort: *An der Lindenbergstraße*
Geodaten: *47.802726, 8.460338*
Alter: *ca. 400 Jahre*
Stammumfang: *5,20 m (2020)*

Buchener Stumpen
bei Blumberg

Wer den Baum nicht kennt, stellt sich unter der Bezeichnung *Buchener Stumpen* am ehesten noch eine alte Buche vor – zugegeben, mir ginge es genauso. Allerdings hatte ich schon vor vielen Jahren bei Fröhlich darüber gelesen (S. 176 f.) und wusste deshalb, es ist eine Stiel-Eiche! Im Juli 2020, auf dem Weg in den Klettgau, besuchte ich den alten Veteranen im Zuge einer Baumtour durch die südlichen Gäulandschaften.

Der Name wurde offenbar von einer ehemals benachbart stehenden Buche übertragen, von der um 1800 noch ein Stumpen vorhanden gewesen sein soll. Diese Geschichte erscheint zumindest unter der Voraussetzung zweifelhaft, dass das am Baum angegebene Alter der Eiche, „mehr als 500 Jahre", der Wahrheit entspricht. Schließlich sollte eine schon damals über 300-jährige Eiche imposant genug gewesen sein, um einen eigenen Namen zu führen – anstatt ihn von einer sicher nicht älteren Buche übertragen zu bekommen! Es sei denn, jener originale Buchene Stumpen wäre von landesweiter Bedeutung gewesen und heute in Vergessenheit geraten. Dann hätte die Buche wenigstens als Name überdauert.

Ungeachtet dessen ist die Eiche ein wirklich eindrucksvoller Baum. Seine beiden größten Tiefäste werden von einer massiven Holzkonstruktion gestützt, und die noch rund 20 m breite und 15 m hohe Krone wird durch zahlreiche Stahlseile gesichert. Zusätzlich ist im hohlen Stammzentrum ein Holzmast versenkt, an dem einige Seile befestigt sind. 1955 ist der 5,50 m dicke Stamm fast auseinandergebrochen und wurde daraufhin ausgemauert. Die heute noch vorhandene Stammschale hat zum Glück noch Zusammenhalt – neben einigen Stahlankern tragen dazu auch mehrere Astverwachsungen bei. So erscheint der Buchene Stumpen trotz des offenen Stammes doch erstaunlich gefestigt.

Nach einer Sanierung 1988, bei der die komplette Betonfüllung wieder entfernt wurde, hat die tief angesetzte Krone wieder gut ausgetrieben – und auch mir zeigt sich die alte Eiche im jugendlich frischen Blätterkleid. An einem häufig genutzten Rad- und Wanderweg unweit der Schweizer Grenze ist die charaktervolle Baumgestalt seit einigen Jahren mit einem Holzzaun umgeben. Und es sieht nicht so aus, als wolle sich die Eiche mit der lindenähnlichen Figur und dem buchenen Namen allzu schnell von dieser Welt verabschieden.

Baumart: *Quercus robur*
Landkreis: *Schwarzwald-Baar-Kreis*
Standort: *ca. 900 m südlich von Randen*
Geodaten: *47.810903, 8.579393*
Alter: *ca. 500 Jahre*
Stammumfang: *5,50 m (2020)*

Gerichtslinde
am Tengener Eck

Geprägt durch seine sieben markanten, meist von den Ruinen alter Burgen bekrönten Bergkegel, ist der *Hegau* sicher die schönste Vulkanlandschaft Baden-Württembergs. Vor rund 14 Millionen Jahren drangen zahlreiche Magmakanäle ins umgebende Gestein, wo sie allmählich erstarrten und zunächst noch unsichtbare Vulkanschlote bildeten. Erst während der Riß-Eiszeit vor ca. 150.000 Jahren räumten die Gletscher die Gesteinsmassen aus und formten dabei die Landschaft, indem sie die harten Vulkankerne freistellten – den Rest besorgte die anschließende Erosion.

Im August 2021 bin ich auf dem Weg zur alten Gerichtslinde bei Tengen. Über das kleine Breitenbachtal zur Höhe beim Berghof heraufkommend, öffnet sich die Landschaft schlagartig – mit weitem Blick über die Hegauberge bis hin zu den Schweizer Alpengipfeln. Hier, am *Tengener Eck*, habe ich mein Rendezvous mit einem der ältesten Bäume des Landkreises Konstanz. Der Standort befindet sich auf knapp 800 m NHN und liegt an der Europäischen Hauptwasserscheide zwischen den Einzugsgebieten von Rhein und Donau. Mehrere Quellen (unter anderem Wikipedia und die Liste der Naturdenkmale von Tengen) geben an, dass im Mittelalter unter der Linde die *Tengener Gerichtstage* abgehalten wurden. Gleichzeitig wird das Alter auf 300-400 Jahre eingeschätzt – es könnte sich also um eine Nachfolgerin handeln! Nach Informationen des Südkurier (Bericht vom 30. 1. 2018) taxierten einige Dendrologen das Alter der Gerichtslinde auf über 500 Jahre.

Seit einem Blitzschlag im Jahr 1960 und einem Brand nur wenige Jahre später ist der hohle Stamm der Sommer-Linde zweigeteilt, und der Baum kämpft bis heute sichtbar darum, die Wunden von damals zu schließen – dicke Überwallungswülste sowie diverse Adventivwurzeln im Stamminneren lassen darauf schließen. Nach massiver Kürzung der Hauptäste ist es der Sommer-Linde immerhin gelungen, eine kleine, etwa 13 m breite und 10 m hohe Sekundärkrone aufzubauen. Darin ist guter Neuaustrieb, aber auch der eine oder andere Trockenast zu sehen. Im unmittelbaren Umfeld sind bereits seit Längerem einige noch recht junge sowie eine schon ältere Sommer-Linde als Nachfolgebäume gepflanzt.

Baumart: *Tilia platyphyllos*
Landkreis: *Konstanz*
Standort: *Am Tengener Eck, Leipferdinger Straße nahe Berghof*
Geodaten: *47.834573, 8.653728*
Alter: *ca. 350–500 Jahre*
Stammumfang: *gesamt 6,09 m, einzeln 3,96 m und 2,60 m (2021)*

Baumart: *Tilia platyphyllos*
Landkreis: *Schwarzwald-Baar-Kreis*
Standort: *Vor dem westlichen Ortsrand, am Hang auf Weideland*
Geodaten: *47.892923, 8.544701*
Alter: *ca. 200 Jahre*
Stammumfang: *6,80 m (2020)*

Linde am Brühl
bei Fürstenberg

Die vielleicht prächtigste aller Linden im Gäuland kann man auf grünem Weideland mit weitem Blick über die *Baar* nahe beim Hüfinger Stadtteil Fürstenberg entdecken. Ursprünglich lag das ehemalige Städtchen auf dem gleichnamigen Berg, der ab dem 13. Jahrhundert als Stammsitz der Fürsten zu Fürstenberg große Bedeutung hatte. Doch nach einem Großbrand 1841 bauten die Bewohner ihr Dorf zu Füßen des Berges wieder auf. Heute leben hier knapp 500 Einwohner.

Rund 100 m vor dem westlichen Ortsrand ist die riesige Krone der etwa 200-jährigen Sommer-Linde schon von Weitem zu sehen. Ist man nahe bei ihr, erscheint der Baum überwältigend: Der 6,80 m starke Stamm teilt sich früh in zwei Achsen, die sich weiter reich verzweigen. Die etwa 30 m hohe Krone ist mehrfach mit Stahlseilen gesichert, der Kronendurchmesser beträgt 20 m.

Weit herausgezogene Wurzelanläufe, vor allem talseitig, vermitteln den Eindruck starker Verankerung – was bei diesem exponierten Standort auch notwendig erscheint. Noch konnten ihr die starken Stürme der jüngeren Vergangenheit kaum etwas anhaben. Der Zustand des Naturdenkmals ist ausgesprochen gut, akute Verletzungen sind nicht erkennbar, gleichwohl sind altersgemäß auch diverse Trockenäste vorhanden, die aber angesichts der Überfülle an Zweigen kaum ins Gewicht fallen. Talseitig fehlt ein großer Tiefast, dessen Abbruchstelle leider nach oben offen ist und dringend versorgt werden sollte. Die Äste neigen sich weit herab und weisen dann nach außen – ein sehr elegantes Erscheinungsbild.

Am Standort des Baumes genießt man ein 180-Grad-Panorama in nördlicher Richtung, vom Feldberg im Westen bis zum Steinbruch über Geisingen im Osten. Wenn man Glück hat mit dem Wetter, kann man von der *Augustinus-Kapelle* auf dem nahen Fürstenberg-Gipfel (917 m NHN) in südlicher Richtung bis in die Schweizer Alpen blicken.

Stiel-Eichen
im Unterhölzer Wald

Seit dem Mittelalter war der *Unterhölzer Wald* zwischen Bad Dürrheim und Geisingen im Besitz alter Adelsgeschlechter der Baar – zunächst der Geisinger Freiherren von Wartenberg (11. bis 13. Jahrhundert), danach der Fürsten zu Fürstenberg (13. Jahrhundert bis heute). Und dieser Umstand ist von entscheidender Bedeutung, denn ohne die Einflussnahme privater Interessen wäre der geradezu mystische Charakter dieses alten Waldes sicher nicht bis in unsere Gegenwart erhalten geblieben.

Die heute noch vorhandenen Eichen und Buchen der ältesten Generation stellen ganz besondere Baumschätze dar. Die greisenhaften Gestalten aus der Zeit vor 1780 haben heute eine herausragende Bedeutung für die Tierwelt. Für rund 165 holzbewohnende Käferarten sowie für mehrere Specht- und 10 Fledermausarten bieten sie selten gewordene Lebensräume, die in vielen anderen Regionen verschwunden sind. Und noch über ihr Absterben hinaus stellen sie als Totholz Nahrung für die Holzpilze und Wohnstatt für Vögel und Kleinsäuger zur Verfügung. Wenn die letzten der heute 300- bis 400-jährigen Eichen und der 250- bis 300-jährigen Buchen verschwunden sind, wird der Unterhölzer Wald seinen Zauber verlieren, denn nach dieser ältesten Generation klafft eine große, zeitliche Lücke in der Alterspyramide der Bäume.

Die drei ältesten und schönsten Alteichen sollen hier vorgestellt werden. Schon bei Fröhlich wird die *Maxeiche* genannt (1995, S. 176), die Prinz Max zu Fürstenberg gewidmet ist. Sie befindet sich am Südrand der großen, zentralen *Königswiese* (Bild unten links). Eine ganze Reihe von weiteren Mitgliedern der Fürstenfamilie wurde im Unterhölzer Wald mit einem eigenen Baum (jeweils Eiche oder Weiß-Tanne) bedacht.

Noch etwas stärker, wenngleich wohl etwas jünger ist die *Große Eiche*, von der man gleich beim westlichen Zugang des Waldes, an einem Wegedreieck begrüßt wird (Bild unten rechts). Auch sie ist eine Stiel-Eiche, jedoch mit der Besonderheit, dass die Stammachse sich wie bei einer Trauben-Eiche in gerader Linie bis zur Kronenspitze fortsetzt.

Der älteste und mächtigste Baum ist bisher völlig unbekannt geblieben: Ich entdeckte die urige Stiel-Eiche bei einer Waldwanderung im Januar 2020 (Bild rechte Seite). Man geht vom Südrand der Königswiese etwa 750 m geradewegs nach Süden, biegt dann an einem unscheinbaren Waldweg beim Schabelgraben nach links. Diesem Weg rund 300 m bis in einen älteren Mischbestand folgen, hier steht der vielleicht schon 450-jährige Riese dann gleich linker Hand. Der Stammfuß ist unterhöhlt und wegen der darin wohnenden Fuchsfamilie nenne ich diesen König des Waldes die *Fuchseiche*.

Baumart: *Quercus robur*
Landkreis: *Tuttlingen*
Standort: *Südrand Königswiese*
Geodaten: *47.945835, 8.603989*
Alter: *ca. 400 Jahre*
Stammumfang: *5,92 m (2020)*

Baumart: *Quercus robur*
Landkreis: *Schwarzwald-Baar-Kreis*
Standort: *Nordwestlicher Waldzugang*
Geodaten: *47.948394, 8.588537*
Alter: *ca. 350 Jahre*
Stammumfang: *5,67 m (2020)*

Baumart: *Quercus robur*
Landkreis: *Tuttlingen*
Standort: *Nordrand Kastanienwiese*
Geodaten: *47.940486, 8.610050*
Alter: *ca. 450 Jahre*
Stammumfang: *6,24 m (2020)*

Silber-Pappeln
an der Kötach

Silber-Pappeln sind wie alle Pappeln eingeschlechtlich – es gibt also männliche und weibliche Bäume – und deshalb wurden sie schon in früherer Zeit in der Regel paarweise gepflanzt. Bei den ältesten und stärksten Silber-Pappeln Baden-Württembergs fällt auf, dass sie – soweit dies überhaupt bekannt ist – aus der gleichen Zeit stammen: Die mitunter als stärkste in Deutschland bezeichnete in Bad Boll (s. S. 268 f.) ist 1820 gepflanzt, für das Paar in Tübingen-Kilchberg ist 1826 angegeben, für jenes in Ehningen- Mauren (s. S. 240 f.) wird ebenfalls 1820 angenommen. Ähnliches könnte für zwei weitere Paare gelten, die einige Gemeinsamkeiten aufweisen:

Beide sind in der Literatur weitgehend unbekannt, beide flankieren eine kleine Brücke am Bach, und beide übertreffen mit jeweils einem Exemplar die Boller Pappel deutlich: Die beiden am Zimmerbach bei Hechingen-Weilheim stehenden Bäume erreichen bis 6,31 m Umfang (s. S. 486 f.), und die stärkere der beiden an der Kötach beim Bad Dürrheimer Stadtteil Biesingen lebende Silber-Pappel (Bilder rechts und linke Seite) ist mit 6,49 m vielleicht sogar der neue Champion im Land.

Westlich des Bachs ragt diese Pappelriesin gut 38 m hoch auf, und ihre vielfach seilverspannte Krone besitzt noch die meisten Hauptäste, auch wenn diese zum Teil in früherer Zeit gekürzt wurden. Die zweite Pappel ist in der Krone schon deutlich reduziert, eine der vier Hauptachsen ist fast ganz abgenommen. Bei ihr zeigen sich auch Fäulnisschäden, stellenweise sind bei Klopfproben Hohlräume im Stamm zu hören.

Die meisten Pappelarten wachsen sehr schnell, sind dafür aber auch recht kurzlebig. Silber-Pappeln können dagegen durchaus 300 oder mehr Jahre erreichen – in Ungarn gab es bis 1904 sogar ein 500-jähriges Exemplar, dessen Stamm einen Umfang von mehr als elf Metern aufwies!

Baumart: *Populus alba*
Landkreis: *Schwarzwald-Baar-Kreis*
Standort: *Östlich des Orts am Kötachbrückle*
Geodaten: *47.987556, 8.591294*
Alter: *ca. 200 Jahre*
Stammumfang: *6,49 m und 5,54 m (2020)*

Schlosspark
an der Donauquelle

Donaueschingen ist mit gut 22.000 Einwohnern nach Villingen-Schwenningen die zweitgrößte Stadt des Schwarzwald-Baar-Kreises. Ihre größten Sehenswürdigkeiten sind zweifellos das Fürstlich Fürstenbergische Schloss mit dem sich nach Süden und Osten anschließenden Schlosspark, und der Zusammenfluss von Brigach und Breg, die hier bekanntlich die Donau ‚zuweg' bringen. Ein vielleicht schon im 18. Jahrhundert angelegter Park, der noch dazu zu den größten Landschaftsparks im Südwesten zählt, lässt mich erwarten, dort auch überregional bedeutende Bäume finden zu können. An der stark sprudelnden Donaubachquelle zwischen Stadtkirche und Fürstlichem Schloss, eine der schönsten Quellfassungen im Land überhaupt, zeigt ‚Mutter Baar' ihrer Tochter, der jungen Donau, den Weg (Figurengruppe von Adolf Heer, 1895). Im Gegensatz zur Quelle sind zu den Naturdenkmalen Donaueschingens so gut wie keine Informationen zu bekommen.

Die wenigen, mir zur Verfügung stehenden Informationen zur Entstehungszeit des Schlossparks liefern keineswegs einheitliche Angaben: Die Tourismus Marketing GmbH Baden-Württemberg nennt das Jahr 1820, eine Information des Hauses Fürstenberg berichtet: *„Der Donaueschinger Schlosspark wurde im 18. und 19. Jahrhundert buchstäblich dem Sumpf und dem rauhen Klima der Baar abgerungen."* Und weiter erfährt man dort, dass der Park von Anfang an auch für die Bevölkerung zugänglich gewesen sei – was der mit der Anlage des Parks betraute Hofkavalier um 1800 wie folgt kommentiert haben soll: *„Einst den Fröschen, jetzt der Gesundheit!"*

Der unmittelbar südlich des Schlosses liegende, französische Teil des Schlossparks ist für die Öffentlichkeit nicht zugänglich. Der sich südlich der Brigach dann anschließende, größere, englische Teil jedoch schon. Das teils dicht bewaldete, teils offene Parkgelände ist von vielen Wegen durchzogen. Auch der Wasserreichtum mit verschiedenen Seen und kanalartigen Wasserläufen fällt schnell auf. Wirklich überragende Bäume sind hier allerdings nicht (mehr) zu finden, nachdem die von Ludwig Klein (1908, S. 318) beschriebene, ehemals stärkste Esche Badens abgegangen ist. Eine aus zwei Stämmen verwachsene Ulme am Westrand nahe der Josefstraße und einige schöne Hänge-Buchen sind immerhin erwähnenswert. Auch eine kleine Fichte, die in einem mächtigen Stammstück eines Bergmammutbaums gepflanzt ist, wirkt durchaus interessant.

Baumart: *Salix alba*
Landkreis: *Schwarzwald-Baar-Kreis*
Standort: *Nordrand an der Pfohrener Straße*
Geodaten: *47.956020, 8.514702*
Alter: *ca. 120 Jahre*
Stammumfang: *6,40 m (2020)*

Silber-Weiden
im Schlosspark Donaueschingen

Ganz am Nordrand, wo der Donaueschinger Schlosspark an der Pfohrener Straße endet, fällt mir eine Silber-Weide auf, deren Stamm alle bisherigen Dimensionen in den Schatten stellt (linke Seite): 6,40 m sind zumindest für den Schlosspark zunächst rekordverdächtig! Leider ist ein sehr großer Tiefast ausgebrochen und hat dabei eine massive Verletzung verursacht. Doch wie einige Holzstrukturen am Stamm anzeigen, scheint die dicke Weide unverdrossen und stark zu wachsen. Die Borke zeigt ein sehr schönes, fast kunstvoll geflochtenes Zopfmuster.

Etwa 600 m nach Süden gehend, erreicht man die *Brigach*, die auf dieser Seite das Gelände des Poloclubs begrenzt. Auf ihrem linken Ufer kann man auf einem kleinen Spazierweg bis zu ihrem Zusammenfluss mit der *Breg* gehen – und auch die *Stille Musel* aus dem Raum Bad Dürrheim mündet hier. Dabei gibt es weitere, sehr bemerkenswerte Weiden zu sehen – für die erste muss man jedoch die kleine Brücke an der Stadionstraße überqueren und einige Schritte am rechten Ufer entlanggehen. Die dort am Rande des Parkplatzes stehende Silber-Weide (unten links) zeigt auf dieser Seite eine schon dramatisch zu nennende Stammverletzung. Auch bei ihr hat ein tiefer Astausbruch die ganze Stammseite aufgerissen, die schnell einsetzende Holzzerstörung ist bereits weit fortgeschritten. Wieder zurück auf der linken Brigachseite ist als Nächstes ein zweistämmiges Exemplar anzutreffen (unten Mitte), bei der ein Stämmling leider in kurzer Höhe komplett abgebrochen ist. Auch der noch vorhandene Stamm scheint nicht im Originalzustand zu sein – zu deutlich reduziert ist sein Umfang im Verhältnis zum mächtigen Erdstamm, der ein gemeinsames Stammmaß von 7,08 m aufweist. Auch der letzte Großbaum vor dem Bregzufluss (unten rechts) zeigt starke Beschädigungen auf der Wasserseite und einige aus dem mächtigen Altstamm austreibende Äste, sowie zwei bereits ältere Stämme unmittelbar daneben, die sicher dem gleichen Wurzelsystem entwachsen sind.

Alte Weiden zählen zu den formenreichsten Baumgestalten überhaupt und bieten oft einen geradezu märchenhaften Anblick – und gleich vier von ihnen auf so engem Raum zu begegnen, ist ein Glücksfall.

Baumart: *Salix alba*
Landkreis: *Schwarzwald-Baar-Kreis*
Standort: *An der Brigach*
Geodaten: *47.951040, 8.517985*
Alter: *ca. 120 Jahre*
Stammumfang: *ca. 6 m (2020)*

Baumart: *Salix alba*
Landkreis: *Schwarzwald-Baar-Kreis*
Standort: *An der Brigach*
Geodaten: *47.951013, 8.516494*
Alter: *ca. 120 Jahre*
Stammumfang: *7,08 m (2020)*

Baumart: *Salix alba*
Landkreis: *Schwarzwald-Baar-Kreis*
Standort: *An der Brigach*
Geodaten: *47.950721, 8.513443*
Alter: *ca. 120 Jahre*
Stammumfang: *ca. 6 m (2020)*

Silber-Pappeln
im Schlosspark Donaueschingen

Baumart: *Populus alba*
Landkreis: *Schwarzwald-Baar-Kreis*
Standort: *Im Fürstlich Fürstenbergischen Park; nördlich des Polo-Geländes und direkt am Polo-Stadion*
Geodaten: *47.955492, 8.513673 • 47.955547, 8.515060 • 47.951988, 8.513108*
Alter: *Alle drei ca. 150 Jahre*
Stammumfang: *5,18 m, 5,10 m, 5,37 m (alle 2020)*

Bei meinem Besuch im März 2020 schien mir ein Gebiet östlich der Stadt vielversprechend – hier zeigen sich auf Google Maps zwischen Stadtrand und der vorbeiführenden B 27, rund um das große Areal des Fürstlich Fürstenbergischen Poloclubs, zahlreiche eingestreute, große Baumkronen. Meine Erkundung beginnt an einem Parkplatz an der Kreuzung Fürstenbergstraße/Stadionstraße. Schon nach wenigen Schritten wird man im *Fürstlich Fürstenbergischen Schlosspark* begrüßt, und beim Anblick der zahlreichen hier vorhandenen Altbäume scheinen sich meine Erwartungen zu erfüllen. Zunächst überwiegen Eichen und Eschen, letztere teilweise mehrstämmig. Das stärkste einstämmige Exemplar gleich nördlich des Wegs ist mit seinem 4,92 m starken und deutlich abholzigen Stamm sehr bemerkenswert. Von hier aus schaut man auf eine Art Trainingsplatz des Poloclubs, der jedoch derzeit offensichtlich nicht genutzt wird. Etwa in der Mitte ragt die schlanke, doch rund 40 m hohe, vollbenadelte Krone einer Fichte auf, ihr Stamm bringt es beim Umfang auf 3,95 m. Neben ihr ein etwa gleich starker Berg-Ahorn, der sich, abgesehen von einigen Trockenästen, ebenfalls in gutem Zustand präsentiert. Sein Stammfuß wurde bis in 2 m Höhe mit einem Maschendrahtzaun umgeben, der inzwischen von vielen kleinen Austrieben durchwachsen wird und entfernt werden sollte.

Die Überraschung dann ein Stück weiter nördlich: Eine Silber-Pappel (linke Seite, links) mit mächtigen Dimensionen – die Krone 37 m hoch, der Stamm beachtliche 5,18 m stark. Zwei tiefe Äste sind gekürzt, ein weiterer ist ganz verloren und hat eine dick verwachsene Narbe hinterlassen. Die Hauptkrone mit der Zentralachse und einem seitlich aufsteigenden Starkast ist recht gut erhalten. Der Stamm mit sehr grober Borke klingt vollholzig und scheint bis auf einen kleinen Feuchteschaden an der Nordseite unversehrt.

Etwa 100 m östlich der schon beschriebenen Silber-Pappel entdecke ich ein zweites Exemplar, nahe der Nordost-Ecke des Geländes (linke Seite, rechts). Der Baum ist etwa ebenso hoch wie das zuvor besuchte Exemplar und auch der Stamm ist mit 5,10 m Umfang fast gleich stark. Doch die vorhandenen Schäden sind hier deutlich stärker sichtbar: Auf den ersten 8 Metern fehlen gleich mehrere große Äste, und mit dem Pilz, dessen Fruchtkörper sich vor allem in der Kerbe einer langen Blitzspur zeigen, dürfte der Baum sicher schon lange Zeit kämpfen.

Etwa 350 m südlich liegt das Hauptspielfeld des Poloclubs, samt Tribünenbereich auf dessen Ostseite. Hier findet auch eine Vielzahl weiterer, städtischer Veranstaltungen wie zum Beispiel Musikkonzerte statt. An der südwestlichen Ecke ist es erneut eine Silber-Pappel (oben), die aufgrund ihrer Größe gleich ins Auge fällt. Sie übertrifft mit ihrem 5,37 m starken Stamm ihre beiden nördlichen Artgenossinnen sogar noch, während die weitgehend intakte Krone etwa die gleiche Höhe erreicht.

Alte Eiche
in Tannheim

Tannheim ist seit 1972 der südlichste Stadtteil Villingen-Schwenningens, und er liegt genau zwischen Schwarzwald und Baar – der durch den Ort fließende Wolfsbach bildet hier ein Stück weit die landschaftliche Grenze zwischen Buntsandstein und Muschelkalk. Der heute etwa 1.300 Einwohner zählende Ort wurde bereits 817 erstmals urkundlich erwähnt und er zeigt auf seinem Ortswappen eine grüne Fichte mit vier Zapfen. Dieses Wappen stammt offenbar aus dem Jahr 1896 – was insofern erstaunt, als Tannheim schon zu diesem Zeitpunkt einen landesweit herausragenden Vertreter einer anderen Baumart besaß: Eine Stiel-Eiche mit wirklich spektakulärer Gestalt, die im Jahr 1950 als Naturdenkmal eingetragen wurde.

Die auf 750 m NHN lebende Eiche scheint sich 13 Jahre nach meinem früheren Besuch (2007) überhaupt nicht verändert zu haben. Doch was sind schon 13 Jahre im Leben einer vielleicht 400- oder gar 500-jährigen Eiche? Die Altersangabe von 850 Jahren, wie auf dem Holzschild am Baum zu lesen ist, dürfte deutlich zu hoch liegen. Aus dem mächtigen Stammsockel streben immer noch zwei nahe zusammenstehende Zentralachsen nach oben, sowie je ein sehr starker Seitenstamm nach Osten und Westen. Der Umfang des Stammes ist minimal mit 8,30 m zu messen, bei 130 cm Höhe sind es 8,85 m, bei 180 cm noch immer 8,69 m. Die knorrigen Äste der oberen Krone breiten sich schirmförmig aus, nur wenige Äste zur Stankertstraße hin sind abgenommen. Die am Stamm über einer großen, tiefen Ausbruchverletzung angebrachte Holztafel, die das Regenwasser nach außen ableiten soll, ist inzwischen zerbrochen. Doch sie hilft noch immer dabei, den Fäulnisprozess im Stamminneren zu verlangsamen. Die Verwachsungen in diesem Bereich, aber auch im kompletten Stammfuß, sind geradezu monumental zu nennen.

Die Ostachse ist von der großen Höhlung am stärksten betroffen und demzufolge nicht mehr in gutem Zustand. Sie wird eines Tages sicher als erste abbrechen. Die übrige Krone zeigt jedoch in der Peripherie noch weitgehend feine Verästelungen und Knospenaustrieb. Man kann also hoffen, dass dieser Methusalem – den ein Anwohner übrigens auf ein Alter von mehr als 1.000 Jahren schätzt – noch viele Jahre überdauern wird. Zusammen mit der *Emmertshofeiche* bei Neuenstein (s. S. 152 f.) ist die Tannheimer Eiche mit einiger Wahrscheinlichkeit die stärkste ihrer Art im Land und gehört vielleicht zu den zehn ältesten Eichen Baden-Württembergs.

Baumart: *Quercus robur*
Landkreis: *Schwarzwald-Baar-Kreis*
Standort: *Im nördlichen Ortsteil, Stankertstraße 36*
Geodaten: *48.003366, 8.410611*
Alter: *ca. 400–500 Jahre*
Stammumfang: *8,30 m bei 70 cm Höhe, 8,85 m bei 130 cm Höhe (2020)*

Rosenbaum
am Plattenmooswald

Der seltene Baumschatz am *Plattenmooswald* des Villinger Teilorts Tannheim ist insofern eine Besonderheit, als es sich hier um einen Wildobstbaum handelt! Als Naturdenkmal ist der *Rosenbaum* nicht eingetragen und so hätte ich ihn sicher nicht gefunden, wäre ich nicht durch die Lektüre von Wolf Hockenjos‘ Buch „*Unterhölzer – Liebeserklärung an einen alten Wald*“ auf ihn aufmerksam geworden.

Wie Hockenjos schreibt (s. dort S. 111), habe der kapitale Wildapfelbaum in einem Gewann überlebt, das schon in den Katasterkarten von 1747 unter dem Namen ‚Rosenbaum‘ geführt wurde, und dessen Name auf den Baum übergegangen sei. Ob die zartrosa Blütenfarbe oder die botanische Einordnung in die Rosengewächse zum Namen geführt hat, sei heute nicht mehr auszumachen. Dass der heute vorhandene Baum schon in jener Zeit existierte, kann man wohl ausschließen, doch ein direkter Nachfahre im Alter von vielleicht 120 Jahren könnte es durchaus sein. Jedenfalls handelt es sich nach einer genetischen Untersuchung der Freiburger Universität zu 100 % um einen echten Wildapfelbaum – was ihn zu einer absoluten Rarität macht.

Am Standort vor dem Rand des Plattenmooswaldes, etwa 500 m nordöstlich des Ortsrandes von Tannheim, ist der markant gewachsene Baum nicht zu übersehen – zwei etwa 10 m zur Seite auslegende und leider nicht abgestützte Tiefäste sind sein Erkennungsmerkmal. Der sich schon früh in zwei große Hauptachsen aufteilende Apfel-Oldie verfügt über recht verschlungen gewachsene Hauptäste und an mehreren Stellen sogar über direkte Astverwachsungen. Der für die Baumart ungewöhnlich starke Stamm zeigt in der üblichen Messhöhe (130 cm) einen Umfang von erstaunlichen 3,65 m. Bei nur 50 cm Höhe, wo die Stammteilung noch nicht begonnen hat, sind es immerhin schon 2,85 m.

Baumart: *Malus sylvestris*
Landkreis: *Schwarzwald-Baar-Kreis*
Standort: *Östlich dem Plattenmooswald vorgelagert*
Geodaten: *48.011180, 8.418674*
Alter: *ca. 120 Jahre*
Stammumfang: *2,85 m bei 50 cm, 3,65 m bei 130 cm Höhe (2020)*

Käppelebaum
in Überauchen

Auch dieser Baumriese zählt zu den wenigen positiven Überraschungen eines Zweitbesuchs – im April 2020 hat sich sein Habitus während der letzten 13 Jahre kaum verändert. Am Sportplatz von Überauchen, einer Teilgemeinde von Brigachtal, ragt der *Käppelebaum*, wie die mächtige Kandelaberfichte im Volksmund genannt wird, auch bei meinem jüngsten Besuch noch fast 28 m hoch auf. Möglicherweise stand früher eine kleine Kapelle beim Baum, heute befindet sich eine solche gut 200 m entfernt, an der vom Ort zum Sportplatz heraufführenden Steigstraße. Mit rund 100 Jahren ist diese Kapelle jedoch nur gut halb so alt wie der Käppelebaum.

Ursprünglich könnte es ein Zwiesel gewesen sein, dessen eine Hälfte sich schon sehr früh in zwei Stämme aufteilte. Auch heute sind drei Hauptstämme auszumachen. Der stärkste von ihnen entlässt dabei mehrere kräftige, bogenförmig zur Seite abgehende Äste, die zu einem für die Baumart ungewöhnlich großen Kronendurchmesser von 18 m führen. Durch sie entsteht die bei dieser *Wetterfichte* – einer Wuchsform, die sowohl durch genetische Aspekte bei der Samen- oder Knospenvariation, als auch durch die lokalen Standortfaktoren beeinflusst wird – recht häufig vorkommende Kandelaberform. Ein weiterer, tief und wahrscheinlich ebenfalls bogenförmig ausgreifender Seitenstamm wurde stammnah abgenommen – seine Schnittfläche zeigt zur einzigen Lücke im rings um den Baumriesen aufwachsenden Gebüsch. Im Zentrum versucht eine vierte, sich ebenfalls aufteilende, schlanke Achse, sich zu behaupten, verkümmert aber im lichtarmen Raum zusehends.

Der Fichtenriese hat an seinem freien Standort zwar schon viele Äste eingebüßt, kämpft aber bisher erfolgreich um seine immer noch bis zum Boden herabreichende Krone. Der Umfang seines Stammes wurde 1995 von Fröhlich mit 4,40 m angegeben, bei meiner ersten Messung 2007 waren es 4,78 m, 2020 dann beachtliche 5,15 m. Während der letzten 25 Jahre hat der Baum somit pro Jahr im Durchschnitt genau 3 cm zugelegt – ein für die Baumart leicht überdurchschnittlicher Wert, der sich zum einen durch die wachstumsfördernde Solitärstellung, und zum anderen durch die Bodenverhältnisse gut erklären lässt. Im Untergrund steht noch nicht der erst weiter westlich beginnende Buntsandstein an, sondern es herrschen noch Schichten des Oberen Muschelkalks vor, die hinsichtlich des Nährstoffangebots wesentlich höhere Werte liefern. Das Alter könnte deshalb durchaus etwas niedriger liegen als es bei den Autoren Fröhlich (200 Jahre für 1995) und Ullrich/Kühn/Kühn (240–280 Jahre für 2009) genannt wird.

Baumart: *Picea abies*
Landkreis: *Schwarzwald-Baar-Kreis*
Standort: *Nördlich des Orts, beim Sportplatz*
Geodaten: *48.016152, 8.450716*
Alter: *ca. 200 Jahre*
Stammumfang: *5,15 m (2020)*

Magdalenenberg-Eiche

Hüterin des Fürstengrabes

Der *Magdalenenberg* bei Villingen ist ein äußerst geschichtsträchtiger Ort – hier befindet sich einer der größten Grabhügel aus der Hallstattzeit (ca. 800 bis 450 v. Chr.) in ganz Europa. Die bei der Anlage des Hügels verwendeten Holzbalken belegen sogar die genaue Bauzeit – 616 v. Chr. Über den hier bestatteten Fürsten und 125 Angehörige seines Volkes geben die bisherigen Fundstücke allerdings nur wenig Auskunft.

Recht bekannt dagegen ist die mächtige Stiel-Eiche, die am Fuße des Keltenhügels schon von Weitem auffällt. Sie gilt als symbolische Wächterin des historischen Platzes – ob sie tatsächlich aus diesem Grund gepflanzt wurde, ist jedoch nicht belegt. Seit einigen Jahren ist der Baum von einem starken Eisengitter umgeben, sodass man den Stamm heute nicht mehr messen kann – auf einer Tafel ist jedoch ein 2015 gemessener Umfang von 5,43 m angegeben. Außerdem ein Alter von mindestens 275 Jahren, was im Schwarzwald-Baar-Kreis nur von wenigen Artgenossen übertroffen wird – sicher von der Tannheimer Eiche und vom ‚Buchenen Stumpen' bei Blumberg, sowie von einigen Eichen im nördlichen und mittleren *Unterhölzer Wald*.

Die rund 25 m durchmessende, aus 15 starken Radialästen aufgebaute und mit Seilen und Schlaufen teilweise gesicherte Krone ist weitgehend vollständig erhalten, nur zwei tiefere Großäste mussten abgenommen werden. Der kurze, massige Stamm zeigt an mehreren Stellen Verletzungen, die mit Baumharz behandelt wurden und nun gut verheilen. Auf der Ostseite des Stammes fallen die gelben Beläge der Schwefelflechte ins Auge.

Der Name der Eiche bezieht sich wahrscheinlich auf ein ‚Maria Magdalenen-Creitz', das die Hügelkuppe um 1610 krönte. Schon für 1320 ist allerdings der Name ‚Kreuzbühl' überliefert. Heute ist hier eine archäologisch belegte Stangensetzung rekonstruiert (links).

Baumart: *Quercus robur*
Landkreis: *Schwarzwald-Baar-Kreis*
Standort: *Beim Fürstengrab südlich der Stadt (Magdalenenberg)*
Geodaten: *48.043908, 8.442022*
Alter: *ca. 280 Jahre*
Stammumfang: *5,43 m (2015)*

Baumart: *Tilia platyphyllos*
Landkreis: *Schwarzwald-Baar-Kreis*
Standort: *Hörnlishofstraße 7*
Geodaten: *48.141447, 8.424524*
Alter: *300–350 Jahre*
Stammumfang: *7,15 m bei 1 m Höhe (2020)*

Linde
beim Hörnlishof

Als ich im Oktober 2007 in *Konigsfeld* war, um die bei Fröhlich beschriebene Linde beim *Hörnlishof* zu besuchen, wähnte ich mich zu spät – der Baum schien abgegangen zu sein. Jedenfalls konnte ich im Umfeld des noch immer vorhandenen ‚Hörnle-Hofs' zwar gleich mehrere schöne Linden entdecken, doch keine, die auch nur annähernd das angegebene Alter von 400 Jahren erreicht hätte. Erst 2020 ergibt sich wieder eine Gelegenheit, die Suche etwas auszudehnen – und diesmal werde ich fündig: Etwa hundert Meter weiter, auf der anderen Seite der Hörnlishofstraße, und in der Grünanlage hinter einem modernen Mehrfamilien-Komplex versteckt, treffe ich die mindestens 350-jährige Sommer-Linde bei recht guter Gesundheit an.

Der Erdstammbereich ist von dichtem Austrieb umgeben, sodass sich die Umfangsmessung schwierig gestaltet – in knapp einem Meter Höhe zeigt mein Maßband dann respektable 7,15 m. Von den ehemals fünf Hauptstämmlingen sind immerhin noch vier vorhanden, doch hat der vielleicht schon 100 Jahre zurückliegende Abriss der fünften Achse eine gewaltige Wunde gerissen! Dadurch ist der Stamm an dieser Seite vier Meter hoch und einen Meter breit, und bis zum Boden herab offen. Die eingebrachte Überwallungshilfe durch vier stählerne Gewindestangen wirkt dem weiteren Auseinanderbrechen sicher wirksam entgegen, das Schließen der Öffnung wird jedoch wohl nicht mehr gelingen.

Im Inneren verläuft eine dicke Adventivwurzel in den Moder des Stammbodens. Der ehemals glatte und ausgestrichene Innenraum ist inzwischen wieder stärker vermorscht – die fortschreitende Fäulnis macht alle Anstrengungen des Baumes wieder zunichte. Dennoch wirkt die 22 m breite und dicht belaubte Krone ausgesprochen intakt, nur wenige Astspitzen sind trocken. Eine aus mehreren Schlaufen bestehende Kronensicherung ist eingebracht.

Auf einer großen Tafel beim Hörnlishof ist die äußerst wechselvolle Geschichte des 1653 erstmals entstandenen Anwesens festgehalten. Möglicherweise wurde damals auch die Linde gepflanzt. Der Hof auf dem ‚Hörnle' einer ehemaligen Grenzmarke, wurde 1886 abgerissen und im Jahr darauf wieder neu aufgebaut. Bis 2006 wurde in dem heute vorhandenen Gebäude eine Gaststätte mit schönem Biergarten betrieben.

Berg-Ahorn
am Jäckleshof

Nachdem der berühmte, gut 400-jährige Berg-Ahorn am *Grundhof* bei Furtwangen-Rohrdorf bei einem schlimmen Unwetter so stark beschädigt wurde, dass er 2013 umgesägt werden musste, ist sein Artgenosse beim *Jäckleshof* im Brigacher Obertal heute ein möglicher Nachfolger als stärkster Ahorn im Land – zumindest einer der stärksten. Auch der zweikernige Riese am Jäckleshof musste vor langer Zeit den Abriss eines großen Tiefastes hinnehmen – ob durch Windbruch oder den 1892 ausgebrochenen Hofbrand ist heute nicht mehr bekannt. Zeitlich könnte der Brand durchaus hinkommen, denn in der fünf Meter hohen, bis zum Boden herablaufenden Öffnung eines der beiden Hauptstämme hat sich bereits eine sehr dicke Adventivwurzel gebildet (Umfang mehr als 70 cm). Sie überbrückt die untere Hälfte der Öffnung.

Ein junger Schössling aus dem Stammfuß hat sich mit seinem Stammumfang von 1,65 m zu einem beachtlichen Bäumchen entwickelt, dessen Krone die eher astarme Seite, die dem Hof zugewandt ist, schon gut ergänzt. Die Baumhöhe liegt insgesamt bei gut 30 m, der Durchmesser bei 20 m, dabei ist die Krone angesichts der doch erheblichen Schäden recht gut erhalten. Der Eigentümer schätzt das Alter des prächtigen Hofbaums auf mehr als 350 Jahre – das diesbezüglich immer sehr vorsichtige Deutsche Baumarchiv liegt mit seiner Angabe von 180 bis 220 Jahren deutlich niedriger (Ullrich, et al. 2009, S. 232). Ich selbst halte 250 Jahre für realistisch.

Baumart: *Acer pseudoplatanus*
Landkreis: *Schwarzwald-Baar-Kreis*
Standort: *Brigach-Obertal 3, an der L 175*
Geodaten: *48.108258, 8.298533*
Alter: *ca. 250 Jahre*
Stammumfang: *Hauptstamm 5,61 m, gesamt 6,89 m (2020)*

Neben seines hochwertigen Holzes zählt der Berg-Ahorn auch aus ökologischer Sicht zu den besonders wertvollen Baumarten. Sein leicht zersetzbares Laub fördert die Humusbildung im Waldboden, die Blüten sind bei Bienen und Schmetterlingen eine beliebte Nahrungsquelle, und mehrere Vogelarten wie Meisen, Gimpel und Kernbeißer nehmen gerne den zuckerhalten Saft auf, der aus Verletzungen der Borke austritt.

GESCHÜTZTES
NATURDENKMAL

Fichte
beim Windkapf

Als typischer Bergbewohner ist die mächtigste Fichte Baden-Württembergs genau am richtigen Platz. Die Verbindungsstraße von Langenschiltach (zu St. Georgen) nach Oberreichenbach (zu Hornberg), die Hornberger Straße, verläuft zum Teil im Bereich der Europäischen Hauptwasserscheide zwischen Rhein und Donau. Auf rund 900 m NHN ist die Niederschlagsmenge mit rund 1.000 mm pro Jahr zwar recht üppig – die Nährstoffversorgung dürfte infolge des Untergrundes (Granit des Grundgebirges) jedoch eher spärlich sein. Man kann somit von einem sehr hohen Alter von weit über 300 Jahren ausgehen. Mit ihrem 6,39 m starken Stamm und der 38 m hohen und 17 m breiten Krone zählt die *Tennenbronner Fichte* wahrscheinlich zu den Top 5 ihrer Art in Deutschland.

Dass der Baum über einen so langen Zeitraum von größeren Sturmschäden verschont blieb – nur wenige hundert Meter westlich befindet sich der *Windkapf*, und im Umfeld wurden mehrere Windkraftanlagen errichtet – ist nur auf den ersten Blick erstaunlich. Die aufgrund ihres flachen Wurzelsystems weithin bekannte Windanfälligkeit der Fichte ist bei näherem Betrachten nur dort vorhanden, wo diese Baumart natürlicherweise sowieso nicht vorkommt – also auf dichten, staunassen Untergründen der tieferen Lagen. Bei tiefgründigen und gut durchlüfteten Böden kann sich die Fichte durchaus mehrere Meter tief und stabil verankern.

Die Fichte beim Windkapf wurde in der Jugend wahrscheinlich von Weidevieh oder Wildtieren verbissen und hat daraufhin zunächst gleich drei Hauptachsen ausgebildet. Diese verzweigen sich nach oben mehrfach, sodass die Krone zehngipflig endet. Im unteren Teil ist leider der stärkste von insgesamt sechs Bogenästen abgebrochen und weitere Äste sind trocken. Der seit 1950 als Naturdenkmal geschützte Baumriese wird in dem kleinen Gehölzstreifen von zwei Artgenossen, aber auch von Weiß-Tannen, Vogelbeeren und Stiel-Eichen bedrängt, was die gerade bei älteren Fichten wichtige Lichtausbeute merklich verringert. Man sollte den herausragenden Baumschatz dringend wieder freistellen, damit die Benadelung der gewaltigen Krone wieder verstärkt für weiteres Wachstum sorgen kann. Grundsätzlich ist bei der ‚Gemeinen Fichte' bei uns ein Alter von 600 Jahren möglich – doch wo bleiben sämtliche lebensverkürzenden Faktoren über einen so langen Zeitraum schon völlig aus?

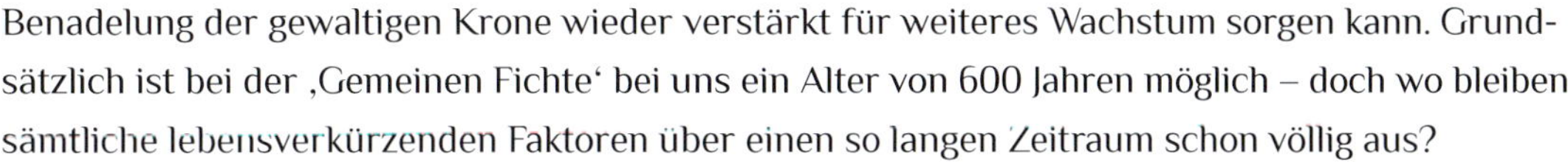

Baumart: *Picea abies*
Landkreis: *Rottweil*
Standort: *An der Hornberger Straße zwischen Langenschiltach und Oberreichenbach*
Geodaten: *48.182309, 8.299129*
Alter: *ca. 350 Jahre*
Stammumfang: *6,39 m (2020)*

Steineichen
in Rötenberg

Stein-Eichen (*Quercus ilex*) sind immergrün und im Mittelmeerraum zu Hause – bei uns gibt es wohl nur wenige Orte, wo die Winter ausreichend mild sind für diese wärmeliebende Baumart. Die rund 700 m hoch gelegenen Weiler Bach und Altenberg – die heute zum Aichhaldener Ortsteil *Rötenberg* gehören – zählen sicher nicht dazu! Woher kommt also die Bezeichnung ‚Steineiche', die man auf kleinen Holztafeln an der Borke der beiden weit und breit größten Baumschätze liest?

Vielleicht, weil sie schon steinalt sind? Immerhin wird ihr Alter mit 470 und 600 Jahren angegeben (Bezugsjahr 1999). Dies dürfte nach äußerem Erscheinungsbild und Standort deutlich zu hoch liegen. Und bezüglich des Namens ist es wahrscheinlicher, dass er sich auf eine alte, volkstümliche Bezeichnung der Stiel-Eiche bezieht.

Die Berghöheeiche im Ortsteil Bach soll um 1630 gepflanzt worden sein, als die Gebäude an diesem Abschnitt der Altenberger Straße entstanden. Dies erfahre ich vom Eigentümer, der mir auch erzählt, dass die Gemeinde den straßenseitig untersten Ast wegen des Durchgangsverkehrs absägen lassen wollte. Er habe jedoch Einspruch erhoben und stattdessen eine reflektierende Tafel am Ast angebracht (rechte Seite) – „der Baum verliert sonst sein Gleichgewicht"! Das gebührt Respekt! Die auf das Alter bezogen hervorragend erhaltene Krone des seit 1950 geschützten Baums besitzt eine herrliche Pilzform, 23 m Durchmesser und eine Höhe von 22 m.

Im noch etwas höher gelegenen Ortsteil Altenberg darf sich der *Christleshof* mit einer weiteren ‚Steineiche' schmücken (links). Sie ist noch um fast einen Meter dicker und vielleicht auch schon 100 Jahre älter als die Berghöhe-Eiche – und das sieht man ihr an: Sie hat schon einige, auch größere Äste eingebüßt, besitzt reichlich Trockenäste und auch mehr sichtbare Schäden im Stammbereich. Auf der Rückseite befindet sich eine kleine Höhlung am Stammfuß, daneben Pilzbesatz.

Die Stammoberfläche ist sehr unruhig, grob und etwas beulig. Einige Borkenschäden verwachsen jedoch offenbar gut. Neben der mächtigen Hauptachse ist ein zweiter, seitlich zur Straße hin auswachsender Stamm vorhanden, der ganz wesentlich zur immer noch eindrucksvollen Krone beiträgt – die Höhe beträgt 22 m, der Durchmesser maximal 27 m! Eine Kronensicherung fehlt leider.

Baumart: *Quercus robur*
Landkreis: *Rottweil*
Standort: *Altenberger Straße 6 und 38*
Geodaten: *48.311884, 8.422328 und 48.314822, 8.424214*
Alter: *Angegeben sind 470 und 600 Jahre (1999), ich vermute eher 350 bzw. 450 Jahre (2020)*
Stammumfang: *5,93 m und 6,88 m (beide 2020)*

Hohle Linde
am Langen Berg

Mit eindrucksvollen Baumgestalten reich gesegnet ist die zum Landkreis Rottweil gehörende Gemeinde *Fluorn-Winzeln*, rund 6 km westlich von Oberndorf am Neckar gelegen. Die vormals eigenständigen Dörfer haben sich 1972 zur heute etwas mehr als 3.000 Einwohner zählenden Gesamtgemeinde zusammengeschlossen.

Die vermutlich älteste Bewohnerin ist die *Hohle Linde* im Gewann *Langer Berg*, direkt an der Hochmössinger Straße. Bei meinem ersten Besuch im Februar 2008 (rechts oben) war ich von ihrem ausgebrannten, hohlen Stamm mit den riesigen Ausbruchöffnungen sofort fasziniert. Was muss dieser Baum in seinem langen, vielleicht schon mehr als 300 Jahre währenden Leben schon alles erlebt haben! Im Inneren des 7,15 m starken Stammes verhelfen dicke Abventivwurzeln zu etwas mehr Stabilität und Nährstoffaufnahme. Die drei verbliebenen Kronenäste wurden gekürzt und mit Seilverbindungen gesichert. Einige Jahre später lese ich in einem Zeitungsartikel, dass im hohlen Stamm Autoreifen angezündet wurden und dass es nur dem Widerstand des Gemeinderats Manfred Kaufmann zu verdanken war, dass die vermeintlich Todgeweihte nicht gefällt wurde.

Als ich im Juni 2018 wieder bei ihr vorbeischaue, präsentiert sie eine zwar nur 12 m breite und ebenso hohe, aber dicht belaubte und intensiv blühende Krone (rechts unten). Der Einsatz von Herrn Kaufmann war also nicht umsonst – ein wunderbares Naturdenkmal ist in der ansonsten ziemlich ausgeräumten Landschaft erhalten geblieben. Die Hohle Linde ist ein Beispiel für die erstaunliche Regenerationskraft dieser Baumart.

Baumart: *Tilia platyphyllos*
Landkreis: *Rottweil*
Standort: *An der Straße von Fluorn nach Hochmössingen, Langer Berg*
Geodaten: *48.302883, 8.498642*
Alter: *ca. 300-350 Jahre*
Stammumfang: *7,15 m (2008)*

Eine weitere Großlinde steht an der Straße nach Peterzell, ca. 500 m außerhalb des Teilorts Fluorn. Wie die Hohle Linde ist auch sie eine Sommer-Linde. Erfreulicherweise ist der Erhaltungszustand weitaus besser als bei der Artgenossin am *Langen Berg* (siehe S. 384 f.). Die Linde am *Freien Berg* hat dies – unterstützt durch diverse Sicherungsseile – vor allem dem Umstand zu verdanken, dass keiner ihrer acht Kronenäste frühzeitig ausgebrochen ist. Ein solches Ereignis hat für viele Jahre eine große, offene Wunde zur Folge, über die Feuchtigkeit und Pilzsporen ins Innere des Stammes gelangen. Dort verursachen diese durch ihre Zersetzungstätigkeit massive Schäden, bevor der Baum in der Lage ist, die offene Stelle wieder zu schließen. Der Stamm klingt überall vollholzig, einige kleine Stammöffnungen gehen offenbar noch nicht sehr tief ins Innere.

Leider ist bei der Linde am Freien Berg erst kurz vor meinem Besuch im Juni 2018 ein Borkenschaden an der Unterseite eines Tiefasts entstanden – offensichtlich ist ein hohes, landwirtschaftliches Fahrzeug an diesem Ast hängengeblieben und hat dabei ein großes Stück der Borke abgerissen. Die in früheren Jahren gekürzte Krone hat mit 24 m Durchmesser und 26 m Höhe aber wieder eine respektable Größe erreicht.

Doch auch bei dieser Linde ist das Größenverhältnis noch etwas zugunsten des Stammes verschoben – meine Messung in Brusthöhe ergibt stattliche 7,34 m. Daraus ergäbe sich unter den gegebenen Bedingungen - Solitärstellung, durchschnittliche Standortverhältnisse – und den Baumart-typischen Wuchsleistungen, ein Alter von über 300 Jahren. Da ich vor zehn Jahren jedoch 51 cm weniger gemessen hatte (Bild oben), muss ich die Altersschätzung noch einmal nach unten korrigieren – auf vielleicht nur 250 Jahre.

Verläuft ihr Wachstum weiter in ähnlich überdurchschnittlichem Tempo, kann die Linde am Freien Berg vielleicht schon in 15 bis 20 Jahren die ‚Schallmauer' von 8 m Stammumfang erreichen und damit in die Kategorie der ganz großen Bäume des Landes aufsteigen. Eine gute Zukunftsprognose kann man ihr allemal bescheinigen – sofern nicht ein Sturmereignis oder der Klimawandel hier einschneidend wirksam werden.

Linde
am Freien Berg

Baumart: *Tilia platyphyllos*
Landkreis: *Rottweil*
Standort: *An der Straße von Fluorn nach Peterzell, Freier Berg*
Geodaten: *48.307593, 8.476473*
Alter: *ca. 250–300 Jahre*
Stammumfang: *7,34 m (2018)*

Linde
am Fluorner Wald

Die dritte im Bunde der Fluorner Altlinden erinnert mich sehr an zwei der Merklinger Alleelinden auf der Schwäbischen Alb – sowohl vom Standort als auch vom gesamten Habitus her (s. S. 524 f.). Wie dort steht die Linde an einer kleinen Ortsverbindungsstraße – hier ist es die nach Rötenberg – sowie als weithin sichtbarer Einzelbaum auf freier Feldflur, kurz vor dem östlichen Rand des Fluorner Waldes.

Und wie in Merklingen ist der im Querschnitt leicht ovale Stamm von enormer Stärke, während sich die Kronenäste sehr schnell verjüngen und kaum Tendenzen zu horizontalem Wuchs erkennen lassen. Vor allem zur Straße hin waren schon vor 2008 einige Äste gekürzt, und dennoch verfügt die Linde über ein deutlich größeres Kronenformat als ihre Doppelgängerinnen bei Merklingen: In der Breite sind es 2018 schon wieder über 20 m, in der Höhe ca. 23 m. Auf dem mit Bartflechten bewachsenen Stamm ist ein Holzschild angebracht, die Beschriftung war schon bei meinem ersten Besuch 2008 kaum mehr lesbar: Hier stand vermutlich „Unter Naturschutz“.

Obwohl sich die Krone im Wesentlichen über zwei Hauptachsen aufbaut, die sich dann in acht Kronenäste aufteilen, sind keinerlei Sicherungen eingebracht! Wahrscheinlich ist bereits vor sehr langer Zeit im zentralen Teil eine weitere Achse ausgebrochen. Auf der Rückseite ist noch der Rest einer Betonplombe zu sehen, die einen heute nicht mehr erkennbaren Hohlraum verschlossen hat. Auch wenn die Linde am Fluorner Wald noch nicht das Alter ihrer Alb-Pendants erreicht hat – 250 Jahre mögen es immerhin sein – so sind einige Schlaufen zwischen den beiden Kronenteilen doch dringend geboten. Der Stamm zeigt tiefe Furchen, entlang derer auch Rissbildungen erkennbar sind, außerdem Pilzbefall und Moderholz. Entlang der Längsrisse könnte ein schwerer Sturm ein Auseinanderbrechen der beiden Kronenhälften verursachen.

Baumart: *Tilia platyphyllos*
Landkreis: *Rottweil*
Standort: *An der Straße von Fluorn nach Rötenberg, vor dem Fluorner Wald*
Geodaten: *48.297574, 8.465871*
Alter: *ca. 250 Jahre*
Stammumfang: *6,14 m (2008) und 6,48 m (2018)*

Agathalinde
in Hochmössingen

Die *Agathakapelle* im Oberndorfer Stadtteil Hochmössingen wurde 1480 von der örtlichen Bauernschaft gestiftet. Nach der Zerstörung im Dreißigjährigen Krieg erfolgte gemäß einer Inschrift über dem Eingang im Jahr 1697 der Wiederaufbau. Vor der Kapelle in der Römlinsdorfer Straße, am Abzweig von der Dornhaner Straße, steht eine Sommer-Linde, deren Alter nach den Angaben einiger Quellen im Netz bei 800 bis 1.000 Jahren liegen soll. Die Stadt Oberndorf am Neckar vermutet gar, dass es sich um den ältesten Baum Baden-Württembergs handeln könnte. Ich halte ein Pflanzdatum im Jahr 1480 für wahrscheinlicher – möchte ihr aber zumindest die Alterspräsidentschaft im Gäuland keineswegs abstreiten.

Auf einer neben der Kapelle angebrachten Infotafel wird der Stammumfang der Linde mit 12 m angegeben, ein Maß, das sich allerdings nur auf die Stammbasis beziehen kann. In 160 cm Höhe, unterhalb des großen Tiefastausbruchs, beträgt er immerhin 7,74 m, darunter werden es kontinuierlich mehr. Vor 10 Jahren waren es an gleicher Stelle nur 4 cm weniger, die alte Lindendame hat ihr Dickenwachstum also auf ‚sehr langsam' gestellt. Ihr Stamm ist vollständig ausgeräumt und so findet im Innenraum eine halbe Schulklasse Platz. Man kann die Baumhalle durch ein großes Eingangstor betreten und am oberen Stammende ins grüne Blätterdach hinausschauen. Auch ein rundliches Fenster gibt es, in dem sich sicher schon viele Baumgäste haben ablichten lassen.

Die verbliebenen zwei Hauptäste, die durch Stahlstützen gesichert werden, sind hohle Röhren, durch die das Licht in den Innenraum fällt. Eine Reihe von jüngeren, schwächeren Ästen treiben fleißig aus und verhelfen der Agathalinde zu einer recht gut belaubten 13-m-Krone. Es steckt also noch viel Vitalität unter der felsartig grauen Rinde, und dies belegt eindrücklich, dass die Versorgung der Baumkrone in den Außenbereichen des Stammes verläuft, während das Zentrum für die Standfestigkeit zu sorgen hat. Einen alten, hohlen Baum sollte man deshalb nicht aufgeben, solange man die mangelnde Stabilität von außen wiederherstellen kann.

Jüngst ist der alten Linde eine besondere Ehre widerfahren: Sie wurde im September 2020 von der Deutschen Dendrologischen Gesellschaft als 5. Baum Deutschlands in den erlauchten Kreis der *Nationalerbe-Bäume* aufgenommen!

Baumart: *Tilia platyphyllos*
Landkreis: *Rottweil*
Standort: *Vor der Agathakapelle, nördlicher Ortsrand*
Geodaten: *48.314046, 8.531698*
Alter: *ca. 600 Jahre*
Stammumfang: *7,74 m in 160 cm Höhe (2018)*

Schafhoflinde
in Lindenhof

Wie der Name *Lindenhof* für Oberndorfs westlichen Stadtteil schon andeutet, zählen dort die Linden zu den besonders zahlreich vorhandenen pflanzlichen Mitbewohnern. Ein überaus eindrucksvolles Exemplar entdecke ich im Februar 2008 beim ehemaligen *Schafhof*, in der Verlängerung des Lehmgrubenwegs. Wie mir der Besitzer des Anwesens erzählt, wurde das Haus 1804 erbaut und zu dieser Zeit seien auch drei Linden gepflanzt worden. Ein Blitzschlag habe in späteren Jahren die mittlere gespalten und die stürzenden Stämmlinge hätten dann die vordere Linde, die wohl die schönste der drei war, so schwer beschädigt, dass auch sie abgenommen werden musste.

Die im südwestlichen Hofteil bis heute erhaltene Sommer-Linde zeigt (Bild vom Februar 2008, unten) eine im Wesentlichen zweiteilige Kronenstruktur, mit ca. 18 m Durchmesser nicht sehr ausladend – die Höhe beträgt immerhin rund 25 m. Ein dritter, schwächerer Stämmling ist auf dem Bild kaum zu sehen, er weicht nach Westen aus und ist durch die südliche Hauptachse verdeckt.

Beim Besuch im Juni 2018 (Bild rechte Seite) ist sowohl die Kronenform als auch der imposante Erdstamm durch die dichte Belaubung kaum zu erkennen. Erst unter dem Blätterdach tritt der mit knolligen Verwachsungen, Maserwuchs und zerfurchter, beuliger Borke bedeckte Stammsockel so richtig in Erscheinung. Die Umfangsmessung von 2008 ergab 5,75 m, zehn Jahre später sind es bereits 6,40 m – ein außergewöhnlich rasantes Wachstum! Angezeigt wird dies auch durch zahlreiche Wasserreiser und Jungtriebe, die rings um den Erdstamm auswachsen.

Die nördliche Achse weist deutliche Schäden auf, Teile der obersten Krone fehlen oder sind trocken, und an der Innenseite sind offene Risse erkennbar. Die feine Verzweigung an der Peripherie lässt aber hoffen, dass sich die Bewohner des Schafhofs noch lange an ihrer alten Hoflinde erfreuen können.

Baumart: *Tilia platyphyllos*
Landkreis: *Rottweil*
Standort: *Westlicher Ortsrand, Schafhof 2*
Geodaten: *48.294217, 8.548340*
Alter: *ca. 220 Jahre, gepflanzt um 1804*
Stammumfang: *6,40 m (2018)*

Mühlbergbuche
in Oberndorf am Neckar

Die Rot-Buche (*Fagus sylvatica*) ist unser häufigster und zugleich wichtigster Laubbaum. Durch ihre Schattenverträglichkeit ist sie vorzugsweise in Wäldern anzutreffen – und da diese im Gäuland in der Fläche deutlich hinter denen der Berglandschaften von Keuperzone oder Alb zurückbleiben, sind eindrucksvolle Riesenbuchen hier nur sehr selten anzutreffen.

Einen solchen Ausnahmebaum finde ich auf einem kleinen Spaziergang am Mühlbergweg oberhalb von Oberndorf am Neckar. Vom Parkplatz *Stockbrunnen* aus sind es nur ca. 15 Minuten bis zum Nordhang des Mühlbergs, wo sich kurz unterhalb der Höhe ein gewaltiger Buchenveteran am sehr steilen Gelände behauptet. Der Standort macht es recht schwer, an den Baum heranzukommen. Den Stamm messe ich an der Hangseite auf Bodenniveau und talseitig auf mehr als zwei Meter Höhe – das Maßband liegt nun horizontal und zeigt 5,40 m. Einige, zum Teil starke, abgebrochene Äste liegen zu Füßen des Riesen, und doch macht die etwa 25 m breite Krone einen erstaunlich vollständigen Eindruck, da die meisten Verluste im Bereich des Kronenansatzes liegen. Hier, in etwa 4 m Höhe, teilt sich der Stamm in zwei Hauptachsen auf, die nach vielen Verzweigungen bis in über 30 m Höhe hinaufreichen.

Ein überraschender Fund, nur die Eintragung in der Liste der Naturdenkmale von Oberndorf hat mich hierher geführt. Dort wird der Baum, geschützt seit 1950, als Weidbuche bezeichnet – ob man früher wohl die Ziegen hier weiden ließ? Die Konkurrenz im Bestand dürfte kein schnelles Wachstum zulassen, weshalb das Alter dieser Buche gut und gerne 250 Jahre betragen könnte. Nach rein äußerlichen Merkmalen läge meine Schätzung niedriger.

Baumart: *Fagus sylvatica*
Landkreis: *Rottweil*
Standort: *ca. 300 m NO des Berggasthofs Stockbrunnen, am Steilhang zum Wasserfallbachtal*
Geodaten: *48.287222, 8.568552*
Alter: *ca. 250 Jahre*
Stammumfang: *5,40 m (2018)*

Schlosspark-linde

in Glatt

Glatt ist der Name eines linken Nebenflüsschens des Neckars und zugleich eines 640 Einwohner zählenden Dorfes in eben diesem Tal, nur wenige Kilometer vor der Einmündung. *„Mitten im Schwarzwald, ...“* wie auf der Webseite von Glatt zu lesen ist, liegt der Ort zwar nicht – der beginnt etwa 18 km weiter im Westen – doch ruhig, idyllisch und romantisch sind Attribute, die auf jeden Fall zutreffen. Und das kleine Glatt hat eine große Geschichte.

Die Herren von Neuneck, deren Stammburg im oberen Glatttal liegt, erbauten um 1300 eine Wasserburg, die sie 1513 zum Schloss umbauten. Nach Erlöschen des Adelsgeschlechts übernahm 1706 die Benediktiner Fürstabtei Muri aus der Schweiz die Herrschaft Glatt. Durch Zukauf der Dörfer Dießen, Dettlingen, Dettensee, Dettingen und Neckarhausen verlief das 18. Jahrhundert sehr erfolgreich und Glatt erlangte einige Bedeutung. Nach der Säkularisation 1803 kam es zum Haus Hohenzollern-Sigmaringen, bis Glatt sein Wasserschloss 1920 wieder zurückkaufte. Danach folgten mehrere Sanierungen, 1975 die Eingemeindung des Dorfes nach Sulz am Neckar, und 2001 wurde im Wasserschloss das Kultur- und Museumszentrum eröffnet. Das Schloss gilt als eines der schönsten Renaissance-Schlösser Süddeutschlands (Bild oben von 2008).

Eine weitere Sehenswürdigkeit in Glatt ist dagegen viel weniger bekannt – für den dendrologisch Interessierten aber ein ganz besonderes Highlight: Die Linde im östlichen Schlosspark, direkt bei der Minigolfanlage. Entgegen der Angabe am Baum selbst handelt es sich um eine Sommer-Linde und den Stamm messe ich 2018 mit genau 7 m im Umfang – in der Messhöhe 130 cm. Die beiden Hauptachsen wurden, wie die seitlichen Äste auch, vor längerer Zeit bereits stark gekürzt, reichen aber noch bis in ca. 18 m Höhe. Auf halber Höhe bestand bereits eine Seilsicherung, doch zwischen meinen beiden Besuchen 2008 und 2018 erhielt der ca. 350-jährige Baum noch drei starke Stahlstützen. Die Kronenäste haben überall gut ausgetrieben, sodass die jungen Äste inzwischen für eine harmonische, wenngleich kleine Krone gesorgt haben. Der mächtige Stamm zeigt durch Verwachsungsnarben, dass früher weitere Tiefäste vorhanden waren. Er ist sicher hohl, weist aber außer einer tiefen Furche – vom ersten Tiefast bis zum Boden – keine gravierenden Schadstellen auf.

Baumart: *Tilia platyphyllos*
Landkreis: *Rottweil*
Standort: *Im Schlosspark bei der Minigolfanlage*
Geodaten: *48.386822, 8.627272*
Alter: *ca. 350 Jahre*
Stammumfang: *genau 7 m (2018)*

Vom Fuß der Schwäbischen Alb nahe beim *Klippeneck* fließt der kleine Arbach zum Flüsschen Prim herab. Er bildet im Bereich der Offroad-Rennstrecke des Motorsportclubs Spaichingen die Grenze zwischen den Gemarkungen Denkingen und Spaichingen. Hier, unweit der Bundesstraße 14, soll eine der stärksten Silber-Weiden Deutschlands wachsen, und als ich an einem schönen Frühsommerabend 2021 endlich Zeit finde, sie aufzusuchen, bin ich gespannt, ob sie bis heute durchgehalten hat (die Beschreibung aus dem Sammelband von Bernd Ullrich und den Brüdern Kühn stammt aus dem Jahr 2009).

Als ich sie hinter einem Vorhang aus Holunderzweigen und ihren eigenen Austrieben entdecke, kommt im ersten Moment ein wenig Enttäuschung auf – wurden ihr doch sämtliche Kronenäste komplett amputiert! Auf der anderen Seite ist es aber erfreulich, dass die zahllosen Jungtriebe, die am Rande und etwas unterhalb der Kappungen aus vielen ‚schlafenden Augen' herauswachsen, doch immerhin noch ein hohes Maß an Vitalität anzeigen. Die drastische Maßnahme kann man wohl als Ultima Ratio betrachten, um das Herausbrechen der Kronenäste und damit weitere folgenschwere Beschädigungen zu verhindern.

Wenn man sich die Mühe macht, vom vorbeiführenden Weg in das Brennesselgestrüpp des Baches hinabzusteigen, sieht man gleich, dass sich hinter dem frühlingsgrünen, buschigen Gebilde ein staunenswerter Holzkoloss verbirgt. Bei lediglich 5 m verbliebener Stammhöhe beträgt der Umfang in der normalen Messhöhe von 130 cm fantastische 9,30 m. In der Datenbank der Deutschen Dendrologischen Gesellschaft (Champion Trees) ist deutschlandweit nur ein einziger, noch stärkerer Artgenosse verzeichnet – und der wächst in Mecklenburg-Vorpommern.

Die enorme Wuchskraft der Silber-Weide zeigt sich auch daran, dass seit der Messung durch das Deutsche Baumarchiv (2006) der Stammumfang um rund einen Meter zugelegt hat! So relativiert sich der – auch durch die unübersehbaren Zersetzungsspuren erweckte – Eindruck hohen Alters schnell: Viel mehr als 130 Jahre werden es wohl kaum sein, auf die der baden-württembergische Rekordhalter zurückblicken kann. Weiden und Pappeln können an ihren Standorten meist aus dem Vollen schöpfen und müssen beim Wachstum nicht haushalten. Auch in der Welt der Bäume gibt es die Asketen und die Partylöwen – und diese Weide war sicher zeitlebends ein Lebebaum.

Silber-Weide
am Arbach bei Spaichingen

Baumart: *Salix alba*
Landkreis: *Tuttlingen*
Standort: *Am Arbach, ca. 400 m östlich von Aldingen*
Geodaten: *48.092613, 8.724555*
Alter: *ca. 130–150 Jahre*
Stammumfang: *9,30 m (2021)*

Sal-Weide
bei Böttingen

Baumart: *Salix caprea*
Landkreis: *Tuttlingen*
Standort: *ca. 600 m nördlich des Orts, 100 m rechts der Straße nach Wehingen*
Geodaten: *48.111487, 8.799821*
Alter: *ca. 100 Jahre*
Stammumfang: *4,10 m (2013)*

Bei einer Baumtour auf der Südwestalb im März 2013 fiel mir ein merkwürdig anmutendes Baumgebilde auf: Einige Hundert Meter vom Verbindungssträßchen zwischen Böttingen und dem *Steighaus* (oberhalb von Wehingen) entfernt, schon kurz nach Böttingen, vermutete ich aus der Entfernung zuerst eine alte Weidbuche auf der Viehweide am *Kaisersbühl* vorzufinden. Doch bei näherer Betrachtung stellte sie sich als Sal-Weide (*Salix caprea*) heraus!

Dieser auch als Palm-Weide bekannten Baumart wird in aller Regel nur eine Lebenserwartung von höchstens 60 Jahren zugesprochen – sowie strauchartiger Wuchs mit einer maximalen Höhe von etwa 10 m. Sie gilt als Pionierpflanze auf Kahlschlägen und Brachflächen und ist dort zusammen mit der Birke die wichtigste Vorbereiterin der Waldentwicklung. Ihre Erkennungsmerkmale sind neben ihrem Standort vor allem die Palmkätzchen (die männlichen Blüten) an den intensiv rot gefärbten Trieben (Bild unten rechts). Auch die jüngere, grau gefärbte und mit rautenförmigen Korkwarzen bedeckte Rinde ist charakteristisch für die Art. Sal-Weiden sind zweihäusig – es gibt also nur entweder weibliche oder männliche Bäume.

Eine wichtige Bedeutung kommt diesem in ganz Europa verbreiteten Baum dadurch zu, dass sich die Blütenstände bereits sehr zeitig im Frühjahr – oft schon Anfang März – öffnen und damit insbesondere für Bienen eine frühe Nektarquelle darstellen. Außerdem gibt es neben der Eiche keine zweite Baumart, die vergleichbar viele Schmetterlingsarten versorgen kann – über 100, darunter so bekannte Arten wie Trauermantel, Kleiner Fuchs, Abendpfauenauge oder Zackeneule. Für viele von ihnen stellen die Blätter die Nahrungsgrundlage der Raupen dar. Zum Schutz dieser Arten sollten wir darauf verzichten, die Zweige mit den Weidenkätzchen für die Vase im Wohnzimmer abzuschneiden!

Unsere alte Sal-Weide bei Böttingen ist ein echter Weidbaum, mehrachsig und mit schirmartig ausgebildeter, fast 20 m breiter Krone. Die auffallendste Besonderheit sind jedoch die beiden weit zur Seite ausgreifenden Äste, die sich bis zum Erdboden herabgesenkt haben und dann sanft wieder nach oben schwingen. Der aus vier Teilstämmen verschmolzene Stamm hat schon bei 50 cm über dem Erdboden seine Taille, und die misst für diese Baumart erstaunliche 4,10 m. Man kann sicher annehmen, dass das Alter deutlich über 60 Jahre beträgt, vielleicht sind es sogar über 100?

Hoflinde
im Allenspacher Hof

„Ältester und stärkster Baum im Kreis Tuttlingen, gepflanzt um 1450. Umfang: 8,50 m, Höhe: 25 m.“ Diese Angaben sind auf einer Tafel am Stamm der alten Sommer-Linde zu lesen, die in der wechselvollen Geschichte des Anwesens als beständigster Teil gelten darf. Der Hof auf dem *Vorderen Heuberg* gehört zur Gemeinde Böttingen und ist der letzte Überrest eines im Dreißigjährigen Krieg abgegangenen Weilers namens Allenspach. In den letzten 50 Jahren wurde vom hier ansässigen Bund der Evangelischen Jungenschaft HORTE viel Aufbau- und Erhaltungsarbeit für ihren *Ort der Begegnung* geleistet.

Bei der Begegnung mit dem Lindendenkmal fällt sofort die bemerkenswerte Wuchsform auf: Einer der beiden Hauptstämme ist wohl schon seit langen Jahren abgespalten und hat sich allmählich immer weiter zur Seite geneigt, sodass er bei meinem Besuch im August 2012 gut 6 Meter waagerecht auslegt, um sich dann doch noch steil nach oben zu richten. Unter diesem ‚Knie‘ verhindert ein Sockel aus Ziegelsteinen, dass der Ausleger unter dem Gewicht seiner Krone gänzlich den Kontakt zur eigentlichen Hauptachse verliert und zu Boden stürzt. An der Kontaktstelle versucht der Baum sogar, seine Stütze zu überwachsen.

Die Hauptachse hat allein schon einen Umfang von 6,50 m (für beide zusammen messe ich 9,05 m) und sie baut auch die überwiegend vertikal ausgerichtete Hauptkrone des Baumes auf. Mit gut 27 m Höhe ist dieser Teil noch weitgehend intakt, auch der Stamm selbst weist nur geringe Schäden auf. Der gut 4 m starke Auslegerstamm ist allerdings auf der Oberseite komplett offen und teilweise ausgeräumt. Die blecherne Abdeckung, die darüber angebracht wurde, beeinträchtigt zwar das optische Erscheinungsbild der mächtigen Linde, doch ist sie immerhin insoweit sinnvoll, weil das Innere trocken bleibt und das Fortschreiten der Fäulnis erheblich verlangsamt werden konnte. Man könnte also sagen: „Nicht schön, aber durchaus wirkungsvoll!“

Der Standort des Baumes inmitten des bei meinem Besuch verlassen wirkenden Hofes mit der angrenzenden Pferdekoppel könnte schöner kaum sein. Gerade dieses Eingebundensein in das Umfeld des Hofes macht diesen Baumveteranen zu einem besonderen Erlebnis. Die Bewirtschaftung des Hofes endete schon vor Jahrzehnten und die zeitweise vorhandenen Pläne zur Anlage eines Golfplatzes wurden – zur Freude der Pfadfinder – schließlich wieder aufgegeben.

So wird dieser schöne und abgeschiedene Baumplatz hoffentlich noch lange Zeit die stille Ausstrahlung behalten, die man hier finden kann. Zwischen den dicken Falten des alten Stammes mag der gute Baumgeist (oben) darüber wachen, dass dies auch in Zukunft so bleibt – eine Seilsicherung zwischen den beiden Kronenteilen wäre allerdings trotzdem angebracht.

Baumart: *Tilia platyphyllos*
Landkreis: *Tuttlingen*
Standort: *ca. 1 km südwestlich des Orts; im Hofbereich*
Geodaten: *48.094003, 8.830024*
Alter: *ca. 570 Jahre, gepflanzt um 1450*
Stammumfang: *9,05 m (2012)*

Linde
in Talheim

Ein Stück außerhalb Talheims, an der Straße nach Esslingen, kommt man auf Höhe der *Lindenhöfe* an einer mächtigen Winter-Linde vorbei. Zahlreiche alte, tentakelartig geschwungene Großäste bescheren dem sicher schon 250 Jahre alten Baum eine 24 m durchmessende Krone und ein ausgesprochen attraktives Erscheinungsbild. Die seitlichen Tiefäste werden von Zeit zu Zeit gekappt, um die Abbruchgefahr zu verringern. Neben den insgesamt acht alten Hauptästen sind noch zwei zentrale Achsen ausgebildet. An einer von ihnen ist immerhin ein Seitenast mit einer Schlaufe gesichert. Weitere Sicherungsmaßnahmen sollten unbedingt eingebracht werden.

Auf der Straßenseite ist der erste Tiefast ausgebrochen – durch die halbmetergroße Öffnung kann man ein Stück ins Innere des hohlen Stammes blicken, wo einige Adventivwurzeln erkennbar sind. Der Umfang des Stammes beträgt respektable 5,37 m. Weitere Äste sind auf dieser Seite abgenommen und hier sind die Schnittstellen zu dicken Knollen verwachsen.

Bei meinem Besuch im April 2020 hat der – für eine Winter-Linde ungewöhnlich frühe – Blattaustrieb bereits eingesetzt, und er ist über die komplette Krone hinweg ausgeprägt. Trotz seines fortgeschrittenen Alters und der vorhandenen Schädigungen ist der schöne Lindenveteran offenbar noch gut bei Kräften.

Neben der Stiel-Eiche und der viel häufigeren Sommer-Linde kann unter besonders günstigen Umständen auch eine Winter-Linde (*Tilia cordata*) das höchste Lebensalter von allen einheimischen Laubbaumarten erreichen. Als älteste Linde in Deutschland gilt die Sommer-Linde im osthessischen Schenklengsfeld, die im Jahr 760 gepflanzt worden sein soll. Allerdings ist vom ursprünglichen Baum nichts mehr vorhanden, und bei den heutigen vier Stämmen handelt es sich um Wiederaustriebe eines Baumes, der seinerseits schon ein Nachfolger war! Auch wenn sich die hessische Gemeinde mit einem 1.260-jährigen Rekordbaum schmückt – nach Einschätzung des Dresdner Botanik-Professors Andreas Roloff sind die jetzt dort lebenden Bäume maximal 200 Jahre alt!

Baumart: *Tilia cordata*
Landkreis: *Tuttlingen*
Standort: *An der Straße nach Esslingen, bei den Lindenhöfen*
Geodaten: *48.008977, 8.679123*
Alter: *ca. 250 Jahre*
Stammumfang: *5,37 m (2020)*

Feldlinde
am Aichhalder Hof

Südlich von Tuttlingen erstreckt sich bis nach Emmingen ein Höhenzug, der als einer der schönsten Aussichtsberge des Landes gilt. Auf dem rund 850 m hoch gelegenen *Witthoh* hat man an klaren Tagen einen herrlichen Blick zu den Hegau-Bergen, zum Bodensee und zu den dahinter aufragenden Alpenketten.

Doch auch in unmittelbarer Nähe des *Aichhalder Hofs* kann man eine zumindest in botanischer Hinsicht spektakuläre Entdeckung machen. Direkt am kleinen, über die Hochfläche führenden Sträßchen trifft man auf eine mächtige Sommer-Linde. Ihre zentrale Hauptachse im Zentrum löst sich in einer Höhe zwischen drei und acht Metern immer mehr auf. Hier haben sich zahlreiche seitliche Öffnungen gebildet und im oberen Abschluss nehmen die offenen Stellen bald mehr Raum ein als die noch vorhandene Baumsubstanz. Darunter ist der riesige, stark gefurchte Erdstamm völlig ausgeräumt und durch eine Öffnung am Boden kann man sogar in den Innenraum des Stammes kriechen. Hier zeigen sich viele dicke Stränge, die als Adventivwurzeln die Schale verstärken und sowohl hinsichtlich der Standfestigkeit als auch für die Nährstoffversorgung eine wichtige Bedeutung haben. Frei herabwachsende Holzstränge, die sich bei Bodenberührung bewurzeln und allmählich zu recht dicken Stämmchen heranwachsen, trifft man gerade bei alten Linden, deren Stammholz durch Fäulnis verloren geht, recht häufig an.

Neben der alten Hauptachse ist am Kronenbau unserer Aichhalderlinde aber vor allem eine seitlich ansetzende Achse beteiligt, die allerdings im unteren Teil völlig in den Gesamtstamm integriert ist. Sie ist 2,80 m stark und reicht bis in 24 m Höhe. Der Durchmesser der Gesamtkrone liegt bei ca. 17 m.

Neben dem Altbaum ist bereits ein Nachfolger gepflanzt, der selbst schon als stattlicher Baum gelten darf – sein Stamm misst bereits 3,84 m im Umfang. Die alte Linde, die bei Brunner (2007, S. 53) auf ungefähr 400 Jahre geschätzt wird, scheint ihren Abgang schon seit mehr als 100 Jahren immer wieder zu verschieben!

Ihr unmittelbares Umfeld ist bei meinem Besuch im August 2012 leider sehr verwildert: Brennnesseln und Holundersträucher wuchern die Baumgruppe (ein schon recht alter Feld-Ahorn steht auch noch dabei) stark ein, sodass sich die altehrwürdige Linde nicht angemessen präsentieren kann. Doch wer weiß, wofür das gut sein mag, wenn man an die vielen allzu ‚öffentlichen' Altbäume denkt, die als Mülleimer missbraucht oder sogar ein Opfer leichtsinniger Brandstiftung werden.

Baumart: *Tilia platyphyllos*
Landkreis: *Tuttlingen*
Standort: *Auf der Witthoh, 2 km südlich der Stadt, 100 m südlich Aichhalder Hof*
Geodaten: *47.950782, 8.837399*
Alter: *ca. 400–450 Jahre*
Stammumfang: *7,30 m (2012)*

Die Geschichte des seit Jahren leer stehenden Gebäudekomplexes am Espasinger Brauereiplatz geht bis ins Jahr 1590 zurück, als hier das *Kleine Schloss* der Herren von Bodman erbaut wurde. Ab 1643 nutzte es die Adelsfamilie als Wohnsitz, nachdem ihre Burg *Alt-Bodman* zerstört worden war. Doch auch das neue Domizil brannte bald nieder und so entstand 1682–1685 das dreiflügelige und noch heute vorhandene Barockschloss. 1760 verließ die gräfliche Familie von Bodman ihr Anwesen in Espasingen und kehrte ins nun fertiggestellte *Neue Schloss* nach Bodman zurück.

In Espasingen wurde 1839 aus dem Schloss die *Gräflich Bodmansche Brauerei*, die bis 1968 Bestand hatte. Die gewaltige Platane (rechte Seite), die vor dem Westflügel des ehemaligen Schlosses die Kulisse beherrscht, fehlt auf einer historischen Zeichnung aus der Mitte des 18. Jahrhunderts, die im Stadtarchiv von Überlingen aufbewahrt wird (Südkurier vom 12. 1. 2017). Dies überrascht nicht, denn die Morgenländische Platane wurde erst nach 1750 über Italien nach Deutschland eingeführt. Im Gegensatz zur bei uns viel häufigeren Hybride *Platanus* x *hispanica* ist die aus dem Orient stammende Art nicht absolut winterhart. In Griechenland, wo sich auch heute die ältesten und eindrucksvollsten Platanen befinden, traf man sich schon vor über 2.000 Jahren zu philosophischen Gesprächen unter den weit ausladenden Ästen dieser Baumriesen. Manche von ihnen, wie die *Platane des Hippokrates* (Insel Kos) oder die *Dorfplatane von Tsangarada*, haben sich gar den Status eines Baumheiligtums erworben. Die Altersangabe von zum Teil über 2.000 Jahren sind jedoch ein schönes Märchen aus 1.001 Nacht – 500 bis 800 Jahre dürften der Realität aber nahekommen.

Der riesige Baum in Espasingen besitzt einen spektakulären Wuchs und eine mit 28 m sehr breit ausladende Krone, die Höhe beträgt ca. 24 m. Besondere Kennzeichen sind zum einen der gewaltige Stamm mit dicken, beuligen Verwachsungen und einer durchgehend rauen Borke, und zum anderen die etagenförmig seitlich austretenden Hauptäste, die vor allem auf östlicher Seite einen schlangenartigen Verlauf nehmen und dabei bogenförmig auf- und abschwingen. Dies ist eines der Merkmale der Orientalischen Platane, ebenso die sehr tief gebuchteten Blätter. Im Bereich der obersten Teilung sind die beiden Kronenteile durch eine natürliche Verwachsung gesichert. Mehrere große Stammkrebswucherungen scheinen den voll belaubten Baum in seiner Vitalität noch nicht wesentlich beeinflusst zu haben.

Am Rande des Nachbargrundstücks fällt mir der v-förmige Tiefzwiesel einer sehr großen Esche auf (links). Die beiden Stämmlinge sind bis 2 m Höhe unter Bildung von reichlich Stützholz miteinander verwachsen – und sind dennoch genau an dieser Nahtstelle deutlich aufgebrochen. Das teilweise hohle Stamminnere ist bereits vermorscht und die beiden rund 28 m hohen Kronenteile drohen beim nächsten starken Sturm vollends auseinander zu brechen.

Baumart: *Fraxinus excelsior*
Landkreis: *Konstanz*
Standort: *Am Brauereiplatz*
Geodaten: *47.819729, 9.010092*
Alter: *ca. 200 Jahre*
Stammumfang: *5,28 m (2021)*

Baumart: *Platanus orientalis*
Landkreis: *Konstanz*
Standort: *Am Brauereiplatz*
Geodaten: *47.819755, 9.010454*
Alter: *ca. 200 Jahre*
Stammumfang: *6,53 m (2021)*

Pyramiden-Eiche
im Schlosspark Bodman

Eine Reihe bekannter Bezeichnungen im westlichen Bodenseeraum gehen namentlich auf die karolingische Pfalz *Potamico* zurück, die sich im heutigen Teilort *Bodman* (Gemeinde Bodman-Ludwigshafen) befand. Dazu zählen neben diesem Ortsnamen und dem Adelsgeschlecht der *Freiherren von Bodman* auch der Höhenzug *Bodanrück* zwischen dem Überlingersee und dem Untersee, sowie auch der *Bodensee* selbst.

Wie die vor gut 150 Jahren entdeckten Überreste einer Pfahlbausiedlung im Verlandungsdelta der Stockacher Aach belegen, war der klimatisch begünstigte Raum am Ende des Überlinger Sees schon in der frühen Bronzezeit besiedelt. Die Siedlungsreste sind zusammen mit mehr als 100 weiteren Fundstellen Teil der länderübergreifenden UNESCO-Welterbestätte *„Prähistorische Pfahlbauten um die Alpen"*. Dies ist sicher die kulturgeschichtlich wertvollste Sehenswürdigkeit Bodmans.

Für die dendrologisch Interessierten ist der Park des Gräflich Bodmanschen Schlosses aber sicher mindestens ebenso sehenswert. Der größte Teil dieser inzwischen waldartigen Parkanlage, die bis in die Zeit des ursprünglichen Schlossbaus um 1760 zurückreicht, ist für die Öffentlichkeit zugänglich. Der Schlossgarten beherbergt eine große Zahl stattlicher Bäume verschiedener Arten, die in der Mehrzahl aus der 2. Hälfte des 19. Jahrhunderts stammen – darunter Bergmammutbaum, Atlas-Zeder, Tulpenbaum, Riesen-Lebensbaum, Platane, Rot-Buche, Spitz-Ahorn, Hainbuche und Stiel-Eiche. Die beiden letzteren könnten sogar noch zum Anfangsbestand des Schlossgartens zählen und sind nicht zuletzt deshalb hier näher beschrieben.

Baumart: *Quercus robur 'fastigiata'*
Landkreis: *Konstanz*
Standort: *Im Schlosspark Bodman*
Geodaten: *47.795717, 9.043941*
Alter: *ca. 250 Jahre*
Stammumfang: *6,06 m (2021)*

Die eindrucksvollste Gesamterscheinung des gesamten Anwesens bietet dabei zweifellos die im Oberen Schlossgarten stehende *Pyramiden-Eiche*. Trotz ihrer kapitalen, dicht verzweigten Krone, 29 m breit und 26 m hoch, fällt sie neben dem Verbindungsweg zwischen der Kaiserpfalzstraße und der Schlossstraße kaum auf, da sie von einigen kleineren Bäumen umgeben und der Stammbereich stark beschattet ist. Erst unter der „Kuppel der tausend Äste" stehend entfaltet der Baum seine beeindruckende Ausstrahlung. Neben dem Zentrum nehmen fünf Haupttäste ihren Weg von der Kronenbasis und laufen von dort strahlenförmig auseinander.

Hainbuchen
im Schlosspark Bodman

Angesichts der besonderen Dichte und Härte des Hainbuchenholzes – es liegt höher als das der Buche und sogar der Eiche – ist es eigentlich erstaunlich, dass das Höchstalter dieser bei uns recht häufigen Baumart in vielen Quellen nur mit maximal 150 Jahren angegeben wird. Die Charakterart der natürlichen *Hainbuchen-Eichen-Wälder* hat aufgrund ihrer hohen Schatten- und Trockenheitstoleranz gute Aussichten, auch im Hinblick auf die zu erwartenden klimatischen Veränderungen weiterhin eine wichtige Rolle zu spielen.

Dass das Höchstalter in Ausnahmefällen auch deutlich überschritten werden kann, beweisen zwei Hainbuchen im *Bodmanschen Schlossgarten*. Sie dürften auch nach Ansicht des Schlossherren aus der Entstehungszeit nach 1760 stammen – mithin rund 250 Jahre alt sein. Das meist langsame Wachstum der Hainbuche lässt nur äußerst selten eindrucksvolle Stammdimensionen zu, doch die Bodmanschen Exemplare sind wahrscheinlich landesweit die stärksten ihrer Art.

Baumart: *Carpinus betulus*
Landkreis: *Konstanz*
Standort: *Im Schlosspark Bodman*
Geodaten: *47.795117, 9.045107 und 47.794918, 9.045200*
Alter: *ca. 250 Jahre*
Stammumfang: *4,49 m und 5,05 m (beide 2021)*

Beide Bäume stehen unweit östlich des Schlosses, nahe der Straße ‚Im Gries'. Besonders auffällig präsentiert sich die einstämmige, frei stehende Hainbuche (rechts) am kleinen Hang über dem Rundweg. Sie besitzt einen sehr attraktiven, vielfach und tief gefurchten Stamm, den zunächst zwei größere Tiefäste talseitig verlassen, bevor er sich in gut drei Meter Höhe in zahlreiche, fächerförmig ausstrahlende Kronenäste aufteilt. Der Zustand dieser Krone, wie überhaupt des Baumes insgesamt, ist ausgesprochen gut. Der arttypisch unregelmäßige Stammquerschnitt hat möglicherweise seine Ursache in bei höherem Alter häufig auftretenden Längsrissen, die der Baum dann mit verstärktem Wachstum zu schließen versucht. Als weiterer Auslöser dieser ‚Spannrückigkeit' gilt die bei der Hainbuche auftretende, ungleichmäßige Nährstoffversorgung des Kambiums – stellenweise wird das Dickenwachstum durch neu gebildete Holzzellen also gebremst beziehungsweise verstärkt.

Nur wenige Schritte entfernt fällt die zweite Hainbuche durch ihren etwas eingewachsenen Standort weniger auf, obwohl der gewaltige Stamm noch weitaus stärker, wuchtiger entwickelt ist (linke Seite). Er ist jedoch leider auseinandergebrochen. Der noch stehende, größere Stammteil gabelt sich zur Talseite hin mehrfach in große Äste auf. Sein Umfang beträgt noch immer gut fünf Meter, doch vor dem Wegbrechen des zweiten Teilstammes dürften es wohl über sechs Meter gewesen sein! Auch der nun liegende Baumteil ist noch beblättert, wenngleich die Äste gekappt sind – offenbar gibt es noch einige erhaltene Verbindungen in den Wurzelraum. Es ist gut möglich, dass sich infolge des ausgesprochen guten Regenerationsvermögens der Baumart Hainbuche (zum Beispiel nach Sturmschäden) im Bereich des nun offenen Erdstammes Stockausschläge bilden, die dann die deutlich reduzierte Krone im Laufe der Zeit wieder ergänzen, beziehungsweise ersetzen können. Es dürfte ein Wettlauf mit den holzzersetzenden Pilzen entstehen, denen nach diesem massiven Schadereignis natürlich Tür und Tor geöffnet sind.

Blumenskulptur am Eingang zur Insel

Bauminsel Mainau

Natürlich – ich weiß schon: *Blumeninsel* muss es heißen! Schließlich sind es die Hunderttausende Frühlingsblüher, meist Tulpen, Narzissen, Hyazinthen und Krokusse, sowie Zehntausende Rosen im Sommer und fast ebenso viele Dahlien im Herbst, die die kleine Insel im Bodensee erst zu einem der schönsten und kostbarsten touristischen Highlights machen, die das Land zu bieten hat. Und doch hat auch die Bezeichnung *Bauminsel* eine gute Berechtigung, denn die aus über 500 verschiedenen Baumarten bestehende Gehölzsammlung bietet einerseits der farbenprächtigen Staudenflora erst die besondere, aufgrund der vielen Nadelgehölze meist dunkelgrüne Kulisse, und sie stellt andererseits selbst einen wertvollen Schatz dar – ein derart vielfältiges Spektrum an seltenen Bäumen aus europäischer, amerikanischer und asiatischer Herkunft, deren Pflanzung bis in die Mitte des 19. Jahrhunderts zurückgeht, findet sich auf vergleichbarer Fläche kaum irgendwo sonst. Viele der eindrucksvollen Exemplare nehmen hinsichtlich Größe und Wuchsform für Baden-Württemberg insgesamt vordere Plätze ein und einige von ihnen zählen sogar deutschlandweit zu den stärksten ihrer jeweiligen Art. Herzstück der dendrologischen Mainau-Schätze ist das *Arboretum*, das schon wenige Jahre nach dem Erwerb der Insel als Sommerresidenz durch Großherzog Friedrich I. von Baden begründet wurde. Das Sammeln von exotischen Gehölzen war dessen besondere Leidenschaft und das milde Bodenseeklima erlaubte die Pflanzung von vielen südländischen Arten, darunter Palmen und Zitrusfrüchte. Friedrichs Urenkel, Graf Lennart Bernadotte (1909–2004), machte die Mainau zusammen mit seiner Frau, Gräfin Sonja Bernadotte, und ihren Kindern zu einem floristischen Kleinod, das jährlich mehr als 1 Million Besucher in seinen Bann zieht.

Dahliengarten

Arboretum

Schloss und Schlosskirche

Schmetterlingshaus

Metasequoia-Allee
Jugendliche Urweltbäume

Baumart: *Metasequoia glyptostroboides*
Landkreis: *Konstanz*
Standort: *Westteil, Areal Q*
Geodaten: *47.704898, 9.190516*
Alter: *62 bis 64 Jahre, gepflanzt 1958–1960*
Stammumfang: *bis 6,54 m (2021, inkl. zweier Nachtriebe am Stammfuß)*

Baumart: *Metasequoia glyptostroboides*
Landkreis: *Konstanz*
Standort: *Ufergarten, Areal V*
Geodaten: *47.703330, 9.201068*
Alter: *72 Jahre, gepflanzt 1952*
Stammumfang: *4,60 m (2021)*

Erst im Jahr 1941 wurde in einem kleinen Reliktgebiet in der zentralchinesischen Provinz Sitchuan eine Baumart entdeckt, die bis dahin als ausgestorben galt und nur noch in Form versteinerter Fossilreste bekannt war. Daraufhin wurde die bereits bestehende Gattung *Metasequoia* – zu der weitere 9 ausgestorbene Arten zählen – aus der bisherigen Gattung *Sequoia* ausgegliedert. Der Artname *glyptostroboides* entstand aus der Ähnlichkeit der Blätter mit der chinesischen Wasserfichte, auch Chinazypresse genannt (*Glyptostrobus pensilis*). Die zur Entdeckungszeit als botanische Sensation gefeierte Metasequoia ist inzwischen auch im europäischen Raum weit verbreitet. Die Gründe liegen hauptsächlich im außergewöhnlich schnellen Wachstum und in der tatsächlich urtümlich anmutenden Erscheinung älterer Exemplare, deren Stammfüße sich enorm verbreitern. Dabei entwickeln sie höhlenartige Kehlen und die Wurzelanläufe werden weit nach außen geschickt, bevor diese dann im Boden verschwinden. Auch die Benadelung ist ausgesprochen interessant und attraktiv: Im Frühling und Sommer fällt sie durch die intensive, hellgrüne Farbe auf, im Herbst wechselt sie zu nicht weniger kräftigem Orangerot. Bevor die schließlich braun verfärbten Nadeln dann abfallen, zündet das *Chinesische Rotholz* also noch mal ein richtiges Feuerwerk. Anhand der Nadeln kann man den Baum auch recht zuverlässig von der sehr ähnlichen Sumpfzypresse (*Taxodium distichum*) unterscheiden – sie stehen sich am Zweig direkt gegenüber, während sie bei der Sumpfzypresse wechselständig angeordnet sind.

Kaum hat man die Mainau betreten, gelangt man auf dem nördlichen Rundweg zum vielleicht größten botanischen Glanzpunkt der Insel, der *Metasequoia-Allee* (linke Seite). Sie wird zum Teil sogar als älteste und schönste ihrer Art weltweit beschrieben. 51 Bäume haben sich seit ihrer Pflanzung 1958–1960 zu fantastischen Baumskulpturen entwickelt – jede individuell geformt, aber alle mit fast 30 m hohen, wipfelschäftigen Stämmen, die eine ungebändigte Wuchskraft zeigen. Sie alle stammen als kleine Stecklinge vom ersten Urweltmammutbaum ab, der 1952 vom Londoner Königlichen Garten *Kew Gardens* auf die Mainau gebracht und dort im Ufergarten gepflanzt wurde (oben). Auch dieses ‚Ur-Exemplar' ist noch sehr vital, die Benadelung ist dicht, gleichmäßig und reicht bis zum Erdboden herab. Der typisch abholzige Stamm ist jedoch weitaus weniger aufgebrochen und mit Höhlungen durchsetzt als dies bei seinen Nachkommen der Fall ist.

Als prägende Baumart des Gehölzbestandes der Mainau gelten die *Berg-* oder *Riesenmammutbäume,* die mit bis zu 50 m Höhe schon aus großer Entfernung eine buchstäblich überragende Baumkulisse darstellen. Aus der Nähe sind es die mächtigen Stämme mit ihrer weichfaserigen, rötlichen Borke, die viele Besucher zum Staunen bringen. Wozu Linden und Eichen oft 700 und mehr Jahre brauchen, schaffen die Sequoiadendren in nur 150 Jahren – Stammumfänge von 7, 8, ja sogar 9 m und mehr!

Einige der recht zahlreichen Mainau-Bergmammutbäume wurden von Großherzog Friedrich I. von Baden als kleine Setzlinge aus dem Elsass bezogen und bereits 1864 im neu angelegten Arboretum gepflanzt. Sie stammen somit als einige von nur wenigen heute noch vorhandenen Bäumen dieser Generation nicht aus der berühmten Wilhelma-Saat des württembergischen Königs Wilhelm I.

Zwei der mächtigsten Exemplare (rechte Seite) aus dem Jahr 1864 beziehungsweise 1875 wurden vor einigen Jahren mit einer Holzplattform umgeben, um der weiteren Verfestigung des Erdreichs durch die zahlreichen Besucher zu begegnen. Die Spuren Tausender Hände an der warmen, schwammartigen Borke sind nun umso auffälliger, doch immerhin nicht schädlich für die Riesen. Der im Bild-Hintergrund erkennbare Baum ist der mit Abstand stärkste aller Mainaubäume (Pflanzung 1875).

Jeder einzelne der imposanten Baumgestalten hat seine ganz eigenen, persönlichen Merkmale: So ragt das Exemplar am Nordrand des Arboretums (links unten) trotz seines Standorts an steilem Abhang mit stark abholzigem Stamm kerzengerade in die Senkrechte. Der östlich unterhalb der Schlossterrasse aufragende Sequoiadendron (unten Mitte) gehört zwar noch nicht zur ‚Alten Garde', beeindruckt aber durch seine freistehende, geschlossene und tief beastete Kegelform. Absolut sehenswert ist auch der ‚Zitzenmammutbaum' im Südteil des Arboretums (unten rechts). Bei ihm sind einige der tief herabhängenden Äste abgebrochen und zu dicken Stummeln verwachsen.

Baumart: *Sequoiadendron giganteum*
Landkreis: *Konstanz*
Standort: *Nordrand Arboretum, Areal N*
Geodaten: *47.705668, 9.195607*
Alter: *144 Jahre, gepflanzt 1880*
Stammumfang: *7,39 m (2021)*

Baumart: *Sequoiadendron giganteum*
Landkreis: *Konstanz*
Standort: *Unterhalb der Schlossterrasse, Areal W*
Geodaten: *47.704171, 9.200384*
Alter: *87 Jahre, gepflanzt 1937*
Stammumfang: *6,55 m (2022)*

Baumart: *Sequoiadendron giganteum*
Landkreis: *Konstanz*
Standort: *Südteil Arboretum, Areal K*
Geodaten: *47.704352, 9.197211*
Alter: *150 Jahre, gepflanzt 1874*
Stammumfang: *8,10 m (2021)*

Bergmammutbäume
Riesen des Arboretums

Baumart: *Sequoiadendron giganteum*
Landkreis: *Konstanz*
Standort: *Nordteil Arboretum, Areal G*
Geodaten: *47.705628, 9.196925 und 47.705644, 9.197228*
Alter: *149 und 160 Jahre, gepflanzt 1875 bzw. 1864*
Stammumfang: *ca. 9,50 m und ca. 8 m (2021)*

Baumart: *Sequoia sempervirens*
Landkreis: *Konstanz*
Standort: *Arboretum, Areal H, bei der Nusseibe*
Geodaten: *47.704533, 9.197051*
Alter: *142 Jahre, gepflanzt 1882*
Stammumfang: *2,92 m (2022, 6-stämmig + 4 Ableger)*

Küstenmammutbäume

Die höchsten Bäume der Welt

Schon rund 80 Jahre vor den Riesenmammutbäumen, um das Jahr 1769, wurden in den Hügeln des kalifornischen Küstengebirges Bäume entdeckt, die bis heute in ihrer Höhe allenfalls noch von einigen Ausnahme-Douglasien erreicht werden. Als derzeit höchster lebender Baum der Welt gilt mit 115,8 m der im Redwood-Nationalpark stehende *Hyperion*. Nach dem kräftig rötlich gefärbten Kernholz und ihrem Wuchsort parallel zur Pazifikküste nannte man sie *Coast Redwood*. Der lateinische Artname *sempervirens* bedeutet ‚immergrün'. Man hielt sie mit ihren maximal 2.200 Jahren für die ältesten Bäume der Erde. Heute wissen wir, dass die nicht ganz so hohen aber weitaus mächtigeren Bergmammutbäume bis zu 3.500 Jahre alt werden können, und die Grannen-Kiefern in den White Mountains sogar 5.000 Jahre übertreffen können. Das Holz der Coast Redwoods zählt dabei wegen der hohen Dauerhaftigkeit zu den begehrtesten Nutzhölzern überhaupt.

Die vergleichsweise geringe Höhenlage über dem Pazifik (von Meereshöhe bis ca. 900 m NHN) lässt schon vermuten, dass die Frosthärte für mitteleuropäische Standorte vielerorts nicht ausreicht. Dies ist einer der Gründe, warum die Redwoods bei uns viel seltener anzutreffen sind als die Bergmammutbäume aus der Sierra Nevada, die dort in Höhenlagen zwischen 1.350 und 2.500 m Meereshöhe vorkommen.

Baumart: *Sequoia sempervirens*
Landkreis: *Konstanz*
Standort: *Areal T, zwischen Stauden- und Dahliengarten*
Geodaten: *47.703314, 9.197309*
Alter: *ca. 64 Jahre, gepflanzt um 1960*
Stammumfang: *4,95 m (2022)*

Auf der Mainau sind vom ursprünglichen Bestand des 19. Jahrhunderts nur drei Exemplare erhalten – sie wurden 1882 (linke Seite) beziehungsweise um 1890 im Arboretum gepflanzt und sind schon im Zentrum mehrstämmig ausgebildet. Hinzu kommen bei ihnen jeweils einige Ableger mit etwas Abstand zum Mutterbaum. Ebenfalls im Arboretum, nördlich des *Schwedenturms*, wurden nach schweren Sturmschäden des Jahres 1967 mehrere Bäume nachgepflanzt. Sie sind im Wuchs ein- oder zweistämmig aufgewachsen und haben nach 55 Lebensjahren schon Kronenhöhen von fast 35 m erreicht. Durch die enge Nachbarschaft weiterer Koniferen gelangt jedoch nur wenig Licht in die unteren Kronenbereiche, wodurch hier zahlreiche Seitenäste absterben. Den stärksten Einzelstamm mit 5,08 m weist ein Solitär oberhalb der *Brunnen-Arena* auf. Eine Gruppe von sieben prächtig entwickelten Rothölzern, als 3er-Gruppe sowie solitär stehend, findet man im Bereich des Staudengartens (oben). Ihre lockerkegelförmigen Kronen sind aufgrund des Standorts ringsum und weit herab beastet, nur eine – unterhalb des Schwedenturms – musste einen Gipfelbruch und den Verlust vieler Äste hinnehmen.

Atlas-Zedern
Baumschätze aus Nordafrika

Baumart: *Cedrus atlantica*
Landkreis: *Konstanz*
Standort: *Arboretum, Areal J*
Geodaten: *47.704468, 9.198237*
Alter: *154 Jahre, gepflanzt 1870*
Stammumfang: *5,59 m (2021)*

Die büschelartige Anordnung ihrer meist 20 bis 30, nur etwa 20 mm kurzen Nadelblätter an den Kurztrieben geben der im nordafrikanischen Atlas- und Rifgebirge beheimateten *Atlas-Zeder* ein nahezu unverwechselbares Aussehen. Nur manche Kiefernarten zeigen hierbei Ähnlichkeiten, doch sind bei ihnen die Nadeln meist weniger zahlreich und deutlich länger.

Zu den Atlas-Zedern, die sich sowohl durch ihr wertvolles Holz als auch ihre stattliche und eindrucksvolle Erscheinung auszeichnen, fühlte sich schon Großherzog Friedrich I. von Baden hingezogen – ließ er doch schon in der Anfangszeit seines Arboretums eine größere Anzahl von ihnen anpflanzen. Da sie jedoch nicht zuverlässig frosthart sind, erfroren wohl etliche Exemplare während einiger bitterkalter Winter gegen Ende des 19. Jahrhunderts. Die verbliebenen rund 20 Bäume waren auch dem Urenkel des Großherzogs, Graf Lennart Bernadotte, ans Herz gewachsen, und so traf es ihn schwer, als bei den starken Winterstürmen der Jahre 1954 und 1967 weitere, massive Baumschäden zu beklagen waren. Insbesondere dem rund 60 m westlich des Gärtnerturms wachsenden Baum (rechte Seite, oben links) wurde der gesamte Gipfel und zahlreiche Äste abgerissen. Doch die Mainau-Gärtner schnitten die Bruchstellen glatt und gaben dem Intensivpatienten Zeit, sich zu regenerieren – und die Pflege hat sich gelohnt: Der 151 Jahre alte Baum entwickelte im Laufe der Zeit einen neuen Doppelgipfel sowie weitere Seitenäste und hat mit etwa 30 m wieder eine respektable Höhe erreicht.

Heute sind zum Glück noch eine Reihe von Atlas-Zedern aus der Zeit zwischen 1864 und 1870 erhalten und zählen mit ihren dicken, durchgehenden Stämmen und ihren abwechslungsreichen, meist schirmförmig ausgebildeten Kronen zu den herausragenden Schmuckstücken des Arboretums. Die stärkste Atlas-Zeder von allen (rechte Seite, unten rechts) steht 70 m südlich des Gärtnerturms und beeindruckt mit 25 m breiter und gut 30 m hoher Krone. Die am Stammfuß klaffende Wunde einer schweren Verletzung versucht sie nach und nach zu überwachsen.

Baumart: *Cedrus atlantica*
Landkreis: *Konstanz*
Standort: *Arboretum, Areal H, 60 m westlich des Gärtnerturms*
Geodaten: *47.705178, 9.197856*
Alter: *160 Jahre, gepflanzt 1864*
Stammumfang: *4,89 m (2021, Gipfelbruch im Sturm 1967)*

Baumart: *Cedrus atlantica*
Landkreis: *Konstanz*
Standort: *Arboretum, Areal H, 90 m westlich des Gärtnerturms*
Geodaten: *47.705220, 9.197474*
Alter: *160 Jahre, gepflanzt 1864*
Stammumfang: *5,67 m (2021, Tiefzwiesel ab 1,5 m Höhe)*

Baumart: *Cedrus atlantica*
Landkreis: *Konstanz*
Standort: *Arboretum, Areal F, beim Gärtnerturm*
Geodaten: *47.705174, 9.198266*
Alter: *154 Jahre, gepflanzt 1870*
Stammumfang: *5,48 m (2021)*

Baumart: *Cedrus atlantica*
Landkreis: *Konstanz*
Standort: *Arboretum, Areal F, 70 m südlich des Gärtnerturms*
Geodaten: *47.704433, 9.198776*
Alter: *158 Jahre, gepflanzt 1866*
Stammumfang: *5,87 m (2021)*

Baumart: *Cedrus libani*
Landkreis: *Konstanz*
Standort: *Arboretum, Areal M*
Geodaten: *47.705479, 9.195700*
Alter: *138 Jahre, gepflanzt 1886*
Stammumfang: *4,76 m (2022)*

Libanon-Zedern
Königinnen des Pflanzenreiches

Die *Libanon-Zeder* ist der Nationalbaum des Staates Libanon und ziert dessen Flagge. Schon in früher Zeit erkannte man den Wert des leicht zu bearbeitenden und witterungsbeständigen Holzes. Spätestens seit den Phöniziern, die den Baum vor etwa 3.000 Jahren als ‚Königin des Pflanzenreiches' bezeichneten, wurde in den Waldbeständen entlang der östlichen Mittelmeerküste für Palast- und Tempelanlagen, den Schiffsbau und die Möbelherstellung massiv Raubbau betrieben, sodass in unserer Zeit rund 99 % der ursprünglichen Bestandsflächen verschwunden sind. Glücklicherweise forstet die Türkei Jahr für Jahr in einer Größenordnung auf, die das im Libanon noch vorhandene und nun geschützte Restareal um das 20-fache übertrifft. Auch bei uns in Deutschland gibt es Anbauversuche, die zeigen sollen, ob die dürrebeständige und ausreichend frostharte Libanon-Zeder zukünftig dabei helfen könnte, die klimabedingt in Bedrängnis geratene Fichte zu ersetzen. Für sie spricht auch, dass sie aufgrund ihrer geringen Konkurrenzfähigkeit vermutlich kein invasives Potenzial besitzt und zudem selbst in höherem Alter (sie kann maximal 800 bis 1.000 Jahre erreichen) noch vollholzige Stämme liefern kann.

Baumart: *Cedrus libani*
Landkreis: *Konstanz*
Standort: *Arboretum, Areal G, südl. des Großen Tulpenbaums*
Geodaten: *47.705486, 9.196352*
Alter: *154 Jahre, gepflanzt 1870*
Stammumfang: *4,72 m (2022)*

Auf der Insel Mainau gibt es heute nur noch zwei alte Libanon-Zedern, die in den Anfangsjahren des Arboretums von 1864 bis 1870 gepflanzt wurden. Der ältesten (50 m nordwestlich des Gärtnerturms) wird aufgrund ihrer – im Vergleich zu den mächtigen Verwandten aus dem Atlasgebirge – bescheidenen Stammmaße weniger Aufmerksamkeit zuteil. Ihre Krone ist jedoch noch weitgehend unversehrt und gleichmäßig gebaut. Die zweitälteste (rechts) wird in ihrer Kronenentwicklung durch den benachbarten Küstenmammutbaum sichtbar eingeschränkt. Ein besonders eindrucksvolles Exemplar aus dem Jahr 1886 kann man dann am kleinen Rundweg zur *Erzherzog Friedrich-Terrasse* entdecken (linke Seite). Hinzu kommen mehrere jüngere Bäume, so etwa bei den *Rothausterrassen* am Biergarten. Sie ohne eine entsprechende Kennzeichnung am Stamm zu erkennen - beziehungsweise sie von der sehr ähnlichen Atlas-Zeder zu unterscheiden – ist gar nicht so einfach. Vor allem dann, wenn die hierzu Aufschluss gebenden Nadeln nicht vom Boden aus betrachtet werden können. Zedern bilden die Nadeln an Kurztrieben büschelförmig aus – wenn 20–30 von ihnen ein solches Büschel bilden, kann man von einer Atlas-Zeder ausgehen, sind es nur 10–20, dürfte es sich um eine Libanon-Zeder handeln. Bei beiden Arten gibt es zusätzlich die Variation 'Glauca' mit blauer Benadelung.

Aufgrund der räumlich beengten Verhältnisse auf der kleinen Insel sind riesige Schirmkronen wie etwa in Bad Homburg oder auch in Weinheim (s. S. 34 f.) hier nicht zu erwarten.

Rauchzypressen

Bleistifte aus Kalifornien

Baumart: *Calocedrus decurrens*
Landkreis: *Konstanz*
Standort: *Arboretum, Areal H*
Geodaten: *47.705250, 9.197228*
Alter: *160 Jahre, gepflanzt 1864*
Stammumfang: *4,71 m und 5,40 m (2021, 1-stämmig bzw. Tiefzwiesel ab 90–125 cm Höhe)*

Die *Kalifornische Flusszeder* oder *Weihrauchzeder* ist trotz ihres Namens keine echte Zeder, sondern ein Zypressengewächs – die ebenfalls gebräuchliche Bezeichnung *Rauchzypresse* ist somit treffender. Die im westlichen Nordamerika beheimatete Baumart mit dem besonders aromatisch duftenden Holz besitzt schuppenförmige, meist hellgrüne Blätter, die selbst die Zweige bilden. Zedern dagegen bilden feine, nadelförmige und in Büscheln angeordnete Blätter. Auch die Borke der Rauchzypresse unterscheidet sich mit ihrer für Zypressengewächse typischen Längsstreifung deutlich von der plattigen, gefelderten Struktur der Cedrus-Arten. Das Holz lässt sich sehr leicht bearbeiten und wird in Amerika hauptsächlich zur Herstellung von Bleistiften verwendet – man findet deshalb in der Literatur auch den Namen *Bleistiftzeder* (wobei natürlich auch hier die Bezeichnung Bleistiftzypresse richtiger wäre).

Die 1853 erstmals beschriebene Rauchzypresse ist ein bei uns nicht sehr häufig gepflanzter, gleichwohl äußerst attraktiver und imposanter Parkbaum, der in seinem Herkunftsland mehr als 60 m hoch und über 1.000 Jahre alt werden kann.

Die Insel Mainau besitzt drei der ältesten und größten Exemplare deutschlandweit. Die stärkste von ihnen (rechte Seite) unweit des Gärtnerturms ist ein Tiefzwiesel, bei dem die beiden Stammachsen bis zu einer Höhe von 2 m einen gemeinsamen Erdstamm bilden. Das bei dieser Wuchsform häufig zu beobachtende Stützholz ist deutlich ausgeprägt. Die beiden anderen, nebeneinander wachsenden Exemplare (links) sind etwa 100 m westlich des Gärtnerturms anzutreffen, gleich nach der zweistämmigen Atlas-Zeder. Auch bei ihnen ist eine tief zwieselig, die andere ist einstämmig, steht deutlich schief und zeigt zwei schwungvoll auswachsende Tiefäste. Der mit sehr grob gefurchter Borke aufwartende Stamm teilt sich in 8 m Höhe in drei Teilstämme, die Kronenhöhe beträgt fast 40 m.

Baumart: *Calocedrus decurrens*
Landkreis: *Konstanz*
Standort: *Westteil, Areal F*
Geodaten: *47.704814, 9.198320*
Alter: *137 Jahre, gepflanzt 1887*
Stammumfang: *6,27 m (2021, Tiefzwiesel ab 2 m Höhe)*

Baumart: *Thuja plicata*
Landkreis: *Konstanz*
Standort: *Arboretum, Areal F*
Geodaten: *47.704797, 9.198519*
Alter: *160 Jahre, gepflanzt 1864*
Stammumfang: *7,92 m (2021, gesamt für 5 Zentralachsen)*

Riesen-Lebensbaum
am Gärtnerturm

Lebensbäume (Gattung *Thuja*) und Scheinzypressen (Gattung *Chamaecyparis*) werden sehr häufig verwechselt, da sie sich sowohl im Nadelbild als auch in Gesamterscheinung und Borkenstruktur sehr ähnlich sind. Am sichersten lassen sie sich anhand der kleinen Zapfen unterscheiden: Sind sie länglich, ist es eine *Thuja*, sind sie rund, hat man eine Scheinzypresse vor sich. Die nach ihrem Entdecker, dem schottischen Botaniker Peter Lawson benannte Baumart (*Chamaecyparis lawsoniana*) gehört zwar auch zur Familie der Zypressengewächse, aber trotz vieler Ähnlichkeiten nicht zu den ‚Echten' Zypressen. Die generellen Unterschiede zwischen den beiden Gruppen liegen in der Zweigform, der Zapfengröße, oder auch beim Zeitpunkt der Samenreife – für den Nicht-Botaniker eine schwer zu lösende Aufgabe.

Eine für Riesen-Lebensbäume ganz typische Wuchsform, die allerdings auch bei einigen anderen Koniferen zum Teil recht häufig vorkommt, ist die sogenannte *Schleppenbildung*. Hierbei senken sich die bogenförmigen, unteren Seitenäste des Zentralstammes immer weiter ab, erreichen schließlich den Erdboden und bewurzeln sich dort. Im Laufe der Zeit verschwindet der zu Beginn dieser Phase noch sichtbare Astabschnitt im Erdreich beziehungsweise wird von diesem überdeckt, so dass die wieder aufsteigenden Äste – einige Meter entfernt vom Zentrum aus dem Boden kommend – wie eigenständige Bäume erscheinen. Doch in der Tiefe sind alle Abkömmlinge im gemeinsamen Wurzelwerk mit dem Mutterbaum verbunden.

Besonders eindrücklich ist das am Riesen-Thuja-Exemplar südlich des Gärtnerturms zu sehen (linke Seite): Die fast 40 m hohe Mitte des Baumes – die in diesem Falle sogar aus fünf an der Basis verwachsenen Stämmen besteht – ist von einer gut 30-köpfigen Kinderschar umgeben. Dies ist wahrlich nichts für kleine Gärten oder gar Vorgärten!

Baumart: *Chamaecyparis lawsoniana 'Erecta viridis'*
Landkreis: *Konstanz*
Standort: *Westrand Rosengarten, Areal C*
Geodaten: *47.704009, 9.199246*
Alter: *127 Jahre, gepflanzt 1897*
Stammumfang: *4,50 m und 5,21 m (2021, beide Tiefzwiesel)*

Der Westeingang des *Rosengartens* wird von zwei eindrucksvollen *Lawson-Scheinzypressen* flankiert (rechts), die in ihrer Sorte ‚Erecta viridis' als Champion Trees für ganz Deutschland gelten dürfen. Beide bestehen jeweils aus zwei fast gleich starken Stämmen, die an ihrem Fuß zusammengewachsen sind. Auffällig ist ihre dicht geschlossene Kronenform, die als Folge der zahllosen kleinen Zweige entsteht, die an der Peripherie tendenziell immer nach oben gebogen wachsen. Zwei weitere großartige Exemplare dieser Sorte stehen am Weg zwischen dem *Blumen-Bodensee* und der *Italienischen Wassertreppe* – sie wurden 1885 gepflanzt und zählen ebenfalls zu den bedeutsamsten ihrer Art in Baden-Württemberg. Ihre Stämme messen 5,27 m (4-stämmig) und 3,40 m (1-stämmig).

Ginkgo
Baum des Jahrtausends

Baumart: *Ginkgo biloba*
Landkreis: *Konstanz*
Standort: *Neben der Schlosskirche, Areal B*
Geodaten: *47.704521, 9.199482*
Alter: *152 Jahre, gepflanzt 1872*
Stammumfang: *5,16 m (2021)*

Zahlreiche Vereine, Institute, Verbände und Einzelpersonen bilden gemeinsam das 1991 gegründete *Kuratorium Baum des Jahres*. Dieses hat es sich zur Aufgabe gemacht, Wert und Bedeutung von Bäumen im Bewusstsein der Bevölkerung zu verankern. Dazu wird unter anderem auch jedes Jahr im Oktober eine andere Baumart als *Baum des Jahres* auserkoren – die Rot-Buche hat diese Auszeichnung bereits 1990 erhalten und wird für 2022 sogar ein zweites Mal ausgezeichnet.

Der in vielerlei Hinsicht einzigartige Ginkgobaum wurde bei der Wahl zum Baum des Jahres bisher noch nicht berücksichtigt, dafür aber auf noch höherer Ebene geehrt, denn er wurde zum *Baum des Jahrtausends* ausgerufen. Bald 300 Millionen Jahre hat die in früheren Erdepochen weit verbreitete Baumart nahezu unverändert überdauert. In geschichtlicher Zeit wird der Ginkgo vor allem in Japan als Tempelbaum sehr geschätzt. Durch seine ausgeprägte Widerstandskraft gegen nahezu alle äußeren Einflüsse und seine äußerst attraktive Erscheinung findet er seit ca. 1730 auch in Europa zunehmend Beachtung.

Auch Großherzog Friedrich I. von Baden ließ 1872 neben der Schlosskirche einen Ginkgobaum pflanzen, und nach 150 Jahren hat sich dieser zu einer prächtigen Baumgestalt entwickelt. Durch einige tief auswachsende Äste wirkt der Baum im unteren Kronenbereich sehr breit – und zum Glück hat er, im Gegensatz zu vielen seiner Altersgenossen des Arboretums, die damals teilweise zu dicht gepflanzt wurden, auf der Wiese neben der Schlosskirche auch ausreichend Platz, sich zu präsentieren. Der obere Kronenteil ist dagegen etwas verkürzt und erscheint ein wenig struppig, da hier die Ausbildung des Feingeästs nachgelassen hat. Verstärkt wird dieser Eindruck durch das hier gegen Ende Oktober bereits vermehrt abgefallene Laub, das zudem auch deutlich kleiner ist als in den unteren Etagen. Letzteres ist jedoch ein natürlicher Prozess, da die Lichtverhältnisse mit zunehmender Höhe in der Regel besser werden, sodass die Blattfläche für die Fotosynthese nicht mehr so groß sein muss. In der üblichen Messhöhe von 130 cm (über dem ersten Tiefast) erreicht der durch dicke Stammwucherungen und Moosauflagen ausgesprochen urig wirkende Baum einen Umfang von 5,16 m und liegt damit deutschlandweit auf Platz zwei. Übertroffen wird er hier nur noch vom Bundes-Champion Tree dieser Art, einem Ginkgo im sächsischen Rittergut Dröschkau, der 2010 mit 5,40 m gemeldet wurde. Doch unterhalb des ersten Tiefasts, bei 80 cm Höhe beträgt der Umfang des Mainauer Exemplars sogar 5,74 m.

Maulbeere
an der Rosenpromenade

Zur Vermählung mit dem Kronprinzen Gustav von Schweden am 20. 9. 1881 trug Viktoria von Baden, die Tochter des Badischen Großherzogs Friedrich I., ein Kleid, das aus den Fäden, beziehungsweise den Kokons von Seidenraupen hergestellt wurde. Um bei diesem Ereignis die Verbindung mit der Insel Mainau zum Ausdruck zu bringen, hatte ihre Mutter, Großherzogin Luise, schon etliche Jahre vorher eine Allee mit Weißen Maulbeerbäumen anlegen lassen. Von dieser Allee an der heutigen Promenade der Wild- und Strauchrosen hat leider nur ein einziger Baum überlebt – sein genaues Pflanzdatum ist nicht bekannt.

Bei meinem zweiten Mainau-Besuch im Jahr 2009 ist mir dieser historisch bedeutsame Baumschatz aufgefallen – schon damals war er wie ein Brückenbogen mehr und mehr zum Boden herabgeneigt. Zwei Hauptachsen der Krone lagen wohl seit Langem auf, zwei starke Seitenäste zeigten mit ihrem Wuchs an, dass sich dieser Prozess über viele Jahre hingezogen hatte – und er hält bis heute an. Im Sturm und Starkregen des Jahres 2014 hat die ehrwürdige Maulbeere dann zahlreiche Äste verloren. Die Mainau-Gärtner haben einige Stützstangen eingebracht und der alte Baum macht trotz seiner hinfälligen Erscheinung einen recht vitalen Eindruck.

Baumart: *Morus alba*
Landkreis: *Konstanz*
Standort: *westlich des Staudengartens*
Geodaten: *47.703764, 9.195267*
Alter: *ca. 160 Jahre, gepflanzt um 1864*
Stammumfang: *ca. 3,30 m (2022)*

Catalpa-Wald
im Arboretum

Einige Gemeinsamkeiten mit der alten Maulbeere weist ein 1870 gepflanzter Trompetenbaum auf: Beide scheinen bei den Mainau-Baumpflegern besondere Wertschätzung zu genießen, sie wurden mit einer besonderen Infotafel versehen und sie sind die beiden einzigen Bäume, die zum Schutz mit einer Umzäunung umgeben wurden. Das vielleicht deutschlandweit geltende Alleinstellungsmerkmal der Catalpa besteht darin, dass es den Anschein hat, als verteilten sich zahlreiche umgestürzte Bäume dieser Art auf dem Areal innerhalb des Staketenzauns. Wie mir jedoch die Gartenverwaltung bestätigt, handelt es sich hier tatsächlich um ein einziges Individuum! Ausgehend vom ursprünglichen Baum (im Bild links) haben sich im Laufe der Zeit Absenker sowie Dutzende von Ausläufern entwickelt, die zunächst unter der Oberfläche verlaufen, diese dann durchbrechen und nachfolgend Austriebe bilden. Diese Austriebe nehmen häufig einen schlangenförmigen Verlauf und haben zum Teil eine beachtliche Stärke erreicht, wobei sie dann ihrerseits eigenständige Bäume darstellen – auch wenn ihr Wurzelwerk noch lange Zeit mit der Mutterpflanze verbunden sein kann. Diese vegetative Form der Fortpflanzung führt im Ergebnis somit zu genetisch identischen Nachkommen, sogenannten Klonen.

Baumart: *Catalpa bignonioides*
Landkreis: *Konstanz*
Standort: *nördlich des Schwedenturms*
Geodaten: *47.704782, 9.196140*
Alter: *154 Jahre, gepflanzt 1870*
Stammumfang: *2,77 m (2022)*

Tulpenbäume
Baumschönheit mit Zukunft

Wer im Mai/Juni oder im späten Oktober auf die Mainau kommt, sollte sich die beiden Tulpenbäume am Nordrandweg des Arboretums nicht entgehen lassen. Das Magnoliengewächs aus dem östlichen Nordamerika präsentiert sich im Frühjahr mit zauberhaften, tulpenähnlichen Blüten (linke Seite), und im Herbst bieten die goldgelben Blätter ein fantastisches Farbspektakel vor dem Hintergrund der zahlreichen immergrünen Koniferen. Die für alte Bäume dieser Art typisch markante Borkenstruktur ist dagegen zu allen Jahreszeiten eine schöne Visitenkarte.

Abgesehen von der prachtvollen Erscheinung punktet der Tulpenbaum aber auch mit vielen weiteren guten Eigenschaften. Dazu zählt der meist wipfelschäftig ausgebildete Stamm, der ihn in seiner Heimat zu einem der wichtigsten Holzlieferanten macht – für Möbel, Musikinstrumente, Särge, Modellbau, Zündhölzer und viele weitere Zwecke wird das gut zu verarbeitende Holz verwendet. Die schnellwüchsige Baumart kann bis zu 400 Jahre alt werden, ist absolut frosthart und zeigt nur wenig Anfälligkeit gegen Schadinsekten oder Pilzbefall. Die tief ausgebildete Pfahlwurzel verleiht ihr zudem eine hohe Sturmfestigkeit, und das invasive Potenzial wird als sehr gering eingestuft. Sich am Boden zersetzende Äste und Blätter führen zu keiner ungünstigen Beeinflussung der Bodenorganismen. Noch sieht man den Tulpenbaum bei uns meist als attraktiven Parkbewohner, doch für die Zukunft ist auch eine forstliche Entwicklung durchaus vielversprechend.

Bei den beiden Mainau-Exemplaren ist der etwas jüngere von besonders imposanter Gestalt (rechts). Die riesige Krone überspannt 28 m, bei etwa 3 m Höhe greift ein starker Seitenast zur Parkmitte aus. Mit seinem Stammmaß von 5,10 m liegt er nur knapp hinter dem deutlich älteren Tulpenbaum im Hohenheimer Exotengarten zurück (s. S. 251).

Gut 100 m östlich am Nordrandweg des Arboretums trifft man auf den Artgenossen, der bald schon seinen 200. Geburtstag erleben wird (linke Seite). Er gilt als ältester, schriftlich belegter Baumbewohner der Mainau, denn er stammt noch aus der Zeit des ungarischen Fürsten Nikolaus II. Esterhazy.

Baumart: *Liriodendron tulipifera*
Landkreis: *Konstanz*
Standort: *Arboretum, Areal G, Nordrand Arboretum*
Geodaten: *47.705703, 9.196414*
Alter: *154 Jahre, gepflanzt 1870*
Stammumfang: *5,10 m (2021)*

Baumart: *Liriodendron tulipifera*
Landkreis: *Konstanz*
Standort: *Arboretum, Areal G, Nordrand Arboretum*
Geodaten: *47.705617, 9.197866*
Alter: *194 Jahre, gepflanzt 1830*
Stammumfang: *4,42 m (2021)*

Schnurbäume
Der Riese und der Zwerg

Wie David und Goliath stehen sie sich am Weg westlich des *Rosengartens* gegenüber: Zwei Japanische Schnurbäume, wie sie unterschiedlicher nicht sein könnten. Dass sie überhaupt der gleichen Gattung und der gleichen Art angehören erkennt man erst, wenn man die am Stamm angebrachten Schilder liest – dann wird der kleine, aber entscheidende Unterschied schnell klar. Der Riese mit den sechs überlangen Armen präsentiert sich arttypisch mit großer, offener Krone. Die Dimensionen von Stamm und Krone – sie durchmisst mehr als 25 m – bringen den in Ostasien beheimateten Parkbaum dabei allerdings in die baden-württembergische Spitzengruppe. Neben der schieren Größe bietet der auch als *Japanischer Pagodenbaum* bekannte Schmetterlingsblütler zu allen Jahreszeiten reizvolle Ansichten, seien es die großen, gefiederten und im Herbst kräftig gelb verfärbten Blätter, die erst im August sich öffnenden, rispenartigen Blütenstände, oder die daraus entstehenden, vielfach eingeschnürten Fruchtschoten. Doch Vorsicht: Mit Ausnahme der Blüten und der Blätter sind alle Teile des Baumes stark giftig!

Sein Nachbar auf der anderen Wegseite erscheint dagegen wie ein halb zugeklappter Regenschirm, denn die langen, dünnen Zweige hängen am Kronenrand weit zur Erde herab. Erst wenn man dem grünen Baumpilz unter den Hut schaut, zeigt sich sein wahres Gesicht. Es ist ein gepropftes Exemplar mit geradem Stamm und darauf aufgesetztem Edelreis, dessen Äste sehr langsam wachsen, sich aber seit 153 Jahren immer wieder in eine andere Richtung orientieren, sodass nun eine überaus skurrile Gestalt mit verschlungenen und verknoteten Ästen entstanden ist – ein unbeschreiblicher Anblick!

Baumart: *Styphnolobium japonicum 'Pendulum'*
Landkreis: *Konstanz*
Standort: *Westseite Rosengarten*
Geodaten: *47.703849, 9.199326*
Alter: *156 Jahre, gepflanzt 1868*
Stammumfang: *1,76 m (2021)*

Baumart: *Styphnolobium japonicum*
Landkreis: *Konstanz*
Standort: *Vor der Westseite des Rosengartens, Areal E*
Geodaten: *47.703834, 9.199149*
Alter: *156 Jahre, gepflanzt 1868*
Stammumfang: *4,10 m (2021)*

Die *Linde* spielt immer, wenn es um alte und geschichtlich bedeutsame Bäume geht, eine wichtige Rolle. Kein anderer Baum ist in unserem Kulturkreis seit so langer Zeit und so stark in den Lebensraum der Menschen einbezogen wie sie. Als Baum der Liebe und des Friedens hat sie zu allen Zeiten immer dort ihren Platz gefunden, wo es wichtig war, ein Symbol für Familie, Gemeinschaft, Freiheit und Gerechtigkeit zu haben. Ihre außergewöhnliche Langlebigkeit ließ sie immer wieder zu einer Zeugin der Geschichte werden, die über viele Jahrhunderte auf die Geschehnisse früherer Zeiten zurückblickt. Vielleicht haben auch solche Gedanken den Großherzog Friedrich dazu bewogen, zur Geburt seiner Tochter Viktoria im Jahr 1862 eine Linde zu pflanzen. Nach rund 160 Jahren erinnert uns diese prächtig gewachsene Sommer-Linde an Viktoria von Baden, die spätere Königin von Schweden und Großmutter von Lennart Bernadotte, der die Mainau nach dem Zweiten Weltkrieg wieder zur Blumeninsel des Bodensees machte.

Offenbar sind es auch Linden, wenngleich Winter-Linden, die als älteste Bäume der Mainau überhaupt gelten. Noch aus der Zeit des Deutschen Ordens um 1770 sollen wohl einige verbliebene Exemplare im Uferbereich südlich des Hafens stammen. Deutlich imposanter als diese zeigt sich hier auch eine Sommer-Linde (unten links), die in der vorhandenen Literatur keine Erwähnung findet, obwohl sie der viel beachteten Viktorialinde in Statur und Gesamterscheinung kaum nachsteht – ja deren Stamm an Stärke sogar noch übertrifft.

Mit noch viel mächtigerem Stammfuß ragt im steilen Abhang der Insel-Ostseite eine dreiachsige Winter-Linde auf (unten rechts), die aufgrund ihres unzugänglichen Standorts wohl kaum ein Mainaubesucher auch nur bemerkt. Sie ist ein Überraschungsfund, die zeigt, dass es auf einer kleinen Insel selbst einem sehr großen Baum möglich ist, sich (fast) unsichtbar zu machen.

Baumart: *Tilia platyphyllos*
Landkreis: *Konstanz*
Standort: *Ufergarten, Areal V*
Geodaten: *47.703906, 9.201367*
Alter: *ca. 160 Jahre, Pflanzdatum unbekannt*
Stammumfang: *5,36 m (2021)*

Baumart: *Tilia cordata*
Landkreis: *Konstanz*
Standort: *Ostabhang, Areal W*
Geodaten: *47.704506, 9.200825*
Alter: *ca. 160 Jahre, Pflanzdatum unbekannt*
Stammumfang: *6,76 m (2021, 3-kernig)*

Eine Linde
für Viktoria

Baumart: *Tilia platyphyllos*
Landkreis: *Konstanz*
Standort: *Südrand Rosengarten, Areal D*
Geodaten: *47.703444, 9.199667*
Alter: *162 Jahre, gepflanzt 1862*
Stammumfang: *5,10 m (2021)*

Biegsame Gestalten
Silber-Pappeln am Uferweg

Silber-Pappeln gab es auf der Insel Mainau schon vor Großherzog Friedrich, denn bereits einer seiner Vorgänger, der ungarische Fürst Nikolaus II. Esterhazy, begann ab 1827 mit der Anpflanzung wertvoller Bäume. Einer dieser Bäume, die weithin bekannte *Esterhazypappel*, erinnerte noch bis zu Beginn unseres Jahrhunderts an diese nur drei Jahre andauernde Episode der häufig wechselnden Besitzverhältnisse während der ersten Hälfte des 19. Jahrhunderts. Erst ab 1853 kehrte mit Friedrich I. von Baden wieder die Kontinuität ein, die eine Voraussetzung dafür ist, die immer wieder vernachlässigte und verwilderte Insel in ein so beständiges, bedeutendes und vielfältiges Pflanzenparadies zu verwandeln.

Die heute ältesten und größten Silber-Pappeln gehen wahrscheinlich auf den Großherzog zurück, doch sie sind am westlichen Uferrand der Insel stark eingewachsen und sind für die Besucher der Mainau nicht zugänglich. Das Bedauern darüber ist schnell vergessen, wenn man auf dem südlichen Uferweg auf zwei Gestalten trifft, die in dieser Wuchsform wohl als einzigartig gelten dürfen.

Baumart: *Populus alba*
Landkreis: *Konstanz*
Standort: *Uferweg beim Bauernhof, Areal S*
Geodaten: *47.703860, 9.192759*
Alter: *ca. 120 Jahre, Pflanzdatum unbekannt*
Stammumfang: *4,84 m (2021)*

In der Regel wachsen Silber-Pappeln zu mächtigen, hoch aufragenden Baumriesen heran, die nach 150 oder mehr Jahren nahezu 40 m Höhe erreichen können. Bei den beiden Mainau-Exemplaren verhält es sich jedoch gänzlich anders: Eine von ihnen (unten) wächst am Uferweg auf Höhe des Bauernhofs und sehr nahe bei einer steil aufragenden Pyramiden-Pappel – doch sie hat sich mit zwei ihrer Hauptstämme geradezu anmutig über den Weg geneigt, um die langen Äste dort an der Uferböschung abzulegen. Allerdings geschah dies nicht ganz freiwillig – ein Sturm hat hier wohl schon in Jugendjahren kräftig nachgeholfen. Doch so ist für die Besucher eine Art doppeltes Baumtor entstanden, das staunend und bewundernd durchschritten werden kann. Der Baum selbst hat diese akrobatische Übung durch einen ‚Quertreiber' stabilisiert. So bezeichnet man den Ast, der aus dem oberen Stamm kommend, durch Windbewegung solange an der Borke des unteren Stammes gescheuert hat, bis die offenliegenden Kambien unter der Bastschicht miteinander verwachsen konnten.

Auch die schon rund 100 m weiter am Weg in westlicher Richtung folgende Pappel ist von bemerkenswertem Wuchs, mit sehr breiter, niedriger Krone und einem dicken, gebogenem Stamm (linke Seite). Struktur und Verlauf der Borke lassen vermuten, dass der heutige ‚Hüftknick', der an eine höfliche Verbeugung erinnert, durch den Verlust der eigentlichen, zum Tiergehege zeigenden Hauptachse entstanden ist. Der nach dem Knick wieder in Richtung See zeigende, weitere Verlauf des Stammes ist nichts anderes als der hier austretende Tiefast – dessen Borkenfurchen verlaufen nahezu rechtwinklig zum alten Hauptstamm. Den prächtigen Farbhintergrund auf dem Bild lieferte bei meinem Besuch im Oktober 2021 übrigens ein wunderschönes, noch junges Exemplar der Kaukasischen Zelkove (*Zelkova carpinifolia*).

Baumart: *Populus alba*
Landkreis: *Konstanz*
Standort: *Uferweg beim Bauernhof, Areal S*
Geodaten: *47.703277, 9.194021*
Alter: *ca. 100 Jahre, Pflanzdatum unbekannt*
Stammumfang: *3,30 m (2021)*

Baumart: *Torreya californica (Kalifornische Nusseibe)*
Landkreis: *Konstanz*
Standort: *Arboretum, Areal H*
Geodaten: *47.704579, 9.197067*
Alter: *119 Jahre, gepflanzt 1905*
Stammumfang: *3,03 m (2021)*

Baumart: *Diospyros lotus (Lotuspflaume)*
Landkreis: *Konstanz*
Standort: *Arboretum, Areal H*
Geodaten: *47.704588, 9.196899*
Alter: *94 Jahre, gepflanzt 1930*
Stammumfang: *3,02 m (2021, Messung bei 70 cm Höhe)*

Baumart: *Phellodendron amurense (Amur-Korkbaum)*
Landkreis: *Konstanz*
Standort: *Arboretum, Areal J*
Geodaten: *47.704360, 9.198013*
Alter: *127 Jahre, gepflanzt 1897*
Stammumfang: *3,24 m (2021, bei 70 cm Höhe)*

Baumart: *Cryptomeria japonica 'Bandai-Sugi' (Jap. Zwerg-Sicheltanne)*
Landkreis: *Konstanz*
Standort: *Arboretum, Areal U*
Geodaten: *47.702903, 9.199493*
Alter: *ca. 80 Jahre, Pflanzdatum unbekannt*
Stammumfang: *1,42 m (2022, linker Stamm)*

Verborgene und seltene

Champion Trees

Eine der in dieser kleinen Auswahl außergewöhnlicher Exemplare eher unbekannte Art kann sich vor allem im Herbst nur schlecht verbergen: Es ist die *Pontische* oder auch *Armenische Eiche* (unten), deren Herkunft von der nördlichen Türkei bis zum Kaukasus reicht. Sie ist recht selten und meist nur strauchförmig oder als kleiner Baum anzutreffen, dabei als Ziergehölz überaus attraktiv. Dies liegt sowohl am Wuchs als auch an der intensiven Herbstfärbung der großen, gezähnten Blätter, die denen einer Ess-Kastanie ähnlich sehen. Beim Mainau-Exemplar unweit westlich des Schlosses teilt sich der deutschlandweit dickste Stamm dieser Art schon früh in zahlreiche, weit ausladende Äste auf, die dem schönen Baum zu einer vergleichsweise riesigen Krone verhelfen.

Die durch einen SWR-Bericht als ein Champion Tree Deutschlands zu einiger Bekanntheit gekommene *Kalifornische Nusseibe* versteckt sich dagegen hinter einer alten, vielstämmigen *Sequoia sempervirens*. Ihr Stammmaß wird sogar europaweit nur von wenigen Artgenossen in England und Irland noch übertroffen. Die seltene, endemisch in Kalifornien heimische Art wächst schneller als unsere europäische Eibe, besitzt gegenüber dieser eine grüne Samenhülle und die zweizeiligen Nadeln sind mit 8 cm deutlich länger und heller grün als bei *Taxus baccata*. Ihr aromatisch duftendes Holz führt auch zum Zweitnamen *Dufteibe*.

Die *Lotuspflaume* ist ebenfalls Deutschlands stärkste, sie zählt zu den Ebenholzgewächsen und besitzt somit sehr dunkles Holz. Sie stammt ursprünglich aus China, man geht jedoch davon aus, dass sie bereits in der Antike im Mittelmeerraum verbreitet war, denn schon Plinius der Ältere berichtete von ihr. Der dann 1753 erstmals botanisch durch Carl von Linné beschriebene Obstbaum besitzt kleine, aber essbare Früchte.

In der Statur nicht unähnlich zeigt sich am Rande eines Bambuswäldchens ein *Amur-Korkbaum*, der in der Grenzregion von China, Russland und Korea zu Hause ist (Fluss Amur). Eine dauerhaft nachwachsende Schicht von Korkzellen bildet bei ihm eine dicke, schützende Borke um den Stamm, der wahrscheinlich einer der stärksten seiner Art im Land ist. Die Krone ist ausladend und anmutig schirmförmig ausgebildet.

Am Fuße der Italienischen Wassertreppe sollte man einen kleinen Nadelbaum nicht übersehen, dessen dichte, grüne Nadelbüschel in reizvollem Kontrast zu einem im Herbst rot leuchtenden *Amberbaum* stehen. Es ist eine selten gepflanzte Sorte der *Japanischen Sicheltanne* namens *'Bandai-Sugi'*. Auch dieser kleine Baum mit den sichelförmigen Nadeln ist zumindest landesweit ein echter Champion Tree.

Baumart: *Quercus pontica*
Landkreis: *Konstanz*
Standort: *Arboretum, Areal J*
Geodaten: *47.704367, 9.198396*
Alter: *68 Jahre, gepflanzt 1956*
Stammumfang: *3,63 m (2021, bei 20 cm Höhe)*

Pirminslinde
in Mittelzell

Mit vielen Stahlbändern, Schlaufen und Metallstangen wird sie zusammengehalten, die alte Sommer-Linde am Heimatmuseum von *Mittelzell* auf der Insel Reichenau. Der weit geöffnete Stamm besteht praktisch nurmehr aus zwei Schalenstücken, die durch eine ältere und eine jüngere Verwachsung noch miteinander verbunden sind. Der einzig verbliebene Altast zur Seite wird mit einer Holz- und einer Metallstange gestützt. Der alte Stammteil endet bereits bei sechs Metern Höhe, doch haben sich viele Neutriebe gebildet, die dem seit 1978 geschützten Naturdenkmal zu einer kleinen, harmonischen Krone verhelfen (links).

Im zerklüfteten Stammmantel sind zahlreiche Verformungen, Knollen, Fensteröffnungen und Höhlungen vorhanden, die den Veteranen zu einem ausgesprochen facettenreichen Gebilde machen. Die offenen Stammseiten werden mit Metallgittern überdeckt und mit ausreichend Abstand ist der mächtige Stammfuß von einem Metallzaun sowie vier Sitzbänken umgeben.

Wie so oft bei wirklich uralten Bäumen gehen auch bei dieser Linde die Meinungen zu Alter und Ursprung weit auseinander. Schon Ludwig Klein erwähnte die *Pirminslinde* (ohne diesen Namen zu verwenden) in seinem 1908 erschienenen Werk ‚*Bemerkenswerte Bäume im Großherzogtum Baden*', gab den Stammumfang für das Jahr 1896 mit 7,40 m an, verzichtete allerdings auf eine Altersangabe und eine nähere Beschreibung. In den Listen der Naturdenkmale der LUBW ist sie als Winter-Linde und als Gerichtsbaum eingetragen, als Pflanzdatum wird ‚um 1200' angegeben. Hans Joachim Fröhlich (1995, S. 194) ging von 700 Jahren aus, Michel Brunner (2007, S. 39) von 500 Jahren.

In der Regel gibt es aus der Zeit vor 1500 keine wirklich zuverlässigen Belege für die Pflanzung von Bäumen – bis zu dieser Zeit wurden die Anlässe dafür mündlich weitergegeben. Obwohl der heutige Baum verschiedentlich unter dem Namen Pirminslinde erwähnt wird, kann man davon ausgehen, dass er zum Zeitpunkt der Klostergründung durch den heiligen Pirminius im Jahr 724 nicht gepflanzt wurde. Es ist allerdings möglich, dass es sich um den Nachfolger einer Lindenpflanzung aus besagtem Jahr handelt, Dimensionen und äußere Merkmale lassen ein Alter von 700 Jahren als wahrscheinlich, zumindest als möglich erscheinen.

Baumart: *Tilia platyphyllos*
Landkreis: *Konstanz*
Standort: *Im Dorfzentrum Mittelzell, am Heimatmuseum*
Geodaten: *47.697055, 9.062435*
Alter: *ca. 700 Jahre*
Stammumfang: *7,21 m über dem Stammsockel, 8,91 m bei 1 m Höhe (2020)*

Pappeln
an der Schiffslände

Baumart: *Populus x canadensis*
Landkreis: *Konstanz*
Standort: *Südseite; an der Schiffslände, beim Strandhotel Löchnerhaus*
Geodaten: *47.690555, 9.053615*
Alter: *ca. 220 Jahre*
Stammumfang: *bis 7,88 m (2020)*

Während die *Mainau* als ‚Blumeninsel im Bodensee' bezeichnet wird, kennt man die mit einer Fläche von 430 Hektar fast zehnmal größere Insel *Reichenau* mit ihrem frühmittelalterlichen Benediktinerkloster vor allem als UNESCO-Weltkulturerbe - und natürlich als Gemüseinsel. Durch das milde und an Sonnenstunden reiche Klima können Feldfrüchte bis zu dreimal im Jahr im Freilandanbau geerntet werden, gleichzeitig bestimmen auch zahllose Gewächshäuser das Landschaftsbild.

Dies heißt nun nicht, dass es neben Salat, Gurken, Tomaten und Wein nicht auch zahlreiche Baumschätze zu entdecken gäbe – wie ja schon das Beispiel der fantastischen Pirminslinde zeigt (s. S. 446 f.). Auf der Reichenau nimmt auch die 2.900 Kilometer lange *Deutsche Alleenstraße* ihren Anfang, die hier mit einer Pappelallee auf dem Reichenaudamm beginnt, der die Insel mit dem Festland verbindet. Die Nähe zum Wasser führt dazu, dass vor allem an den Ufersäumen ungewöhnlich viele alte, große Pappeln und Weiden angetroffen werden.

So etwa ganz in der Nähe der sehr sehenswerten, über 1.000 Jahre alten Kirche *St. Georg* in Oberzell, deren Wandmalereien nach dieser langen Zeit sehr gut erhalten sind. Geht man den Uferweg hinter der Kirche ein Stück südostwärts, dann stößt man nach ziemlich genau 250 m rechts des Wegs auf eine urige Weidengestalt (rechts). Ihr Stammblock ist morsch, verpilzt, ausgebrochen und von Holzmehl und Spinnweben durchzogen. Am niedrigen Kronenansatz sind dennoch lange Kronenäste vorhanden, die jedoch erst rückseitig richtig erkennbar werden (rechts unten). Die Aststellung zeigt, dass die alte Weide früher wohl mehr Platz um sich hatte, heute ist sie völlig eingewachsen und schwer zugänglich. Silber-Weiden haben mit 100 Jahren meist schon ihr Höchstalter erreicht, dieses bisher noch nirgends in Erscheinung getretene Exemplar dürfte jedoch schon deutlich darüber liegen.

Besonders spektakulär präsentiert sich eine Reihe von mächtigen Pappeln an der südlichen Inselseite. Neben der Schiffsanlegestelle, der sogenannten *Schiffslände*, beschatten die vier riesigen Bäume eine kleine Promenade, die sich vom Gebäude der Wasserschutzpolizei bis zum Parkplatz des Strandhotels Löchnerhaus hinzieht (linke Seite). Das Herausragende an den vier Reichenauer Pappeln ist zum einen ihre schiere Größe – die beiden stärksten Stämme messen im Umfang 7,60 m und 7,88 m, die Kronen 25 m im Durchmesser – und zum anderen die Ausbildung der Borke. Durch die nahezu flächendeckende Ausbildung von Knospenwucherungen wirken die massigen Kolosse wie Felswände, in deren Spalten und Rissen sich kleine Stauden angesiedelt haben. Die seit 1978 unter Naturschutz stehenden, über 200 Jahre alten Bäume sind offiziell als ‚Kanadische Pappeln' verzeichnet, eine Bezeichnung, die sowohl für die aus Kanada stammende *P. deltoides* als auch für deren Hybride mit der europäischen Schwarz-Pappel (*P. nigra*) verwendet wird – im Ergebnis somit *P.* x *canadensis*. Das in dieser Form einzigartige, komplett maserige Borkenbild spricht allerdings eher für die Schwarz-Pappel.

Baumart: *Salix alba*
Landkreis: *Konstanz*
Standort: *Nordseite; am Uferweg*
Geodaten: *47.688237, 9.085110*
Alter: *ca. 120 Jahre*
Stammumfang: *6,95 m bei 60 cm Höhe (2020)*

Der Südosten
Baden-Württembergs

Der Südosten
Baden-Württembergs

Anzahl Bäume (Allee als Einzelbaum): 113 von insgesamt 500 • Verschiedene Baumarten: 26 von insgesamt 96

Die Schöne Else

Elsbeeren im Schönbuch

Die Elsbeere gehört in Deutschland zu den heimischen, aber seltenen Baumarten, und zusammen mit ihren bemerkenswerten Eigenschaften ist dies Grund genug, zwei ihrer stärksten Vertreter auch im Rahmen der baden-württembergischen Baumschätze vorzustellen.

Botanisch ist sie wie der Speierling, die Vogelbeere und die Mehlbeere der Gattung *Sorbus* zugeordnet. Dieser Name leitet sich aus dem keltischen Wort ‚sorb' ab, was soviel wie herb bedeutet und sich auf den Geschmack der kaum 2 cm großen Apfelfrüchte bezieht. Der Artname *torminalis* geht auf das lateinische ‚tormina' zurück, womit Bauchschmerzen gemeint sind. Schmerzen im Magen- und Darmbereich behandelte man in früherer Zeit mit einer Medizin, die aus den Früchten der Elsbeere hergestellt wurde. Dies führte dann auch zum früher gebräuchlichen Namen ‚Ruhrbirne'.

Baumart: *Sorbus torminalis*
Landkreis: *Böblingen*
Standort: *Am Ochsenschachenhang, NW Rotwildgehege*
Geodaten: *48.600606, 9.044529*
Alter: *ca. 180 Jahre*
Stammumfang: *2,35 m (2022)*

Ihr natürliches Verbreitungsgebiet erstreckt sich von Frankreich über das südliche Deutschland bis zum Balkan. Sie liebt wärmere Standorte, benötigt viel Licht und ist auf hohe Bodenwerte der Nährstoffe Kalium, Calcium und Magnesium angewiesen. Diese Voraussetzungen sind nur gebietsweise gegeben und so ist sie in süddeutschen Wäldern recht selten im Laubmischwald eingestreut. Zudem verlangt sie Pflege – ohne unterstützende Maßnahmen der Förster hätte die ‚Schöne Else' gegen die Buche im Wald kaum eine Chance. Dafür revanchiert sie sich mit sehr festem, hartem und wertvollem Holz, das gerne für Furnierarbeiten und im Musikinstrumentenbau verwendet wird – und im Erlös sogar die Spitzenhölzer Berg-Ahorn und Walnuss noch übetrifft. Außerdem ist die Elsbeere ein hoffnungsvolles Klimagehölz und infolge des ausgedehnten Herzwurzelsystems ausgesprochen sturmfest. Mit 200 bis maximal 300 Jahren erreicht sie ein gutes Alter.

Zu zwei der stärksten und ältesten Exemplare des Landes – im Naturpark Schönbuch – führt kein noch so kleiner Weg und so wären sie mir ohne den Hinweis der beiden zuständigen Revierförster ganz sicher entgangen. Eines von ihnen wächst im Bestand oberhalb des Weges durch das Kirnbachtal (rechte Seite). Der gut 25 m hoch aufragende Stamm zeigt die typische, gleichmäßige und tief rissige Borke, die der eines Birnbaums ähnelt, wenngleich erkennbar längsrissig. Erst oberhalb von etwa 10 m Höhe teilt er sich in zwei, dann drei Kronenäste. Die in ihrer Form ganz unverwechselbaren Blätter machen im Herbst in vielen Gelb-, Rot- und Brauntönen auf sich aufmerksam.

Eine weitere Ausnahme-Elsbeere lebt im Forstbezirk Weil im Schönbuch, unweit des Rotwildgeheges. Sie ist noch etwas stärker und mit rund 28 m auch etwas höher im Wuchs, und ihre rötlich-dunkle Borke zeigt am Stammfuß einen üppigen Moosüberzug (oben). Ein auffällig aufwärts gerichteter Klebast bei etwa 5 m Stammhöhe ist ihr persönliches Merkmal.

Baumart: *Sorbus torminalis*
Landkreis: Tübingen
Standort: Dettenhausen, Kirnbachtal
Geodaten: 48.585187, 9.095712
Alter: ca. 180 Jahre
Stammumfang: 2,20 m (2021)

Sulzeiche
am Schönbuchrand

Der *Schönbuch* gilt als größtes zusammenhängendes Waldgebiet der Region Stuttgart. Etwa 86 % seiner Fläche ist mit Wald bedeckt und sein Kernbereich wurde 1972 zum ersten baden-württembergischen Naturpark erklärt. Er hat damit den größten Waldanteil aller Naturparke des Landes, ist mit 15.600 Hektar aber auch der kleinste. Im Süden der Landeshauptstadt gelegen und umgeben von vielen weiteren, größeren Städten übernimmt er als Erholungslandschaft eine wichtige Funktion für jährlich bis zu 4 Millionen Besucher. Außerdem ist er mit seinen naturnahen Tälern und abgelegenen Reinluftbereichen ein wertvolles Rückzugsgebiet für eine artenreiche Tier- und Pflanzenwelt.

Trotz seines Namens, der sich vom altdeutschen ‚Schaienbuoch' (Leuchtende Buchen) oder vom Flüsschen Schaich ableitet, und trotz der Tatsache, dass die Nadelhölzer insgesamt noch in der Überzahl sind, ist der Schönbuch auch ein ausgesprochenes Eichenrevier. Dies gilt umso mehr, wenn man die Anzahl der größten und geschützten Altbäume nach Baumarten getrennt betrachtet: Bei den Naturdenkmalen liegt die Eiche mit über 50 Exemplaren mit großem Abstand vor den Buchen (5), Linden und Mammutbäumen (je 3).

Und natürlich zählt auch sie zu diesen Denkmalen: Die großartige *Sulzeiche* am südlichen Rand des Naturparks. Im *Schwäbischen Baumbuch* sucht man sie vergebens, obwohl der heute bald 400-jährige Prachtbaum sicher schon vor 100 Jahren alle anderen Artgenossen – was die gesamte Erscheinungsform angeht – in den Schatten gestellt haben muss! Obwohl es in Baden-Württemberg gut 20 Stiel-Eichen geben dürfte, die sie an Stärke noch übertreffen, zählt die nach einer nahe gelegenen Wildsuhle (Sulze) benannte Sulzeiche aufgrund ihres Wuchses doch zu den absolut erstrangigen und schönsten Baumschätzen im Land.

Vollkommen ungewöhnlich für einen Baum ihres Alters ist die noch immer vorhandene Vielfalt ihres Astwerks. Die Krone türmt sich über mehrere Stockwerke etwa 24 m hoch auf und überspannt an ihrer Basis einen Raum, der dieses Maß im Durchmesser sogar noch übertrifft. Einer der ganz tief angesetzten, nach Süden ausgreifenden Äste hat eine Länge von über 14 m erreicht. Man fragt sich unwillkürlich, wie es dem frei vor dem Waldrand stehenden Baum gelungen ist, sich gegen die starken Stürme der letzten Jahrzehnte so erfolgreich zu behaupten.

Auf der dem Wald zugewandten Seite ist allerdings vor langer Zeit der erste starke Stämmling herausgebrochen und hat eine bis heute offene Wunde hinterlassen. Eine am 6,33 m messenden Erdstamm herablaufende dunkle Spur verrät, dass das im Inneren vermodernde Holz nach starken Regengüssen immer wieder herausgespült wird.

Baumart: *Quercus robur*
Landkreis: *Reutlingen*
Standort: *Stadtteil Walddorfhäslach, nördlich der B 27*
Geodaten: *48.598120, 9.174304*
Alter: *ca. 400 Jahre*
Stammumfang: *6,33 m (2020)*

Weißdorn
auf dem Einsiedel

Graf Eberhard im Bart (1445–1496), der spätere erste regierende Herzog des Landes Württemberg, ließ bereits 1460 auf der Hochfläche über dem Neckartal nahe Tübingen ein Gestüt errichten, das bis 1810 Bestand hatte und aus dem auch das heutige Landesgestüt in Marbach hervorgegangen war. Zehn Jahre später gründete er hier auch das Stift *St. Peter*, in dem jeweils 12 Vertreter der drei Stände Adel, Klerus und Bürgerschaft gemeinsam leben sollten – ein geradezu revolutionäres Modell für die damalige Zeit!

Schon 1468 unternahm Eberhard eine Pilgerfahrt nach Jerusalem, von der er als ‚Ritter vom Heiligen Grab' wieder zurückkehrte. Von dieser Reise hatte er einen Weißdorn-Schössling mitgebracht, über den Ludwig Uhland in seinem Gedicht 1810 schreibt (Auszug):

Daselbst er einstmals ritt durch einen frischen Wald,
ein grünes Reis er schnitt von einem Weißdorn bald.
Und als er war daheim, er's in die Erde steckt,
wo bald manch neuen Keim der milde Frühling weckt.

Dass Graf Eberhard den Weißdorn-Spross im Hof des *Schlosses Einsiedel* pflanzte (oder pflanzen ließ) ist in vielen Berichten zu lesen – möglicherweise wurde das Bäumchen allerdings in den Hof des Jagdschlösschens umgepflanzt, denn dieses wurde erst im Jahre 1482 erbaut. Der Name Einsiedel geht dagegen auf eine schon im 14. Jahrhundert bestehende Einsiedlerklause zurück.

1630 wurde der Weißdorn vom Präzeptor des Klosters Bebenhausen, Wilhelm Gmelin, vermessen: *‚8 1/2 würtembergische Schuh'* betrug damals der Umfang des Stammes – heute wären dies etwa 2,5 m. Die weit ausladende Krone wurde wie bei einer Linde mit einen äußeren Ring aus 16 Steinsäulen abgestützt, zusätzlich gab es einen mittleren und einen inneren Ring aus 24 *„aichinen"* Säulen. 1645 mussten einige umgestürzte Säulen ersetzt werden und der Weißdorn erhielt einen Eisenring um den Stamm gelegt, da dieser offenbar bruchgefährdet war. Um 1743 kam dann das Ende für den 275-jährigen Baum, doch aus seiner Wurzel spross ein neuer Trieb, der sich ebenso wie sein Vorgänger zu einem ungewöhnlich starken Baum entwickelte. Für weitere 193 Jahre war der Weißdorn der Mittelpunkt des Schlosshofes, bis ihn ein Schneesturm am 12. Januar 1936 auseinanderriss. So berichten es die Historiker Dr. Andreas Heusel und Dr. Peter Maier in ihrem Buch *„Der Einsiedel im Schönbuch"* (2019).

Und wieder gelang es dem zähen Baum, aus seinem Wurzelstock die nächste Generation aufwachsen zu lassen. Dieser heutige Baum wäre somit erst 86 Jahre alt, was angesichts seiner Dimensionen doch einigermaßen überrascht. Hätte ihm nicht Orkan ‚Lothar' am 26. Dezember 1999 ein großes Stück seines Stammes abgespalten, dann hätte der Enkel den Großvater – zumindest was die Stammstärke angeht – eines Tages vielleicht noch übertreffen können.

Die vier steinernen Füße des Tisches vor dem Baum sind die letzten Überreste der besagten 16 Steinsäulen, die die Äste des alten Hagdorns stützten. Die Reste des Schlösschens – nach der Zerstörung durch einen Brand im Jahre 1619 – wurden später umgebaut und dienen seit 1964 als Ferienheim für die Jugend. Erst 1999 wurde das historische Areal unter Denkmalschutz gestellt.

Auch Otto Feucht berichtet 1911 im Schwäbischen Baumbuch ausführlich über den Weißdorn im Einsiedel (s. dort S. 59 f.), und erwähnt dabei auch die am 23. Juli 1630 durchgeführte Begutachtung des Baumes durch den Bebenhäuser Präzeptor Gmelin und den Prälaten Daniel Hitzler. Diese beschreiben einen *„dreifachen Säulenkranz, eine Laube ähnlich der Neuenstadter Linde bildend, im Umkreis 43 m"* (S. 59). Feucht selbst gibt für 1909 einen Stammumfang von 1,25 m und eine Höhe von 8,50 m an.

Baumart: *Crataegus x subsphaericea (Bestimmung im Herbst 2016 durch Prof. Peter A. Schmidt; C. monogyna nach O. Feucht, 1911)*
Landkreis: *Tübingen*
Standort: *Im Schlosshof des Hofguts Einsiedel*
Geodaten: *48.556960, 9.137398*
Alter: *86 Jahre; Kronenhöhe 6 m, max. Kronendurchmesser 11 m*
Stammumfang: *1,62 m (2021; bei vollständigem Stamm ca. 2,30 m)*

Baumart: *Ulmus laevis*
Landkreis: *Tübingen (Stadt)*
Standort: *Im Westteil des Alten Botanischen Gartens*
Geodaten: *48.523341, 9.055436*
Alter: *ca. 220 Jahre, gepflanzt um 1804*
Stammumfang: *5,83 m (2022)*

Flatter-Ulme
im Alten Botanischen Garten

Während der *Neue Botanische Garten* am Nordrand der Stadt erst vor 40 Jahren eröffnet wurde, blickt sein Vorgänger im Zentrum auf mehr als 200 Jahre zurück. Und schon fast ein und ein halbes Jahrhundert vor seiner Gestaltung im Jahre 1804 hatte die Universität hier ihren Heilkräutergarten, den alten *Hortus Medicus*, angelegt.

Es fällt nicht leicht, unter der Vielzahl der hier versammelten, seltenen Baumarten – Schwarznuss und Amerikanische Walnuss, Klebrige Scheinakazie und Weiße Maulbeere, Japanische Hainbuche und Ginkgo, Schnur- und Taschentuchbaum, Pyramiden-Eiche, Riesen-Lebensbaum und viele weitere Exoten – die bedeutsamsten hervorzuheben.

Die Wahl fiel zunächst auf eine riesige Rot-Buche, die als landkreisweit größte ihrer Art am Westende des Parks, am Rande des Spielplatzes, von vielen Besuchern wahrgenommen wird. Ihr Stamm ist im Kreis Tübingen mit knapp über 5,40 m dicker als jeder andere dieser häufigsten und wichtigsten Baumart Deutschlands. Obwohl ein Frühjahrssturm 2006 zwei größere Äste abgerissen hat, ist ihre 25-m-Krone nach wie vor beeindruckend.

Wirklich außergewöhnlich ist jedoch, dass im Stadtgebiet Tübingens noch ein Dutzend Bäume zweier Ulmenarten im Alter von etwa 100 bis über 200 Jahren vertreten sind. Drei Flatter-Ulmen sind im Alten Botanischen Garten anzutreffen, das stärkste Exemplar im westlichen Teil der Parkanlage wurde wahrscheinlich bereits 1804 gepflanzt (linke Seite). Es ist vierachsig und die parkseitig etwas gekürzte Krone ist mit 25 m Höhe und 23 m Breite von beachtlicher Größe. Im Spalt zwischen den beiden Doppelstämmen zeigt sich ein Pilzschaden – ansonsten ist der Zustand ausgesprochen vital. Als gutes Erkennungsmerkmal der Art gelten die etwa 12 mm langen, geflügelten Nussfrüchte, die im April nach der Blüte und noch vor dem Laubaustrieb erscheinen. Bei ihnen liegt der Same zentral und die Flügelhäute sind am Rand zottig bewimpert. Bei der Berg-Ulme und bei der Feld-Ulme sind die Flügelränder dagegen kahl, und bei der Feld-Ulme liegt der Same deutlich außerhalb der Flügelmitte und ist oft rötlich gefärbt. Eine weitere Flatter-Ulme mit einem gut 4 m starken Einzelstamm findet man zusammen mit einem zweiten, etwas schwächeren Exemplar am mittleren Ammerbrückle.

Baumart: *Taxodium distichum*
Landkreis: *Tübingen (Stadt)*
Standort: *Südrand des ABG*
Geodaten: *48.523561, 9.059075*
Alter: *ca. 170 Jahre*
Stammumfang: *genau 4 m (2020)*

Vielleicht noch seltener als eine alte Ulme wird man hierzulande eine bereits starke Sumpfzypresse (*Taxodium distichum*) entdecken können, denn sie gedeiht am besten in den wintermilden bis tropischen Überschwemmungsgebieten Nordamerikas. Dort bilden sich auch die typischen Atemknie aus, die rings um den Stamm aus dem Boden wachsen und dem Wurzelbereich Sauerstoff zuführen. Das Tübinger Exemplar an der Wilhelmstraße (ebenfalls noch dem Alten Botanischen Garten zugehörig) musste aufgrund fehlender Überschwemmungsereignisse keine ausbilden, doch der Stamm ist beachtliche 4 Meter stark (Bild oben).

Das Schwäbische Baumbuch von 1911 ist nicht sparsam mit Komplimenten, wenn es die bekannteste Baumallee Tübingens beschreibt: *„So dürfte es wohl kaum eine Übertreibung sein, die Allee nach Wuchs und Lage als die schönste Platanenallee Deutschlands, vielleicht sogar ganz Europas zu bezeichnen"* (s. dort S. 58). Zwei Jahre vor Erscheinen dieses Buches führte der Tübinger Alleenstreit zur Gründung des Schwäbischen Heimatbundes, einem der großen deutschen Heimatvereine. Er setzt sich mit heute 5.500 Mitgliedern für den Erhalt unserer Natur- und Kulturlandschaften ein und leistet einen wichtigen Beitrag zum Denkmalschutz und zur Landesgeschichte.

Im Gegensatz zur ‚weltabgeschiedenen' Lindenallee gehört die Platanenallee zu den von Touristen aus aller Welt wohl am häufigsten aufgesuchten Sehenswürdigkeiten der Stadt. Von der Neckarbrücke aus in voller Länge einsehbar, bietet ein Gang durch die Doppelreihe der noch erhaltenen 81 Bäume immer wieder reizvolle Ausblicke auf die berühmte ‚Neckarfront' der Altstadt, inklusive Hölderlinturm, sowie Stiftskirche und Burg Hohentübingen.

Die attraktiven Bäume mussten also seit ihrer Pflanzung allerhand aushalten. Eine im Frühjahr 2006 durchgeführte Untersuchung durch einen Baumsachverständigen ergab, dass auch infolge des Befahrens der Neckarinsel mit schwerem Lieferverkehr bei Festlichkeiten vermehrt Schäden aufgetreten sind, und die Standsicherheit der Bäume deutlich beeinträchtigt wurde. Veranstaltungen wie die beliebte ‚Sommerinsel' wurden deshalb in andere Teile des Stadtgebiets verlegt.

Allein im Jahr 2008 standen im Etat der Stadt Tübingen 60.000 Euro bereit für Maßnahmen, die sowohl die Nährstoffversorgung als auch die Standsicherheit verbessern sollten. Hierzu wurde im September 2008 der stark verdichtete Erdboden im Wurzelbereich der Allee mit Hochducktechnik aufgebrochen, abgesaugt und anschließend durch ein mit Nährstoffen und Mineralien angereichertes Kohlenschlacke-Substrat ersetzt. Das zur Verfügung stehende Budget reichte jedoch nur für ein kurzes Stück und so entschied man sich, im weiteren Verlauf nur den Mittelweg zu verschmälern und die rückgebauten Flächen im Stamm- und Hauptwurzelbereich mit einem Spezial-Substrat etwas anzufüllen. Im Frühjahr 2021 macht den Tübinger Platanen ein Pilz zu schaffen, der viele Hybrid-Platanen nördlich der Alpen befallen hat und die sogenannte Braunfäule verursacht. Diese ist nicht tödlich für die Bäume, schwächt sie jedoch. Durch die nachwachsenden Blätter können sie überleben.

Bei einem Gespräch mit dem Tübinger Stadtarchiv erfahre ich am 31. 5. 2013, dass die Rechnung einer Pflanzschule aufgetaucht sei, die der Stadt Tübingen 96 Platanensetzlinge der Art *Platanus occidentalis* geliefert hatte – und zwar im Jahr 1828. Falls es sich dabei wirklich um die Platanen auf der Neckarinsel handelte, wovon man ausgehen muss, wären alle bisherigen Annahmen zur Allee zumindest infrage gestellt: Beim Pflanzjahr ist man bisher von 1810 oder 1811 (nach anderer Quelle auch von 1819) ausgegangen, doch eine von der Universität Hohenheim durchgeführte Untersuchung ergab, dass die Platanen erst zwischen 1822 und 1824 gekeimt sind. Die bei der anschließend veranlassten Archivsuche gefundene Rechnung belegt das Hohenheimer Untersuchungsergebnis ziemlich genau. Auch die Umstände der Pflanzung muss man wohl neu betrachten – nach bisheriger Meinung wurden die Bäume vom letzten Scharfrichter Tübingens, Johann Belthle, gepflanzt, der mangels Todesurteile zum ‚Wegebeauftragten' der Stadt ernannt worden war. Dieser starb jedoch 1824.

Und schließlich zur Frage des plötzlichen Artenwechsels – Nordamerikanische Platane (*Platanus occidentalis*) statt der bisher geltenden Ahornblättrigen Platane (*Platanus* x *hispanica*): Die (Blatt-) Merkmale sprechen für letztere und auch Rechnungen können schließlich fehlerhaft sein!

Platanenallee
in Tübingen

Baumart: *Platanus × hispanica*
Landkreis: *Tübingen (Stadt)*
Standort: *Auf der Neckarinsel*
Geodaten: *48.518954, 9.057140*
Alter: *198–200 Jahre, gekeimt 1822–1824, gepflanzt 1828*
Stammumfang: *bis 5,20 m (2021)*

Baumart: *Tilia platyphyllos*
Landkreis: *Tübingen (Stadt)*
Standort: *Weststadt, beim Sportgelände SV 03*
Geodaten: *48.511857, 9.044191*
Alter: *516 Jahre, gepflanzt 1508*
Stammumfang: *bis 5,33 m (2021, im Bild oben ganz links)*

Alte Lindenallee
in Tübingen

Wie viele der alten Linden im *Oberen Wöhrd*, im Westen Tübingens, mögen es noch sein, die im Jahre 2022 auf eine seit genau 514 Jahren andauernde Lebensgeschichte zurückblicken können? Noch 1849 war der bekannte Pfarrer und Heimatforscher Max Eifert davon überzeugt, dass die Lindengänge *„in ihren bemoosten Häuptern sicherlich noch Zeugen der ältesten Zeit der Hochschule enthalten"*. Um es vorweg zu nehmen: Niemand weiß es – ich selbst halte nur noch drei Bäume für mögliche Kandidaten der Erstpflanzung.

Zur Geschichte: Im Jahre 1508 wurde zusammen mit dem ehemaligen Hirschauer Steg (der heutigen Alleenbrücke), der die Spitzberg-Seite mit den südlich des Neckars liegenden Gebieten verband, auch eine Pflanzung mit Sommer-Linden angelegt. Sie sollte offenbar die westlichen Zugänge zu den Universitätsgebäuden rund um die Stiftskirche verschönern. 400 Jahre lang führte die Allee ein beschauliches Dasein, bis in den Jahren 1908–1910 westlich des Hirschauer Stegs die Ammertalbahn gebaut wurde. Ihr Damm durchschnitt erstmals sowohl die Baumreihen der Alten Allee als auch die der erst 1896 angelegten *Jahn-Allee* (Neue Lindenallee). Dagegen erhob sich breiter Protest der Bürgerschaft und als Ergebnis des *Tübinger Alleenstreits* musste sich die Stadt zu allerlei Ausgleichsmaßnahmen verpflichten. Unter anderem sollte nach Plänen der Professoren Gradmann und Eifert jeglicher Fußgänger-, Reit- und Fahrverkehr aus der Allee herausgenommen werden. Mehr noch: Sie sollte zu einer möglichst welt- und verkehrsabgeschiedenen Anlage umgestaltet werden.

Doch schon 1927 wird mit dem Bau des Universitätsstadions erneut in den Bestand der Allee eingegriffen, am westlichen Ende wird ein Stück abgetrennt. Davon ist heute noch ein Exemplar erhalten (rechts), das auf dem Gelände des Sportvereins 03 Tübingen steht. Der eindrucksvollste Baum der Hauptreihe ist auf der linken Seite im Vordergrund zu sehen, im hohlen Innenraum des Stammes ist kräftiger Adventivwuchs erkennbar.

1933 wurden Pflegemaßnahmen ergriffen und abgegangene Bäume nachgepflanzt. In der Folge behielt die Allee ihren stillen Charakter, bis sie Mitte der 70er-Jahre vom Verkehr der B 28 samt ihrer Brücken- und Dammbauten sowie der Auffahrtrampen massiv durchbrochen wurde. Ein neuer Alleenstreit blieb aus – umso mehr muss auch hier darauf hingewiesen werden, dass zukünftig weitere Beeinträchtigungen dieser kulturgeschichtlich wie ökologisch so bedeutenden Baumanlage unbedingt unterbleiben müssen!

Ammerlinden
in Poltringen

Das bekannteste Bauwerk Poltringens ist das 1613 nach Entwürfen des Architekten Heinrich Schickhardt entstandene *Wasserschloss*. In unmittelbarer Nachbarschaft steht noch die alte *Ammermühle* mit ihrem sehenswerten Stufengiebel an der nördlichen Hofseite.

An der rückwärtigen Seite des teilweise renovierten Gebäudekomplexes fließt die Ammer, und hier haben drei Sommer-Linden ihren Standort – Naturdenkmale seit 1939. Die östliche Linde hat sich mit mächtigem Wurzelfuß in den Steilhang direkt über dem Flüsschen gekrallt. Ihre zwei Stämme, die durch ein Halteseil miteinander verbunden sind, trugen mindestens bis 2014 eine rund 30 m hohe Krone. Im Jahr 2018 war dann nur noch ein Stamm in gutem Zustand, der andere auf halber Höhe gebrochen!

Die mittlere Linde ist deutlich schwächer entwickelt, nur einstämmig, ohne Verwachsungen und als nachgepflanzter – oder ergänzend gepflanzter Baum – vermutlich erst gut 100 Jahre alt. Die westliche Linde (linke Seite) ist mit Abstand das älteste und beeindruckendste Exemplar. Abgesehen von einigen weiteren beziehungsweise tieferen Faulstellen im gewaltigen Stammsockel hat sie sich 2018 gegenüber früheren Besuchen kaum verändert. Um die Maserknollen möglichst vollständig zu umgehen, muss das Maßband sehr hoch angelegt werden – soweit die Hände hinaufreichen. Der auf diese Weise kleinst möglich zu messende Umfang beträgt imponierende 7,05 m. Die drei daraus hervorgehenden Stämmlinge wirken fast ein wenig schwach, zumal sie nicht zentral abgehen – möglicherweise gab es hier in früheren Zeiten eine Mittelachse. Durch die Größe der Krone – Durchmesser 20 m, Höhe mehr als 25 m – wirkt der wahrscheinlich mindestens 250-jährige Baum dennoch harmonisch. Der Gesundheitszustand ist mit Bezug zum Alter ausgesprochen vital.

Folgt man dem Ammerbegleitweg noch etwa 300 m in westlicher Richtung, so trifft man an der St. Stephanskapelle auf eine weitere, großartige Lindengestalt (rechts). Die *Stephanslinde*, ebenfalls seit 1939 ein Naturdenkmal, wurde vielleicht schon beim Bau des hübschen Barock-Kirchleins gepflanzt und ist mit seinem knubbeligen Stamm und der tollen Rundkrone ein Schmuckstück des Kapellenplatzes.

Baumart: *Tilia platyphyllos*
Landkreis: *Tübingen*
Standort: *Südlich Wasserschloss, am Ammerbegleitweg*
Geodaten: *48.535803, 8.943386*
Alter: *ca. 250–300 Jahre*
Stammumfang: *7,05 m (2018)*

Baumart: *Tilia platyphyllos*
Landkreis: *Tübingen*
Standort: *Neben der Stephanskapelle*
Geodaten: *48.535798, 8.938821*
Alter: *ca. 200–250 Jahre*
Stammumfang: *4,51 m (2018)*

Arboretum
am Floriansberg

Einer von mehr als 360 Vulkanschloten der Schwäbischen Alb durchbrach vor rund 17 Millionen Jahren nordöstlich der heutigen Outlet-City Metzingen das Jura-Deckgebirge. Durch die Erosion der umgebenden, weicheren, meist tonigen Braunjura-Schichten wurde nachfolgend der harte vulkanische Tuff als kegelförmiger Berg in der Landschaft herausmodelliert. Nach einer um 1350 errichteten, dem heiligen Florinus geweihten Kapelle, bekam der 522 m hohe Vulkankegel seinen Namen Floriansberg, heute meist nur kurz *Florian* genannt.

In einem älteren Buchen-Eichenwald auf nordöstlicher Seite des Florian, schon nahe bei Grafenberg, entstand vor mehr als 100 Jahren ein interessantes Arboretum, in dem heute mehr als 130 Baumarten, vorwiegend aus Nordamerika und Ostasien, vertreten sind. Auf der großen Informationstafel lesen wir: *„Im Jahr 1912 schenkte die Deutsche Dendrologische Gesellschaft der Königlichen Forstdirektion Stuttgart 92 Samenproben, die überwiegend von nord-amerikanischen Baumarten stammten. Die Samen wurden dem damaligen Forstamt Metzingen überstellt mit dem Auftrag, dieselben in sorgfältiger Weise und unter dauerhafter zuverlässiger Etikettierung in der dortigen Saatschule zur Aussaat zu bringen. So ist unter der Fürsorge des Forstmeisters Wilhelm Mayer und seines Forstwarts Spohn aus Grafenberg dieser kleine Exotenpark im Stil eines französischenn Gartens angelegt worden. 1914 wurden die ersten Sämlinge dort ausgepflanzt."*

Seitdem wurden insgesamt 148 Baumarten gepflanzt, von denen allerdings viele die Spätfröste, Dürrephasen und Stürme unserer Klimazone nicht überstanden haben. Durch Nachpflanzungen, auch aus dem asiatischen Raum, sind heute jedoch wieder 133 Baumarten vorhanden. Die eindrucksvollsten Einzelexemplare sind nachfolgend kurz vorgestellt – die große Thuja (Mitte), mehrere Douglasien (links) sowie eine seltene Sawara-Scheinzypresse (rechts) haben trotz ihres noch bescheidenen Alters schon landesweit beachtenswerte Dimensionen erreicht, und ein Besuch lohnt sich in jedem Fall sehr. Einen kleinen Überblick über die Vielfalt der Bäume mögen die Borkenbilder geben.

Baumart: *Pseudotsuga menziesii*
Landkreis: *Reutlingen*
Standort: *ca. 140 m SW des Alten Arboretums*
Geodaten: *48.557551, 9.311562*
Alter: *ca. 100 Jahre*
Stammumfang: *4,29 m (2021)*

Baumart: *Thuja plicata*
Landkreis: *Reutlingen*
Standort: *Im Alten Arboretum*
Geodaten: *48.558768, 9.312190*
Alter: *108 Jahre, gepflanzt 1914*
Stammumfang: *5,71 m (Gesamt, 2021)*

Baumart: *Chamaecyparis pisifera*
Landkreis: *Reutlingen*
Standort: *Im Alten Arboretum*
Geodaten: *48.558689, 9.312361*
Alter: *108 Jahre, gepflanzt 1914*
Stammumfang: *2,38 m (2021)*

Tulpenbaum *Liriodendron tulipifera*

Silber-Linde *Tilia tomentosa*

Schwarz-Birke *Betula nigra*

Amerikanischer Geweihbaum *Gymnocladus dioicus*

Virginische Hopfenbuche *Ostrya virginiana*

Sumpf-Eiche *Quercus palustris*

Ungarische Eiche *Quercus frainetto*

Scharlach-Eiche *Quercus coccinea*

Eschenblättriger Ahorn *Acer negundo*

Zucker-Ahorn *Acar saccharum*

Roter Fächer-Ahorn *Acer palmatum 'Atropurpureum'*

Schneeglöckchenbaum *Halesia monticola*

Orient-Buche *Fagus orientalis*

Baumkraftwurz *Kalopanax septemlobus*

Rot-Ahorn *Acer rubrum*

Sawara-Scheinzypresse *Chamaecyparis pisifera*

Küsten-Tanne *Abies grandis*

Japanische Lärche *Larix kaempferi*

Nootka-Scheinzypresse *Xanthocyparis nootkatensis*

Orient-Fichte *Picea orientalis*

Leylandzypresse *x Cuprocyparis leylandii*

Jeffrey-Kiefer *Pinus jeffreyi*

Riesen-Lebensbaum *Thuja plicata*

Nordmann-Tanne *Abies nordmanniana*

Blaue Heckenzypresse *Chamaecyparis lawsoniana 'Alumii'*

Hohle Linde
beim Calver Bühl

Das Schwäbische Baumbuch macht uns schon 1911 mit einem Baumveteranen nahe des *Calverbühls*, eines ehemaligen Vulkanschlots bei Dettingen an der Erms bekannt. Hier steht im untersten Hangwald des Roßbergs die *Hohle Linde*. Dieser Standort liegt ziemlich genau im Grenzbereich zwischen Schwäbischer Alb und Albvorland – da der Weiße Jura aber erst mit dem Trauf der Alb beginnt, wird der Wuchsort noch dem Albvorland zugerechnet. Im Schwäbischen Baumbuch wird der Begriff ‚hohl' allerdings nur als Eigenschaftswort verwendet – er ist als Namensbestandteil offenbar erst später entstanden. Der offene Innenraum konnte aber schon damals bequem betreten werden, obwohl der Umfang des gespaltenen Stammes mit vergleichsweise bescheidenen 5 m angegeben wurde (s. dort S. 76). Bei meinem ersten Besuch im Februar 2008 ergab meine Messung 7,85 m – was darauf hindeuten könnte, dass die eigentümliche Waldlinde vielleicht doch noch nicht so alt ist, wie es auf den ersten Blick scheint. 400 Jahre, wie bei Brunner (s. dort S. 47) angegeben, erscheinen somit eher zu hoch.

Der ungewöhnliche Wuchs mit den radial seitwärts ausgreifenden Armen lässt vermuten, dass die Linde früher noch nicht vom Wald eingeschlossen war. Die erst am 20. März 2015 in die Naturschutzverordnung aufgenommene Sommer-Linde ist Bestandteil einer Allee, die im letzten Abschnitt des Hangweges von Glems zum Calverbühl noch heute Bestand hat. Die übrigen 23 Bäume dieser Reihe sind jedoch deutlich jünger (ca. 100 bis 150 Jahre) und besitzen eine eher aufrechte Kronengestalt – somit könnte die Hohle Linde die letzte einer alten Allee sein oder auch als Anfangspunkt für die damalige Alleenpflanzung ausgewählt worden sein.

Möglicherweise war ein Blitzschlag der Beginn des langsamen Sterbens. Die bis zum Boden reichende Öffnung auf der Hangseite hatte früher wahrscheinlich eine Breite von ca. 1,5 m, doch die stark wachsenden Seitenwülste haben sie inzwischen auf 30 bis 80 cm verengt. Mehrere Stahlseile wurden angebracht, die den mächtigen Stamm-Mantel und die Kronenäste sichern. Da sich die Fäulnis mittlerweile auch ins ausgeräumte und geglättete Wandholz gefressen hat, steht zu befürchten, dass der lindenreiche Wald um den schönen Vulkankegel des Calverbühls seinen ältesten Bewohner in absehbarer Zeit verlieren wird.

Baumart: *Tilia platyphyllos*
Landkreis: *Reutlingen*
Standort: *ca. 600 m westlich des Calwerbühls*
Geodaten: *48.520876, 9.334543*
Alter: *ca. 350–400 Jahre*
Stammumfang: *8,21 m (2020)*

Mehlbeeren
auf der Alb

Die Echte oder Gewöhnliche Mehlbeere zählt wie ihre nächsten Verwandten Vogelbeere, Elsbeere und Speierling zu den Rosengewächsen. Der Name Mehlbeere verweist darauf, dass die reifen Früchte früher dem Mehl beigemischt wurden und dem Brot einen leicht süßlichen Geschmack gaben. Die Baumart ist im mittleren und südlichen Europa heimisch und bevorzugt dort trockene und kalkreiche Böden. In den Alpen kommt sie bis in 1.600 m Höhe vor, bei uns ist sie als meist kleiner bis mittelgroßer Baum vor allem auf der Schwäbischen Alb zu finden. Man erkennt sie am besten an ihren weiß-filzigen Blattunterseiten, den schirmförmigen Blütenrispen sowie den zahlreichen, kugeligen, roten Früchten.

Zwei ungewöhnlich alte und starke Exemplare wachsen nahe des Nordrandes der Mittleren Alb. Die durch ihren seilartig gedrehten Stamm sehr ausdrucksstarke Mehlbeere auf dem Metzinger *Roßfeld* (linke Seite) passiert man auf einer der vielen schönen ‚Hochgehberge'-Rundwanderungen der Region – hier ist es die gut 14 km lange Tour „*hochgehflogen*". Direkt am Denkmal für die toten Flieger – die Hochfläche wird von einem Segelflugplatz genutzt – hat sich der ca. 150 Jahre alte Baum zu einer etwa gleichaltrigen, deutlich größeren und stärkeren Rot-Buche gesellt. Zwei ihrer ehemals drei Hauptachsen sind noch vorhanden, doch ist die etwa 10 m hohe und breite Krone doch schon recht schütter geworden.

Im Gegensatz zur Roßfeld-Mehlbeere hat eine mindestens ebenso alte Artgenossin auf einer Anhöhe südlich von Holzelfingen (Bilder rechts) sogar den Status eines Naturdenkmals erhalten. Durch einen Stammbruch ist die östliche Kronenhälfte weggebrochen und auch die Westseite zerfällt mehr und mehr. Der hohle Stamm ist bereits stark ausgemorscht und im Inneren versucht eine skurrile Adventivwurzel ein wenig Stabilität beizutragen. Der noch immer weithin sichtbare Baum ist mit dem Namen *Signalbaum* verzeichnet und gilt als Zeugnis für die hier seit langer Zeit praktizierte Weidenutzung. Nur wenige Schritte entfernt wurde bereits vorsorglich eine junge Mehlbeere nachgepflanzt, die in naher Zukunft wohl schon die Nachfolge der alten antreten wird.

Baumart: *Sorbus aria*
Landkreis: *Reutlingen*
Standort: *Am Fliegerdenkmal auf dem Roßfeld*
Geodaten: *48.507597, 9.324717*
Alter: *ca. 150 Jahre*
Stammumfang: *2,42 m (2021)*

Baumart: *Sorbus aria*
Landkreis: *Reutlingen*
Standort: *Südlich des Orts, auf dem Vorderen Härtle*
Geodaten: *48.421043, 9.271214*
Alter: *ca. 150 Jahre*
Stammumfang: *2,61 m (2021)*

Weidbäume
im Naturschutzgebiet Greuthau

Unweit nördlich des Märchenschlosses *Lichtenstein* erstreckt sich die 192 ha große und bereits 1938 zum Naturschutzgebiet erklärte Baum- und Weidelandschaft des *Greuthau*. Im Namen stecken die beiden häufig vorkommenden Bezeichnungen ‚reut' bzw. ‚reute' für ein Waldgebiet, das zum Zwecke der Weideviehhaltung gerodet wurde, sowie der Begriff ‚Hau' für den Wald. Es ist ein sehr altes Weidegebiet, in dem früher alle Weidetierarten vorkamen, heute wird nur noch extensive Schafhaltung zur Landschaftspflege betrieben.

Baumart: *Fagus sylvatica*
Landkreis: *Reutlingen*
Standort: *Im NSG Greuthau, Nordteil*
Geodaten: *48.395702, 9.260415*
Alter: *ca. 200 Jahre, 11-stämmig*
Stammumfang: *7,08 m (2021, bei 60 cm)*

Wie die natürliche Verjüngung des Waldes ohne den Eingriff des Menschen voranschreitet, lässt sich hier an vielen Stellen in einer typischen Landschaft der Schwäbischen Alb gut beobachten. So etwa am südlichen Rand des zentralen Waldgebiets, wo unter dem Kronenrand der dortigen Weidbuchen zahllose Bucheckern aufkeimen und den grasigen Talhang zu erobern versuchen – aber immer wieder durch Schafe am weiteren Wachstum gehindert werden. Ohne den sporadischen Blattfraß der Schafe hätte sich der (Buchen-)Wald längst schon bis zum Talgrund ausgebreitet. So aber verbleiben die Jungbuchen jahrzehntelang im Stadium kleiner, struppiger und immer wieder austreibender *Schafbüsche*, und die sich anschließenden Heide- und Trockenrasenflächen bleiben für Wacholder, Orchideen, Silberdisteln und Co. erhalten.

Nach dem Raum Albstadt/Onstmettingen (vgl. S. 492 ff.) ist das NSG Greuthau eines der schönsten und inzwischen seltenen Gebiete, in denen die Landschaftselemente *Wald*, *Glatthaferwiese* und *Wacholderheide* gleichermaßen und dabei so vielfach verzahnt vorkommen. Auf diese Weise bieten sie seltenen Tier- und Pflanzenarten Lebensraum und dienen auch der Nutzung und Erholung für die Menschen. Aus dendrologischer Sicht sind vor allem viele Hundert *Weidbuchen* hervorzuheben, die in aller Regel – entsprechend ihrer Entstehungsgeschichte durch Tierverbiss - als mehrstämmige Buchengestalten das Waldbild prägen. Viele von ihnen befinden sich in der Altersklasse zwischen 150 und 200 Jahren und ihre bis zu 15 Stämme sind bisher in den meisten Fällen nur im Stammfußbereich miteinander verschmolzen. Der Umfang dieser gemeinsamen Basis liegt nicht selten zwischen 6 und 7 Metern, vereinzelt auch über 8 m, und die Kronen überspannen zum Teil mehr als 30 m. Eine herbstliche Waldwanderung unter den goldenen Buchen-Kathedralen zählt mit zum Schönsten, was die Schwäbische Alb zu bieten hat.

Baumart: *Fagus sylvatica*
Landkreis: *Reutlingen*
Standort: *Im NSG Greuthau, Nordteil*
Geodaten: *48.396537, 9.262125*
Alter: *ca. 250 Jahre, 4-stämmig*
Stammumfang: *7,80 m (2021, bei 30-50 cm)*

Baumart: *Fagus sylvatica*
Landkreis: *Reutlingen*
Standort: *Im NSG Greuthau, am Rand der zentralen Wiese*
Geodaten: *48.394770, 9.267752*
Alter: *ca. 200 Jahre, 1-stämmig, aber aus 2 Kernen vereint*
Stammumfang: *5,08 m (2021)*

Die zweite Baumart, die in ähnlicher Weise wie die Weidbuche als Charakterbaum das Landschaftsbild des *NSG Greuthau* prägt, ist die Europäische Fichte. Sie ist hier in einer sehr großen Formenvielfalt vertreten – mit dem Habitus, wie er im Stangenwald des Fichtenforsts in der Regel angetroffen wird, haben diese vielfach sonderbar anmutenden Gestalten allerdings wenig zu tun. Ihre Wuchsformen gehen dabei nur zum Teil auch auf Verbissschäden zurück, die dann etwa dazu führen, dass mehr als ein Stamm ausgebildet wird. Zwiesel-Exemplare, die nach dem Verlust der zunächst einzigen Sprossachse mit zwei Seitentrieben reagieren, die dann schließlich zu zwei Stämmen heranwachsen, sind im Greuthau recht häufig anzutreffen (unten rechts).

Regelrecht spektakulär wird es allerdings, wenn die Bäume freistehend aufwachsen und somit ein Maximum an Licht, aber auch die Wucht von Wind und Wetter abbekommen. Ein Baum, der sich eigentlich im Halbschatten feuchter Bergwälder am wohlsten fühlt, reagiert im Freistand dann schon mal ein wenig verschwenderisch, indem er eine Fülle von Seitenästen produziert und eine bis zum Boden herab benadelte Kronenform bis ins hohe Alter beibehält. Manchmal wachsen die untersten Äste zu großer Länge aus, senken sich zum Boden herab, bewurzeln sich dort zum Teil wieder und streben als *Ablegerbäume* mit deutlich gewachsener Stärke wieder aufwärts. So etwa bei einer zwieselig gewachsenen Weidfichte am südlichen Rand der großen Zentralwiese (rechte Seite), die auf diese Weise eine regelrechte *Schleppe* von Ablegern um sich gebildet hat. Stehen weitere, lichtraubende Artgenossen in der Nachbarschaft, sterben die meist nur dünnen Äste aber häufig wieder ab. Auch das Merkmal einer ‚Zitzenfichte' ist hier zu beobachten: Die Astansätze sind häufig von kegelartigem Holzwachstum umgeben.

Zu einer großartigen Wuchsform der Fichte führt die Ausbildung von einzelnen, besonders starken und bogenförmig wachsenden Ästen. Auf diese Weise entsteht eine sogenannten *Kandelaberkrone*, so etwa bei einem unweit der zuvor beschriebenen Fichte wachsenden Baum (unten links). Da der dominante Zentralstamm noch vorhanden ist, dürften die Bogenäste eine Folge natürlicher Mutation sein – fehlte dieser, wäre es ein ‚Schnee- oder Windbruch-Kandelaber', der mit dieser Reaktion neue Sekundärgipfel aufbauen will.

Baumart: *Picea abies (Kandelaberwuchs)*
Landkreis: *Reutlingen*
Standort: *Im NSG Greuthau, Südteil*
Geodaten: *48.390911, 9.256030*
Alter: *ca. 150 Jahre*
Stammumfang: *genau 4 m (2021, bei 30–50 cm Höhe, über Tiefast)*

Baumart: *Picea abies (Zwieselwuchs)*
Landkreis: *Reutlingen*
Standort: *Im NSG Greuthau, Nordteil*
Geodaten: *48.398920, 9.268382*
Alter: *ca. 150 Jahre*
Stammumfang: *4,43 m (2021, bis ca. 4 m verwachsen)*

Baumart: *Picea abies (Zwiesel + Schleppenwuchs)*
Landkreis: *Reutlingen*
Standort: *Im NSG Greuthau, Südteil*
Geodaten: *48.391335, 9.256845*
Alter: *ca. 150 Jahre*
Stammumfang: *4,70 m (2021, bei 80 cm, ohne Starkast)*

Baum-Hasel
im Reutlinger Stadtgarten

Viele Menschen kennen die oft bolzengerade wachsenden und biegsamen Ruten unseres Haselnussstrauchs (*Corylus avellana*), aus denen sich so trefflich Wanderstock und Waldflöte schnitzen lassen. Doch wer weiß schon, dass sein in Südosteuropa und der Türkei beheimateter Verwandter *Corylus colurna* sich zu wahrhaft riesigen Bäumen auswachsen kann? Zugegeben, dieser Fall tritt nur selten ein, zumal die um 1582 aus Kleinasien nach Mitteleuropa eingeführte Baum-Hasel – auch Türkische Hasel genannt – bei uns nur gelegentlich angepflanzt vorkommt.

Im Reutlinger Stadtgarten ist eine Baum-Hasel von wirklich überragender Größe zu bewundern. Die mit mehreren Seilen verspannte Krone von gut 26 m Höhe und 21 m Breite ist auch überregional kaum zu schlagen. Der zunächst zweikernige Stamm löst sich in Brusthöhe in insgesamt 5 starke Achsen auf. Erfreulicherweise haben sich die Kronensicherungen bisher gut gegen Sturm bewährt.

Zwei weitere, bereits ältere Exemplare stehen benachbart, einer ist als Triesel entwickelt (Gesamtumfang 3,75 m), der andere einstämmig, dann in zwei Hauptachsen sich aufteilend (Umfang: 2,48 m).

Die Liste der guten Eigenschaften dieser Baumart ist sehr lang: Die Baum-Hasel gilt einerseits als besonders stadtklimafest, stellt geringe Ansprüche an die Bodengüte und kommt mit wenig Wasser aus. Andererseits ist sie wenig empfindlich gegenüber Schadinsekten, Pilzen, Frost, Wind, Sonneneinstrahlung und Schneebruch. Außerdem besitzt die Baum-Hasel ein sehr gefragtes Holz mit Eigenschaften ähnlich dem Berg-Ahorn. Viele Gründe also, dieses wertvolle Klimagehölz in Zukunft stärker auch in unseren Wäldern zu berücksichtigen – zumal auch die Zersetzung des Laubes keine negativen Auswirkungen auf die Bodenbeschaffenheit hat.

Baumart: *Corylus colurna*
Landkreis: *Reutlingen*
Standort: *Im Stadtgarten, zentral*
Geodaten: *48.493770, 9.221950*
Alter: *ca. 100 Jahre*
Stammumfang: *4,54 m (2020)*

Lärche
am Breitenbach

Die Europäische Lärche ist der einzige einheimische Nadelbaum, der seine Nadeln nicht ganzjährig behält, sondern im Spätherbst abwirft. Zuvor entwickelt der über 50 m Höhe erreichende Baum vor allem in den Bergregionen, zum Beispiel den Dolomiten, ein prächtiges Farbenspiel. Die leuchtend gelben Lärchen stehen dann oft in landschaftlich reizvollem Kontrast zu ihren immergrünen Verwandten. Bei St. Gertraud im Südtiroler Ultental sind drei der ältesten und stärksten Lärchen-Veteranen des gesamten Alpenraums zu bestaunen. Die drei noch stehenden Ur-Lärchen bringen es auf einen Stammumfang von rund 8 m! Ihr Alter wird mit etwa 850 Jahren angegeben, eine vierte ist inzwischen Geschichte, könnte aber sogar die 1.000er-Marke überschritten gehabt haben. Noch stärker sogar ist ein Lärchenriese bei Prairion im Schweizer Wallis – er ist mit 11,20 m Stammumfang und einem Alter von 900 Jahren verzeichnet.

Mit diesen Maßen können ‚unsere' mächtigsten Lärchen natürlich bei Weitem nicht mithalten, doch mit ihren 4,26 m Stammumfang liegt die Reutlinger Lärche nahe des Breitenbachsees nur wenig hinter der bekannten *Hildegard-Lärche* bei Sipplingen am Bodensee zurück (5,01 m, s. S. 582), die als stärkster Baum dieser Art in ganz Deutschland gilt. Aus der Nähe betrachtet ist die Breitenbach-Lärche mit ihrem fast 20 m astfreien Stammschaft, der wie ein Schiffsmast aufragt, ein überaus imposanter Riese. Am Hochufer des Breitenbachs, im Bestand stehend, dürfte sie den wenigsten der zahlreichen Wanderer und Radfahrer überhaupt bekannt sein. Der Borkenschaden am Stammfuß gibt Anlass zur Sorge – wahrscheinlich ist der Befall mit Borkenkäfern schon ziemlich weit fortgeschritten. Man darf also gespannt sein, wie lange der wahrscheinlich deutlich über 200-jährige Baum noch stehen darf.

Baumart: *Larix decidua*
Landkreis: *Reutlingen*
Standort: *Am Breitenbach, ca. 200 m südlich des Parkplatzes am Breitenbachsee*
Geodaten: *48.468336, 9.174295*
Alter: *ca. 200–250 Jahre*
Stammumfang: *4,26 m (2017)*

Gönningen ist der südlichste der Reutlinger Stadtteile und mit seiner Lage am Fuß der Schwäbischen Alb, umrahmt von Schönberg, Stöffelberg und Roßberg (870 m NHN), vielleicht der landschaftlich am schönsten gelegene. In früherer Zeit spielte für den heute rund 4.000 Einwohner zählenden Ort vor allem der Abbau des Gönninger Kalktuffs eine große Rolle, er wurde vom Mittelalter bis 1975 betrieben und viele Gebäude der Umgebung bestehen aus diesem begehrten Baumaterial. Daneben machte sich Gönningen im 18. und 19. Jahrhundert einen Namen als Samenhandelszentrum, vor allem für Gemüsesamen. Auch die heute wieder gepflegte Tradition, viele Besucher zur *Gönninger Tulpenblüte* einzuladen, entstand bereits um 1850.

Dem engen Bezug zur Pflanzenwelt ist es vielleicht auch zu verdanken, dass man im Gemeindegebiet von Gönningen eine ganze Reihe bemerkenswerter Bäume antrifft, darunter zum Beispiel Bergmammutbäume, Buchen und Rosskastanien. Doch die alte Linde in der Öschinger Straße ist ohne Zweifel Gönningens markanteste Baumgestalt und zugleich einer der ältesten und bedeutendsten Bäume zwischen Alb und Schönbuch. Wie auf der an ihrem Stamm angebrachten Holztafel zu lesen ist, stand sie schon, als vor über 400 Jahren in ihrer Nachbarschaft eine Ziegelhütte erbaut wurde.

Dass ein derart alter und auch kulturgeschichtlich bedeutsamer Baumveteran bis heute scheinbar namenlos geblieben ist, vor allem auch im Hinblick auf seinen Standort im Ortsbereich, ist doch ein wenig verwunderlich. Ich habe sie deshalb schon bei meiner ersten Vorstellung (*Das Baumbuch*, 2005) als ‚Ziegellinde' bezeichnet. Wie die vor gut 10 Jahren angebrachten vier grünen Aststützen zeigen, scheint die alte Lindendame doch ein wenig gebrechlich zu werden. Vielleicht ist es aber auch nur eine Vorsichtsmaßnahme, die helfen soll, den nächsten Sturm möglichst unbeschadet zu überstehen. Die Krone wurde vor Jahren stark zurückgenommen, mit je fünf gespannten Stahlkabeln und Schlaufenseilen gesichert und hat sich auf dem massigen, deutlich schief stehenden 6-m-Stamm wieder gut entwickelt. Erfreulich, dass sich dürre und abgebrochene Äste noch in Grenzen halten, beziehungsweise im Zuge von Pflegemaßnahmen herausgenommen werden.

Zusammen mit dem stilvoll renovierten Fachwerkhaus nebenan bildet die ehrwürdige Sommer-Linde eine wunderbar harmonische Einheit, die in dieser Form kein zweites Mal mehr in der Region vorhanden ist.

Baumart: *Tilia platyphyllos*
Landkreis: *Reutlingen*
Standort: *Roßbergstraße 2*
Geodaten: *48.433775, 9.146772*
Alter: *ca. 450 Jahre*
Stammumfang: *6,10 m (2020)*

Ziegellinde
in Gönningen

Baumart: *Quercus robur*
Landkreis: *Tübingen*
Standort: *Am kleinen Sträßchen südlich des Hofguts Neuhaus*
Geodaten: *48.411283, 8.821490*
Alter: *ca. 400 Jahre*
Stammumfang: *7,07 m (2018)*

Eiche
am Hofgut Neuhaus

Die reizvolle Gegend um die Sammelgemeinde Starzach wird als die Toskana des Landkreises Tübingen bezeichnet – und das zurecht, denn vor allem im April, wenn die Rapsfelder blühen, verbinden sich deren strahlendes Gelb mit dem frischgrünen Laubaustrieb und – überwölbt vom tiefblauen Himmel – zu einer Landschaft von solch intensiver Farbgebung, wie man sie sonst kaum irgendwo erleben kann.

Und mittendrin die Neuhaus-Eiche! Die gewaltige Stiel-Eiche am Sträßchen zum *Hofgut Neuhaus* zählt wahrscheinlich zu den Top-Ten-Eichen des Landes Baden-Württemberg. Der Blattaustrieb hat auch bei diesem vielleicht schon 400-jährigen Baumriesen bereits überall in der Krone eingesetzt, als ich 2018 wieder vorort bin – ein Zeichen, dass noch reichlich Vitalität vorhanden ist. Und das trotz der extremen Verletzung auf der Nordseite des Stammes. Hier blickt man auf dicke, vermoderte Holzschichten rund um einen gewaltigen Hohlraum. Der Tiefast, der diesen Stammaufriss verursacht hat, muss gewaltige Ausmaße gehabt haben, als er vor sehr langer Zeit vermutlich von einem Sturm herausgebrochen wurde.

Den Umfang des Stammes messe ich dort, wo er im Querschnitt noch halbwegs vollständig ist – abgesehen von der einseitig nicht mehr vorhandenen Borke. Straßenseitig auf Brusthöhe und hangseitig bei ca. 2 m Höhe ergibt meine Messung 7,07 m. Der waagerecht abgehende Tiefast parallel zur Straße ist massiv gekürzt, ganz am Stamm abgenommen ist ein zweiter von ähnlicher Stärke. Die drei verbliebenen Hauptachsen sind vertikal orientiert und reichen noch bis in 28 m Höhe.

Das Erscheinungsbild des erstaunlicherweise erst seit 1992 geschützten Naturdenkmals hat sich zwischen meinen Besuchen 2004, 2011 (rechts) und 2018 (linke Seite) kaum verändert, sieht man von einigen weiteren Astverlusten ab. Das Sterben dauert lange bei solchen Ausnahmebäumen, und solange die äußeren Bereiche des hohlen Stammes (der noch vorhandene Splintholz-Mantel) noch genügend Nährstoffe in die Krone befördern, dürfen wir uns hoffentlich noch lange Jahre am Anblick dieses schönen Veteranen erfreuen.

Silber-Pappeln am Zimmerbachbrückle

Zwei der größten Silber-Pappeln des ganzen Landes sind unweit des Hechinger Stadtteils Weilheim zu finden – sie flankieren hier eine alte Steinbrücke über dem östlich am Ort vorbeifließenden Zimmerbach. Die gewaltigen Stämme mit Umfängen von 6,31 m bzw. 5,49 m vermitteln durch die brettartig starken Leisten der Borke den Eindruck hohen Alters – was für die verhältnismäßig schnell wachsende Pappelart vielleicht 180 bis 200 Jahre bedeuten könnte. 300 Jahre gelten gemeinhin als Altersobergrenze für ein Gewächs, dessen relativ weiches Holz den Angriffen von Baumpilzen weniger entgegen zu setzen hat als dies etwa bei Eichen der Fall ist. Zumindest in Baden-Württemberg sind 300-jährige Silber-Pappeln jedoch nicht bekannt.

Zahlreiche Äste fehlen nach einem Kronenschnitt im Herbst 2012, doch die verbliebenen Hauptachsen reichen bei beiden Bäumen noch bis in 34 m Höhe! Im oberen Kronenteil ist die typisch hellgraue Färbung der Rinde mit dunklen Querlinien noch erkennbar. In der Liste der Naturdenkmale werden für diesen Standort seltsamerweise drei Bäume genannt (seit 1935 geschützt) – stehen doch zwei, wenngleich deutlich schwächere Exemplare auf der anderen Wegseite. Und eine Vielzahl von Nachkömmlingen versteckt sich noch im hohen Gras der Hangwiese – dass sie den nächsten Grasschnitt überleben, erscheint jedoch unwahrscheinlich.

Nicht ganz einfach ist mitunter die Unterscheidung zwischen Silber-Pappel und Zitter-Pappel (*P. tremula*), zumal Pappeln generell sehr stark hybridisieren und dann Merkmale von beiden Elternteilen vorhanden sind (aus *P. alba* und *P. tremula* entsteht zum Beispiel die Grau-Pappel, *P.* x *canescens*). 2016 war ich Mitte Mai vorort, wobei der zu dieser Zeit gerade einsetzende Blattaustrieb zu einer sicheren Bestimmung noch nicht weit genug fortgeschritten war. Mein Besuch Mitte April 2017 erfolgte vor dem Blattaustrieb – die noch am Boden unter den Bäumen liegenden Blätter aus dem Vorjahr zeigen sowohl eine rundliche Form – wie sie für *P. tremula* typisch ist - als auch eine ovale Form mit größerem Mittellappen, wie sie bei beiden vorkommt, je nachdem, ob die Blätter am Kurz- oder am Langtrieb stehen. Allein die Stammdimensionen und die Borkenstruktur sprechen aber klar für die Silber-Pappel.

Interessant zu beobachten sind die 10–15 cm langen Fruchtkätzchen, die die Kronen fast so grün erscheinen lassen, als wären bereits Blätter vorhanden. Dies lässt darauf schließen, dass es sich um weibliche Bäume handelt – denn die männlichen Blütenstände sind eher rötlich gefärbt.

Baumart: *Populus alba*
Landkreis: *Zollernalbkreis*
Standort: *Östlich des Orts am Zimmerbachbrückle*
Geodaten: *48.347338, 8.921712*
Alter: *ca. 180–200 Jahre*
Stammumfang: *6,31 m und 5,49 m (2016)*

Eiche
im Hausertal

Der Haigerlocher Stadtteil Gruol ist mit seinen 1.700 Einwohnern nur unwesentlich kleiner als die Kernstadt selbst, die knapp 2.200 Einwohner zählt. Wenn man von Gruol kommend der Kreisstraße nach Süden in Richtung Erlaheim folgt, trifft man auf eine sehr alte Stiel-Eiche. Sie steht solitär direkt an der Straße, dort, wo das schmaler werdende Wiesengelände des Talbachs ein ausgedehntes Waldgebiet durchschneidet.

Die eindrucksvolle Eiche, die auch bei Fröhlich beschrieben wird (siehe dort S. 206), ist mit einem schönen, hölzernen und inzwischen leider beschädigten Bildstock geschmückt. Dieser trägt sicher noch ein wenig zum ehrwürdigen Gesamteindruck bei, den der mächtige Baum ausstrahlt. Der Stamm selbst weist beachtliche Dimensionen auf – in einem Meter Höhe wurde schon im Jahr 2007 die 7-m-Marke überschritten, bei 1,5 m Höhe lag der Umfang bei 6,90 m und zehn Jahre später messe ich 7,07 m in der ‚normalen' Messhöhe von 130 cm. Aus der Differenz zum Wert bei Fröhlich (er maß 6,60 m) ist ein Alter von etwa 350 Jahren wahrscheinlich.

Trotz Ausbruchs von mindestens acht großen Altästen und zahlreicher Trockenäste ist die auf vier Hauptachsen aufbauende und 24 m hohe Krone in ihrem wesentlichen Habitus voll erhalten und bei meinem ersten Besuch im Oktober 2007 war die Belaubung noch weitgehend vorhanden. Das Kronenmaß in der Breite ist mit gut 20 m für einen derart alten Baum ebenfalls bemerkenswert.

Allerdings hat vor sehr langer Zeit ein abschlitzender Starkast den ganzen Stamm rückseitig bis zum Erdboden aufgerissen. Auf den unteren 2 m ist noch eine Betonplombe vorhanden, die der Baum von den Seiten her allmählich überwächst. Die offene Stammwand darüber ist von einem Brand geschwärzt. Das neu gebildete Überwallungsholz ist bereits mit tiefen Rissen durchzogen, unterscheidet sich aber sehr deutlich von der brettartigen Struktur der Originalborke. Weitere Hohlräume im Stamm sind zwar nicht erkennbar, im Plombenbereich aber anzunehmen und bei einer Klopfprobe an verschiedenen Stellen auch hörbar. An der Abbruchstelle des ehemaligen Astes ist das Holzinnere rötlich verfärbt und sichtbar vermodert. Etwas überraschend ist es, dass der mächtigste Altbaum des südwestlichen Albvorlandes erst seit 1962 als Naturdenkmal geschützt ist.

Baumart: *Quercus robur*
Landkreis: *Zollernalbkreis*
Standort: *An der Straße zwischen Erlaheim und Gruol*
Geodaten: *48.330993, 8.777231*
Alter: *ca. 350 Jahre*
Stammumfang: *7,07 m (2017)*

Kamineiche
im Kohlgraben

Baumart: *Quercus robur*
Landkreis: *Zollernalbkreis*
Standort: *Nördlich des Spielplatzes*
Geodaten: *49.547577, 8.669833*
Alter: *ca. 300–350 Jahre*
Stammumfang: *5,48 m (2021)*

Der Name *Eiche im Kohlgraben* – so wird der Baum in der Liste der Naturdenkmale bezeichnet – überrascht ein wenig angesichts des Standorts auf der Höhe über dem Ort, unweit nördlich des am Waldrand gelegenen Spiel- und Grillplatzes, mit schönem Blick nach Südwesten über Erlaheim und hinüber nach Binsdorf.

Passender wäre auf jeden Fall der Name ‚Kamineiche', denn ihr Stamm ist komplett hohl und wenn man in die Stammhöhlung hineinschaut, kann man ganz oben ein Stückchen Himmel sehen. Der wie in einem Kamin vorhandene Luftzug führte zusammen mit den zahlreichen weiteren Öffnungen im oberen Stammteil zu einer um ein Haar tragisch endenden Geschichte, die sich am 13. Mai 1974 ereignete. Es war Vatertag, viele Leute waren unterwegs und eine Gruppe Ausflügler kam wohl auf die Idee, in der trockenen Baumhöhle ein Grillfeuer zu entzünden – die Feuerwehr brauchte zwei Tage, um diesen Brand zu löschen! Der alte Baum war vollkommen ausgebrannt und so beschloss man, die vermeintlich tote Eiche im nächsten Frühjahr zu fällen. Doch Totgeglaubte leben bekanntlich länger: Noch bevor die Säge zum Einsatz kam, hatte die Eiche neu ausgetrieben! Baumpfleger aus Weingarten schnitten alles abgestorbene und morsche Holz heraus. Aus den nach der Sanierung neu entstandenen ‚Angsttrieben' (diese bilden sich häufig als Folge von Verletzungen und Astverlusten) haben sich dann einige zu stärkeren Klebästen entwickelt, die dem noch etwa 20 m hohen Baum heute wieder zu einer recht passablen Sekundärkrone verhelfen. Die mächtige Stammsäule misst 5,48 m (März 2017), gemessen bei 130 cm über dem Boden.

Die an einer Weggabelung anzutreffende Stiel-Eiche dürfte nach meiner Schätzung etwa 300 Jahre alt sein, sie könnte vielleicht sogar noch aus der Zeit nach dem Dreißigjährigen Krieg stammen und zählt auf jeden Fall zu den eindrucksvollsten Baumdenkmalen des Albvorlandes. Sie wird übrigens regelmäßig kontrolliert und hat sich bis heute als ausgesprochen standfest erwiesen – als der Orkan 1999 alle Bäume in ihrer Umgebung umgeworfen hatte, war dieser Veteran als einziger noch stehen geblieben. Die letzte Sanierung erfolgte 2015.

Die seit 1938 unter Naturschutz stehende Eiche ist schon seit langer Zeit ein wertvoller Lebensraum für zahlreiche Tierarten. Wie mir der verantwortliche Förster erzählt, haben sich von Wespen und Hornissen bis hin zu Waldkauz und Marder viele Tiere in den vielfältigen und geschützten Höhlungen des alten Baumes eingerichtet und man kann nur hoffen, dass das Erlaheimer Wahrzeichen diese wichtige Funktion noch viele Jahre wahrnehmen kann.

Baumschätze
im Geislinger Schlosspark

Neben einer bereits bestehenden Burg errichteten die Herren von Bubenhofen ab 1426 in Geislingen ihren neuen Stammsitz. Später wurde das dreiflügelige Gebäude mit zwei Gräben umgeben, sodass es zum *Wasserschloss* wurde. Zwischen den Gräben war der Schlossgarten angelegt – und das ist noch heute so.

Wahrscheinlich bildeten schon damals vier große Sommer-Linden die Eckpunkte der quadratischen Anlage. Als Nachfolgerin steht heute an der Frontseite (Ost) neben den beiden Eckpavillons je eine Linde: Die *Gabrielelinde* von 1869 und die *Franzlinde* von 1879. Ihre Stämme sind vom Efeu umrankt und 4,25 m beziehungsweise 4,10 m stark. Die *Olgalinde* von 1866 ist leider abgegangen, sie stand am Parkplatz vor dem Schlossgebäude.

Auf der Gartenseite (West) ist noch eine viel ältere Sommer-Linde aus der vorhergehenden Generation erhalten (rechte Seite): Das schöne Naturdenkmal besitzt einen mit dicken Maserknollen versehenen Stamm, dessen Umfang mit 6,75 m an der schmalsten Stelle gemessen werden kann. Dieser ist weitgehend hohl und zeigt Brandspuren. Nach der Aufteilung in drei mächtige Stämmlinge wurden diese aufgrund starker Beschädigungen schon vor 2008 bei etwa 7 m Höhe radikal gekappt. An den Schnittstellen setzte danach wieder starker Austrieb ein und so erschien die vormals etwa 17 m hohe Krone wieder relativ dicht belaubt. 2016 misst sie in Höhe und Breite etwa 10 m. Das Pflanzdatum wird auf der Geislinger Website mit dem Jahr 1472 angegeben. Mir persönlich erscheint ein Alter von 550 Jahren auf den ersten Blick zu hoch – nach Standort, Erscheinungsbild und Zustand dürften es kaum über 400 Jahre sein. Fröhlich maß vor 21 Jahren allerdings bereits 6,65 m (s. S. 266) – das Wachstum scheint zumindest in jüngerer Zeit sehr langsam vorangeschritten zu sein.

An der Südseite ist eine bemerkenswerte Robinie anzutreffen (links). Der für die Art ungewöhnlich starke Stamm zeigt ebenfalls zahlreiche Maserknollen und klingt an vielen Stellen hohl. Bei Fröhlich betrug der Umfang 4,25 m, 2016 waren es 4,70 m – bei einer jährlichen Umfangszunahme von 2 cm ließe sich ein Alter von etwa 230 Jahren ableiten. Im zentralen Teil löst sich die Borke bereits ab - und dennoch ist die Krone noch weitgehend erhalten. Vier Seilverbindungen sorgen für mehr Sicherheit.

Baumart: *Robinia pseudoacacia*
Landkreis: *Zollernalbkreis*
Standort: *Im Schlosspark (Südseite)*
Geodaten: *48.285474, 8.812316*
Alter: *ca. 230 Jahre*
Stammumfang: *4,70 m (2016)*

Baumart: *Tilia platyphyllos*
Landkreis: *Zollernalbkreis*
Standort: *Westliches Eck des Schlossquadrats*
Geodaten: *48.285774, 8.811525*
Alter: *ca. 400–550 Jahre*
Stammumfang: *6,75 m (2016)*

Ernzetbuche
bei Onstmettingen

Onstmettingen liegt im oberen Schmiecha-Tal, ist aber, wie es sich gehört für eine Gemeinde auf der Kuppenalb, von zahlreichen dieser harten Jurakuppen umgeben. Ihre Namen enden häufig auf -bühl, -bol oder auch -hart, so auch der bewaldete *Linkenbol*, östlich der Albstädter Teilgemeinde. Hier befindet sich auch die bekannteste Sehenswürdigkeit Onstmettingens, die *Linkenboldshöhle*, die einzige Schauhöhle des Zollernalbkreises. Nach einer Sage soll hier der Linkenbold, ein Kobold oder Erdgeist, sein Unwesen treiben. Im 15. Jahrhundert soll sie auch als Unterschlupf für den Sohn des Zollerngrafen Friedrich XI. gedient haben, der hier eine Räuberbande um sich geschart hatte und versuchte, die Burgen seiner Feinde zu brandschatzen. Eines Tages sollte er von diesen überfallen werden und das schöne Burgfräulein Agnes von der nahen Schalksburg, die ihm sehr zugetan war, versuchte ihn zu warnen. Tragischerweise tat sie dies in Männerkleidung und so wurde sie aus Versehen von einem Wachposten des Linkenbolderers tödlich getroffen. An ihrem Grab wurde eine kleine Buche gepflanzt, die sich zu einem mächtigen Baum entwickelte und noch heute als *Fräuleinsbuche* bekannt ist. Allerdings waren bei meinem Besuch 2013 nur noch einige modrige Stammreste zu sehen – drei kräftige Stockausschläge sind daraus erwachsen und führen so das Leben des Altbaums fort.

Wie viel Wahrheit in dieser Geschichte steckt, ist schwer zu sagen – der ‚Öttinger' starb jedenfalls 1443 als regierender Graf von Hohenzollern auf einer Palästinareise und nicht nach Verrat eines seiner Räuberkumpane. Die Buche hätte zum Zeitpunkt ihres Abgangs vor vielleicht 30 Jahren ein Alter von rund 550 Jahren gehabt – deutlich mehr als man einer Buche zutrauen kann.

Am Rande des benachbarten Bühls, des Waldgebiets *Ernzet*, steht noch eine mächtige, vielleicht schon 300-jährige Weidbuche. Leider hat sie erhebliche Sturm- und Pilzschäden erlitten, aber ihr uriger, moosbewachsener Stamm erscheint wie ein den Elementen trotzendes Bollwerk. Ihr Taillenmaß beträgt 5,94 m, wobei der Stamm rückseitig völlig aufgebrochen ist, alle hier einmal vorhandenen Äste fehlen (ganz oben von 2021). Ein besonderes Kennzeichen ist ein weit herausziehender und sich absenkender Tiefast. Außer ihm sind der Buche nur noch drei weitere, grünende Äste verblieben – der Brandkrustenpilz, dessen schwarze Fruchtkörper in nahezu jeder Vertiefung des morschen Stammsockels zu finden sind, hat sein Werk schon weit vorangetrieben (oben). Noch zu Beginn des Jahres 2013 (rechte Seite) verfügte die ruinenhafte Gestalt über eine recht ansehnliche Restkrone.

Baumart: *Fagus sylvatica*
Landkreis: *Zollernalbkreis*
Standort: *Am Höhlenweg zur Linkenboldshöhle*
Geodaten: *48.280039, 9.023875*
Alter: *ca. 280–300 Jahre*
Stammumfang: *5,94 m (2021)*

Baumart: *Fagus sylvatica*
Landkreis: *Zollernalbkreis*
Standort: *Oberhalb eines Schuppens am Heidegebiet ‚Hart'*
Geodaten: *48.279489, 9.021887*
Alter: *ca. 200-220 Jahre*
Stammumfang: *Messung bei 80 cm (Taille): Gesamtumfang 8,20 m, Zentralstamm ca. 7 m (2021)*

Weidbuchen
am Onstmettinger Hart

Beim Besuch der *Fräuleinsbuche* beziehungsweise der *Ernzetbuche* (s. S. 492 f.) gab es im März 2013 zahlreiche weitere Altbuchen zu entdecken. Viele von ihnen sind starke Weidbuchen im Alter von etwa 200 Jahren. So etwa am Beginn des Brunnentales, an dessen Hang eine dreikernige Riesenbuche ihre beeindruckende Krone von 26 m Durchmesser ausbreitete (rechts). Der untere Astkranz legte weit aus und senkte sich dabei zum Erdboden. Einer der Äste lag sogar auf und wuchs dann weiter bogenförmig aufwärts. Die drei Einzelstämme waren an der Basis verwachsen, der Gesamtumfang betrug 6,24 m. Beim letzten Besuch im März 2021 finde ich den talwärts zeigenden, stärksten der drei Stämmlinge samt seiner anmutigen Tiefäste leider abgebrochen vor dem Baum liegend vor.

Baumart: *Fagus sylvatica*
Landkreis: *Zollernalbkreis*
Standort: *Im oberen Teil des Brunnentals*
Geodaten: *48.276748, 9.022831*
Alter: *ca. 200-250 Jahre*
Stammumfang: *6,44 m bei 60 cm (2021)*

Der Hang des Brunnentals zieht sich nordwärts noch etwa 300 m weiter über das Heidegebiet *Eichen* bis zu einer unbewaldeten Kuppe hinauf auf 910 m NHN. Und hier stehe ich unversehends vor einer Buchensensation (linke Seite, Bild von 2013). Das Besondere an diesem frei stehenden Baum ist zunächst die strahlenförmige Krone: Mehrere Stämmlinge scheinen hier ineinander verschlungen und bilden zusammen eine so große Zahl von radial gestellten Hauptästen mittlerer Größe, dass sie kaum mehr zählbar sind! Es mögen an die hundert sein – und so liegt es nahe, dem bisher völlig unbekannten Baum den Namen *Radbuche* zu geben. Einige Trockenäste sind zwar erkennbar, doch beeinträchtigen sie auch beim Besuch 2021 das Gesamtbild kaum – der Durchmesser der Krone liegt noch immer bei rund 27 m.

Das Stadium der Verwachsung ist bereits weit fortgeschritten, doch dürfte das Alter nur wenig über 200 Jahren liegen. Der mächtige Stamm mit seinen weit herausgezogenen Wurzelanläufen ist das zweite Hauptmerkmal: Das auf der Nordseite nahezu undurchdringliche Dickicht aus Wasserreisern macht eine Umfangsmessung fast unmöglich, doch nach einiger Mühe habe ich das Maßband hinter den meisten Austrieben hindurchgezogen und messe, einschließlich einiger am Fuß aufwachsender Jungstämme, beeindruckende 8,20 m. Beim zentralen Komplexstamm alleine sind es etwa 7 m.

Baumart: *Acer campestris*
Landkreis: *Zollernalbkreis*
Standort: *Am Raichberg, 100 m östlich Parkplatz ‚Langer Weg'*
Geodaten: *48.300787, 9.000675*
Alter: *ca. 180–200 Jahre*
Stammumfang: *3,92 m (2021, direkt unterhalb des Seitenasts)*

Weidbäume
am Raichberg

Nördlich von Onstmettingen breiten sich zu Füßen des 956 m hohen *Raichbergs* weite Wiesenflächen aus, durchsetzt mit Wacholderbüschen, Kiefern und vor allem zahlreichen Weidbuchen. Die typische Alblandschaft ist ein beliebtes Wandergebiet, zumal mit mehreren Parkplätzen, einem Aussichtsturm und dem *Nägelehaus* – einem Wanderheim des Schwäbischen Albvereins – auch die entsprechende Infrastruktur zur Verfügung steht.

Auf den extensiv mit Schafen beweideten Wiesen sind die bis etwa 250-jährigen Weidbuchen wie so oft die absolut dominierende Baumart. Nur dem aufmerksamen Beobachter fällt dagegen ein Feld-Ahorn auf, der in einer lockeren Gehölzinsel östlich des Parkplatzes *Langer Weg* ein völlig unbeachtetes Dasein führt (oben). Den wuchtigen Stamm verlässt schon früh ein dicker Seitenast, sodass ich das Maßband unterhalb desselben, bei etwa 50 cm Höhe, ansetzen muss: 3,92 m sind für diese Baumart landesweit ein Spitzenwert. Der hohle Stamm ist einseitig geöffnet, auf Höhe der Teilung in die beiden Hauptachsen ist vor langer Zeit ein weiterer Stämmling ausgebrochen.

Nicht weit entfernt, am Waldrand Richtung Osten, befindet sich die stärkste und älteste Weidbuche des Raichberg-Gebiets in ihrem letzten Lebensabschnitt. Der rückseitig ausgefaulte Stamm der *Alten Buche* trägt noch eine Restkrone mit immerhin 20 m Höhe und ca. 12 m Breite.

Oberhalb des Parkplatzes *Langer Weg* stehen die Weidbuchen besonders zahlreich, unter ihren Kronen bildet der Nachwuchs in Form von kleinen Schafbüschen ganze Teppiche. Hier beeindruckt die *Seilbuche* mit ausgeprägtem Drehwuchs – wie ein dickes Seil scheint der Erdstamm aus rund 15 Teilstämmen verwachsen zu sein. Die Krone ist mit ca. 26 x 26 m weitgehend intakt.

Vom Parkplatz *Fuchsfarm* verläuft der Weg nach Westen zunächst unterhalb einer Fichtenreihe, darunter ein völlig abgestorbener Skelettbaum sowie eine ehemals 9-gipflige Kandelaberfichte – vier von ihren Bogenästen hat sie durch Sturm in den letzten Jahren leider verloren. Direkt am Weg dann eine weitere, mächtige Weidbuche, kurz vor dem Gelände des *Jugendzentrums Fuchsfarm*. Mit Ausnahme eines abgebrochenen Tiefasts konnte sie ihre schöne 25-m-Krone bisher gut erhalten. Den Wald im Rücken bietet ihr Standort einen freien Blick nach Süden. Nur 20 m weiter sollte man an einer vermeintlichen Fichtengruppe nicht achtlos vorbeigehen. Der bis zum Boden herab benadelte Baum hat neben seiner zwieseligen Hauptachse (bis 160 cm Höhe verwachsen) rund 20 ganz unterschiedlich starke Ableger entwickelt, die offenbar allesamt einem Wurzelsystem entstammen. Mehrfach sind hier, bodennah und als Folge des winterlichen Schneedrucks, grotesk überdimensionierte Bogenäste entstanden. Sie stehen jedoch unter hoher Spannung und sind zum Teil mehrfach in Längsrichtung aufgerissen.

Baumart: *Fagus sylvatica (Alte Buche)*
Landkreis: *Zollernalbkreis*
Standort: *Am Raichberg; 200 m östlich Parkplatz ‚Langer Weg'*
Geodaten: *48.300948, 9.002301*
Alter: *ca. 280 Jahre*
Stammumfang: *5,91 m (2021, bei 50 cm Höhe)*

Baumart: *Fagus sylvatica (Seilbuche)*
Landkreis: *Zollernalbkreis*
Standort: *Am Raichberg; 150 m östlich Parkplatz ‚Fuchsfarm'*
Geodaten: *48.302024, 8.997607*
Alter: *ca. 230 Jahre*
Stammumfang: *4,97 m (2022)*

Baumart: *Fagus sylvatica (Fuchsfarm-Buche)*
Landkreis: *Zollernalbkreis*
Standort: *Am Raichberg, 200 m westlich Parkplatz ‚Fuchsfarm'*
Geodaten: *48.300832, 8.993099*
Alter: *ca. 250 Jahre*
Stammumfang: *5,43 m (2022)*

Baumart: *Picea abies (Fuchsfarm-Fichte)*
Landkreis: *Zollernalbkreis*
Standort: *Am Raichberg, 220 m westlich Parkplatz ‚Fuchsfarm'*
Geodaten: *48.300506, 8.992861*
Alter: *ca. 160 Jahre*
Stammumfang: *3,98 m (2022)*

Linden
an der Neuen Hülbe

Baumart: *Tilia platyphyllos*
Landkreis: *Zollernalbkreis*
Standort: *Südwestlicher Ortsrand, Neue Hülbe*
Geodaten: *48.236394, 9.101217*
Alter: *ca. 350 Jahre*
Stammumfang: *bis 6,95 m (2012)*

Bitz ist als Ortsname ja durchaus ungewöhnlich und zu dessen Herkunft gibt es zwei interessante Varianten: Die eine geht von einem alemannischen Ursprung aus, wobei der ehemalige Name aber nicht überliefert ist. Nach 600 n. Chr. taucht der aus dem althochdeutschen stammende Begriff ‚bizuni' auf, was soviel wie ‚Umzäuntes Land' bedeutet. Die andere Deutung ist noch älter, geht auf den römischen Namen ‚pucio' zurück, aus dem später ‚bütze' wurde. Damit ist eine Wasserstelle gemeint und tatsächlich gab es in Bitz früher sogar fünf solcher *Hülben*, von denen mindestens eine wohl schon in der Römerzeit existierte.

Die jüngste ist die ‚Neue Hülbe' am südöstlichen Ortsrand. Sie verlor ihre Funktion als Viehtränke – wie die anderen auch – ab 1899 mit dem Bau der Wasserleitung, wurde aber nicht wie jene zugeschüttet, sondern von der Gemeinde als Erholungsanlage gestaltet und gepflegt. Für die drei alten Sommer-Linden, die vor über 300 Jahren bei ihr gepflanzt wurden, dürfte die ‚Neue Hülbe' sicher auch noch von Bedeutung sein. Der Sage nach wurden die Linden vom *Hohlenfelsenmännle* gepflanzt, das denjenigen, der sie fällt, sogar mit einem Fluch belegt haben soll. Ob sie wohl deshalb so alt geworden sind?

Die größte von ihnen, die weiträumig eingezäunt ist (linke Seite), erinnert mich sehr stark an die Walkstetter Linde bei Bernstadt. Wie bei dieser ist über dem kurzen, fast 7 m umfassenden Erdstamm ein Kranz von drei alten und sehr starken Seitenstämmen vorhanden, die fast horizontal ausgreifen und dem Baum einen Kronendurchmesser von 28 m geben. Die Zentralachse ist hier sogar noch stärker und führt in der Höhe etwa zur gleichen Dimension.

Bei der zweiten Linde (unten links), direkt am Zufahrtsweg zum Wanderparkplatz, sind die beiden Kronenteile ebenfalls mit Stahlseilen gesichert. Dies scheint auch dringend geboten, denn sowohl der Stamm wie auch die beiden Achsen sind komplett hohl, einer der Stämmlinge sogar auf ganzer Länge offen. Umso überraschender ist die in Form und Größe (22 m hoch, 17 m breit) noch erhaltene Krone. Der Stamm hat einen Umfang von 5,38 m.

Die Dritte im Bunde (unten rechts) liegt beim Stamm noch weiter zurück (4,80 m) und hat auch das schwächste Kronenbild, durch zahlreiche Verluste beträgt die Breite nur noch etwa 10 m, die Höhe noch gut 20 m. Allem Anschein nach besteht sie jedoch nur noch aus einem halben Baum – die zweite Hälfte ist vor sehr langer Zeit herausgebrochen. Der Stamm wurde dann allmählich von innen und von den Rändern her wieder ‚aufgefüllt', wobei sich die Borkenstruktur dem Originalstamm so gut angepasst hat, dass sie kaum noch von diesem zu unterscheiden ist!

Harthausen ist ein nicht gerade seltener Ortsname (allein in Baden-Württemberg gibt es davon sieben), weshalb man im Falle des kleinen Teilorts von Winterlingen im Zollernalbkreis die Ergänzung ‚Auf der Scher' hinzugefügt hat. Damit wird an die im Mittelalter vom Sigmaringer Raum bis nach Tuttlingen reichende Gaugrafschaft ‚Scherra' erinnert, zu deren Gebiet auch Winterlingen und seine Umgebung zählte. Der Begriff leitet sich vom Althochdeutschen ‚Scorra' ab, was soviel wie ‚Fels' bedeutet.

Wer Harthausen im Nordwesten auf dem Sträßchen ‚Im Kai' verlässt, trifft etwa 1 km außerhalb des Orts auf einen wirklich bedeutenden Baumschatz: Die als *Heustiegbuche* bekannte (ganz in der Nähe liegt das Heutal) oder auch liebevoll „Büchli" genannte Weidbuche gehört wohl zu den eindrucksvollsten Buchengestalten der gesamten Schwäbischen Alb. Wie viele einzelne Buchenstämmchen hier vor gut 280 Jahren einmal ihr gemeinsames Baumleben begonnen haben, lässt sich heute ohne genetische Untersuchung nicht feststellen, angesichts der tiefen Längsfurchen könnten es mindestens drei gewesen sein. Am sehr niedrigen Kronenansatz greifen mehrere baumstarke Stämmlinge nach verschiedenen Seiten aus und bilden eine noch gut 25 m breite und über 20 m hohe Krone. Vor einigen Jahren musste leider die nach Osten ausgreifende Achse ein gutes Stück nach ihrer Gabelung komplett gekappt werden. Wie ein am Erdstamm erkennbarer Riss vermuten lässt, bestand die Gefahr, dass dieser nicht mit Seilen gesicherte Kronenteil aufgrund seines hohen Gewichtes herabbrechen könnte. Damit wäre die Statik des Baums völlig aus dem Gleichgewicht geraten und der Abbruch hätte außerdem den Stamm bis zum Erdboden aufgerissen. Diese Gefahr ist durch den optisch verstümmelnd wirkenden Eingriff nun zwar noch nicht gebannt, aber immerhin deutlich vermindert. Dass auf der Südseite ebenfalls ein großer Seitenstamm abgesägt wurde, fällt weit weniger auf, da ein direkt darüber abgehender Starkast noch erhalten ist. Anstatt der massiven Kürzungen hätten vielleicht auch Seilsicherungen und Abstützungen zum Boden das spektakuläre Gesamtbild des Baumes noch besser erhalten können.

Das bestimmende Merkmal der Heustiegbuche aber ist der gewaltige Stammsockel mit derart mächtigen Wulstbildungen wie sie sonst nur bei Linden zu beobachten sind. Diese erschweren eine Messung des Stammes erheblich – oberhalb der dicksten Wucherungen ergeben sich 6,96 m, an der schmalsten Stelle in 2 m Höhe sind es immer noch 6,70 m. Klopfproben ergaben im Mai 2013 (rechte Seite) zwar keinen Hinweis auf größere Hohlräume im Stamm, doch man kann davon ausgehen, dass solche vorhanden sind. Insbesondere dürfte der Verlust einer im Zentrum des Kronenansatzes schon sehr lange Zeit fehlenden Achse nicht ohne entsprechende Folgen geblieben sein.

Baumart: *Fagus sylvatica*
Landkreis: *Zollernalbkreis*
Standort: *ca. 1 km NW des Orts, am Weg nach Bitz*
Geodaten: *48.206578, 9.145514*
Alter: *ca. 280 Jahre*
Stammumfang: *6,96 m (2013)*

Heustiegbuche

bei Harthausen an der Scher

"Frau Buch"

Frau Buch
bei Straßberg

Straßberg liegt im südöstlichsten Teil des Zollernalbkreises und allein schon wegen der landschaftlich schönen Lage im Tal der Schmeie ist die 2.600 Einwohner zählende Gemeinde auch eine weitere Anreise wert. Weithin sichtbar thront über dem Tal die mittelalterliche Burg, die um 1150 entstand, deren heutiges Aussehen aber auf die Umgestaltung zurückgeht, die im 13. Jahrhundert unter den Herren von Hohenberg erfolgte. Die Burg ist das Wahrzeichen von Straßberg und zählt zu den ganz wenigen, deren Bausubstanz noch weitgehend erhalten ist – heute wird sie vom privaten Eigentümer noch immer bewohnt.

Auf der anderen Talseite befindet sich die 1747 errichtete Marienkapelle ebenfalls an einem aussichtsreichen Logenplatz, von dem aus das Schmeietal und der Ort selbst gut überblickt werden können. Fährt man die schmale und kurvenreiche Kapellenstraße hinauf, fallen schon bald einige felsartige Gebilde an der Böschung auf – es sind die Wurzelanläufe und Sockelreste von abgegangenen, sicher ehemals riesigen Bäumen (oben). Und gleich anschließend stößt man auf ein außergewöhnliches Baum-Monument, das man sicher auch als ein Wahrzeichen von Straßberg bezeichnen könnte: Es ist *Frau Buch*, die unterhalb der Straße in einem eingezäunten Grundstück steht (linke Seite). Einem moosbewachsenen Felsturm nicht unähnlich, hat die hochbetagte Buchendame jedoch eine Reihe junger Äste ausgetrieben, deren zartes Grün bei meinem Besuch im Sommer 2012 in seltsamem Kontrast zu der düsteren, massigen, von zahllosen Wucherungen überzogenen Stammsäule steht. Der Umfang dieses Stammes wird bei Ullrich et al. (2009, S. 228) mit 6,44 m angegeben – es ist durchaus wahrscheinlich, dass es sich auch hier um eine Weidbuche handelt, deren Stamm durch Verwachsung mehrerer Teilstämme entstanden ist.

Baumart: *Fagus sylvatica*
Landkreis: *Zollernalbkreis*
Standort: *westlich des Orts, Aufstieg Sonnenhalde*
Geodaten: *48.178779, 9.082719*
Alter: *ca. 300 Jahre*
Stammumfang: *6,44 m (2009, durch Ullrich, et. al.)*

Baumart: *Fraxinus excelsior*
Landkreis: *Sigmaringen*
Standort: *Südwestlich des Orts, am Weg zum Friedhof*
Geodaten: *47.944908, 9.026673*
Alter: *ca. 200 Jahre*
Stammumfang: *7,92 m bei 130 cm, 8,20 m bei 100 cm (2021)*

Manokesche
in Boll

Die mächtigste Esche nicht nur unseres Bundeslandes, sondern ganz Deutschlands, dürfte vermutlich nicht aus der Zeit stammen, als Graf Froben Ferdinand von Fürstenberg 1693 das kleine Dorf Boll erwarb, rund 8 km südwestlich von Meßkirch gelegen. Mit jenem fiel Boll 1806 an das Großherzogtum Baden – wer weiß, vielleicht war dies auch die Geburtsstunde des Baumes. Hundert Jahre später war er offenbar noch nicht eindrucksvoll genug, um dem scharfen Auge von Ludwig Klein (1857–1928) aufzufallen. Der Botanik-Professor und damalige Direktor des Botanischen Gartens in Karlsruhe hat ihn jedenfalls 1908 in seinem Werk *„Bemerkenswerts Bäume im Großherzogtum Baden"* nicht vorgestellt.

Heute käme er sicher nicht mehr an diesem Baumriesen vorbei, der nach einer Bewohnerin des etwa 400 Einwohner zählenden Ortsteils von Sauldorf benannt ist – als *Manokesche* ist das Naturdenkmal (geschützt seit 1943) zumindest lokal für viele Menschen ein Begriff. Bei meinem Besuch im August 2021 treffe ich zufällig die Enkelin von Frau Manok unter dem Baum und erfahre von ihr, dass sie die Bruchsicherheit der Krone überprüfen lassen wolle – die vorhandenen Seilsicherungen wirken angesichts der riesigen Dimensionen doch ein wenig ‚spielzeughaft'. Es müsse eine dynamische, deutlich stärkere Schlaufensicherung eingebracht werden. Und tatsächlich bildet die vom Kronenansatz bis zum Boden herablaufende, tiefe Furche auf der ortszugewandten Seite des Stammes eine erkennbare Gefahrenquelle. Hier könnte sich bereits ein Riss gebildet haben.

Die gut 26 m hohe Krone wird von ihrem Durchmesser noch um 3 m übertroffen. Der massige Stamm, der in den vergangenen acht Jahren um erstaunliche 50 cm an Umfang zugelegt hat, geht ab vier Meter Höhe in die Äste. Sieben starke Hauptäste schwingen sich vom Kronenansatz recht gleichmäßig verteilt nach oben, und teilen sich dabei vielfältig auf. Der große Freiraum in der Mitte zeigt an, dass ehemals ein weiterer Zentralstämmling vorhanden war – glücklicherweise konnte die enorm wüchsige Esche diesen Raum wieder schließen. Für einen etwa 200-jährigen Baum dieser Art ist die Krone noch erstaunlich unversehrt erhalten - und offenbar ist sie auch noch nicht von den Sporen des *Falschen Weißen Stengelbecherchens* befallen, denn starke Verfärbungen an den Ästen, Rindennekrosen oder abgestorbene Triebspitzen sind auch im August 2021 nicht erkennbar (Bild oben von 2021). Man kann nur hoffen, dass es in größerem Abstand des Baumes keine weiteren Exemplare dieser Baumart gibt, denn die winzigen Pilzsporen sind so leicht, dass sie mit dem Wind auch über weite Strecken verfrachtet werden können.

Die grobe, aber doch gleichmäßige Borkenstruktur und vielfach dichter Moosbewuchs tragen dazu bei, dass die dickste Esche Deutschlands auch bei einem Schönheitswettbewerb gute Chancen hätte (Bild linke Seite vom März 2013).

Eichen-Veteranen
im Wildpark Josefslust

Der Fürstlich Hohenzollerische Wildpark *Josefslust* ist der westlich der L 456 gelegene Teil des Sigmaringer Forsts, dem zweitgrößten zusammenhängenden Waldgebiet Oberschwabens. Schon im 15. Jahrhundert war der Wald das Jagdrevier zweier Adelsgeschlechter aus Sigmaringen und Messkirch, später gelangte er in den Besitz des Fürstenhauses Hohenzollern-Sigmaringen. Durch Fürst Joseph Friedrich zu Hohenzollern, der 1727 hier ein Jagdschlösschen bauen ließ, erhielt der Wildpark seinen Namen. Ab 1790 wurde das Waldgebiet eingezäunt, um das landwirtschaftlich genutzte Umland vor Wildschäden zu schützen – und gleichzeitig genügend Rot- und Schwarzwild für die Jagdgesellschaften zur Verfügung zu haben. Das heutige Jagdschloss ersetzte 1830 das alte Jagdschlösschen, es ist im Gegensatz zum gesamten Waldgebiet selbst für die Öffentlichkeit nicht zugänglich.

Auf der östlichen Seite der L 456, somit außerhalb des Wildparks Josefslust, erstreckt sich der Revierteil *Unterjägerhaus*. Auf der offenen, parkähnlichen Wiesenfläche – auf Höhe des Hauptzugangs zum Wildpark – wecken einige Stiel-Eichen mein Interesse, als ich 2007 erstmals vor Ort bin. Zwei von ihnen waren damals schon abgängig und heute (2020) sind sie die schönsten und wertvollsten Totholz-Eichen, die man sich nur vorstellen kann (eine davon im Bild unten). Trotzig ragen ihre noch immer harmonisch geformten, wenngleich kahlen Kronen hoch auf, und die zahlreichen Hohlräume ihrer Stämme und Hauptäste bieten Lebensraum für allerlei seltenes Getier. Vier weitere Eichen im Alter von rund 250 Jahren sind jedoch recht vital und ihre breiten Kronen reichen noch weit herab zum Erdboden. Die nach Fürst Leopold von Hohenzollern-Sigmaringen benannte *Leopoldeiche* ist mit einem Stammumfang von 5,30 m die zweitstärkste des Quartetts.

Baumart: *Quercus robur*
Landkreis: *Sigmaringen*
Standort: *Im Sigmaringer Forst, östlich der L 456*
Geodaten: *48.056746, 9.234021*
Alter: *ca. 250 Jahre*
Stammumfang: *bis 5,44 m (2020)*

Auf der anderen Seite der L 456 betritt man den Wildpark Ludwigslust und wendet sich für einen Rundgang am besten zunächst nach Nordwesten. Über den Weg zwischen den Wirtschaftsgebäuden und dem Jagdschloss gelangt man in den nördlichen Teil des Waldes, wo schon bald rechts des Weges einige alte Weiß-Tannen, die *Leopoldtannen* auftauchen, die jeweils Mitgliedern der Fürstenfamilie zugedacht sind. Unweit nach Westen, an einem kleinen Querweg, findet man eine der ältesten Eichen des Waldes, die *Fürst Friedrich-Eiche* (rechte Seite). Der am Fuß knollig verwachsene und moosbedeckte Stamm des Biotopbaums ist hier aufgebrochen und ausgefault, doch die obere Krone scheint noch recht vital.

Baumart: *Quercus robur*
Landkreis: *Sigmaringen*
Standort: *Im Wildpark Josefslust, südlich der Leopold-Tannen*
Geodaten: *48.057696, 9.216887*
Alter: *ca. 300 Jahre*
Stammumfang: *5,14 m (2020)*

Fürst
Friedrich
Eiche

Fürstin Margarita
Eiche
1932 — 1996

Fürstin Margarita-Eiche
im Wildpark Josefslust

Baumart: *Picea abies*
Landkreis: *Sigmaringen*
Standort: *Im Wildpark Josefslust*
Geodaten: *48.051448, 9.206619*
Alter: *ca. 200 Jahre*
Stammumfang: *bis 5,62 m (2020)*

Schon ein kurzes Stück nach der Fürst Friedrich-Eiche Richtung Südwesten passiert der Waldweg – an einem Holzlagerplatz – eine weitere, allerdings namenlose Alteiche, die ebenfalls schon bald 300 Jahre hinter sich haben dürfte. Im weiteren, mehr südlich sich wendenden Verlauf des Weges erreicht man den *Blauhaugraben*, eine Wildruhezone. Hier ragen einige mächtige, vielleicht schon 200-jährige Fichten in die Höhe (links). Darunter ein Zwilling mit stark entwickeltem Stützholz an der Teilung (Umfang 5,03 m), sowie ein durch einen jüngeren Austrieb 3-stämmiges Exemplar, dessen Umfang ich sogar mit 5,62 m messen kann (im Hintergrund).

Absoluter Höhepunkt des gesamten Wildparks ist jedoch ganz ohne Zweifel die solitär auf der großen, zentralen Lichtung stehende *Fürstin Margarita-Eiche* (linke Seite). Sie ist, wie einige weitere, außergewöhnliche Bäume im Josefsluster Wald einem Mitglied der Fürstenfamilie Hohenzollern-Sigmaringen gewidmet – in diesem Fall ist es Fürstin Margarete (1900-1962). Sie war die Gemahlin des Fürsten Friedrich von Hohenzollern. Warum der Name der in Dresden geborenen Margarete, Prinzessin von Sachsen, in der spanisch abgewandelten Form ‚Margarita' auf einem Holzschild am Baum angebracht wurde, ist keiner öffentlich zugänglichen Quelle zu entnehmen. Dafür ist die bei Fröhlich beschriebene Stiel-Eiche ein echtes Highlight für jeden Freund alter Bäume: *„Ein mächtiger Stamm und eine reich strukturierte, riesige Krone machen den Baum zum Blickfang."* (1995, S. 212). Tatsächlich zeigt der mindestens 350-, vielleicht schon 400-jährige Veteran kaum Astverluste seit meinem Besuch 2007, und der Stamm ist noch immer fest und geschlossen.

Weitere, beachtliche Alteichen finden sich am östlichen Rand der großen Lichtung (direkt am Weg), sowie nahe des Ablacher Weihers, wo die *Prinz Franz-Josef-Eiche* (links) mit nahezu fehlender Krone und hohlem Stamm allmählich ihrem Ende entgegen geht.

Baumart: *Quercus robur*
Landkreis: *Sigmaringen*
Standort: *Im Wildpark Josefslust, auf der Südseite der zentralen Lichtung*
Geodaten: *48.047867, 9.214399*
Alter: *ca. 350–400 Jahre*
Stammumfang: *6,88 m (2020)*

Baumart: *Quercus robur*
Landkreis: *Sigmaringen*
Standort: *Im Wildpark Josefslust*
Geodaten: *48.047084, 9.214981*
Alter: *ca. 300 Jahre*
Stammumfang: *4,95 m (2020)*

Schlosslinde
in Scheer

Drei Kilometer östlich von Sigmaringen liegt die Altstadt des Städtchens Scheer in einer engen Flussschleife der Donau. Im Inneren ist als hoher Bergrücken der *Schlossberg* auf den harten Jurakalken der Alb erhalten geblieben. Ein 25 m tiefer Burggraben trennt dabei den eigentlichen Schlossberg mit dem Ende des 15. Jahrhunderts entstandenen Schloss von dem südlich angrenzenden *Karlsberg*.

Auf diesem lang gestreckten Hochplateau ist bereits um 1541 ein ‚herrschaftlicher Baumgarten' entstanden, der über die auf hohen Pfeilern stehende ‚Gartenbrücke' mit dem Schlossareal verbunden war. Daraus entstand im 17. Jahrhundert eine von Mauern umgebene, geschlossene Gartenanlage mit vier Pavillons an den Ecken. Im 18. Jahrhundert erfolgte dann die Umgestaltung in einen Schlosspark, der mit seiner offenen Mittelachse (Rasenflächen, Blumenbeete) und den beidseitig angelegten Lindenalleen direkt auf das Schloss hin ausgerichtet war.

Heute ist von diesem Parkcharakter kaum noch etwas zu erkennen, es ist ein etwas verwilderter Parkwald entstanden. Doch einige der ursprünglichen Linden sind noch heute erhalten, sie dürften somit um 250 Jahre alt sein. Die mit Abstand markanteste steht nahe beim Schlossübergang, am Ende der östlichen Lindenreihe. Leider hat die Sommer-Linde in den letzten Jahrzehnten sehr schwere Beschädigungen hinnehmen müssen: Bei meinem Besuch im April 2014 sind von den ehemals sechs riesigen Stämmlingen nur noch drei vorhanden, doch sie ragen noch immer fast 35 m in die Höhe. Das frischgrüne Laub täuscht ein wenig über den hohen Gefährdungsgrad hinweg, dem der gewaltige Baum ausgesetzt ist – ohne massive Sicherungsmaßnahmen werden die schweren Achsen beim nächsten starken Sturm aus dem bereits in Zersetzung befindlichen Sockel herausbrechen!

Baumart: *Tilia platyphyllos*
Landkreis: *Sigmaringen*
Standort: *100 m südlich des Schlosses am Mühlberg*
Geodaten: *48.071952, 9.293513*
Alter: *ca. 250 Jahre*
Stammumfang: *7,43 m, Taille 7,16 m (2014)*

Kirchlinde
in Emerfeld

Das kleine Emerfeld auf der östlichen Sigmaringer Alb besitzt einen wahrhaft uralten Bewohner: Die *Kirchlinde* zählt möglicherweise zu den fünf ältesten und auf alle Fälle eindrucksvollsten Bäumen des Landes! Ob sie tatsächlich schon beim Bau oder der Weihung der nebenstehenden Kirche gepflanzt wurde und somit rund 850 Jahre alt ist – wie bei Brunner (2007, S. 36) vermutet wird – darf zumindest bezweifelt werden. Auch das Deutsche Baumarchiv (Ullrich u. a., 2009, S. 252) geht in seiner Schätzung eher von ca. 500 Jahren aus.

Die an einer Böschung des Kirchplatzes anzutreffende Sommer-Linde besteht im Wesentlichen aus zwei offenen, alten Stammfragmenten, die mittlerweile getrennt sind, sowie einem weiteren, jüngeren Stamm, der in ca. 5 m Höhe abgenommen ist und mit einer schiefen Abdeckung versehen wurde. Letzterer könnte durchaus einem der Altstämme erwachsen sein, denn diese zeigen an ihren Rändern enorm starke, wulstförmige Wachstumszonen. Im Frühjahr 2007 wurde der Baum ausgeschnitten, da trockenes Geäst herabgestürzt war. Einige Halteseile sollen ein weiteres Auseinanderbrechen verhindern. Die Innenseiten des Stammes wurden vor Jahren mit Baumharz ausgestrichen, wahrscheinlich nachdem man den morschen Innenraum ausgeräumt hatte. Für Kinder ist der großartige Baumschatz sicher schon seit Jahrhunderten ein beliebter Spiel- und Versteckplatz. Und auch bei meinem Besuch im September 2007 erzählen mir einige Kinder, wie man in ‚ihrem' Baum am besten klettert und wo der schönste Ausguck ist.

Eine gewisse Ähnlichkeit mit der ca. 700-jährigen Linde im hohenlohischen Wiesenbach (s. S. 140 f.) ist durchaus vorhanden, wenngleich in Emerfeld noch Teile der Primärkrone vorhanden sind – und der Baum deshalb noch massiger wirkt. Den gemeinsamen Umfang der noch vorhandenen Stammteile messe ich mit 9,70 m.

Im Frühsommer 2021 scheint der Baum kaum verändert, lediglich ein kleiner Durchbruch in der Schalenwand ist hinzugekommen, und der Austrieb rings um den Stamm ist so stark entwickelt, dass es scheint, der Baum wolle sich hinter seinem eigenen Blättermantel verstecken.

Baumart: *Tilia platyphyllos*
Landkreis: *Biberach*
Standort: *Kirchdorfstraße*
Geodaten: *48.164203, 9.319972*
Alter: *ca. 600–700 Jahre*
Stammumfang: *9,70 m (2021)*

Kapellenlinden
bei Grüningen

Baumart: *Tilia platyphyllos*
Landkreis: *Biberach*
Standort: *Südöstlich des Orts, Einmündung Parkstraße in die L 275; bei der Schutzengel-Kapelle*
Geodaten: *48.164452, 9.455874*
Alter: *ca. 572 Jahre, Pflanzung um 1450*
Stammumfang: *7,40 m und 6,90 m (beide 2014)*

Zwischen der Donautalebene und dem Fuß der Schwäbischen Alb liegt der kleine Riedlinger Stadtteil Grüningen. Der nur 430 Einwohner zählende Ort besitzt mit dem mittelalterlichen Schloss der Freiherren von Hornstein ein bedeutendes Kulturdenkmal der Region.

Als bedeutendstes Naturdenkmal dürfen die drei Sommer-Linden gelten, die bei der ursprünglich 1668 errichteten *Schutzengel-Kapelle*, südöstlich vor Grüningen stehen. Otto Feucht erwähnt in seinem Schwäbischen Baumbuch von 1911, dass die Kapelle von vier prächtigen Linden beschattet wird, deren stärkste schon damals einen Umfang von 6,75 m aufwies (s. dort S. 77). Die jüngste des heutigen Trios dürfte aus der Zeit des heutigen Kapellenbaus stammen, wie eine Inschrift belegt, erfolgte dieser im Jahr 1884. Die Pflanzung der beiden alten jedoch geht nach den Aufzeichnungen der Naturschutzbehörde in die Mitte des 15. Jahrhunderts zurück – sie sind somit ebenfalls ‚mittelalterlich' in diesem Sinne.

Die mächtigen, deutlich ausgestellten Stämme sind hohl, bei der nördlichen Linde kann man bequem in den Stamm hineingehen und die Innenwände betrachten, die mit einem Baumharzanstrich versehen sind. Die Krone wurde vor Jahrzehnten kräftig gekappt, hat danach aber wieder gut ausgetrieben. Bei der südlichen Linde, die bereits dicht ans Mauerwerk des Kapellengebäudes herangewachsen ist, zeigen sich vielfältige Durchbrüche und Aufrissöffnungen, sowie starke Verwachsungen und Maserknollen am Stammfuß. Mit dem schrägen Wuchs ihres einzig noch verbliebenen, ebenfalls eingekürzten Hauptastes scheint sie sich von den beiden Nachbarinnen abwenden zu wollen – nach Süden, zum freien Feld hin, ist die maximale Lichtausbeute möglich. Ein zweiter Stämmling ist schon kurz nach dem Kronenansatz gebrochen, hier geht die Borke mehr und mehr verloren. Doch auch dieser urtümlich anmutende Baum hat es bisher geschafft, sich über neue Austriebe eine kleine Sekundärkrone zu erhalten. Eine erst vor wenigen Jahren nachgepflanzte Junglinde macht das Quartett wieder komplett.

Heuhoflinde
bei Bremelau

Wenige Kilometer östlich von Bremelau liegt der *Heuhof*, ein im 17. und 18. Jahrhundert zum Kloster Marchtal gehörender Gutshof mit einer eigenen Kapelle, die bereits 1133 von Bischof Ulrich von Konstanz errichtet wurde. Wie der Oberamtsbeschreibung der Stadt Münsingen von 1825 zu entnehmen ist, befand sich das Anwesen im 19. Jahrhundert im Besitz des Fürsten von Thurn und Taxis – wie übrigens auch ganz Bremelau zu dieser Zeit. Bis zum Dreißigjährigen Krieg soll hier auch ein Weiler namens Heudorf existiert haben.

Im Jahre 1640 soll im Garten des heutigen Haupthauses eine Sommer-Linde gepflanzt worden sein – ein durchaus ungewöhnliches Datum, da der Krieg noch acht Jahre dauern sollte. Eine hinsichtlich des möglichen Alters interessante Variante dazu finden wir bei Michel Brunner (2007, S. 30), der davon ausgeht, dass die Linde bereits im Jahre 1133 neben der Kapelle gepflanzt worden sein könnte. Doch wie wäre ein Alter von rund 890 Jahren mit dem weitgehenden Fehlen typischer Alterserscheinungen in Einklang zu bringen? Brunner vermutet, dass der alte Baum im Jahr 1837 zerstört wurde, als die Kapelle abbrannte. Aus dem Stammrest könnten eine Reihe von Neutrieben, sogenannte *Stockloden*, gewachsen sein, die dem Baum ein zweites Leben ermöglichten. Im Laufe der Zeit sind sie zu kräftigen Stämmlingen herangewachsen und schließlich zu einem gemeinsamen Stamm verschmolzen. Der Baum hätte somit ein Alter von 185 Jahren, aber ein *Klonalter* von 890 Jahren, wäre also noch der gleiche wie zu Beginn seines Lebens – allerdings nicht mehr derselbe!

Einiges spricht durchaus für diese Lebensgeschichte: Die weitgehend vollholzige Substanz, die vielfach durch starke Längsfurchen gegliederte Stammoberfläche, sowie die Tatsache, dass Linden durchaus in der Lage sind, über Stockaustriebe einen Neubeginn des Wachstums zustande zu bringen. Wer die abgegangene Linde bei Boll (nahe Oberndorf am Neckar) gesehen hat, aus deren Stammresten mehr als 25 Stockausschläge ringförmig emporwachsen, hält eine solche Entwicklung für immerhin denkbar. Das bereits vorhandene, große Wurzelsystem des Altbaums verschafft den Neutrieben dabei weitaus bessere Startbedingungen und führt somit zu einem deutlich höheren Wachstumstempo als das bei einem neuen Samenaustrieb der Fall ist. Dass die drei heutigen Stammachsen auf einer Linie liegen, unterstützt Brunners These allerdings eher nicht, denn die mittlere Achse müsste auch aus der alten Mitte erwachsen sein – was nicht sein kann.

Ein weiterer ‚Haken' an der Geschichte: Die Stockloden erwachsen aus der zuletzt noch vorhandenen äußeren Stammschale des Altbaums – und da diese Neutriebe ja auch nach außen wachsen, hätte der Altbaum vor seinem Abgang nur etwa 2/3 des heutigen Stammdurchmessers erreicht. Die in den letzten 185 Jahren erzeugte Holzmenge der Linde läge also mehr als doppelt so hoch wie das Volumen, das der Altbaum in 700 Jahren davor geschafft hat! Dies erscheint, auch im Hinblick auf die eher kargen Verhältnisse der Schwäbischen Alb in einer Höhenlage von 760 m, äußerst unwahrscheinlich, und lässt letztendlich nur folgende Entstehungsmöglichkeiten zu: Entweder handelt es sich bei der heutigen Heuhoflinde schon um den Nachfolger des Nachfolgers, oder der Zeitpunkt X für den Beginn des zweiten Baumlebens liegt früher als das von Brunner angenommene Jahr 1837 – zum Beispiel um 1700. Auch die Angabe des Pflanzjahrs 1640 erscheint angesichts des guten Zustands noch halbwegs realistisch. Wie so oft, bewegt man sich bei der Altersdatierung auf dem dünnen Boden der Spekulation!

Baumart: *Tilia platyphyllos*
Landkreis: *Reutlingen*
Standort: *Ortsteil Heuhof*
Geodaten: *48.349038, 9.571711*
Alter: *ca. 185–380 Jahre*
Stammumfang: *9,80 m (2011)*

Friedenslinde
in Mehrstetten

Das rund 7 km südöstlich von Münsingen gelegene *Mehrstetten* gilt mit seinen 1.450 Einwohnern als kleinste selbstständige Gemeinde des Reutlinger Landkreises. Wie viele von ihnen sich darüber im Klaren sind, dass ihr Dorf einen wirklich seltenen Baumschatz besitzt, ist nicht bekannt – die zwei befragten Passanten waren es.

Die wahrscheinlich aus dem Jahr 1648 stammende Lindenruine fand ich bei meinem ersten Besuch im Oktober 2007 nach deren Schilderung an der Gabelung von Lager- und Böttinger Straße. Ihr Stamm ist so stark zerklüftet, ursprünglich vielleicht durch die Folgen eines Blitzschlages gespalten, dass er komplett durchschritten werden kann. Die beiden ungleichen Stammteile haben durch einen querliegend verwachsenen Ast nur noch eine einzige, etwa 30 cm breite Verbindungsstelle in 3 m Höhe. Das Innere wurde vor vielen Jahren mit Baumharz ausgestrichen, doch löst sich dieses bereits an vielen Stellen wieder ab.

Es ist beeindruckend, wie sich dieser Baumgreis ungeachtet seiner riesigen Verluste und ohne jede Sicherungsmaßnahme am Leben hält: Besonders den zahlreichen Randwülsten entspringt eine ganze Reihe junger Triebe, die der alten Linde nochmals zu einer kleinen, aber feinen Sekundärkrone verhelfen. Sie ist nur 14 m hoch und etwas weniger breit, aber dicht belaubt und lässt hoffen, dass diese Regeneration von einiger Dauer sein könnte (Bilder von 2013).

Der Stammumfang ist jetzt noch mit 6,84 m messbar, bei einer geschlossenen Form könnte man sich vielleicht 7,50 m vorstellen. Dieses Maß und natürlich Alter und Erscheinung machen diese Sommer-Linde zu einem bedeutenden Baumdenkmal unseres Landes. Schade nur, dass man die Würde dieses Baums so pietätlos missachtete, als man diverse Hinweisschilder (Skilift, Fahrradweg, Wanderweg, Straßenschild) zum Teil direkt auf der Borke anbrachte. Immerhin hat man den früher direkt am Stamm befestigten Gartenzaun inzwischen beseitigt.

Baumart: *Tilia platyphyllos*
Landkreis: *Reutlingen*
Standort: *Nördlicher Ortsrand, Lagerstraße/Böttinger Straße*
Geodaten: *48.378199, 9.564805*
Alter: *ca. 370 Jahre*
Stammumfang: *6,84 m (2007)*

Baumart: *Tilia platyphyllos*
Landkreis: *Alb-Donau-Kreis*
Standort: *Ortsende Richtung Seißen*
Geodaten: *48.448865, 9.675255*
Alter: *ca. 300 Jahre*
Stammumfang: *5,25 m (2012)*

Gleich zwei prächtige Linden zeigt uns der Ort *Sontheim*, südwestlich von Laichingen gelegen, der mit dem Schwesterdorf Ennabeuren zusammen die Gemeinde Heroldstatt bildet. Die ältere Linde (rechte Seite) steht am westlichen Ortsrand an der Straße nach Laichingen, an der Abzweigung zum Gewerbegebiet Wörth. Zur genaueren Kennzeichnung könnte man sie nach ihrem Standort als *Hungerberglinde* bezeichnen. Ihr schief stehender Stamm ist straßenseitig völlig aufgebrochen und hohl. Er lässt sich durch die unförmige Gestalt erst in 1,80 m Höhe einigermaßen zuverlässig messen, hier sind es 6,18 m (in Brusthöhe sind es ca. 6,40 m).

Zu den besonderen Kennzeichen dieser wahrscheinlich über 350 Jahre alten Winter-Linde gehört auch der Rest eines ehemaligen starken Astes, auf dem ein jüngerer Ast steil aufwärts und bogenförmig nach außen wächst. Aber auch der dürfte bereits im Alter von ca. 70 Jahren sein und wurde schon eingekürzt. Insgesamt hat sich eine kleine, aber gut verzweigte Krone erhalten – wenngleich mit Trockenästen durchsetzt.

Am östlichen Ortsrand, dem Sträßchen nach Seißen, befindet sich das zweite, großartige Lindendenkmal von Sontheim, die *Bayer's Linde* (links). Bei meinem ersten Besuch im Februar 2006 hatte ich den Baum bereits auf gut 200 Jahre geschätzt, als der zufällig vorbeikommende, ehemalige Förster der Gemeinde mir erklärte, er sei bereits um die 300 Jahre alt! Sechs Jahre später ist eine Tafel angebracht, auf der dieses Alter angegeben wird. Umso erstaunlicher ist ihr guter Gesamtzustand – die 20 m hohe, gut 27 m durchmessende und mit Seilen gesicherte Krone der Sommer-Linde hat immer noch sehr feine Verästelungen und nur geringe Verluste. In drei Meter Höhe teilt sich der massige Erdstamm in zwei Hauptachsen, auf der Ostseite sieht es gar so aus, als wären zwei Bäume miteinander verwachsen – was aber wahrscheinlich nicht der Fall ist. Als besonderes Merkmal dürfen auch der harmonisch ausgestellte Stammfuß und die offenen, den Hang hinablaufenden Wurzelanläufe gelten, die den Baum vollends zu einer wahren Schönheit werden lassen.

Baumart: *Tilia cordata*
Landkreis: *Alb-Donau-Kreis*
Standort: *Beim Hungerberg, Ecke Laichinger und Gewerbestraße*
Geodaten: *48.450307, 9.665679*
Alter: *ca. 370 Jahre*
Stammumfang: *6,40 m (2012)*

Lindenschätze

in Sontheim

Große Linde
in Laichingen

Das Deutsche Baumarchiv hat im Jahr 2006 alle deutschen Landkreise angeschrieben und nach besonders herausragenden Bäumen befragt. Die Ergebnisse wurden dann drei Jahre später von Uwe und Stefan Kühn sowie Bernd Ullrich in ihrem Band *Unsere 500 ältesten Bäume* (blv-Verlag) veröffentlicht. Allerdings mussten die Autoren für ihre Auswahl eine sehr hohe Messlatte anlegen – so kamen etwa bei den Linden nur solche Bäume in Betracht, deren Stammumfang oberhalb von 9 m liegt. Dieses Kriterium erfüllen lediglich neun Bäume dieser Art in Baden-Württemberg! Allerdings wurden dann doch sechs weitere Exemplare berücksichtigt.

Aufgrund dieser hohen Messlatte ist eine mächtige Linde am nördlichen Stadtrand der rund 11.000 Einwohner zählenden Kleinstadt Laichingen (Gewann Linden) bisher völlig unbekannt geblieben. Auch das noch fehlende hohe Alter mag eine Rolle gespielt haben, sonst wäre sie bestimmt auch schon im Schwäbischen Baumbuch von 1911 erwähnt worden. Für Baden-Württemberg kommt man jedoch nicht an ihr vorbei und so wird sie hier als ‚Neuentdeckung' vorgestellt. Außer einem Blitzschaden sind nur relativ unbedeutende Astverluste festzustellen, der Gesamtzustand ist insgesamt außergewöhnlich gut.

Die fünf Hauptachsen teilen sich derart intensiv auf, dass man – direkt am Stamm stehend und nach oben schauend – den Eindruck hat, man befände sich im Wald. Dabei sind die Kronenmaße mit 26 m in der Höhe und 24 m in der Breite nicht einmal rekordverdächtig. Der freie Stand am Sträßchen zum Schützenhaus unterstreicht dieses eindrucksvolle Gesamtbild. Die frühe Aufteilung des Erdstammes und dessen ausgeprägte Längsfurchung legt allerdings die Vermutung nahe, dass es sich bei der Großen Linde von Laichingen um eine Bündelpflanzung handeln könnte. Möglicherweise wurden vier junge Bäumchen zusammen in ein Pflanzloch gesetzt – oder eventuell auch in vier verschiedene, die sehr nahe beieinander lagen. In diesen Fällen setzt sich in der Regel dann aber nur ein Baum durch – hier könnte eine Ausnahme von dieser Regel vorliegen.

Neben vielen weiteren Sommer-Linden ist Laichingen, das insgesamt 57 Bäume (!) als Naturdenkmale ausgewiesen hat, aber auch ein besonderer Buchenstandort: Vor allem im Umfeld der berühmten *Laichinger Tiefenhöhle* traf ich im März 2013 auf zahlreiche alte Weid- und Hutebuchen im Alter von gut 250 Jahren. Vielleicht noch älter ist die inzwischen radikal zurückgeschnittene *Zuckerbuche* am Laichinger Festplatz.

Baumart: *Tilia platyphyllos*
Landkreis: *Alb-Donau-Kreis*
Standort: *Nördlicher Ortsrand, Weite Straße*
Geodaten: *48.499972, 9.692342*
Alter: *ca. 200–220 Jahre*
Stammumfang: *7,04 m (2013)*

Lindenallee
in Merklingen

Alleenlinden in höherem Alter zählen im Gegensatz zu einzeln stehenden Altlinden zu den eher seltenen Erscheinungen im Land – und jenseits von 300 Jahren gehören sie wohl zu den wertvollsten botanischen Kostbarkeiten überhaupt. An der Lindenstraße zwischen Merklingen und Hohenstein haben sich die letzten Bäume einer vielleicht schon 400-jährigen Lindenallee bis in unsere Zeit erhalten. Wie viele es ursprünglich einmal waren, ist nicht bekannt – allein im Abschnitt zwischen dem Ortsrand von Merklingen und der heutigen Autobahnüberquerung könnten es mehr als 50 gewesen sein. Bei meinen Besuchen von 2012 bis 2021 waren noch sechs von ihnen vorhanden, wobei eine deutlich später nachgepflanzt wurde. Die vier eindrucksvollsten werden nachfolgend beschrieben:

Die Sommer-Linden sind mit römischen Zahlen bezeichnet, beginnend am westlichen Ortsrand mit *Linde I* unterhalb der Straßenböschung (unten links). Der kurze Stamm und die drei Hauptachsen sind hohl, die vielastige Krone erhebt sich aber noch gut 24 m. *Linde II* (unten Mitte) zeigt einen massigen, hohlen Stammsockel, aus dem sechs jüngere Steilachsen die noch etwa 16 m hohe Sekundärkrone bilden – drei von ihnen sind 2021 auf wenige Meter Länge gekappt. Der Grundaufbau des Baumes erfolgt nur über zwei Hauptachsen.

Linde IV (rechte Seite) zeigte bereits 2008 massive Fäulnisschäden und 2012 wurde die bis dahin noch 18 m hohe Krone radikal gekürzt. Bei ihr ist die Zersetzung am weitesten fortgeschritten, doch auch 2021 zeigen sich zahlreiche neue Austriebe. Etwa 500 m weiter, am Rand eines Waldgebiets, steht *Linde VI* (unten rechts). Bei ihr streben elf jüngere, steile Hauptäste aus dem mächtigen Stammsockel, der von zahlreichen Wassertrieben umgeben ist. Die Zweige der überaus dichten Krone hängen weit herab, der Zustand ist trotz vieler Astverluste ausgesprochen vital.

Baumart: *Tilia platyphyllos*
Landkreis: *Alb-Donau-Kreis*
Standort: *ca. 140 m, 300 m, 800 m, 1300 m nach der Brücke über die L 1230, in Richtung Hohenstadt*
Geodaten: *48.514779, 9.746114 • 48.515637, 9.744305 • 48.517755, 9.738336 • 48.520747, 9.734635*
Alter: *ca. 400 Jahre*
Stammumfang: *Linde I: 8,53 m bei 60 cm (2021), Linde II: 7,75 m bei 80 cm (2021), Linde IV: 8,35 m bei 100 cm (2021), Linde VI: 7,60 m (2013)*

Winter-Linden
bei Ettlenschieß

Die Gemeinde *Lonsee* weist mit ihren sechs Teilorten insgesamt 38 Baumdenkmale auf ihrer Gemarkung aus – bei nur rund 5.000 Einwohnern ist das ein weit überdurchschnittlicher Wert. Darunter befinden sich zahlreiche Linden, und die eindrucksvollsten von ihnen findet man ein gutes Stück vor dem westlichen Ortsrand der Teilgemeinde Ettlenschieß. Sie wurden von Michel Brunner (2007, S. 52) erstmals dokumentiert. Er berichtet dabei allerdings von ‚mehreren' Bäumen – vielleicht weil mehrere 100 Meter näher zum Ort eine dritte, jüngere Linde folgt.

Die beiden bei meinem Besuch Anfang März 2013 noch vorhandenen Altlinden an der Straße nach Amstetten stellen hinsichtlich Alter und Format einen ganz außergewöhnlichen Baumschatz dar. Den größeren Anteil daran hat zweifellos das riesige westliche Exemplar (linke Seite) mit seinem kolossalen, 7,94 m umfassenden Erdstamm. Aus ihm gehen sieben unterschiedlich starke Achsen hervor: Zwei zeigen mit waagerechtem Verlauf von der Straße weg, eine andere gabelt sich und verläuft im Bogen abwärts um dann wieder aufzusteigen. Die drei stärksten orientieren sich relativ steil aufwärts und bilden den Hauptteil der Krone. Schließlich setzt noch eine weitere, kleinere Achse seitlich an einem der beiden Zentralteile an. Straßenseitig ist vor langer Zeit ein achter Stämmling ausgebrochen, starke Wucherungen umgeben die Abbruchstelle. Im Zentrum dürften früher sogar noch zwei weitere Achsen vorhanden gewesen sein. Der riesige Stammsockel zeigt sowohl Zonen starken Holzwachstums als auch (auf der Rückseite) einen gewaltigen Maserknollen, der bereits teilweise weggefault ist. Charakteristisch sind auch die rundlich gebogenen Aststellungen. Man kann sicher davon ausgehen, dass hier eine Bündelpflanzung vorlag, die – gemäß den vorgefundenen Oberflächenstrukturen – vielleicht 300 Jahre zurückliegen dürfte.

Der zweite Baum ist zwar deutlich schwächer (rechts), doch ist er wohl genauso alt. Einige seiner Haupttäste wurden früher einmal abgenommen und in der Folge hat dann starker Austrieb eingesetzt – sie wirken deshalb ein wenig ‚besenartig'. Auf der Rückseite wurde ein riesiger Astausbruch zwar mit Baumharz behandelt, doch die entstandene Höhlung ist sicher irreparabel.

Baumart: *Tilia cordata*
Landkreis: *Alb-Donau-Kreis*
Standort: *An der L 1232, ca. 1.200 m westlich des Orts*
Geodaten: *48.567756, 9.908831*
Alter: *ca. 300 Jahre*
Stammumfang: *7,94 m und 4,94 m (beide 2012)*

Flöten hör' ich und Geigen, kräftiges Baßgebrumm. Lustiges Volk im Reigen, tanzt um die Linde herum. Wirbelt wie Laub im Winde, jubelt und lacht und tollt. Bliebe so gern bei der Linde, aber der Wagen, der rollt.

‚Hoch auf dem gelben Wagen' saßen früher die Reisenden, die auf der Strecke von Ulm nach Geislingen und weiter zum Rhein und Richtung Niederlande unterwegs waren. An der historischen Poststation und Gaststätte *Löwen* im kleinen Luizhausen konnte man sich selbst und den Pferden eine Rast gönnen. Ob allerdings im Oktober 1805 auch Napoleon Bonaparte hier genächtigt hat, wovon eine gerahmte Schilderung in der Gaststube berichtet, ist nicht sicher belegt. Da sich der heutige Teilort von Lonsee jedoch genau in der geografischen Mitte der Achse Wien – Paris befindet und Napoleon sich am 14. Oktober auf dem Schlachtfeld bei Elchingen aufhielt, ist es zumindest möglich. Für ihn soll damals auch eine Linde gepflanzt worden sein, und die steht noch heute an der nach Norden aus dem Ort führenden Lindenstraße.

Die mächtige Sommer-Linde zeigt eine zwar gekürzte Krone, aber mit 26 m Höhe und 22 m Breite immer noch beachtliche Maße – der Umfang des Stammes beträgt ziemlich genau 7 m. Zu den Hauptmerkmalen des Baumes zählen die Stärke der drei Hauptachsen, die in 10 m Höhe noch dick wie Bäume sind, sowie zahlreiche Maserknollen, aus denen nicht nur dünne Triebe wachsen, sondern auch inzwischen recht starke Äste. Neben den bestehenden Stämmlingen, die in der Höhe mit Stahlseilen gesichert sind, gab es früher mindestens vier weitere große und tief abgehende Starkäste. Ein Stammhohlraum am Fuß, der nicht den ganzen Querschnitt erfasst, wurde mit drei dicken Zaunlatten verschlossen und mit einem Baumharzanstrich versehen. Auffallend ist darüber hinaus ein sehr dichter Blattaustrieb, vor allem auch im Stammbereich.

Eine weitere, besonders prächtige, allerdings erst ca. 150-jährige Sommer-Linde findet man am westlichen Ortsrand, auf einer Pferdekoppel an der Scharenstetter Straße.

Napoleonlinde
in Luizhausen

Baumart: *Tilia platyphyllos*
Landkreis: *Alb-Donau-Kreis*
Standort: *Nördlicher Ortsrand, Lindenstraße*
Geodaten: *48.522737, 9.901838*
Alter: *ca. 220 Jahre*
Stammumfang: *ca. 7 m (2013)*

Hutebuchen
bei Scharenstetten

Erst im Jahr 2009, als Bernd Ullrich und das Deutsche Baumarchiv in ihrem Buch *Unsere 500 ältesten Bäume* (erschienen im blv-Verlag) von ihr berichteten, erfuhr man auch weit über den Alb-Donau-Kreis hinaus von der alten Hutebuche bei Scharenstetten. Der vielleicht 250-jährige Baum ist zwar weit davon entfernt, zu diesem erlauchten Kreis der ältesten Baumveteranen gezählt zu werden, doch dürfte er immerhin zu den dicksten seiner Art in Baden-Württemberg – und auch in Deutschland – gehören. 8,10 m sind für seinen Stammumfang angegeben und als ich im Juni 2012 ebenfalls das Maßband anlege, sind es sogar 8,25 m. Dies liegt jedoch nicht unbedingt daran, dass der Baum so schnell gewachsen wäre, sondern hat wohl eher mit dem sehr beuligen Stamm selbst zu tun, an dem eine Messung nicht so einfach durchzuführen ist – schon geringe Unterschiede in der Messhöhe führen zu merklich verschiedenen Werten.

Bei genauerer Betrachtung zeigt sich, dass der riesige Baum tatsächlich aus mehreren Einzelstämmen – wahrscheinlich sind es sechs – verwachsen sein könnte. Am verschmolzenen, etwa 2,50 m hohen gemeinsamen Stamm sind mehrere Bereiche erkennbar, an denen das Holzwachstum offenbar mit recht hohem Tempo verlief und die ursprünglich dort vorhandenen Zwischenräume nach und nach geschlossen hat. Oberhalb davon bauen die sechs teils jüngeren Stämmlinge, die für sich betrachtet nicht von außergewöhnlicher Stärke sind, eine mit 24 m Durchmesser und 32 m Höhe bemerkenswerte Krone auf. Zu deren besonderer Kennzeichnung gehört auch ein einzelner, waagerecht abgehender Tiefast. Der Standort des Baumes ist ein etwa 800 m östlich des Ortes gelegener Grillplatz, unterhalb der Straße nach Luizhausen.

An dieser Stelle sollte noch ein zweiter Baum (oben) erwähnt werden, der nahe dabeisteht und sich wahrscheinlich im gleichen Alter befindet. Im Bild ist gut erkennbar, dass es hier zwei Einzelbäume sind, die nahe zusammenstehen und von unten nach oben allmählich zusammenwachsen. Mit ein wenig Fantasie könnte man sogar von einem sich umarmenden Baumpaar sprechen. Die beiden Achsen verlaufen senkrecht, doch mit den zahlreich abgehenden Seitenästen ist die Gesamtform strahlenförmig und harmonisch. Der Umfang des Stammes beträgt 4,56 m.

Baumart: *Fagus sylvatica*
Landkreis: *Alb-Donau-Kreis*
Standort: *Gehölzinsel ca. 1 km östlich des Orts, bei einem Grillplatz*
Geodaten: *48.514126, 9.869898*
Alter: *ca. 200 Jahre*
Stammumfang: *8,25 m und 4,56 m (beide 2012)*

Was für ein Baum! Man weiß wirklich nicht, was man mehr bewundern soll: Die schlichte Größe dieser Krone – mit der größten Spannweite werden 30 m erreicht – oder diesen spektakulären Wuchs? Die weit ausgreifenden Arme lassen den Eindruck eines Riesenkraken aufkommen und ihr schlangenartiger Verlauf erzeugt die in doppeltem Sinne passende Assoziation eines Lindwurms.

Die charakteristischen, tief angesetzten und sich zur Erde herabneigenden Äste zeigen vielfach starke Verdickungen und sind bei meinem Besuch 2013 mit insgesamt sieben hölzernen Stützen gesichert. Vor allem die beiden seitlichen Ausleger sind von beeindruckender Stärke – der zur Straße weisende hat für sich schon einen Umfang von 3,50 m. Und der zum Feld hin gerichtete fächert sich nach dem Abgang vom Erdstamm seinerseits wieder in vier Teilstämme auf. Zwischen diesen beiden Seitenachsen haben zwei zentrale Stämme den mittleren Teil der Krone aufgebaut. Erstaunlicherweise sind sie aber kaum höher (22 m) als die zunächst seitlich abzweigenden Kronenteile. Betrachtet man bei einem Totalbild (oben) nur die obere Hälfte, entsteht der Eindruck, es handele sich um mindestens vier nebeneinander stehende Bäume. Zusätzlich sind auch in der oberen Krone Sicherungen in Form von Seilen eingebracht.

Bemerkenswert sind auch die dicken, polsterartigen Moosbeläge auf den Ober- beziehungsweise Westseiten der Hauptstämme. Nur an den rundlichen, knollenartigen Verdickungen des gut 7 m starken Erdstammes kann sich Moos nicht festsetzen – dafür sorgt schon die Dorfjugend, die diese Wucherungen offenbar als Tritthilfe beim Klettern benutzt. So gelangt man zur einzigen offenen Höhlung, die sich an der Nahtstelle zwischen den beiden seitlichen Auslegern und unterhalb der Mittelachsen befindet.

Der Zustand ist für einen Baum dieses Alters (ca. 400 bis 500 Jahre) und vor allem dieses kolossalen Kronenformats erstaunlich gut – trotz etlicher Verluste und einiger Trockenäste. Ein 2013 von Bernstadt in Auftrag gegebenes Gutachten zur Standsicherheit der Linde kam zum Ergebnis, dass diese gegeben und der Baum gesund sei. Einige Stahlseile und Stützen wurden erneuert und Totholz wurde aus der Krone entfernt.

Die auf westlicher Seite außerhalb des Orts in verkehrsfreier Umgebung stehende Winter-Linde erinnert an den in der Nähe abgegangenen Weiler *Walkstetten*. Ihre Gestalt lässt vermuten, dass es sich zwar um eine geleitete Linde handelt, aber nicht um eine Tanzbodenlinde – diese stehen als Treffpunkt der Dorfbewohner in der Regel eher im Ortskern. Vielleicht war sie sogar eine der seltenen Schützenlinden? Mitte des 16. Jahrhunderts wurden im Raum Ulm offenbar mehrfach mit der Gründung von Schützenvereinen auch Linden gepflanzt – immer deutlich außerhalb des Orts. Auch der Name des Gewanns spricht für diese Theorie: *An der Schießmauer*. Doch wirklich handfeste Belege aus der Historie gibt es wohl nicht, und so ist die fantastisch anmutende Baumgestalt der Walkstetter Linde auch weiterhin ein wenig vom Mythos ihrer verborgenen Geschichte umgeben.

Walkstetter Linde
bei Bernstadt

Baumart: *Tilia cordata*
Landkreis: *Alb-Donau-Kreis*
Standort: *Am Ortsrand, Richtung Westerstetten*
Geodaten: *48.501336, 10.011402*
Alter: *ca. 450 Jahre*
Stammumfang: *7,20 m (2013)*

Kaiserlinde
am Zementofen

Trotz ihrer imposanten Erscheinung und einem Alter von über 200 Jahren ist die Kaiserlinde am *Kalkofen* bei Blaubeuren-Gerhausen eine bislang (fast) unbekannte Größe. Hätte sie nicht Michel Brunner in seinem Lindenbuch erwähnt (s. dort S. 52), würde sie sicher auch bei den Baumschätzen der Alb fehlen. Allerdings beschreibt er ihren Standort ‚neben einem Fluss' recht ungenau – tatsächlich befindet sich der Baum am südlichen Talrand der *Blau*, oberhalb der Kläranlage und mindestens 150 m vom Flüsschen entfernt.

Auch auf den Namensbezug geht er nicht näher ein. Ob mit ihr zum Beispiel an den Geburtstag Kaiser Wilhelms I. (22. 3. 1797) erinnert werden soll, bleibt somit Spekulation – zumal der seit 2002 als Naturdenkmal geschützte Baum in den Denkmalslisten als *‚Alte Linde am Zementofen'* geführt wird. Der Zementofen wiederum verweist auf den unweit oberhalb der Linde gelegenen Steinbruch *‚Am Kalkofen'*.

Die fünf großen Achsen der mächtigen Sommer-Linde streben straußförmig auseinander und teilen sich dabei weiter auf, sodass eine 32 m hohe und 23 m durchmessende Krone entsteht. Verschiedene Stahlkabel sind zur Sicherung eingebracht. An der dem vorbeiführenden Sträßchen zugewandten Seite sind allerdings einige größere Äste verloren gegangen. Alle unterhalb von 8 m Höhe abgehenden, bogenförmigen Äste wurden vor ca. 20 Jahren gekürzt und haben wieder gut ausgetrieben. Wahrscheinlich war die Krone vor dieser Kappung noch bedeutend größer!

Ihr Zustand zeigt sich als ausgezeichnet, sieht man einmal von den wenigen Trockenästen ab. Von den für alte Linden typischen Maserknollen sind nur zwei vorhanden, ein weiterer ist bereits abgefault. Auch als ich Anfang März 2022 bei der Kaiserlinde vorbeischaue, sind keine gravierenden Beschädigungen auszumachen. Die am Stammfuß dicht auswachsenden Wassertriebe wurden sorgfältig entfernt.

Baumart: *Tilia platyphyllos*
Landkreis: *Alb-Donau-Kreis*
Standort: *An der Markbronner Straße über dem Klärwerk*
Geodaten: *48.395997, 9.814540*
Alter: *ca. 200–250 Jahre*
Stammumfang: *7,29 m (2022)*

Anno 1716, beim Bau des neuen Hauses für den städtischen Jäger, dürfte die monumentale Sommer-Linde nebenan beim *Ziegelhof* schon ein mächtiger Baum gewesen sein. Heute dient das liebevoll renovierte Gebäude als Landschulheim und sicher haben ungezählte Kinder die uralte Linde über viele Generationen hinweg als Spiel- und Versteckplatz genutzt.

Im eigentlichen Sinne ‚unbeschreiblich', bietet dieser ruinenhafte Baum gleichzeitig vielfältigste Veranlassung, sich intensiver mit ihm zu beschäftigen. Schon beim ersten Besuch zog mich seine Ausstrahlung wie kaum ein zweiter Baum des Landes in seinen Bann. Ähnlich ist es vielleicht schon Otto Feucht ergangen, der 1911 im Schwäbischen Baumbuch schreibt: *„Seit Urzeiten schirmt sie, selbst von manchem Blitzstrahl getroffen, die Hofbewohner und erfreut sie mit reicher Blüte."* (S. 75). Eine Altersangabe fehlt leider und wie es scheint, ist das tatsächliche Alter dieser großartigsten Sommer-Linde der Schwäbischen Alb nicht bekannt. Die in den vorliegenden Veröffentlichungen getroffenen Schätzungen schwanken von 350 bis 550 Jahren (Ullrich et al.), 600 Jahren (Brunner) und 800 bis 1.000 Jahren (Fröhlich). Die Angabe des Stammumfangs, bei Feucht 8,45 m, hilft in diesem Fall auch nicht weiter, da der Zuwachs zum heutigen Wert (2008 waren es 9,70 m) im Wesentlichen wohl dem zunehmenden Auseinanderdriften der zerklüfteten Stammteile zuzuschreiben sein dürfte. Ich selbst halte ein Alter von mindestens 700 Jahren für wahrscheinlich.

Die beiden alten, seitlichen Schalenstücke haben sich weit nach außen geneigt, sind aber mit Seilen am Zentralstamm verankert. Die Mittelachse, die noch ca. 7 m Höhe erreicht und sich oben aufteilt, trägt auf einer Seite den Hauptteil der Krone, obwohl der auf geringe Wandstärke reduzierte Ast aussieht, als könne er jeden Moment herabstürzen.

Die Ehinger Ziegelhoflinde sieht von allen Seiten anders aus, doch überall zeigen sich Durchbrüche, Maserknollen, figurenartige Verwachsungen und dicke, verdrehte Stränge wuchernden Holzes. Im Inneren hat man versucht, mit langen Gewindestangen das Auseinanderbrechen der Stammteile zu verhindern. Auch der Baum selbst hat kräftig nachgeholfen, seine Statik zu verbessern, indem er nach innen viel Stützholz und Adventivwurzeln entwickelt hat.

Die Abbildung links oben (von Otto Feucht, 1909, S. 77) zeigt zum einen eine deutlich größere Krone und zum anderen, dass der besonders kennzeichnende, heute waagerecht zum Hof zeigende Altast zur damaligen Zeit noch in viel engerer Verbindung zur Zentralachse stand und deutlich aufrechter war (Bild links von 2013).

Das trotz der wichtigen Seilsicherung weiterhin zu erwartende Absenken des großen Seitenstamms und seines Gegenübers wurde zum Glück noch rechtzeitig erkannt – zwei massive Holzkonstruktionen stützen nun diese beiden seitlichen Ausleger.

Ziegelhoflinde
bei Ehingen

Baumart: *Tilia platyphyllos*
Landkreis: *Alb-Donau-Kreis*
Standort: *Am Ziegelhof, 2,5 km nordwestlich der Stadt (B 465)*
Geodaten: *48.302112, 9.689082*
Alter: *ca. 700 Jahre*
Stammumfang: *9,70 m (2008)*

Linden
auf der Jungviehweide

Etwa 1 km südwestlich des Ziegelhofs befindet sich ein großer Pferdehof – hier hat der *Reit- und Fahrverein Ehingen e. V.* sein Domizil. Auf diesem Grünlandkeil der Jungviehweide im ansonsten stark bewaldeten Südteil der *Lutherischen Berge* ist eine ganze Reihe außergewöhnlicher Bäume vorhanden.

Die Entdeckung der zehn Stoffelberglinden, am Hang oberhalb des Hofs, haben wir Michel Brunner zu verdanken. Sieben der höchstens 130-jährigen Winter-Linden stehen auf einer Weide und alle sind durch ein den Stamm umgebendes Holzgerüst vor den spitzen Hörnern der Hochlandrinder geschützt, die hier gehalten werden. Vor allem ein besonders skurril gewachsenes Exemplar (rechts, oben) hat ihn offenbar begeistert: *„Nie zuvor haben wir irgendwo in Europa etwas Ähnliches gesehen."* (s. dort S. 64). Das Besondere an dieser Linde ist die im Verhältnis zum Stamm (Umfang nur 3,78 m) überaus große, aus zahlreichen weit geschwungenen Ästen bestehende Krone. Wahrscheinlich hat sie es nur dem extrem hochovalen Querschnitt ihrer Hauptäste zu verdanken, dass bisher noch keine größeren Abbrüche zu beklagen sind – das Gewicht dieser Krone muss enorm sein!

Östlich des Hofs fallen zwei sehr starke und hohe Pyramiden-Pappeln auf, doch hinter ihnen, in einem kleinen Gehölzstreifen nahe eines Tümpels, verstecken sich die beiden ältesten Bewohner des Pferdehofs. Es sind zwei vielleicht schon rund 400-jährige Sommer-Linden – doch sind sie aufgrund des feuchten, schattigen Standorts von gänzlich anderer Gestalt: Die vordere (linke Seite) zeigt fünf Hauptachsen mit sehr steilem Verlauf, sodass die Krone zwar hoch (ca. 30 m), aber nur schmal ausgebildet ist. Der starke Stammaustrieb macht eine genaue Umfangsmessung unmöglich – er liegt bei rund 7,5 m. Die hintere (rechts, unten) ist nur noch eine verfallende Ruine, aus der sich zwei jüngere Triebe bis in 16 m Höhe erheben. Drei weitere treiben seitlich am Fuß des alten Wurzelraums aus.

Baumart: *Tilia platyphyllos und Tilia cordata*
Landkreis: *Alb-Donau-Kreis*
Standort: *Am Pferdehof südwestlich Ziegelhof/Jungviehweide*
Geodaten: *48.297094, 9.682497 und 48.295830, 9.680178*
Alter: *ca. 400 Jahre und ca. 130 Jahre*
Stammumfang: *ca. 7,50 m und bis 4,25 m (alle 2013)*

Baumriesen
im Scheibengarten Mittelbiberach

Auf der Suche nach der bei Fröhlich genannten Sommer-Linde (s. dort S. 210) im *Scheibengarten*, dem traditionellen Veranstaltungsort des Mittelbiberacher Heimatfestes, fand ich zu Beginn des Jahres 2014 leider nur noch einen vermoderten Stumpf – der alte Dorfbaum wurde offenbar schon vor Jahren umgesägt. Glücklicherweise kann wenigstens die benachbarte Sommer-Linde als würdige Vertreterin einspringen (linke Seite). Sie ist möglicherweise aus ursprünglich zwei Sämlingen erwachsen und ihre gut 27 m hohe Krone baut sich auf der einen Seite über zwei, auf der anderen über sieben Stämmlingen auf. Eine Seilsicherung ist vorhanden, und mit Ausnahme einer kleinen Höhlung am Stammfuß darf man den Zustand des 1770 gepflanzten Baums als recht gut bezeichnen. Sie steht als einziger Baum des Gartens unter Naturschutz.

Neben der großen Linde verdienen auch einige weitere Bäume des Scheibengartens Beachtung. So vor allem zwei uralt wirkende Robinien an der Schlossstraßen-Seite, sie dürften ebenfalls aus der Zeit um 1770 stammen. Ihre Stämme sind hohl, beide haben mit reichlich Efeubewuchs zu kämpfen, und die etwas stärkere kommt beim Stammumfang auf ein für die Baumart sehr respektables Maß von 4,50 m (unten, links). Zwei große Rot-Buchen verfügen noch über prächtige, nur gering geschädigte Kronen. Ihre Stammumfänge erreichen mit bis 5,30 m ebenfalls ein stattliches Maß (unten, rechts).

Baumart: *Tilia platyphyllos*
Landkreis: *Biberach*
Standort: *Im Scheibengarten gegenüber der Schlossanlage*
Geodaten: *48.086627, 9.748715*
Alter: *ca. 250 Jahre*
Stammumfang: *6,38 m (2014)*

St. Nikolauslinde
auf dem Kapellenberg

Schon 1911 berichtet Otto Feucht im Schwäbischen Baumbuch von einer *„uralten, vielbesungenen Linde"* im Pfarrdorf Erolzheim (s. S. 89). Von dem damals bereits als Ruine bezeichneten Baum auf dem *Kapellenberg* über dem Dorf, dem heutigen *Frohberg*, biete sich ein herrlicher Ausblick über die Landschaft des Illertals. Dies zumindest ist noch heute so. Er schreibt weiter: *„Sein Inneres ist völlig hohl, nach einer alten Kindersage haust drinnen St. Nikolaus, wenn er zur Weihnachtszeit seinen Bedarf an Kuchen und Backwerk sich fertigt."* Auch ein ungenannter Dichter, der die Linde in der Erolzheimer Chronik besungen hat, darf bei Feucht noch mal zitiert werden:

Im teuren Schwabenlande an eines Tales Rand,
Steht eine alte Linde auf hoher Bergeswand.
Zersprungen ist die Rinde, verknorret ist der Bast,
Zerklüftet ist der Stamm ihr, verwittert jeder Ast.
Zu ihren Füßen lachet ein schönes Tal uns an,
durch das sich friedlich schlängelt der Iller Silberbahn.
So schauet sie hernieder viel Hundert Jahre schon,
Und noch quillt frisches Leben vom Stamm ihr bis zur Kron'.

Bei meinem Besuch im Januar 2014 schien es mir, als ob Otto Feucht erst gestern hier gewesen sei, doch der schon damals *„seinem Ende entgegen gehende"* Baum gibt noch nicht auf: Zahllose Verwachsungen und Wurzelbildungen setzen an den vermeintlich alten Resten des Stammes an – es ist nicht mehr erkennbar, was zum ursprünglichen Stamm gehört und was in späterer Zeit nachgewachsen ist. Man kann sogar davon ausgehen, dass sich alles, was wir heute im Stammbereich sehen, vor mehr als hundert Jahren im Inneren des damaligen Stammes befunden hat, beziehungsweise inzwischen dazugewachsen ist und die alte Schale dann nach und nach weggefault ist! Dafür spricht, dass Feucht den Umfang des knorrigen Stammes mit 8,35 m angibt – heute (2014) messe ich lediglich 6,05 m!

Baumart: *Tilia cordata*
Landkreis: *Biberach*
Standort: *Auf der Ostseite des Kapellenbergs*
Geodaten: *48.090237, 10.069947*
Alter: *ca. 600–890 Jahre*
Stammumfang: *6,05 m (2014)*

Wenig oberhalb der Stelle, wo vor Urzeiten ein riesiger Astausbruch stattgefunden haben muss, sind heute noch zwei größere Äste vorhanden, deren jüngere Austriebe die noch etwa 20 m hohe, neue Krone bilden. Auf der Talseite des Kapellenhangs ist noch ein weiterer, alter Seitenast vorhanden.

Für die mögliche Pflanzung der seit 1939 geschützten St. Nikolauslinde wird in der Naturdenkmalsliste das Jahr 1130 angegeben, andere Quellen (wie etwa Brunner, S. 35) gehen von rund 600 Jahren aus.

Hofesche
bei Leutkirch-Urlau

Die Große Kreisstadt *Leutkirch* im Allgäu besitzt ein vergleichsweise riesiges Gemarkungsgebiet von 175 Quadratkilometern, auf dem mehr als 200 kleine Weiler, Höfe und weitere Siedlungsplätze liegen. Für dieses weite Umland war die bereits im 9. Jahrhundert genannte, katholische Pfarrkirche St. Martin als *Leutekirche* das religiöse Zentrum – und später auch Namensgeberin für die aus zwei Dörfern zusammengewachsene Stadt. Die zahlreichen Höfe finden sich auch im Namen vieler Ortschaften wieder, deren Namen auf -hofen (damals Mehrzahl von Hof) enden. Nirgends ist dies so verbreitet wie im Raum Leutkirch. Weiter nach Norden, in Richtung Donau, basiert die Siedlungsstruktur auf Dörfern, wodurch die Namensendung -hofen nur noch selten vorkommt.

Auf einem dieser Höfe im Süden Leutkirchs besuche ich eine erst in jüngerer Zeit bekannt gewordene Esche, die nach Gestalt und Zustand zu den schönsten und größten Bäumen dieser Art in ganz Baden-Württemberg zählt. Der genaue Standort wird hier ausnahmsweise nicht genannt – der Eigentümer befürchtet eine Art ‚Baumtourismus' auf seinem Hof und bat mich darum, im Buch keine Geodaten anzugeben.

Der gewaltige Hofbaum verfügt noch über eine weitgehend unversehrte, große Krone, die in Höhe und Breite rund 27 m misst. Am Kronenansatz bei etwa 4 m Höhe streben insgesamt neun Stämmlinge in alle Richtungen. Drei von ihnen reichten in die benachbarte Pferdekoppel hinein, wurden deshalb gekürzt und wuchsen in der Folge aufwärts weiter. Die Belaubung ist überall gut ausgebildet, zum Glück zeigt sich nirgends eine Folge des gefürchteten Schlauchpilzes. Der überaus gute Zustand lässt mich auch an der Altersangabe von 300 bis 350 Jahren zweifeln, die mir auf dem Hof genannt wird, zumal es keine belegbaren Nachweise gibt. 250 Jahre erscheinen mir realistischer zu sein. Erfreulicherweise gibt man dem sonst häufig gerade bei dieser Baumart aufkommenden Efeu keine Chance, das bei vielen anderen Großeschen sowohl die natürliche Kronenreduktion des Baumes behindert als auch für ständig viel Feuchtigkeit im Stammbereich sorgt – was wiederum den Pilzbefall befördert.

Der rundum geschlossene, fast 7 m starke Stamm ist an seiner Basis harmonisch ausgestellt und vermittelt den Eindruck großer Stärke. Der Stockumfang beträgt 13 m – so kann man sich vielleicht *Yggdrasil* vorstellen, den berühmten Weltenbaum der nordischen Mythologie, der das Himmelsgewölbe stützt und alle Teile der Welt miteinander verbindet.

Baumart: *Fraxinus excelsior*
Landkreis: *Ravensburg*
Alter: *ca. 250 Jahre*
Stammumfang: *6,95 m (2021)*

Einst rodete die Familie des alemannischen Siedlers *Razo* ein Waldstück im Westallgäuer Hügelland und gründete damit das später *Ratzenried* genannte Dorf. Dieses gelangte, wie so viele andere Siedlungsplätze in weitem Umkreis auch, in den Besitz des Klosters St. Gallen, das zum Schutz dieses Anwesens Anfang des 12. Jahrhunderts auf einem Bergsporn eine Burg errichten ließ. Von späteren Besitzern wurde sie um 1500 zur größten Dienstmannenburg des Allgäus ausgebaut und alsbald als *Oberes Schloss* bezeichnet. Von den noch heute erhaltenen und aufwendig sanierten Resten der Burgruine schaut man hinab auf die beiden Schlossweiher – und bis um das Jahr 1600 sah man wahrscheinlich auch den zu diesem Zeitpunkt wüst gefallenen Weiler *Bruggen* am nördlichen Rand des Unteren Schlossweihers.

Auf einem der Brugger Höfe stand wohl schon damals eine prächtige Linde – heute ist sie neben einigen Fundamentresten die letzte Zeugin dieser längst vergangenen Zeit. Seit wann die Brugger Linde den Beinamen ‚Heilsame Linde' trägt, ist nicht bekannt, doch es dürfte sehr lange her sein, denn nach der Überlieferung erfuhren sogar Pestkranke wundersame Heilung, wenn sie sich durch den schmalen Spalt zwischen den beiden Stämmen des Baumes hindurch zwängten. Und so werden bis heute alle Krankheiten abgestreift, wie mir eine Besucherin versichert – vorausgesetzt man glaubt daran.

Die seit 1957 geschützte Sommer-Linde steht heute im Bestand nahe des Waldrandes am Schlossweiher auf einer steilen Wegböschung, doch ist sie weitgehend freigestellt. So kann sie ihre inzwischen längst vertikal orientierte Krone gut zur Geltung bringen. Vermutlich handelt es sich um zwei Bäume, die an der Stammbasis und in Kopfhöhe verwachsen sind, dazwischen aber ein schmales, hohes Tor freilassen, durch das man als halbwegs schlanker Erwachsener noch gut schlüpfen kann, um Heilung zu erfahren. Beide Individuen bauen die gemeinsame Krone aus jeweils zwei sehr langen Stämmlingen auf, die bis in 30 m Höhe aufragen. Hinzu kommen insgesamt drei schwächere, tief und seitlich ausgreifende Äste in bereits höherem Alter. In der Breite misst die Krone etwa 21 m.

Der gemeinsame Umfang der Stämme beträgt nach meiner Messung erstaunliche 8,75 m: ungefähr rechtwinklig zur Stammachse gemessen, oberseits bei 40 cm, talseitig bei 200 cm. Allein der stärkere der beiden Einzelstämme erreicht 6,70 m. Sollte der Zusammenhang mit den Brugger Höfen den Tatsachen entsprechen, dürfte die bei Fröhlich genannte Altersangabe von 400 Jahren sogar zu niedrig liegen, denn warum sollte man bei Aufgabe einer Siedlung noch eine Linde pflanzen? Wenn es diese Linde aber als Hofbaum bereits vorher gab, kann man vielleicht von 500 Jahren ausgehen – ein Alter, das in den vorhandenen Veröffentlichungen auch mehrfach genannt wird.

Wie dem auch sei, die mit Seilen gesicherte Krone zeigt einen überraschend guten Zustand, auch die Stammbereiche machen einen gesunden Eindruck – überall erkennt man deutliche Anzeichen vitalen Wachstums. Nachteilig dürfte sich auswirken, dass die Wurzelanläufe durch Hangerosion ringsum freiliegen – doch auch dieses Merkmal der Brugger Linde trägt dazu bei, dass in ihrem Umfeld eine geradezu mystische Atmosphäre entsteht. Also genau richtig für eine ‚heilsame Linde'!

Baumart: *Tilia platyphyllos*
Landkreis: *Ravensburg*
Standort: *400 m südwestlich des Orts, nahe beim Unteren Schlossweiher*
Geodaten: *47.715131, 9.895382*
Alter: *ca. 500 Jahre*
Stammumfang: *8,75 m (2021, Messung bei 40 cm oben, 200 cm unten)*

Heilsame Linde
bei Ratzenried

Hofesche
bei Bietenweiler

Die weiten, welligen Landschaften zwischen Kißlegg und der westlich benachbarten Gemeinde Vogt sind typisch für weite Teile des Westallgäuer Hügellands – viel Grünland mit eingestreuten Waldinseln und zahlreichen Höfen und kleinen Weilern. Auf einem dieser Höfe unweit von Bietenweiler besuche ich die mutmaßlich zweitstärkste Esche Deutschlands – sie wird nur noch von der Esche bei Sauldorf-Boll übertroffen (vgl. S. 504 f.). Im Gespräch mit dem Hofbauern, Herrn Brauchle, erfahre ich, dass der mächtige Stamm zumindest teilweise hohl ist und schon vor vielen Jahren ausbetoniert wurde. Da der riesige Baum bis hoch hinauf von zahllosen Efeusträngen dicht eingepackt ist, kann man eine etwaige Stammöffnung nicht erkennen – möglicherweise befindet sie sich im Bereich des Kronenansatzes in etwa vier bis fünf Metern Höhe. Dort bauen insgesamt neun große Äste die noch immer imposante Krone auf. Früher maß sie mehr als 32 m in der Höhe, heute mögen es noch 26 m sein, und in der Breite nicht viel weniger. Im Zentrum fehlt ein Stämmling, hier ist die Belaubung auffällig schütter, so wie die gesamte Krone trotz guter Verzweigung einen eher lichten Eindruck macht. Die vielleicht beste Nachricht ist jedoch, dass der von den Eschen so sehr gefürchtete Schlauchpilz, der das Triebsterben verursacht, noch nicht auf dem Hof bei Bietendorf-Hub angekommen ist!

Baumart: *Fraxinus excelsior*
Landkreis: *Ravensburg*
Standort: *Am Hof Hub 2, 500 m westlich von Bietenweiler*
Geodaten: *47.763842, 9.816011*
Alter: *ca. 300 Jahre*
Stammumfang: *ca. 7,40 m (2021)*

Zur Messung schiebe ich mein Maßband so gut es geht und Stück für Stück durchs Efeudickicht – am Ende zeigt es 7,50 m. Da es nicht überall dicht an der Borke liegt, notiere ich mir 7,40 m. Der Efeubewuchs wurde in der Vergangenheit schon mehrfach entfernt, ist aber dann am Stamm schnell wieder nachgewachsen. Wie Herr Brauchle erwähnt, wird er hier bei nächster Gelegenheit wieder für einen Rückschnitt sorgen – ein dauerhaftes Entfernen ist wohl aus Gründen des mit der Esche verwobenen Wurzelwerks nicht mehr möglich.

Nur gut 800 m nördlich des *Hofes Hub* mit seiner riesigen Esche (S. 548) präsentiert das kleine Bietenweiler einen weiteren großartigen Baumschatz: Die alte Sommer-Linde am *Klinghof* an der Straße ‚Becken' wurde vor etwa 30 Jahren von Hans Joachim Fröhlich ermittelt und 1995 erstmals vorgestellt (allerdings ohne Bild). Damals war sie offenbar noch im Vollbesitz ihrer Krone, die Höhe wurde mit 32 m, die Breite mit 26 m angegeben (s. dort S. 219). Im Gespräch mit den Bewohnern des Hofes, Susanne Ganns und Richard Kellenberger, wird schnell klar, dass der alte Baumveteran einen ganz besonderen Platz in ihrem Leben einnimmt.

Auf den Bildern von Michel Brunner (2007, S. 40) ist die Linde mit etwas Abstand zu den Hofgebäuden zu sehen, sie wirkt deshalb isoliert, eher wie ein Straßenbaum. Die Krone zeigt zu diesem Zeitpunkt massive Kürzungen, ebenso auf einem Bild von Frau Ganns, das sie mir freundlicherweise zur Verfügung stellte. Es zeigt den Baum zum Zeitpunkt ihres Einzugs im Jahr 2009 (unten links). Heute (2021) ist die Linde wieder ein *Hofbaum*, durch einen sorgfältig angelegten und mit viel Liebe zum Detail gestalteten Garten wieder mit Hof und Stall verbunden. Zahlreiche gestalterische Elemente am Baum, wie etwa Sitzgelegenheiten aus Holzblöcken, glatte und ganz bewusst platzierte Steine oder ein Windspiel am Stamm lassen erkennen, dass der Beckenlinde nun viel Aufmerksamkeit und Wertschätzung entgegengebracht wird.

Das seit 1957 geschützte Naturdenkmal hat sich im Laufe der letzten Jahre deutlich verändert: Die Krone ist mit vielen Neutrieben inzwischen neu aufgebaut und zeigt wieder eine recht geschlossene, harmonische, wenn auch noch kleine Gesamtform (Höhe und Breite jeweils etwa 10 m, unten rechts). Der Kronenrand fällt wie ein Vorhang herab und umschließt einen Raum, der auch dadurch eine besonders friedvolle, ja spirituelle Atmosphäre erhält. Die Reste eines ursprünglich vorhandenen, längst abgestorbenen Teilstammes sind heute komplett entfernt. Dieser war in Fröhlichs Umfangsmessung von 8,20 m noch einbezogen. Durch die Auflösung dieses Baumteils liegen die ursprünglich im Innenraum des Stammes gebildeten Adventivwurzeln nun außen und sorgen hier für die besondere Ausstrahlung eines echten Methusalems (rechte Seite).

Die mächtige Hauptachse und zwei weitere verbliebene Stämmlinge erscheinen auf den ersten Blick recht kompakt, sind aber in großen Teilen hohl. Die bemerkenswerte Fürsorge, die die Hofbewohner dem vielleicht schon 500-jährigen Ausnahmebaum angedeihen lassen, zeigt sich etwa darin, dass sie die Stammhöhlung von Zeit zu Zeit mit einem eigens zusammengestellten Gemisch aus Mineralien und Metallen mittels Druckluftgerät aussprühen, um die Feuchtigkeit zu binden und die Vermorschung durch Holzpilze zu verlangsamen. Auch die Struktur des Bodenraums wird durch Gaben mit flüssigen, biologischen Regenerationsmitteln verbessert. Im Wurzelraum kann so auch die Aktivität der Bodenorganismen unterstützt werden. Eine wirklich vorbildliche Pflege für einen alten Baum!

Baumart: *Tilia platyphyllos*
Landkreis: *Ravensburg*
Standort: *Auf dem Klinghof in Bietenweiler-Becken*
Geodaten: *47.771984, 9.817115*
Alter: *ca. 500 Jahre*
Stammumfang: *7,11 m (2021)*

Beckenlinde
bei Bietenweiler

Linde
über Zundelbach

Auf einem 622 m hoch gelegenen Moränenhügel über dem *Zundelbacher Hof*, östlich von Weingarten aber der Gemeinde Schlier zugehörig, wurde im Jahr 1871 als Symbol des Friedens eine Winter-Linde gepflanzt. An seinem aussichtsreichen Standort hat sich das *Lindele*, wie der Baum liebevoll von der Bevölkerung genannt wird, schnell zu einem prächtigen Baumriesen entwickelt. Seine Dimensionen waren offenbar schon Anfang der 90er-Jahre so eindrucksvoll, dass sich sogar Hans Joachim Fröhlich dazu verleiten ließ, der Linde ein Alter von 350 Jahren zuzutrauen (s. dort S. 219).

Als im Dezember 1999 Orkan Lothar in weiten Landstrichen schwere Zerstörungen anrichtete, hatte dies auch Folgen für das exponiert auf seinem Aussichtshügel stehende Lindele – am Stamm war ein langer Spalt entstanden. 2001 wurde dem Baum deshalb ein schwerer Metallgürtel umgelegt, um Schlimmeres zu verhindern. Als ich im Sommer 2021 über den kleinen ‚Katzensteig' heraufkomme, ist diese Stammsicherung nicht mehr vorhanden. Offenbar konnte der Baum die Verletzung zumindest innerlich wieder verwachsen. Der Spalt ist zwar noch immer zu sehen, reicht aber nicht tief ins Innere.

Nach dem kurzen, massigen Stamm liegt der Kronenansatz schon bei 2,5 m Höhe. Hier greift insgesamt ein Dutzend unterschiedlich starker Äste aus, besonders markant ist der tiefste, sich gabelnde und horizontal ins Tal streichende Ast. Er ist wie zahlreiche weitere mit Stahlseilen gesichert. Aus der Entfernung (oben) wird die breite, pilzförmige Kronengestalt deutlich – dem Durchmesser von 26 m steht eine Höhe von knapp 20 m gegenüber.

Der zum Boden hin sehr weit ausgestellte Stamm hat in den letzten 30 Jahren um nicht weniger als 144 cm an Umfang zugelegt – 4,8 cm pro Jahr sind eine wahrlich überragende Wuchsleistung! Gut möglich, dass das Lindele von allen Friedenslinden des Jahres 1871 – und das dürften weit über 100 sein – die stärkste im Land Baden-Württemberg ist. Und wenn der beeindruckende Baum von weiteren Naturkatastrophen verschont bleibt und in ähnlichem Tempo weiterwächst, wird er in dieser Hinsicht schon in 100 Jahren die meisten Uralt-Linden Deutschlands überholt haben.

Baumart: *Tilia cordata*
Landkreis: *Ravensburg*
Standort: *Nördlich am Hang über dem Zundelbachhof*
Geodaten: *47.796450, 9.667283*
Alter: *151 Jahre, gepflanzt 1871*
Stammumfang: *6,39 m (2021)*

Berg-Ahorn
bei Bergatreute

Der deutsche Name Berg-Ahorn deutet schon auf sein bevorzugtes, natürliches Verbreitungsgebiet hin – es sind vor allem die mittleren Gebirgslagen zwischen 600 und 2.000 m NHN. Die vielleicht großartigsten Standorte dieser Ahornart sind der *Große* und der *Kleine Ahornboden* im österreichischen Karwendelgebirge, wo mehr als 2.000 Ahornbäume in Altersstufen bis zu 600 Jahren sogar einen offenen, parkähnlichen Wald bilden. Der Talboden des Rissbaches mit seinem aufgeschotterten Untergrund auf rund 1.200 m Seehöhe bietet offenbar zusammen mit der seit über 800 Jahren verbreiteten Almwirtschaft gerade für diese Baumart die besten Voraussetzungen.

Etwas Vergleichbares zu diesem einmaligen Naturjuwel hat Baden-Württemberg bei den Berg-Ahornen nicht zu bieten – allenfalls in der Wutachschlucht (unterhalb von Boll) ist noch eine größere Anzahl älterer Berg-Ahorne erhalten, die mit ihren dicken Moosauflagen und zahlreichen Habitatstrukturen im Hinblick auf die Artenvielfalt eine ähnlich wichtige Rolle spielen. Was die bekannten, herausragenden Einzelbäume betrifft, gibt es beim Berg-Ahorn in Baden-Württemberg leider nur äußerst selten ein kapitales Exemplar. Nach dem Abgang des über 7 m starken und rund 500 Jahre alten Berg-Ahorns am *Grundbauernhof* bei Furtwangen-Rohrbach im Schwarzwald, der nach schweren Pilz- und Sturmschäden 2013 umgesägt werden musste, gibt es von *Acer pseudoplatanus* im Land keine *National Bedeutsamen Bäume* (Deutsches Baumarchiv) mehr. Warum ist das so, wo doch grundsätzlich große Dimensionen und ein hohes Alter von gut 400 Jahren von dieser Baumart erreicht werden können?

Ein Grund besteht darin, dass der Berg-Ahorn zu den Edellaubhölzern zählt, dessen wertvolles Holz im Alter von 120 bis 140 Jahren gerne genutzt wird, um daraus Musikinstrumente, Möbel aller Art oder hochwertige Parkettböden herzustellen. Die Anfälligkeit für Pilzbefall ist leider, wie bei vielen Ahornarten, hoch, sodass sich die Bäume nur selten zu mächtigen Baumriesen auswachsen können – selbst wenn der Mensch nicht eingreift. Hinzu kommt, dass sich das Holzvolumen häufig auf mehrere Stämme aufteilt.

Hans Joachim Fröhlich stellt 1995 erstmals einen bemerkenswerten Berg-Ahorn unweit des oberschwäbischen Bergatreute vor (s. S. 216 f.), der an dieser Stelle ebenfalls erwähnt werden muss. Es handelt sich wahrscheinlich um einen *Wegbaum* an einer historischen Wegkreuzung zwischen Weingarten und Bad Wurzach einerseits, sowie zwischen Bad Waldsee und Wolfegg andererseits. Am Kronenansatz wachsen nicht zwei, drei starke Äste aus, sondern sehr viele schwächere, was darauf schließen lässt, dass der Baum in früher Jugend am Sprossende geköpft wurde. So ist dann an freiem Standort eine wunderbar gleichmäßig ausgebildete Radialkrone entstanden. Durch die rundliche, etwas gestaucht wirkende und voll belaubte, dunkelgrüne Sommerkrone ähnelt der Baum in der Gesamtform einem riesigen Brokkoli.

Der vermutlich bereits über 200-jährige Ahorn überrascht mit seinem insgesamt sehr guten Erhaltungszustand. Durch Sturm verursachte Ausbrüche sind lediglich im Zentrum der hier etwas offeneren 17-m-Krone auszumachen (Breite etwa 20 m). Eine recht große, zum Glück nicht tief gehende Borkenverletzung wird der Baum im Laufe der Zeit selbst wieder überwachsen können.

Baumart: *Acer pseudoplatanus*
Landkreis: *Ravensburg*
Standort: *Roßberger Straße, 680 m nordöstlich des Orts*
Geodaten: *47.856433, 9.766200*
Alter: *ca. 200–220 Jahre*
Stammumfang: *4,40 m (2021)*

Hoflinde
in Mennisweiler

Einmal mehr haben wir den Hinweis zu einem herausragenden Baumschatz Hans Joachim Fröhlich zu verdanken: In seinem 1995 erschienenen Buch „*Wege zu alten Bäumen*" (Band 12, Baden Württemberg, S. 215) stellte er die schöne Hoflinde im Bad Waldseer Stadtteil Mennisweiler als erster – und bisher Einziger – der Öffentlichkeit vor. Und an seiner damaligen Beschreibung muss ich zum Glück auch 26 Jahre später kaum etwas ändern: „*Alte Sommerlinde mit kurzem, zerfurchtem Erdstamm und mächtiger Krone, das Dorf überragend.*" Nur bei seiner Umfangsangabe von 675 cm kann ich heute mehr als einen Meter hinzufügen – so prächtig hat sich der zum Ende des Dreißigjährigen Krieges gepflanzte Friedensbaum entwickelt. Wenn man berücksichtigt, dass er vermutlich in 1 m Höhe gemessen hat, wo der Umfang etwas geringer ist, ergibt sich ein Zuwachs von fast 4 cm jährlich – der Baum scheint also gerade in den letzten Jahrzehnten über eine überdurchschnittliche Wuchsfreude zu verfügen.

Baumart: *Tilia platyphyllos*
Landkreis: *Ravensburg*
Standort: *Ortsmitte, Bürgerstraße 9*
Geodaten: *47.882071, 9.800300*
Alter: *ca. 375 Jahre, gepflanzt 1648*
Stammumfang: *7,92 m (2021)*

Die Mennisweiler Sommer-Linde steht auf dem Hof der Familie Graf in der Bürgerstraße und sie ist seit 1963 als Naturdenkmal eingetragen. Auf der anderen Straßenseite wird (fast) immer im Frühjahr ein sehr stattlicher Maibaum mit Handwerkertafeln und bunten Bändern aufgestellt. Aus Respekt vor dem alten Hofbaum bleibt er jedoch stets einige Meter kürzer als die noch immer rund 30 m hohe Lindenkrone, die schon vom Ortsrand her mit ihrer geschlossenen, runden Form ins Auge fällt. Auch ihr Durchmesser ist mit 25 m sehr beachtlich. Insgesamt fünf baumstarke Achsen – um die starke Mittelachse gruppieren sich vier weitere Stämmlinge – entspringen ab 3 m Höhe dem gewaltigen Stamm, der schon in den nächsten Jahren die 8-Meter-Marke überspringen wird. Nur einige kleinere Äste im unteren Kronenbereich sind gekürzt, ansonsten ist der Lindenriese völlig unversehrt, sein Zustand ausgezeichnet. Auch Seilsicherungen sind in der Krone vorhanden. Wie recht häufig bei Sommer-Linden zu beobachten, verdecken auch hier zahlreiche Wassertriebe den Blick auf den Stamm.

Robinie
an der St. Michaels-Kapelle

Als *‚Reig'schmeckte'*, als Neophyt gilt sie noch immer, die aus Nordamerika stammende Scheinakazie, obwohl diese Baumart schon um 1670 nach Deutschland eingeführt wurde. Wohl deshalb genießt die Robinie an der Waldseer *St. Michaels-Kapelle* noch immer nicht den Status eines Naturdenkmals – gleichwohl sie mit hoher Wahrscheinlichkeit der stärkste Baum dieser Art in ganz Baden-Württemberg sein dürfte. Neben ihrer bei Insekten beliebten Blütenpracht kann sie auch zahlreiche Habitatstrukturen eines wertvollen Baumveteranen vorweisen. Dass sie beim Kapellenbau im Jahr 1696 gepflanzt wurde, scheint auf den ersten Blick stimmig. Auf der Website der Stadt Bad Waldsee liest man: *„Schon zweimal sollte er* (der Baum) *dem Fortschritt geopfert werden, aber die Waldseer kämpften so leidenschaftlich um ihre Akazie, dass sie heute fester steht denn je."* Welcher ‚Fortschritt' damit allerdings gemeint war, wird nicht erwähnt.

Nach Größe und Zustand dürfte das Alter bei etwa 250 Jahren liegen. Das Deutsche Baumarchiv maß den Umfang im Jahr 2006 mit 5,27 m, 2021 sind es 25 cm mehr. Rechnet man diesen Zuwachs auf die gesamte Lebenszeit hoch, führt dies sogar recht genau zum Zeitpunkt des Kapellenbaus zurück, sodass 320 Jahre zumindest nicht ganz unmöglich erscheinen. Realistischerweise sollte man jedoch ein schnelleres Jugendwachstum berücksichtigen – dies eingerechnet ergeben sich somit eher die genannten 250 Jahre.

Die riesige Krone, deren Äste zum Teil über das Dach der St. Michaels-Kapelle ragen, ist trotz der gekürzten Hauptäste noch etwa 25 m hoch. Das Innere des Stammes ist zwar hohl, doch vermitteln die sechs großen Stämmlinge, die sich dann vielfach verzweigen, noch immer den Eindruck beträchtlicher Stärke und Stabilität. Die vorhandenen Seilsicherungen sind dennoch unbedingt erforderlich, denn aufgrund des inzwischen recht weichen, ja zum Teil morschen Holzes dürften die aus der Basis des mächtigen Baumes aufsteigenden Achsen schon stark windbruchgefährdet sein.

Die Belaubung ist bei meinem Besuch im Juli 2021 weitgehend vollständig ausgebildet, trockene Äste halten sich noch in Grenzen. Die Borke ist arttypisch mit weit hervortretenden Strängen und tiefen Furchen ausgeprägt, dazwischen immer wieder die für Robinien ebenso charakteristischen Maserknollen. Der Efeubehang ist teilweise abgetrennt, wächst aber vielfach nach.

Baumart: *Robinia pseudoacacia*
Landkreis: *Ravensburg*
Standort: *Friedhofskapelle St. Michael, am Parkplatz*
Geodaten: *47.917849, 9.757785*
Alter: *ca. 250-320 Jahre*
Stammumfang: *5,52 m (2021)*

Linde
am Schlosspark Bad Waldsee

Wer weiß: Vielleicht hat die alte Linde an der Steinacher Straße von Bad Waldsee noch den als *Bauernjörg* bekannten Heerführer und Truchsessen erlebt, der 1488 als Georg III. von Waldburg im Waldseer Schloss geboren wurde. Im Bauernkrieg ab 1525 hat dieser zahlreiche Aufstände der von der Obrigkeit geknechteten Bauernschaft blutig niedergeschlagen. Die erstmals 1325 erwähnte Burg der Herren von Waldsee wurde dann 1525 von den Waldseer Bauern belagert – und in Abwesenheit des Bauernjörg sogar von den Bürgern der Stadt verteidigt und beschützt!

Das heutige ‚Neue' Wasserschloss entstand um 1550 unter Georg IV. von Waldburg-Waldsee. Zur Entstehungsgeschichte des westlich anschließenden Schlossparks ist den allgemein zugänglichen Quellen nichts zu entnehmen, möglicherweise wurde er nach dem Bau des Wasserschlosses angelegt. Sollte die Linde zu dieser Zeit gepflanzt worden sein – wie Fröhlich vermutet (s. dort S. 215) – läge ihr Alter heute bei etwa 470 Jahren.

Die knapp außerhalb des Schlossparks lebende Sommer-Linde ist seit 1938 als Naturdenkmal eingetragen. Die Hauptachse im Zentrum und ein starker, noch verbliebener Seitenast sind sehr stark eingekürzt, sodass der Baum nur noch eine Kronenhöhe von etwa 13 m aufweist, bei einer Breite von immerhin noch 20 m. Durch den überaus dichten Austrieb am Stammsockel, der bis 3 m Höhe mit dicken Verwachsungen ausgebildet ist (rechts), und durch die weit herabhängende Verzweigung am Kronenrand ist der historisch bedeutsame Baum inzwischen leider völlig unauffällig und wenig beachtet. Nur von der Straßenseite aus, wo vor dem Baum eine Sitzbank angebracht ist, kann man einen Blick in die Kronenmitte werfen (linke Seite). Rückseitig zeigt sich eine riesige Stammhöhlung – hier ist vor langer Zeit ein zum Schlosspark wachsender Großast ausgebrochen. Die Umfangsmessung gestaltet sich sehr mühsam, ergibt dann mit 7,75 m aber einen sehr beachtlichen Wert. Eine Schlaufensicherung von der Zentralachse zum Seitenstamm ist vorhanden. Trotz der erheblichen Schäden ist der Zustand vital und der Baum kräftig austreibend.

Baumart: *Tilia platyphyllos*
Landkreis: *Ravensburg*
Standort: *Direkt vor dem südlichen Schlossparkrand, Steinacher Straße*
Geodaten: *47.918633, 9.749467*
Alter: *ca. 400–470 Jahre*
Stammumfang: *7,75 m (2021)*

Schon vor mehr als 1.000 Jahren errichteten die Grafen von Altshausen eine erste Burg, die dann im 13. Jahrhundert in den Besitz des Deutschen Ordens überging. Altshausen wurde Sitz des Landkomturs für den Bereich Schwaben-Elsass-Burgund. Mehrfach wurde die Burg, später das *Alte Schloss*, zerstört und wieder aufgebaut. Zuletzt nach dem Dreißigjährigen Krieg, nachdem es schwedische Truppen in Brand gesetzt hatten. Bis heute sind Teile dieses *Alten Baus* erhalten und erneuert (das Gebäude neben der katholischen *Kirche St. Michael*).

Doch schon im weiteren Verlauf des 17. Jahrhunderts genügten die wieder aufgebauten Baulichkeiten den Repräsentationsansprüchen des Deutschen Ritterordens nicht mehr und es wurde ein *Neuer Bau*, später gar ein *Neues Schloss* geplant, das dann mit dem 1732 vollendeten Torgebäude direkt benachbart erbaut wurde. Nach Auflösung des Deutschen Ordens fiel Altshausen 1807 an Württemberg. Seit 1975 wird das Schloss von der Familie des am 7. 6. 2022 verstorbenen Carl Herzog von Württemberg bewohnt.

Der Schlosshof wird von der mächtigen Gestalt einer breitkronigen Winter-Linde beherrscht, deren Pflanzung möglicherweise in die Zeit des Neuen Schlossbaus zurückgeht. In ihrer ungewöhnlich weit verzweigten und tief sich aufteilenden Kronenform erinnert sie ein wenig an die Walkstetter Linde bei Bernstadt (s. S. 532 f.). Ihre weit herauslaufenden Tiefäste sind mit breiten Textilbändern an den Zentralachsen gesichert, auch zahlreiche Querverspannungen sind erkennbar. Über insgesamt sechs Hauptäste baut sich eine gut 30 m breite und 22 m hohe Krone auf, die bei meinem Besuch im April 2014 in geradezu unfassbar gutem Zustand ist – es ist praktisch kein Trockenholz auszumachen und die Verzweigung ist überaus dicht. Offenbar wird die prächtige Linde regelmäßig von einem Baumpfleger kontrolliert und bei Bedarf ausgeschnitten. Ganz ohne Zweifel hätte diese Linde bei der Wahl zum schönsten Baum des Landes gute Chancen, aufs ‚Treppchen' zu kommen!

Beim Besuch Ende Mai 2021 muss die Umfangsmessung leider ausfallen – die früher um den Baum herumführenden Wege sind fast schon im Rasengrün aufgegangen und das Betreten ist nun nicht mehr gestattet. Mindestens ein größerer Ast wurde inzwischen abgenommen, doch nach wie vor ist die Schlosslinde in sehr gutem Zustand und immer noch ein Bild von einem Baum.

Schlosslinde
in Altshausen

Baumart: *Tilia cordata*
Landkreis: *Ravensburg*
Standort: *Im Schlosshof vor der Schlossfront*
Geodaten: *47.935676, 9.537073*
Alter: *ca. 300 Jahre*
Stammumfang: *7,30 m bei ca. 60 cm Höhe (2014)*

Stiereiche
bei Fronhofen

Nicht ganz einfach zu finden ist sie, die bei Fröhlich beschriebene *Stiereiche* (s. dort S. 215), die ihren Namen von ihrer Aufgabe als Hutebaum auf einer früheren Stierweide bekommen hat. Heute ist sie längst vom Wald eingeschlossen, doch die bei mehreren Baumportalen vorhandenen Geodaten bringen mich an einem späten Nachmittag Ende Mai 2021 dann recht schnell ins richtige Waldgebiet.

Und hier dauert es nicht lange, bis der mächtige Stamm zwischen all den jungen Bäumen auftaucht – ein wahres Monument einer Eiche. Ein kleiner Waldpfad führt vom Wanderweg aus zum Baum – ein Zeichen, dass doch immer wieder mal ein Besucher vorbeikommt. Der vorwiegend aus jüngeren Buchen bestehende, dichte Bestand lässt dann vom Stamm aus keinen Blick in die oberen Etagen des Baumes zu. Auch drei junge Eiben haben es sich im Schatten des alten Riesen gemütlich gemacht und tragen dazu bei, dass rund um dessen Wuchsort eine eher düstere Atmosphäre entsteht. Doch ohnehin nimmt einen der gewaltige Stamm erst einmal eine Weile gefangen, schließlich gibt es nicht viele Stiel-Eichen im Land, die die Marke von sieben Metern Stammumfang übertreffen. Im zunächst noch geschlossenen Fußbereich des Stammes zeigt die Borke ganz unterschiedliche Ausprägungen – zum Teil recht flach und fein-rissig wie bei einer Trauben-Eiche (rechts), dann aber auch wieder mit typisch dicken, brettartig hervorstehenden Rippen.

Baumart: *Quercus robur*
Landkreis: *Ravensburg*
Standort: *ca. 1,5 km östlich des Orts, 40 m im Bestand*
Geodaten: *47.855889, 9.547583*
Alter: *ca. 450 Jahre*
Stammumfang: *7,07 m (2021)*

Bei 4 m Höhe klafft ein riesiges Ausbruchsloch, durch das man komplett durch den zumindest weitgehend hohlen Stamm blicken kann – denn auf der anderen Stammseite ist in gleicher Höhe durch einen kleineren Ausbruch ebenfalls ein Loch entstanden. Doch was ist von der bei Fröhlich noch „*hohen, und aus baumstarken Achsen gebildeten Krone*“ knapp 30 Jahre später übrig geblieben? Dies zeigt sich erst, als ich den fast schon zugewachsenen Weg in Richtung Waldrand gehe: Im Rückblick sonnen sich die beiden erhaltenen, gut 30 m hohen und in frischem Grün austreibenden Hauptachsen in der Abendsonne (linke Seite). Die umgebenden Bäume werden bald immer mehr aufholen und für die lichthungrige Eiche wird das Leben dann zunehmend schwer werden. Man sollte das seit 1937 geschützte Naturdenkmal wenigstens in unmittelbarer Umgebung wieder etwas freistellen.

Schwarz-Pappel
im Auwald der Argen

Aus wirtschaftlicher Sicht ist die originäre Schwarz-Pappel nicht sonderlich interessant – das helle, leichte, weiche und wenig dauerhafte Holz findet vor allem Verwendung bei der Herstellung von preiswerten Produkten wie Paletten, Spankisten, Holzschuhen oder Küchenutensilien. Auch das ist wohl ein Grund, warum die Baumart heute zu den bedrohten Arten zählt und auf der ‚Roten Liste' geführt wird. Ihr natürlicher Lebensraum ist der Auwald entlang der Flussniederungen. An diesen Biotop-Standorten ist auch in jüngerer Zeit – etwa durch Flussbegradigungen und Umwandlung in landwirtschaftliche Nutzfläche – vielerorts eine Absenkung des Grundwasserspiegels zu beobachten. Damit kommt die Hybridform (*Populus* x *canadensis*) besser zurecht als ihre Elternart der ursprünglichen Schwarz-Pappel. Durch deren hohe Ansprüche an ihre möglichen Standorte (Wärme, Licht, Wasser, Nährstoffe, Rohböden) ist ihre Konkurrenzkraft gegenüber anderen Arten niedrig, und so wächst in Baden-Württemberg die Gefahr, dass sie mehr und mehr verschwindet.

Umso schöner, dass man auch im Auwald der unteren Argen versucht, durch gezieltes Auspflanzen von Stecklingen die Art zu erhalten. Ein Spaziergang beiderseits der Argen, kurz vor ihrer Mündung in den Bodensee bei Langenargen, führt an einigen großen Schwarz-Pappel-Exemplaren vorbei – und am Parkplatz bei der Kabelhängebrücke ist sogar der wahrscheinlich dickste Baum unter den ‚echten' Schwarz-Pappeln des Landes – und vielleicht sogar Deutschlands – zu bestaunen. Einem Hinweis aus der *baumkunde.de* folgend, treffe ich im Juli 2021 auf einen Baum, der die arttypische Eigenart, etwa durch Maserwuchs bizarre Stammformen auszubilden, geradezu auf die Spitze getrieben hat. Der gesamte Stammfuß ist bis in etwa dreieinhalb Meter Höhe von dicken Wucherungen und knollenartigen Verwachsungen umgeben. Umgeht man deren stärkste Formen, so beträgt der Umfang stattliche 7,62 m – dazu liegt das Maßband jedoch zwischen eineinhalb und zwei Metern Höhe. Etwa in Kniehöhe liegt der maximale Umfang dagegen schon bei 9,34 m!

Dem vielleicht 150-jährigen Baum wurde, obwohl er offenbar nicht zu den Naturdenkmalen zählt, doch schon einige Aufmerksamkeit geschenkt: Um Astbruch zu vermeiden ist die Krone allseits und bis in die obersten Bereiche jenseits der 25 m deutlich eingekürzt. Einige ältere Ausbrüche sind verwachsen und wie der gesamte Stammfuß kräftig vom Efeu überzogen. Auch dem Lichtbedürfnis wurde Rechnung getragen, denn rings um den mächtigen Stamm ist der dichte Aufwuchs von Ahorn, Hartriegel und Haselnuss wenigstens drei Meter breit entfernt.

Baumart: *Populus nigra*
Landkreis: *Bodenseekreis*
Standort: *Am Parkplatz neben der Kabelhängebrücke*
Geodaten: *47.596517, 9.560833*
Alter: *ca. 150 Jahre*
Stammumfang: *9,07 m (Taille 7,62 m bei 170 cm Höhe, 2021)*

Baumart: *Tilia platyphyllos*
Landkreis: *Bodenseekreis*
Standort: Nördlich vor dem Schloss, am Postplatz
Geodaten: 47.819071, 9.310918
Alter: *ca. 500 Jahre*
Stammumfang: *6,05 m (2014)*

Gerichtslinde
in Heiligenberg

Anfang August findet rund um die alte Linde am Postplatz in Heiligenberg das *Lindenfest* statt. Diese Tradition reicht zwar nur bis ins Jahr 2005 zurück, doch für die rund 3.000 Einwohner zählende Gemeinde ist dieses Fest inzwischen eines der wichtigsten und schönsten Ereignisse des kommunalen Lebens.

Unweit des prachtvollen Schlosses des Hauses Fürstenberg steht die historische Linde als typischer Dorfmittelpunkt auf dem Postplatz. Ihre Pflanzung wird auf einer am Baum selbst angebrachten Tafel ins 12. Jahrhundert datiert, und auch auf der Webseite Heiligenbergs wird das Alter mit ca. 850 Jahren angegeben. Dies scheint angesichts der mit gut 6 m Umfang recht bescheidenen Stammdimensionen der Sommer-Linde nicht sehr wahrscheinlich – Michel Brunner hält die in früherer Zeit auch als Gerichtsstätte dienende Linde gar für eine lediglich 250-jährige Nachfolgerin *(s. Brunner 2007, S. 62)*. Für eine Baumpflanzung um 1150 gibt es – wie fast immer bei sehr alten Bäumen – keinerlei Belege, sollte die Pflanzung der Linde in Zusammenhang stehen mit dem Bau der Burg am Ort des heutigen Schlosses, müsste dies um 1250 erfolgt sein. Aber auch dafür gibt es keinen Hinweis. Ich selbst halte die Linde nach äußerem Anschein für ca. 500-jährig.

Bei meinem Besuch im Frühjahr 2014 trägt die Dorflinde eine frisch ausgetriebene, hellgrüne Krone mit beachtlichen 20 m Höhe und 17 m Breite. Nahezu alle Kronenteile stammen aus jüngerer Zeit, doch der völlig ausgeräumte, offene Stamm und die Anfangsabschnitte der drei kreuzförmig ausgerichteten Hauptachsen sind eindeutig Bestandteile des ursprünglichen Baumes. Insgesamt neun Eisenstäbe überbrücken den Hohlraum. Die tiefere, abwärts zeigende Seitenachse ist mit einem bereits recht alten Eichengerüst abgestützt. Zusätzlich wurde in jüngerer Zeit eine Stahlkonstruktion eingesetzt, an der einige der oberen Kronenäste aufgehängt sind. Darüberhinaus ist die Krone mit zahlreichen, querverspannten Seilen und Stahlkabeln gesichert.

Erst seit Ende 2018 ist die Gemeinde Heiligenberg Eigentümerin des Teils des Postplatzes, auf dem die Linde steht. Um ihrer Verkehrssicherungspflicht nachzukommen, wurde 2020 ein Pflegekonzept zur Sicherung und Reaktivierung des Baumes umgesetzt. Dabei wurde das stark verdichtete Umfeld der Linde durch Druckluft aufgelockert und die Hohlräume mit einem Luftkapazitätsbinder verfüllt. Zusätzlich wurden Nährstoffe in den Wurzelbereich eingebracht, eine baumfreundliche Unterpflanzung zur Verbesserung des Bodenlebens ist noch geplant.

Baumschätze
im Schlossgarten Salem

Baumart: *Thuja plicata*
Landkreis: *Bodenseekreis*
Standort: *Auf östlicher Seite des Münsters*
Geodaten: *47.776979, 9.277797*
Alter: *ca. 160 Jahre*
Stammumfang: *5,65 m (2021)*

Salemannswilare war der Gründungsname der fränkischen Siedlung, aus der in späterer Zeit *Salmansweiler* wurde. Mit der Säkularisierung um 1804 geriet dieser Name jedoch in Vergessenheit, während der biblische Name Salem (Ort des Friedens), der zunächst nur dem 1137 gegründeten Kloster zugedacht war, schließlich auch auf das Dorf selbst übetragen wurde. Heute besteht die Gesamtgemeinde Salem aus insgesamt 11 Ortsteilen, und der Ortsteil Salem selbst besteht aus dem Klosterareal und dem ehemaligen Dorf Stefansfeld.

Das Zisterzienser-Kloster erlangte als Reichsabtei überregional schnell große Bedeutung. Das zwischen 1285 und 1420 errichtete Salemer Münster ist noch heute ein bedeutender Kirchenbau, und *„nach dem Ulmer und dem Freiburger Münster die drittgrößte gotische Kirche Baden-Württembergs“* (Wikipedia: Salemer Münster). Auf östlicher Seite direkt neben dem Münster steht ein Riesen-Lebensbaum, der sicher einer der größten seiner Art in ganz Deutschland ist (linke Seite). Mit gut 36 m überragt der ab etwa 3,5 m Höhe doppelstämmig entwickelte Riese sogar das Kirchenschiff und beeindruckt mit einer völlig symmetrischen, kegelförmigen und tief beasteten Krone. Wie zwei kleine Metallplatten samt Gewindemutter auf beiden Seiten des 5,65-m-Stammes zeigen, hat man quer durch den Stamm eine Stahlachse eingebracht – wahrscheinlich schon zu einem Zeitpunkt, als die Stammteilung erst halb so hoch entwickelt war wie heute. Und etwa 30 verrostete Dachpappennägel lassen vermuten, dass mit ihnen früher eine Abdeckung befestigt war, die einen Rindenschaden überdeckte.

Auf dem Vorplatz nördlich des Münsters befindet sich ein schlank gewachsener, etwa 80-jähriger Tulpenbaum (unten links) gerade noch in Blüte, als ich Anfang Juni 2021 im Klostergelände unterwegs bin. Von der geraden, sich nach oben nur wenig verjüngenden Stammachse zweigen gestaffelt ein starker und mehrere schwächere Seitenäste ab. Benachbart überrascht ein ungewöhnlich stark – und einstämmig – entwickelter Götterbaum (unten Mitte) mit 19 m breiter und 20 m hoher Krone, sowie einem Stammumfang von 3,52 m. Damit liegt auch er in der Spitzengruppe des Landes. Er befindet sich in gutem Zustand, ist ohne erkennbare Beschädigungen und seine Krone ist seilgesichert.

Einige bemerkenswerte Bäume sind im östlich des Klostergebäudes gelegenen Privatgarten nicht zugänglich, und ein stattlicher Bergmammutbaum ist im Innenhof des Museums nur durch das Gebäudefenster zu betrachten. Doch im Hofgarten habe ich noch eine unerwartete Begegnung mit einem respektablen, 24 m hohen Ginkgobaum, der es im BW-Ranking immerhin auf Platz 5 schafft, was die Stammstärke betrifft (unten rechts).

Baumart: *Liriodendron tulipifera*
Landkreis: *Bodenseekreis*
Standort: *Auf nördlicher Seite des Münsters*
Geodaten: *47.777132, 9.277117*
Alter: *ca. 80 Jahre*
Stammumfang: *3,23 m (2021)*

Baumart: *Ailanthus altissima*
Landkreis: *Bodenseekreis*
Standort: *Auf nördlicher Seite des Münsters*
Geodaten: *47.777229, 9.276961*
Alter: *ca. 80 Jahre*
Stammumfang: *3,52 m (2021)*

Baumart: *Ginkgo biloba*
Landkreis: *Bodenseekreis*
Standort: *An der östlichen Hofgartenmauer*
Geodaten: *47.777397, 9.280229*
Alter: *ca. 150 Jahre*
Stammumfang: *4,33 m (2021)*

Brückenlinde
an der Salemer Aach

Mimmenhausen ist mit seinen gut 3.200 Einwohnern größter Teilort der Gesamtgemeinde Salem – dabei jedoch weit weniger bekannt als der namensgebende, kleinere Nachbar mit der großen kirchengeschichtlichen Bedeutung. Eine alte Linde allerdings sucht man im berühmten Schloss- und Klosterdorf Salem vergeblich, während diesbezüglich Mimmenhausen punkten kann.

Dort, wo der Lindenweg über die Salemer Aach führt, hat sich bei meinem Besuch im Juni 2021 eine vielleicht schon 400-jährige Sommer-Linde in ihr dichtes, grünes Frühlingskleid gehüllt, das infolge zahlreicher Wassertriebe sogar die rund umlaufende Sitzbank mit einschließt. Die Gestalt der verbliebenen Restkrone, deren Maße bei etwa 14 x 14 m liegen, ist deshalb nur schwer erkennbar. Es scheinen noch vier alte Achsen vorhanden zu sein, die jedoch kräftig gekürzt wurden. Um das erst seit 1989 geschützte Naturdenkmal zu erhalten, sind einige, wenngleich ziemlich schwach erscheinende Seilsicherungen eingebracht.

Am Wuchsort neben der Brücke steht der alten Lindendame nur ein sehr schmaler Grünstreifen zur Verfügung, das gesamte übrige Umfeld ist entweder asphaltiert oder gepflastert. Durch das direkt daneben vorbeifließende Flüsschen scheint das daraus resultierende Wasserdefizit aber halbwegs ausgeglichen zu sein. Etwas oberhalb des Kronenansatzes gibt es im Zentrum zwei große Schadstellen, doch der mächtige Stamm zeigt sich, soweit dies erkennbar ist, noch geschlossen und unversehrt – wenngleich sich der Brandkrustenpilz auch hier bereits eingeschlichen hat. Die Borkenstruktur ist ausgesprochen grobrissig, und zusammen mit dicken Moosauflagen im Bereich der Stammteilung entsteht trotz der geringen Gesamtgröße des Baumes das eindrucksvolle Bild einer alten, ehrwürdigen Dorflinde.

Baumart: *Tilia platyphyllos*
Landkreis: *Bodenseekreis*
Standort: *Bodenseestraße Abzweig Lindenweg*
Geodaten: *47.761530, 9.285165*
Alter: *ca. 400 Jahre*
Stammumfang: *6,87 m (2021)*

Dorflinde
in Hohenbodman

Baumart: *Tilia platyphyllos*
Landkreis: *Bodenseekreis*
Standort: *An der Ortsdurchfahrt; Lindenstraße/Sandgasse*
Geodaten: *47.823164, 9.208048*
Alter: *ca. 800 Jahre*
Stammumfang: *genau 10 m (2021)*

Die kleine Teilgemeinde Hohenbodman, nur sieben Kilometer nördlich des Überlinger Bodenseeufers entfernt, hütet einen besonderen Baumschatz: eine 1.000-jährige Linde. Die ‚Beweislage' für die Pflanzung durch die Herren von Bodman, die bis ins Jahr 1282 in Hohenbodman ihren Stammsitz hatten – der Bergfried der alten Burg ist noch erhalten – ist allerdings dürftig: Ihr Stammwappen enthielt drei Lindenblätter. Nach der äußeren Erscheinung des urtümlichen Baumes, und aufgrund verschiedener Berichte aus früheren Zeiten ist ein Alter von ca. 800 Jahren immerhin möglich, ja sogar wahrscheinlich. So beschreibt Ludwig Klein (1908, S. 306–307) die Linde als einen seit Jahrhunderten komplett hohlen, aber noch immer 26 m hohen, stattlichen und völlig gesund aussehenden Baum. Der damals 9,40 m starke Stamm wies nur einen großen Spalt in der maximal 25 cm dicken Schale auf, darüber erhoben sich drei starke Hauptäste. Ungewöhnlich dicke Adventivwurzeln im Inneren des Stammes sorgten für Stabilität.

Heute ist die genau 10 m umfassende Stammschale in zwei große und drei kleinere Stücke aufgebrochen, die nur noch an wenigen Stellen Verbindung zueinander halten. Mehrere quer verlaufende Eisenstäbe sind im Innenraum zusätzlich vorhanden, stammen jedoch aus länger zurückliegender Zeit und haben ihre Funktion weitgehend verloren. Baumharzanstriche sind ebenfalls sichtbar, doch hat die Zersetzung durch Pilze schon ein weit fortgeschrittenes Stadium erreicht. Eine Besonderheit ist eine Verwachsungsform, die aus einem Überwallungsrand entstanden ist und nach unten wächst – einem ‚TschiTschi' sehr ähnlich, wie sie bei alten Ginkgobäumen vorkommen (kleines Bild linke Seite).

Durch die 1964 und 1975 durchgeführten Arbeiten für die Wasser- und Abwasserleitungen wurden erhebliche Teile des Wurzelwerks beschädigt und in der Folge verlor der uralte Baum viel von seiner noch vorhandenen Vitalität. Nach einer Sanierung 1983 gab man der Dorflinde noch eine Perspektive von 30 bis 50 Jahren, doch 2010 schien ihr Ende gekommen: Ortsvorsteher, Bürgermeister, Revierförster und eine große Mehrheit der Bürger sprachen sich für die Beseitigung des gebrechlichen Veteranen aus. Doch wurde immerhin noch ein Gutachten in Auftrag gegeben – die letzte Überlebenschance des Baumes. Dessen Ergebnis bescheinigte der Sommer-Linde einerseits eine zwar geschwächte, aber noch zukunftsfähige Vitalität – andererseits eine nicht mehr ausreichende Verkehrssicherheit. Daraufhin erteilte die Stadt Überlingen keine Genehmigung zur Fällung des Naturdenkmals. Die Krone wurde stattdessen auf das noch heute bestehende Format von etwa 11 x 12 m reduziert, und die verbliebenen Äste an einer neuen Stahlkonstruktion mit Schlaufenbändern gesichert. Jahr für Jahr dankt es der Baum mit frischen Austrieben, die wieder eine gefällige, zweiteilige Krone bilden.

Der eigentlich provisorische Bauzaun rund um den Standort des Baumes auf einer kleinen Verkehrsinsel am Abzweig der Sandgasse ist leider auch bei meinem Besuch im Frühjahr 2021 noch vorhanden. Er beeinträchtigt das Erscheinungsbild des möglicherweise ältesten Baumes in Baden-Württemberg ganz erheblich.

Birken sind in vielerlei Hinsicht bemerkenswerte Bäume. Ihre Borke ist eine perfekte Anpassung an sonnige Standorte, durch das darin enthaltene Betulin reflektiert sie nahezu alles Licht, weshalb die Stämme für unser Auge weiß erscheinen. Einen Rindenbrand wie die Buche kann die Birke deshalb nicht bekommen. Das gibt ihr auf allen offenen Flächen, wie sie etwa nach Sturmschäden in Wäldern entstehen, einen klaren Vorteil gegenüber anderen Baumgattungen – keine ist wie sie als Pionierbaum so schnell zur Stelle, wenn es um ‚natürliche Wiederaufforstung' geht.

Dazu tragen auch die sehr kleinen, leichten, geflügelten Früchte bei, die in gewaltigen Mengen produziert werden: Eine einzige Hänge-Birke kann mehr als 10 Millionen Samen erzeugen, die der Wind über viele Kilometer hinweg verbreiten kann. Hinzu kommt, dass die Birkensamen auf ärmeren, trockenen Standorten gut keimen und unempfindlich sind gegenüber frostigen Temperaturen – kein Wunder, dass die Hänge-Birke in nordischen Ländern zu den wichtigsten Baumarten überhaupt zählt.

Da das Licht – mehr noch als für alle anderen Bäume – für die Birke das absolut wichtigste Lebenselixier darstellt, kann für sie auch ein Golfplatz ein Lebensraum sein, in dem sie sich wohlfühlt. Dies scheint bei einem Exemplar unweit der Gemeinde Owingen bei Überlingen der Fall zu sein, das ich Anfang Juni 2021 aufgrund eines bei Baumkunde.de eingestellten Bildes (ohne Beschreibung und genauere GPS-Daten) im südlichen Teil des Golfplatzes um das historische Hofgut Lugenhof von 1771 ausfindig mache.

Bis vor wenigen Jahren waren vier bodennah verwachsene Stämme vorhanden, einer ist inzwischen abgesägt. Die drei verbliebenen sind unterschiedlich stark, der stärkste misst in Brusthöhe 2,44 m, alle drei zusammen eindrucksvolle 4,61 m (bei 40 cm Höhe). Da sie fast auf einer Linie liegen, entsteht eine für die Baumart sehr beachtliche Kronenbreite von 19 m. Allerdings ist der kräftige, tief und fast horizontal auslaufende Ast der Hauptachse stark gekürzt, sonst wären es noch ein paar Meter mehr. Eine Schlaufensicherung vom starken zum mittleren Stämmling ist eingebracht.

Infolge der sehr dicken, grobleistigen Borke, einigen knorpeligen Verdickungen und der ausgeprägten Moosauflage wirkt der Baum überaus alt – was man angesichts der Baumart allerdings relativieren muss: Mehr als 150 Jahre werden einer Hänge- oder Sand-Birke im Allgemeinen nicht zugetraut, aber nach äußerem Augenschein und im Vergleich zu anderen bekannten Birken halte ich 100 bis 120 Jahre für möglich. Der dickste einstämmige Baum dieser Art in Deutschland steht – nach Angaben der Champion Trees der DDG – mit einem Umfang von 3,72 m im Bürgerpark von Braunschweig.

Hänge-Birke
im Golfplatz Owingen

Baumart: *Betula pendula*
Landkreis: *Bodenseekreis*
Standort: *An der Durchfahrt des Golfplatzes Owingen*
Geodaten: *47.791188, 9.166796*
Alter: *ca. 100–120 Jahre*
Stammumfang: *4,61 m, stärkster Einzelstamm 2,44 m (2021)*

Drei Linden
bei Hödingen

Baumart: *Tilia cordata und Tilia platyphyllos*
Landkreis: *Bodenseekreis*
Standort: *Über der B 31, am Abzweig Hödingen/Dreilindenstraße*
Geodaten: *47.799566, 9.136727*
Alter: *ca. 300 Jahre*
Stammumfang: *Winter-Linde 5,36 m, Sommer-Linde West 4,87 m, Sommer-Linde Nord 4,30 m (alle 2021)*

Mit einer eiszeitlichen *Gletschermühle* auf halbem Weg nach Goldbach (Überlingen) und dem wildromantischen *Hödinger Tobel* am westlichen Ortsrand – ein Naturschutzgebiet seit 1938 – besitzt der Überlinger Stadtteil Hödingen gleich zwei sehenswerte Ausflugsziele. Auch eine Brutkolonie der seltenen Waldrappe befindet sich auf der Gemarkungsfläche des rund 800 Einwohner zählenden, bis 1974 eigenständigen Dorfes.

Am nördlichen Ortsrand führt die Dreilindenstraße nach Norden in Richtung des alten Burgstalls Hohenlinden und überquert dabei nach etwa einem Kilometer die B 31 neu auf einer 50 Meter breiten Grünbrücke. Auf der anderen Seite der Bundesstraße sind die *Drei Linden* ein weiteres Highlight in der reizvollen Landschaft am Überlinger See. Die hier wachsenden Linden gelten als Ort der Fürstenbergischen Gerichtsbarkeit (Heiligenberg), die 1779 nach Überlingen wechselte. Das in den wenigen Hinweisen zu den Bäumen genannte Alter von etwa 300 Jahren scheint, sowohl was den geschichtlichen Bezug, als auch was ihr heutiges Erscheinungsbild angeht, durchaus zutreffend zu sein. Seit 1989 sind hier eine riesige Winter-Linde und zwei deutlich kleinere Sommer-Linden als Naturdenkmale eingetragen. Die Winter-Linde (linke Seite) beeindruckt mit mächtigem Stamm, den bei vier Metern Höhe zahlreiche Äste nach allen Richtungen verlassen. Die beiden stärksten sind mit Schlaufen gesichert, doch ist der dickste, hohle Ast nach drei Metern Länge gekappt. Noch ist die Krone mit 25 m Höhe und Breite sehr groß und eindrucksvoll entwickelt.

Die beiden Sommer-Linden sind aufgrund ihrer deutlich eingekürzten Kronen mit etwa 15 m beziehungsweise 18 m Höhe heute recht schmal gebaut. Die Stämme sind mit Maserknollen und Verwachsungsbeulen versehen. Die nördliche (unten rechts) ist am Stamm weit aufgerissen und vom Brandkrustenpilz bereits schwer gezeichnet. Das heute im Mittelpunkt des Lindendreiecks stehende, steinerne Kruzifix stammt aus dem Jahr 1882.

Burg *Alt-Hohenfels* auf dem Sipplinger Berg, unterhalb der heutigen Höhengaststätte Haldenhof, wurde vom Adelsgeschlecht der Herren von Hohenfels erbaut und bewohnt, das 1148 erstmals Erwähnung findet. Zu ihnen gehörte auch der in einer Urkunde von 1191 genannte Minnesänger Burkhard von Hohenfels, der unter einer Linde seine Verse gedichtet und seine Lieder gesungen haben soll. Dass es sich dabei um die heute am Haldenhof wachsende Linde handeln könnte, ist allerdings purer Volksglaube, denn rund 900 Jahre alt ist die Sommer-Linde am Rande des dortigen Biergartens sicher nicht. Aber wer weiß, vielleicht hatte sie ja eine Vorgängerin, deren Pflanzung bis ins Hochmittelalter zurückreichte?

Der Haldenhof auf dem Sipplinger Berg ist ein sehr altes Anwesen. Er wurde um 1440 als Wirtschaftshof der Burg Hohenfels angelegt, wahrscheinlich unter den Nachfolgern der Hohenfelser, den Herren von Landenberg. Die heutige Höhengaststätte Haldenhof ist ein beliebtes Ausflugsziel mit einem der schönsten Ausblicke über den Bodensee. Auch die alte Linde scheint mit ihrem talwärts geneigten Stamm auf den Überlinger See, zur Mainau und den dahinter aufragenden Alpenketten hinauszuschauen. Ursprünglich besaß sie zwei sich spreizende Hauptachsen, von denen die talseitige noch großteils vorhanden ist. Sie bildet den Hauptteil der etwa 16 x 16 m großen Krone. Seilsicherungen halten die tiefer abgehenden Äste am aufrechten Teil dieser Achse und an einem nachgewachsenen Stämmling.

Die hangseitige Achse ist schon vor sehr langer Zeit nahezu komplett abgebrochen und hat dabei den Stamm aufgerissen. Die Reste dieser Achse bestehen nur noch aus einem sehr dünnen Schalenstück, das aber am oberen Ende einige junge, grünende Austriebe hervorbringen kann. In der weit offenen Stammhöhlung sind allerlei Verwachsungsformen zu sehen. Am talseitigen Fuß des Stammes kann man sogar, wie in eine Höhle, in den Wurzelraum des Baumes kriechen.

Der Wuchsort an der sehr steilen Hangkante macht es schwierig, den Umfang zu messen. Um das Maßband halbwegs horizontal zu bekommen, führe ich es oben fast bodennah und talseitig auf über zwei Meter Höhe (soweit der Arm hinaufreicht) um den Stamm herum. Dadurch wird die weit ausgestellte Talseite weitgehend vermieden. Trotzdem ergeben sich noch beachtliche 8,16 m. Auch die Altersschätzung ist gerade bei dieser bizarr gewachsenen Baumgestalt unsicher – ‚mittelalterlich' dürfte es nicht sein, doch in der für alte Linden mittleren Altersklasse von 400–500 Jahren könnte das sehenswerte Naturdenkmal durchaus angekommen sein.

Burkhardslinde
am Haldenhof

Baumart: *Tilia platyphyllos*
Landkreis: *Bodenseekreis*
Standort: *Am Höhengasthof Haldenhof*
Geodaten: *47.806114, 9.091973*
Alter: *ca. 450 Jahre*
Stammumfang: *8,16 m (2021)*

Hildegardlärche
über Sipplingen

Bäumen wird nicht selten die Aufgabe zuteil, an bedeutende historische Persönlichkeiten zu erinnern, wie dies im Falle der Burkhardslinde am Höhengasthof Haldenhof der Fall ist (s. S. 580 f.). Aus dem Geschlecht der Herren von Hohenfels stammt auch Gräfin Hildegard – das Burgfräulein soll der letzte Spross der Adelsfamilie vom Sipplinger Berg gewesen sein. Sie galt als tugendsam und edelsinnig, sowie wohltätig, denn sie spendete den bedürftigen Menschen am See täglich ihr ‚Süpple' – was dann auch zum Ortsnamen Sipplingen geführt haben soll. Als sie starb, vermachte sie den Sipplingern sämtlichen Grundbesitz rund um Hohenfels, zwei Gewanne nördlich der Burg bekamen die Überlinger.

In einem dieser heute dicht bewaldeten Gebiete, dem Gewann *Eisenholz*, wächst die wohl mächtigste Lärche Deutschlands. Sie wurde vor bald 300 Jahren zur Erinnerung an die mildtätige Hildegard gepflanzt und ist seit Langem schon das Wahrzeichen des Überlinger Stadtteils Bonndorf. Der Überlinger Revierförster Rolf Geiger gibt das Pflanzdatum bei den Champion Trees der Deutschen Dendrologischen Gesellschaft mit dem Jahr 1739 an – sollte dies zutreffen, läge das Alter somit heute bei 283 Jahren.

Der riesige Stamm, dessen Volumen auf einer kleinen Tafel am Baum mit rund 27 Festmetern angegeben wird, ist bis weit hinauf astfrei, erst jenseits von 30 m Höhe erkennt man zunächst einige abgebrochene, darüber dann auch grünende Äste. Die Gesamthöhe beträgt stattliche 45 m, und dennoch ist die Europäische Lärche im Spitalwald damit nicht der höchste Baum seiner Art. Im osthessischen Burghaun (Geopark Vogelsberg) ragen einige Vertreter bis zu 54 m hoch auf und beanspruchen damit sogar den Titel der höchsten Lärchen weltweit!

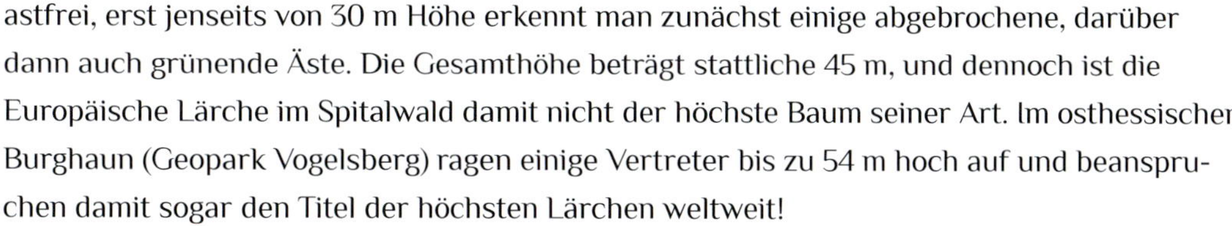

Folgt man ab der Höhengaststätte Haldenhof zunächst dem Haldenweg, dann dem weiterhin in nördlicher Richtung verlaufenden Wanderweg etwa einen Kilometer, trifft man am letzten Abzweig zur Hildegardlärche auf eine beachtlich starke Douglasie, deren 4,15-m-Stamm leider schon sehr starke Borkenschäden aufweist.

Baumart: *Larix decidua*
Landkreis: *Bodenseekreis*
Standort: *Sipplinger Berg, oberhalb Buohof im Bestand*
Geodaten: *47.816427, 9.090517*
Alter: *283 Jahre, gepflanzt 1739*
Stammumfang: *5,01 m (2021)*

Ortsregister

Baumartenregister

Literatur

Amber, Konrad: Baumwelten und ihre Geschichten. Kosmos-Verlag, Stuttgart 2015

Bauer, Ernst Waldemar/Schönnamsgruber, Helmut: Das große Buch der Schwäbischen Alb. Theiss-Verlag, Stuttgart 2004

Bengel, Roland: Faszination Schönbuch. Ein Report aus dem Wald. Oertel und Spörer-Verlag, Reutlingen 2014

Binder, Hans/Knöll, Robert: Entdeckungsreise durch die Schwäbische Alb. Ziehten-Panorama Verlag, Bad-Münstereifel 1999

Binner, Volker: Lebensraum Baum. Gräfe und Unzer-Verlag, München 2019

Blümle, Jürgen: Sinnliche Wanderungen in und um Stuttgart. Auf den Spuren alter Bäume. Belser-Verlag, Stuttgart 2020

Blümle, Jürgen: Baumschätze Baden-Württembergs. Band 1: Schwäbische Alb (2014), Bände 2 + 3: Keuperbergland (2016), Band 4: Albvorland (2017), Bände 5 + 6: Gäulandschaften (2020). Epubli-Verlag, Berlin

Bouffier, Volker André: Bäume in historischen Ansichten (IV), die Libanon-Zeder in Weinheim. MDDG 107 (2022): 83–95

Brunner, Michel: Bedeutende Linden. 400 Baumriesen Deutschlands. Haupt Verlag, Bern/Stuttgart/Wien 2007

Forum Weißtanne e. V. (Hrsg.): Faszination Weißtanne. Ein Magazin für Holzliebhaber, Wolfach 2020

Fröhlich, Hans Joachim: Alte liebenswerte Bäume in Deutschland. Nikol-Verlag, Hamburg 2005

Fröhlich, Hans Joachim: Wege zu alten Bäumen. Band 12 – Baden-Württemberg. WDV Wirtschaftsdienst, Frankfurt 1995

Godet, Jean-Denis: Bäume und Sträucher. Mosaik Verlag, München 1991

Goerss, Hartwig: Unsere Baumveteranen. Landbuch Verlag, Hannover 1981

Graßmann, Farina: Wunderwelt Totholz. Pala Verlag, Darmstadt 2020

Halbe, Torben: Das wahre Leben der Bäume. Ein Buch gegen eingebildeten Umweltschutz. Woll-Verlag, Schmallenberg 2017

Herzog, Rainer: Wilhelma Stuttgart. Dokumentation der historischen und gestalterischen Entwicklung der Wilhelma-Gartenanlagen. Stuttgart 1990

Herzog, Rainer: Parkpflegewerk Rosensteinpark. Stuttgart 1990

Heusel, Andreas/Maier, Peter: Der Einsiedel im Schönbuch. Hrsgg. von der Gemeinde Kirchentellinsfurt, 2018

Hockenjos, Wolf: Begegnung mit Bäumen. DRW Verlag, Stuttgart 1978

Hockenjos, Wolf: Unterhölzer. Liebeserklärung an einen Wald. Morys Hofbuchhandlung, Donaueschingen 2018

Jauch, Dieter: Wilhelma Baumführer. Stuttgart 1997

Kändler, Dr. Gerald/Cullmann, Dominik: Der Wald in Baden-Württemberg. Ausgewählte Ergebnisse der dritten Bundeswaldinventur. Stand: 7. Oktober 2014

Kausch-Blecken von Schmeling, Wedig: Der Speierling. Druckhaus Göttingen, 2. Aufl. 2000

Klein, Ludwig: Bemerkenswerte Bäume im Großherzogtum Baden. Heidelberg, 1908

Kownatzki, u. a.: Zum Douglasienanbau in Deutschland. Sonderheft 344, herausgegeben vom Johann Heinrich von Thünen-Institut, Braunschweig 2011

Kremer, Bruno P.: Bäume. Heimische und eingeführte Arten Europas. Mosaik Verlag, München 1984

Kühn, Stefan/Ullrich, Bernd/Kühn, Uwe: Deutschlands alte Bäume. BLV Verlag, München 2003

Kühn, Uwe/Kühn, Stefan/Ullrich, Bernd: Bäume die Geschichten erzählen. BLV Verlag, München 2005

Küster, Hansjörg: Der Wald. Natur und Geschichte. Verlag C. H. Beck, München, 2019

Ludemann, Thomas/Betting, Dagmar: Jahrringanalytische Untersuchungen an Weidbuchen im Südschwarzwald. Mitt. Ver. Forstl. Standortskunde und Forstpflanzung 46 (2009), S. 83–105

Mattheck, C./Kappel, R.: Wie genau ist die Mitchell-Formel? in: Neue Landschaft, 2002, Heft 45

Mitchell, Alan: Die Wald- und Parkbäume Europas. Paul Parey-Verlag, 1979

Nützel, Rudolf: 101 Dinge die man über den Wald wissen muss. Bruckmann-Verlag, München 2020 (2. Aufl.)

Partzsch, Maren/Gasser, Hans: Unser Wald. Dort-Hagenhausen-Verlag, München 2013

Pater, Jeroen: Europas alte Bäume. Ihre Geschichten, ihre Geheimnisse. Kosmos-Verlag, Stuttgart 2007

Pater, Jeroen: Riesige Eichen. Baumpersönlichkeiten und ihre Geschichten. Kosmos-Verlag, Stuttgart 2017

Pfindel, Judith/Meier, Heinz-Dieter: Die Pflanzenwelt der Mainau. Ein botanischer Führer durch Park und Gärten der Insel. Hampp Verlag, Stuttgart 2005

Phillips, Roger: Das Kosmos-Buch der Bäume. Kosmos Verlag Franckh, Stuttgart 1982

Plietzsch, Dr. Andreas: Die Lebensdauer von Bäumen und Möglichkeiten zur Altersbestimmung. in: Jahrbuch der Baumpflege 2009, S. 172–188

Rendenbach, Axel: Bestimmung des Baumalters. Deutsche Akademie Sachverständige für Grün. (ohne Jahresangabe)

Roloff, Andreas: Der Charakter unserer Bäume. Ulmer Verlag, Stuttgart 2017.

Schwabe, Angelika/Kratochwil, Anselm: Weidbuchen im Schwarzwald und ihre Entstehung durch Verbiss des Wälderviehs. Herausgegeben von der Landesanstalt für Umweltschutz Baden-Württemberg, Karlsruhe 1987

Speidel, Emil/Feucht, Otto: Schwäbisches Baumbuch. Verlag von Strecker & Schröder, Stuttgart 1911

Spohn, Margot und Roland: Kosmos-Baumführer Europa. Kosmos-Verlag, Stuttgart 2011

Uhl, E. et al.: Dimension und Wachstum von solitären Buchen und Eichen. TU München, 2006

Ullrich, Bernd/Kühn, Uwe/Kühn, Stefan: Unsere 500 ältesten Bäume. BLV Verlag, München 2009

Wittmann, Rudolf: Die Welt der Bäume. Ulmer Verlag, Stuttgart 2003

Websites:

https://www.arboristik.de: Online-Magazin für Baumpflege und Baumschutz

https://www.baumkunde.de

https://www.baumpflegeportal.de

https://www.bfn.de: Landschafts-Steckbriefe des Bundesamts für Naturschutz

https://www.biosphaerengebiet-alb.de

https://www.ddg-web.de: Deutsche Dendrologische Gesellschaft

https://www.fva-bw.de: Forstliche Versuchs- und Forschungsanstalt Baden-Württemberg

https://www.leo-bw.de: Landesarchiv Baden-Württemberg: Naturräume

https://www.lubw.baden-wuerttemberg.de: Landesanstalt für Umwelt, Messungen und Naturschutz Baden-Württemberg: Naturräume Baden-Württembergs, Naturraum-Steckbriefe

https://www.monumentale-eichen.de

https://www.monumentaltrees.com

https://www.umweltakademie.baden-wuerttemberg.de

https://de.wikipedia.org/wiki/Liste_der_Naturdenkmale_in_Baden-Wuerttemberg

https://www.waldwissen.de: Informationsplattform der vier Forschungsinstitutionen FVA, LWF, BFW und WSL

Bildverzeichnis

Dank

Sehr viele hilfsbereite Menschen im ganzen Land haben mit ihren Informationen und Anregungen einen Beitrag zur Fertigstellung dieses Buches geleistet. Für ihre Unterstützung möchte ich mich namentlich bedanken bei

Matthias Allgäuer • Forstdirektion Tübingen
Alexander Bantz • Untere Naturschutzbehörde Stadt Karlsruhe
Johannes Freiherr von und zu Bodman, Bodman-Ludwigshafen
Tobias Brammer • Ministerium für Umwelt, Klima und Energiewirtschaft, Stuttgart
Diethelm Brecht • Leiter Hauptamt, Gemeinde Angelbachtal
Alfred Brechter • Amt für Umweltschutz Heidelberg
Holger Brom • Stadtverwaltung Sinsheim
Dr. Gerhard Bronner • Umweltbüro Donaueschingen
Peter Detemple • Amt für Liegenschaften und Wohnungswesen, Stadt Freiburg im Breisgau
Familie Dietzsch-Doertenbach • Schloss Lehrensteinsfeld
Wolfgang Enke • Schlossgarten Fachsenfeld bei Aalen
Nikolaus Freiherr von Gayling-Westphal, Schloss Ebnet, Freiburg im Breisgau
Susanne Ganns und Richard Kellenberger • Klinghof bei Kißlegg-Becken
Klaus Gramespacher • Grabenbühlhof in Wieden, Südschwarzwald
Clemens Hartmann • Wilhelma/Stuttgart
Reiner Hils • Stadtverwaltung Trossingen
Wolf Hockenjos • Ehem. Forstamtsleiter Villingen-Schwenningen
Familie von Holtz • Unteres Schloss in Alfdorf
Friedrich Hugel • Forst BW, Revier Grafenhausen
Magnus Jauch • Landratsamt Rottweil
Thomas Kilian • Stadt Mannheim, Fachbereich Klima, Natur und Umwelt
Larissa Klose • Landratsamt Villingen-Schwenningen
Georg Krause • Stadtverwaltung Donzdorf
Christiane Lehr • LUBW Karlsruhe
Rainer Lippert • Baumfreund aus Hammelburg, Bayern
Gudrun Mahr • LUBW Karlsruhe
Andrea von Maur • Pressereferentin Insel Mainau
Dr. Gerrit Müller • Oberforstrat i. R., Friedenweiler
Stephan Näschen • Grünflächenamt Heilbronn
Hannes Röske • Landschaftserhaltungsverband Landkreis Lörrach
Prof. Dr. Andreas Roloff • Lehrstuhl für Forstbotanik, TU Dresden
Wolf Rühle • Umweltbeauftragter Kirchheim/Teck
Hubert Schätzle • Grünflächenamt Esslingen
Jürgen Schmitt • Baumpflege-Ingenieur, Schwarzach
Jürgen Schneider • Forst BW, Revier Dettenhausen/Schönbuch
Michael Seifert • Friedhofs- und Forstamt Stuttgart/Rotwildpark
Till Teckentrup • Garten-, Friedhofs- und Forstamt Stuttgart
Stefanie Teichmann • Stadt Baden-Baden, Fachgebiet Umweltschutz und Arbeitsschutz
Matthias Treiber • Landratsamt Böblingen
Manfred Wessel • DDG-Fachreferent, Bad Vilbel, Hessen
Gernot Wiederkehr • Referat Parkpflege der Insel Mainau
Christiane Willmann • Lohrenhof in Neustadt-Schwärzenbach

Impressum

Bibliographische Information der Deutschen Bibliothek.

Die Deutsche Bibliothek verzeichnet diese Publikation in der Deutschen Nationalbibliographie.

2., aktualisierte Auflage 2023

Bilder, Repro, Layout und Satz:
Jürgen Blümle

Umschlaganpassung:
Uhl + Massopust GmbH, Aalen

Fachlektorat: Manfred Wessel
Korrektorat: Sabine Tochtermann

Druck und Bindung:
Finidr, Lípová 1965, 737 01 Český Těšín, Tschechien

ISBN: 978-3-96555-133-6